普通高等教育"十二五"规划教材

电力系统电磁暂态计算与EMTP应用

吴文辉　曹祥麟　编著

中国水利水电出版社
www.waterpub.com.cn

内 容 提 要

本书将 EMTP 工具与电力系统电磁暂态理论计算知识相结合，对 ATP - EMTP 在电力系统电磁暂态中的仿真计算原理与应用做了详细介绍，尤其对 ATPDraw 的应用做了详细介绍。全书共分 9 章，第 1 章对电力系统电磁暂态进行了概述；第 2 章介绍了电磁暂态计算用的电力系统设备模型；第 3 章对电磁暂态仿真程序 EMTP 原理进行了详细介绍；第 4 章介绍 ATP - EMTP 的视窗接口程序 ATPDraw 的应用基础；第 5 章阐述了工频过电压计算及其仿真；第 6 章阐述了各种操作过电压计算及其仿真；第 7 章阐述了雷电过电压计算及其仿真；第 8 章阐述了特快速暂态过电压计算及其仿真；第 9 章阐述了高压直流输电的电磁暂态过程计算及其仿真。

本书可作为高等院校电气工程专业高年级本科生教材，也可供电气工程专业研究生、电力工程专业技术人员和电力系统电磁暂态领域广大科研工作者参考。

图书在版编目（ＣＩＰ）数据

电力系统电磁暂态计算与EMTP应用 / 吴文辉，曹祥麟编著. -- 北京 ：中国水利水电出版社，2012.9（2017.7重印）
普通高等教育"十二五"规划教材
ISBN 978-7-5170-0217-8

Ⅰ. ①电… Ⅱ. ①吴… ②曹… Ⅲ. ①电力系统－暂态特性－电磁计算－计算机仿真－高等学校－教材 Ⅳ. ①TM74

中国版本图书馆CIP数据核字(2012)第230447号

书　　　名	普通高等教育"十二五"规划教材 **电力系统电磁暂态计算与 EMTP 应用**
作　　　者	吴文辉　曹祥麟　编著
出 版 发 行	中国水利水电出版社 （北京市海淀区玉渊潭南路1号D座　100038） 网址：www. waterpub. com. cn E-mail：sales@waterpub. com. cn 电话：(010) 68367658（营销中心）
经　　　售	北京科水图书销售中心（零售） 电话：(010) 88383994、63202643、68545874 全国各地新华书店和相关出版物销售网点
排　　　版	中国水利水电出版社微机排版中心
印　　　刷	北京瑞斯通印务发展有限公司
规　　　格	184mm×260mm　16 开本　19.25 印张　456 千字
版　　　次	2012 年 9 月第 1 版　2017 年 7 月第 2 次印刷
印　　　数	3001—4500 册
定　　　价	**42.00 元**

前　言

电力系统发生故障或进行操作时，系统的运行参数发生急剧变化，系统的运行状态有可能急促地从一种运行状态过渡到另一种运行状态，也有可能使正常运行的电力系统局部甚至全部遭到破坏，这个过渡过程称作电力系统的暂态。电磁暂态过程分析的主要目的在于分析和计算故障或进行操作后可能出现的暂态过电压和过电流，以便对电力设备进行合理设计。另外，调查事故原因，寻找对策；计算电力系统过电压发生概率，预测事故率；检查电气设备的动作责能，如断路器的暂态恢复电压和零点偏移；检查继电保护和安全自动装置的响应等，都离不开电磁暂态过程的计算和模拟。

电力系统数字仿真是研究电磁暂态过程的重要方法，时域仿真研究中的 Bergeron 模型经 Dommel 实用化改进后，业已成功地应用于著名的 EMTP 当中，广泛应用于电力领域的规划、设计、维护、运行和培训各部门。但 EMTP 的严重不足在于对各种故障和操作进行暂态仿真前的预处理工作是相当繁杂的，使许多电力工程专业技术人员望而生畏，迟迟不敢尝试，ATP-Draw 解决了这个问题，它是建立计算模型用的人—机对话图形接口，是基于 Windows 操作系统的 ATP - EMTP 程序的图形预处理程序，本书将 EMTP 工具与电力系统电磁暂态理论计算知识相结合，对 ATP - EMTP 在电力系统电磁暂态中的仿真计算原理与应用，尤其对 ATPDraw 应用做了详细介绍。希望该书能为初学者和喜欢 EMTP 的电力工作者打开一扇窗。

全书阐述严谨、脉络分明、内容丰富、文字精练，还有大量以 ATP - EMTP 作为计算工具的举例和习题。

本书由吴文辉和曹祥麟编著，华东交通大学吴文辉完成了第 1 章、第 3～9 章内容的编写，参与了第 2 章部分内容的编写；广东电力设计研究院曹祥麟完成了第 2 章大部分内容的编写并进行了统稿。

华东交通大学王勋教授和广东电力设计研究院李志泰教授级高工审查了书稿并提出了宝贵意见，在此致以诚挚的谢意！

本书获得华东交通大学本科生规划教材基金的资助，得到中国水利水电出版社的大力支持，在此一并表示感谢！

限于作者的水平和经验，书中难免有不当或错漏之处，诚请读者批评指正，并请发送邮件至 wwh7@ecjtu.jx.cn。

编 者

2012 年 5 月

目　录

前言

第1章　电力系统电磁暂态概述 ·· 1

1.1　电力系统电磁暂态现象 ·· 1

1.2　电力系统电磁暂态分析的目的 ·· 3

1.3　电力系统电磁暂态研究的方法 ·· 3

1.4　电力系统电磁暂态的特点 ··· 5

1.5　电力系统数字仿真 ··· 13

习题 ·· 19

第2章　电磁暂态计算用的电力系统设备模型 ·························· 20

2.1　架空线路和电缆 ··· 20

2.2　电机模型 ··· 45

2.3　变压器、互感器和电抗器模型 ·· 54

2.4　母线 ··· 62

2.5　断路器和隔离开关 ··· 64

2.6　避雷器 ··· 69

2.7　接地网 ··· 71

2.8　铁塔和塔脚电阻 ··· 72

2.9　空气间隙放电 ··· 77

2.10　电晕 ··· 85

2.11　换流阀 ··· 90

习题 ·· 92

第3章　电磁暂态计算程序 EMTP ··· 93

3.1　EMTP 简介 ··· 93

3.2　单相暂态等值计算网络的求解 ·· 103

3.3　多相暂态等值计算网络的求解 ·· 106

3.4　带开关操作的网络解法 ·· 114

3.5　非线性元件的处理 ··· 117

3.6 非零初始状态的确定 ………………………………………… 122

3.7 EMTP 仿真计算的功能 ………………………………………… 128

习题 …………………………………………………………………… 129

第4章 ATPDraw 应用基础 ………………………………………… 130

4.1 ATPDraw 简介 …………………………………………………… 130

4.2 ATPDraw 的主窗口 ……………………………………………… 131

4.3 ATPDraw 元件选择菜单 ………………………………………… 148

4.4 ATPDraw 的基本操作 …………………………………………… 154

4.5 ATPDraw 仿真实例 ……………………………………………… 157

习题 …………………………………………………………………… 172

第5章 工频过电压计算 …………………………………………… 173

5.1 空载长线路的电容效应 ………………………………………… 173

5.2 线路甩负荷引起的工频过电压 ………………………………… 177

5.3 单相接地故障引起的工频过电压 ……………………………… 178

5.4 自动电压调节器和调速器的影响 ……………………………… 180

5.5 限制工频过电压的其他可能措施 ……………………………… 180

5.6 工频过电压的 EMTP 仿真 ……………………………………… 181

习题 …………………………………………………………………… 184

第6章 操作过电压计算 …………………………………………… 185

6.1 分闸操作过电压 ………………………………………………… 185

6.2 合闸操作过电压 ………………………………………………… 192

6.3 暂态恢复电压计算 ……………………………………………… 200

6.4 电容性冲击电流 ………………………………………………… 214

6.5 开断小的电感性电流 …………………………………………… 216

6.6 变压器的冲击电流 ……………………………………………… 218

6.7 间歇电弧接地过电压 …………………………………………… 225

习题 …………………………………………………………………… 231

第7章 雷电过电压计算 …………………………………………… 232

7.1 雷电放电过程 …………………………………………………… 232

7.2 雷电流的波形 …………………………………………………… 233

7.3 杆塔上的直击雷过电压计算 …………………………………… 236

7.4 线路上的直击雷过电压计算 …………………………………… 239

7.5 线路上的感应雷过电压计算 …………………………………… 241

7.6 波通过串联电感和并联电容 …………………………………… 243

7.7 流经避雷器的雷电流计算 ……………………………………… 245

7.8 被保护设备上的过电压计算 …………………………………… 247

7.9 雷电暂态 EMTP 仿真 …………………………………………… 249

习题 ⋯⋯⋯⋯⋯⋯⋯⋯⋯⋯⋯⋯⋯⋯⋯⋯⋯⋯⋯⋯⋯⋯⋯⋯⋯⋯⋯⋯⋯⋯⋯⋯⋯⋯⋯⋯ 258

第8章　特快速暂态过电压计算 ⋯⋯⋯⋯⋯⋯⋯⋯⋯⋯⋯⋯⋯⋯⋯⋯⋯⋯⋯ 259

8.1　特快速暂态过电压产生的机理 ⋯⋯⋯⋯⋯⋯⋯⋯⋯⋯⋯⋯⋯⋯⋯⋯ 259

8.2　特快速暂态过电压的特性 ⋯⋯⋯⋯⋯⋯⋯⋯⋯⋯⋯⋯⋯⋯⋯⋯⋯⋯ 260

8.3　特快速暂态过电压的影响因素 ⋯⋯⋯⋯⋯⋯⋯⋯⋯⋯⋯⋯⋯⋯⋯⋯ 260

8.4　特快速暂态过电压的防护 ⋯⋯⋯⋯⋯⋯⋯⋯⋯⋯⋯⋯⋯⋯⋯⋯⋯⋯ 262

8.5　等效模型及参数 ⋯⋯⋯⋯⋯⋯⋯⋯⋯⋯⋯⋯⋯⋯⋯⋯⋯⋯⋯⋯⋯⋯ 262

8.6　EMTP仿真分析 ⋯⋯⋯⋯⋯⋯⋯⋯⋯⋯⋯⋯⋯⋯⋯⋯⋯⋯⋯⋯⋯⋯ 263

习题 ⋯⋯⋯⋯⋯⋯⋯⋯⋯⋯⋯⋯⋯⋯⋯⋯⋯⋯⋯⋯⋯⋯⋯⋯⋯⋯⋯⋯⋯⋯⋯⋯⋯⋯⋯⋯ 268

第9章　高压直流输电系统的暂态计算 ⋯⋯⋯⋯⋯⋯⋯⋯⋯⋯⋯⋯⋯⋯ 269

9.1　高压直流输电概述 ⋯⋯⋯⋯⋯⋯⋯⋯⋯⋯⋯⋯⋯⋯⋯⋯⋯⋯⋯⋯⋯ 269

9.2　高压直流输电系统中换流器的数学模型 ⋯⋯⋯⋯⋯⋯⋯⋯⋯⋯⋯ 274

9.3　高压直流输电控制系统的数学模型 ⋯⋯⋯⋯⋯⋯⋯⋯⋯⋯⋯⋯⋯ 278

9.4　高压直流输电系统的暂态计算 ⋯⋯⋯⋯⋯⋯⋯⋯⋯⋯⋯⋯⋯⋯⋯⋯ 283

9.5　GIGRE直流输电标准测试系统的暂态响应特性 ⋯⋯⋯⋯⋯⋯⋯⋯ 292

9.6　高压直流系统事故分析 ⋯⋯⋯⋯⋯⋯⋯⋯⋯⋯⋯⋯⋯⋯⋯⋯⋯⋯⋯ 295

习题 ⋯⋯⋯⋯⋯⋯⋯⋯⋯⋯⋯⋯⋯⋯⋯⋯⋯⋯⋯⋯⋯⋯⋯⋯⋯⋯⋯⋯⋯⋯⋯⋯⋯⋯⋯⋯ 298

参考文献 ⋯⋯⋯⋯⋯⋯⋯⋯⋯⋯⋯⋯⋯⋯⋯⋯⋯⋯⋯⋯⋯⋯⋯⋯⋯⋯⋯⋯⋯⋯⋯⋯⋯ 299

第1章 电力系统电磁暂态概述

1.1 电力系统电磁暂态现象

电力系统稳态运行时，发电厂发出的功率与用户所需的功率及电网中损耗的功率相平衡，系统的电压和频率都是稳定的。但电力系统在运行过程中常常会发生故障或需要进行操作，常见的电力系统故障有：雷击电力设备等雷害故障，短路、接地故障和谐振等电气故障，断线等机械故障。常见的电力系统操作有：

（1）断路器的投切操作，如合空载线路、合空载变压器、切空载线路、重合闸、甩负荷等。

（2）隔离开关的投切操作，如母线投切等。

电力系统发生故障或进行操作时，系统的运行参数发生急剧变化，系统的运行状态有可能急促地从一种运行状态过渡到另一种运行状态，也有可能使正常运行的电力系统局部甚至全部遭到破坏，其运行参数大大偏离正常值，如不采取特别措施，系统很难恢复正常运行，这将给国民经济生产和人民生活带来严重的后果。

电力系统运行状态的改变，不是瞬时完成的，而要经历一个过渡状态，这种过渡状态称为暂态过程。电力系统的暂态过程通常可以分为电磁暂态过程和机电暂态过程。电磁暂态过程指电力系统各元件中电场和磁场以及相应的电压和电流的变化过程，机电暂态过程指由于发动机和电动机电磁转矩的变化所引起的电机转子机械运动的变化过程。

虽然电磁暂态过程和机电暂态过程同时发生并且相互影响，但由于现代电力系统规模的不断扩大，结构愈益复杂，需要考虑的因素繁多，再加上这两个暂态过程的变化速度相差很大，要对它们统一分析是十分复杂的工作，因此在工程上通常近似地对它们分别进行分析。例如，在电磁暂态过程分析中，由于在刚开始的一段时间内，系统中的发电机和电动机等转动机械的转速由于惯性作用还来不及变化，暂态过程主要决定于系统各元件的电磁参数，故常不计发动机和电动机的转速变化，即忽略机电暂态过程。而在静态稳定性和暂态稳定性等机电暂态过程分析中，转动机械的转速已有了变化，暂态过程不仅与电磁参数有关，而且还与转动机械的机械参数（转速、角位移）有关，分析时往往近似考虑或甚至忽略电磁暂态过程。只在分析由发动机轴系引起的次同步谐振现象、计算大扰动后轴系的暂态扭矩等问题中，才不得不同时考虑电磁暂态过程和机电暂态过程。

下面以一个简单开关接通 RL 电路的例子，以便获得对在电力系统暂态时起关键作用的物理过程的充分了解。

一个正弦波电压接通到一个电感与电阻串联的电路上，如图 1-1 所示。这实际上是

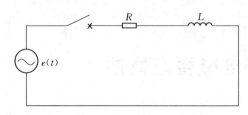

图 1-1　正弦波电压源接通到 RL 串联电路

一个高压断路器闭合到短路的输电线路或短路的电缆的最简单单相表示法。电压源 $e(t)=E_m\sin(\omega t+\theta)$ 代表连接的同步发电机的电动势。电感 L 包括发电机的同步电感、电力变压器的漏电感与母线、电缆与输电线的电感，电阻 R 表示供电电路的电阻损耗。

假设 $t=0\text{s}$ 时合闸，应用基尔霍夫电压定律，得到电路方程为

$$Ri+L\frac{\mathrm{d}i}{\mathrm{d}t}=E_m\sin(\omega t+\theta) \tag{1-1}$$

该方程为一阶常系数、线性、非齐次常微分方程，其解就是合闸电路的全电流，它由两部分组成：稳态分量和暂态分量，即

$$i=i_P+i_{aP}$$

其中稳态分量为

$$i_P=\frac{E_m}{\sqrt{R^2+(\omega L)^2}}\sin\left(\omega t+\theta-\tan^{-1}\frac{\omega L}{R}\right) \tag{1-2}$$

暂态分量，也就是合闸电流的自由分量，记为

$$i_{aP}=Ce^{pt}=Ce^{-\frac{t}{T_a}} \tag{1-3}$$

$$p=-\frac{R}{L}$$

$$T_a=-\frac{1}{p}=\frac{L}{R}$$

式中：p 为特征方程 $R+pL=0$ 的根；T_a 为暂态分量电流衰减的时间常数；C 为由初始条件决定的积分常数。

假定在开关闭合之前，电感 L 中的磁通为 0，根据磁通守恒定律，在闭合的瞬间，即

$$C+\frac{E_m}{\sqrt{R^2+(\omega L)^2}}\sin\left(\theta-\tan^{-1}\frac{\omega L}{R}\right)=0$$

由此得到

$$C=\frac{-E_m}{\sqrt{R^2+(\omega L)^2}}\sin\left(\theta-\tan^{-1}\frac{\omega L}{R}\right) \tag{1-4}$$

从而得到合闸的全电流表达式为

$$i(t)=\frac{E_m}{\sqrt{R^2+(\omega L)^2}}\sin\left(\omega t+\theta-\tan^{-1}\frac{\omega L}{R}\right)+\frac{-E_m}{\sqrt{R^2+(\omega L)^2}}\sin\left(\theta-\tan^{-1}\frac{\omega L}{R}\right)e^{-(R/L)t}$$

$$\tag{1-5}$$

式（1-5）中的暂态分量含有 $e^{-(R/L)t}$ 衰减项，也称为直流分量，其系数为常数，数值大小取决于电流合闸瞬间，在 $\left(\theta-\tan^{-1}\dfrac{\omega L}{R}\right)$ 为 $k\pi$（其中 $k=0,1,2,\cdots$）时，直流分量为 0，电流立即进入稳态，换言之，不存在暂态振荡过程。但当开关闭合电路不在 $\left(\theta-\tan^{-1}\dfrac{\omega L}{R}\right)$ 为 $k\pi$（其中 $k=0,1,2,\cdots$）时，合闸过程将引起电磁暂态过程，在

$\left(\theta-\tan^{-1}\dfrac{\omega L}{R}\right)$ 为 90°时，暂态过程将达到最大电流，如图 1-2 所示。

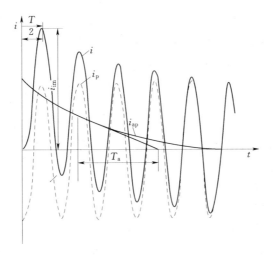

图 1-2 开关合闸的暂态过程电流波形

1.2 电力系统电磁暂态分析的目的

电磁暂态过程分析的主要目的在于分析和计算故障或进行操作后可能出现的暂态过电压和过电流，以便对电力设备进行合理设计。通常情况下，电力系统电磁暂态产生的过电压在确定设备绝缘水平中起决定作用，据此制定高电压试验电压标准，确定已有设备能否安全运行，并研究相应的限制和保护措施。此外，对于研究电力系统新型快速保护装置的动作原理及其工况分析，故障测距原理与定点方法以及电磁干扰等问题，也常需要进行电磁暂态过程分析。另外，调查事故原因，寻找对策；计算电力系统过电压发生概率，预测事故率；检查电气设备的动作责能，如断路器的暂态恢复电压和零点偏移；检查继电保护和安全自动装置的响应等，也离不开电磁暂态过程的计算和模拟。

电磁暂态过程变化很快，一般需要分析和计算持续时间在 ms 级，甚至是 μs 级以内的电压、电流瞬时值变化情况，因此，在分析中需要考虑元件的电磁耦合，计及输电线路分布参数所引起的波过程，有时甚至要考虑三相结构的不对称、线路参数的频率特性以及电晕等因素的影响。

1.3 电力系统电磁暂态研究的方法

为了保证电力系统运行的可靠性、安全性和经济性，在电力系统设计、运行、分析和研究中必须全面地了解实际系统的电磁暂态特性。目前，研究电力系统电磁暂态过程的手段有 3 种：

（1）系统的现场实测方法。

（2）应用暂态网络分析仪（Transient Network Analyzer，简称 TNA）的物理模拟

方法。

（3）计算机的数字仿真（或称数值计算）方法。

系统的现场实测方法是在实际的电力系统上直接进行试验和研究，20 世纪 60 年代之前经常要在实际电力系统进行短路、操作等试验，这种试验对电力系统的考验是真实和严格的，以确保电力系统运行的可靠性、安全性和经济性，但是系统的现场实测方法会对电力系统的正常运行和电气设备带来很大危害，短路点的电弧有可能烧坏电气设备，很大的短路电流通过设备会使发热增加，当持续一定时间后，可能使设备过热而损伤；很大的短路电流引起的电动力有可能使设备变形或遭到不同程度的破坏；操作试验过程中产生的过电压可能引起电气设备载流部分的绝缘损坏，加剧绝缘材料的老化。即便如此，实测对于研究电力系统电磁暂态过程仍是非常重要的，它一方面验证 TNA 及数字仿真的准确性，为系统安全运行提供依据；另一方面可以全面研究系统各类元件的参数特性，为 TNA 及数字仿真提供更精确的原始数据。

系统的现场实测常常会遇到困难，有些困难甚至是不可能解决的，利用模型系统进行试验和分析就成为一种非常有效的途径。暂态网络分析仪就是一种用于研究电力系统动态特性的物理模型系统。TNA 方法多用于模拟操作过电压和交流过电压的暂态现象，同时通过改变元件特性，TNA 也可用来模拟更高频率下的暂态现象。它是在相似理论的指导下，把实际电力系统的各个部分，如同步发电机、变压器、输配电线路、电力负荷等按照相似条件设计、建造并组成一个电力系统模型，这样将一个高电压、大电流、体积庞大的电力系统，按照一定的比例转化为一个低电压、小电流、体积较小的模拟试验台，在模拟台中出现的电磁暂态现象，电压和电流的波形与它模拟的电力系统是一样的，用这种模型代替实际电力系统进行各种正常运行与故障状态的试验和分析。与系统的现场实测相比，TNA 方法对电力系统的正常运行和电气设备不产生影响，为了缩小模拟装置的尺寸，节省电感元件和电容元件，减少模拟设备的昂贵费用，并考虑到现有的技术条件、模拟精度要求等，选择恰当的比例尺是非常重要的。TNA 具有物理意义清晰，易于理解和使用的优点，可以多次重复试验现象，便于观察和研究，北美不少大的电力公司都将 TNA 作为培训新员工的一种工具。

随着现代电力系统的发展，电力系统的规模和复杂程度发生很大变化，采取物理模型的动态模拟方法受到很大限制。与此同时，数字计算机和数值计算技术飞速发展，数字计算机的性能价格比不断提高，出现了用数学模型代替物理模型的新型模型系统。电力系统数字仿真（Digital Simulation of Power System）就是将电力系统的电源、网络和负荷元件建立其数学模型，用数学模型在数字计算机上进行实验和分析的过程。电力系统数字仿真的主要步骤为建立各元件数学模型、建立数字仿真模型和进行仿真试验。建立数学模型是处理物理原型与数学模型之间的关系。有些数学模型是利用数字计算机和模拟计算机的混合数学模型系统。电力系统数字仿真是一门新兴的技术科学，它的产生和发展是同现代科学技术发展分不开的，数字仿真与实际系统试验和动态物理模拟相比，不仅节省了大量的人力、物力和财力，而且不受外部条件的限制，几乎不受系统规模和时间跨度的约束，甚至不受各种暂态现象频率范围的限制（理论上它可以对各类暂态过程进行计算，但是，它需要相关设备真实的频率特性，有时候，这种频率特性是很难得到的）。具有无可比拟的灵活性，能达到试验不可达到的广度和深度。譬如我国南北联网这样的课题，地理上相距数千公里，跨越了几个大电网，没有办法用试验来分析联网可能出现的问题，但通过数字仿真发现南北联网可能会出现低频振荡问题。今天实际系统的现场实测方法主要是为了建立数学模型，取得数学模型的参数。

1.4 电力系统电磁暂态的特点

1.4.1 频率范围广

电力系统中暂态现象的研究所涉及的频率范围广，从直流到大约 50MHz 的范围。高于系统频率的暂态现象通常涉及到电磁暂态，而低于系统频率的暂态现象主要涉及到机电暂态过程。表 1-1 给出了多种暂态现象的起因以及它们通常的频率范围。

表 1-1　　　　　　　　电力系统暂态的起因及频率范围

起　因	频率范围	起　因	频率范围
投入变压器时的铁磁谐振	(DC) 0.1Hz～1kHz	断路器端部故障（BTF）	50/60Hz～20kHz
甩负荷	0.1Hz～3kHz	短路故障	50/60Hz～100kHz
故障清除	50/60Hz～3kHz	断路器多次重燃	10kHz～1MHz
故障发生	50/60Hz～20kHz	雷击	10kHz～3MHz
线路充电	50/60Hz～20kHz	GIS 故障和隔离开关操作	100kHz～50MHz
线路重合闸	(DC) 50/60Hz～20kHz		

网络中每个元件的模拟都要与所研究的特定暂态现象的频率范围相符合。当所研究现象的频率大于 1MHz 时，如 GIS 中由于隔离开关操作所引起的快速暂态现象，则不仅在母线上产生波的传播，而且施加在变压器、支柱绝缘子以及在某些情况下管形母线上的弯管处，它们非常小的电容和电感对模拟结果都将产生非常重要的影响。

表 1-1 中所列电磁暂态现象的频率范围可以分成 4 组，对应于各暂态现象的频率范围之间存在着重叠，图 1-3 是国际大电网会议（CIGRE）对各种过电压的频率分类；各类的频率范围是与其所表示的过电压波形的实际陡度相关的。研究者必须清楚自己的研究

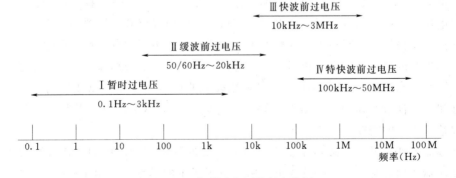

图 1-3　各种过电压的频率范围

对象所在的频率范围，如操作过电压属于缓波前过电压波形范围，雷电过电压属于快波前过电压波形范围，以确定被模拟设备的频率特性，只有这样，才能得到满意的电磁暂态分析计算结果。

通常，频率越高，所考虑的现象（如过电压）在时间上空间上的衰减越快，因此所考虑的物理范围（模拟范围）越小，模拟时间越短。相对地，在工频或与此接近的频率领域，为了掌握现象的性质，需要大范围长时间的模拟。图 1-4 表示电力系统数字仿真中各种计算所考虑现象的时间幅度和计算涉及的系统规模。SSR 为发电机轴系统引起的次同步谐振。

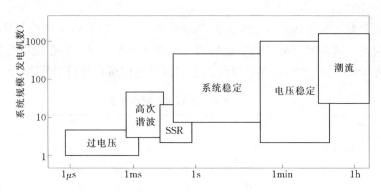

图 1-4　电力系统各种现象的变化速度和计算范围

1.4.2　元件模型因计算目的而异

电力系统由各种不同的元件所组成，元件的动态特性对于系统的暂态过程有直接的影响。为此，首先需要研究各元件的动态特性，建立它们的数学模型。在此基础上，根据系统的具体结构，即各元件之间的相互关系，组成全系统的数学模型，然后采用适当的数学方法进行求解，这便是电力系统暂态分析的一般方法。

然而，由于各元件的动态响应有所不同，系统各种暂态过程的性质也不相同。因此，在不同目的暂态过程分析中，所考虑的元件种类和对它们数学模型的要求并不相同。例如，在电磁暂态过程分析中，所研究的暂态过程持续时间通常较短，在此情况下，一些动态响应比较缓慢的元件，如原动机及调速系统等的影响往往可以忽略不计，而发电机定子回路和电力网中的电磁暂态过程则需加以考虑。相反，在电力系统稳定性分析中，则通常忽略发电机定子回路和电力网中的电磁暂态过程，而将线路和变压器等元件用它们的等值阻抗来描述。另外，就同一种系统暂态过程来说，对于不同的分析精度和速度要求，元件所用数学模型的精确程度也不相同。一般地说，在进行系统规划和设计时，暂态分析的精度要求可以适当降低，这时各元件可以采用较粗略的数学模型，以便提高分析速度。因此，在建立元件数学模型时，不但需要研究它们的精确模型，而且需要考虑各种简化模型，以适应不同的需要。

在建立元件模型时还必须注意研究对象所处的频率范围。例如，在计算交流过电压时，变压器采用通常的以互感及绕组漏感和电阻表示的模型，如图 1-5（a）所示；但在计算操作过电压时，除了上述要素外，还需要考虑绕组的对地电容和端子间电容及绕组间电容，如图 1-5（b）所示；而在计算雷过电压时，变压器模型通常用冲击电容表示，无需考虑电感和电阻要素，如图 1-5（c）所示。当研究现象的频率很高时，变压器和互感器的杂散电容、引线的微小电感对计算结果都有举足轻重的影响。

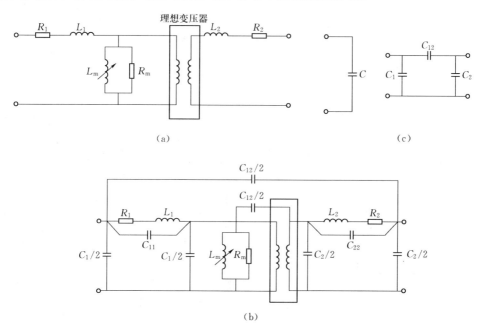

图 1-5　变压器的模型

（a）交流过电压计算用；（b）操作过电压计算用；（c）雷过电压计算相

1.4.3　行波现象和分布参数

电力系统采用长线路将能源中心发出的电能输送给各电力用户，长线路的具体形式有架空输电线路和电缆线路两种，每微段的线路都呈现自感和对地电容，即线路是具有分布参数特性的电路元件。当电力系统中某一点突然发生雷电过电压或操作过电压时，这一变化并不能立即在系统其他各点出现，而是以电磁波的形式按一定的速度从电压或电流突变点向系统其他部位传播。例如，当架空输电线路遭受雷击时，雷击点导线将产生雷电过电压，该电压将沿着导线向两侧传播。这个沿线路传播的电压以及与其相伴而行的电流波称为行波。当行波到达变电站或其他节点时，由于电路参数的改变，将引起波的折射和反射。这种在分布参数电路中产生的暂态过程本质上是电磁波的传播过程，简称波过程。

实际电力系统采用三相交流或双极直流输电，属于多导线线路，而且沿线路的电场、磁场和损耗情况也不尽相同，因此所谓的均匀无损单导线线路实际上是不存在的。但为了揭示线路波过程的物理本质和基本规律，可暂时不考虑线路的电阻和电导损耗，并假定沿线线路参数处处相同，即首先研究均匀无损单导线中的波过程。

1. 波传播的物理概念

假设有一无限长的均匀无损单导线，见图 1-6（a），$t=0$ 时刻合闸直流电源，形成无限长直角波，单位长度线路的电容、电感分别为 C_0、L_0，线路参数看成是由无数很小的长度单元 Δx 构成，如图 1-6（b）所示。

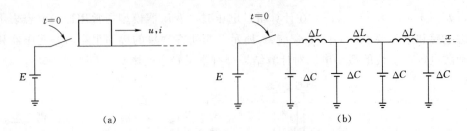

图 1-6　均匀无损的单导线

（a）单根无损线首端合闸于 E；（b）等效电路

合闸后，电源向线路电容充电，在导线周围空间建立起电场，形成电压。靠近电源的电容立即充电，并向相邻的电容放电，由于线路电感的作用，较远处的电容要间隔一段时间才能充上一定数量的电荷，并向更远处的电容放电。这样电容依次充电，沿线路逐渐建立起电场，将电场能储存于线路对地电容中，也就是说电压波以一定的速度沿线路 x 方向传播。随着线路的充放电将有电流流过导线的电感，即在导线周围空间建立起磁场，因此和电压波相对应，还有电流波以同样的速度沿 x 方向流动。综上所述，电压波和电流波沿线路的传播过程实质上就是电磁波沿线路传播的过程，电压波和电流波是在线路中传播的伴随而行的统一体。

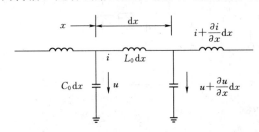

图 1-7　均匀无损单导线的单元等值电路

2. 波动方程及解

为了求出无损单导线线路行波的表达式，令 x 为线路首端到线路上任意一点的距离。线路每一单元长度 $\mathrm{d}x$ 具有电感 $L_0\mathrm{d}x$ 和电容 $C_0\mathrm{d}x$，如图 1-7 所示，线路上的电压和电流 i 都是距离和时间的函数。

根据节点电流方程 $\sum i=0$ 可知

$$i=C_0\mathrm{d}x\,\frac{\partial u}{\partial t}+i+\frac{\partial i}{\partial x}\mathrm{d}x$$

根据回路电压方程 $\sum u=0$ 可知

$$u=L_0\mathrm{d}x\,\frac{\partial i}{\partial t}+u+\frac{\partial u}{\partial x}\mathrm{d}x$$

整理得

$$\frac{\partial i}{\partial x}+C_0\,\frac{\partial u}{\partial t}=0 \tag{1-6}$$

$$\frac{\partial u}{\partial x}+L_0\,\frac{\partial i}{\partial t}=0 \tag{1-7}$$

由式（1-6）对 x 再求导数，由式（1-7）对 t 再求导数，然后消去 i，并用类似的方法消去 u 得

$$\frac{\partial^2 u}{\partial x^2}=L_0 C_0\,\frac{\partial^2 u}{\partial t^2} \tag{1-8}$$

$$\frac{\partial^2 i}{\partial x^2}=L_0 C_0\,\frac{\partial^2 i}{\partial t^2} \tag{1-9}$$

式中：L_0、C_0 为单位长度电感和电容。

通过拉普拉斯变换将 $u(x,t)$ 变换成 $U(x,S)$，$i(x,t)$ 变换成 $I(x,S)$，并假定线路电压和电流初始条件为零，利用拉氏变换的时域导数性质，将式（1-8）、式（1-9）变换成

$$\frac{\partial^2 U(x,S)}{\partial x^2} - R^2(S)U(x,S) = 0 \tag{1-10}$$

$$\frac{\partial^2 I(x,S)}{\partial x^2} - R^2(S)I(x,S) = 0 \tag{1-11}$$

其中 $R(S) = \pm \dfrac{S}{v}$。

根据 2 阶齐次线性微分方程性质，令 $v = \sqrt{\dfrac{1}{L_0 C_0}}$，则式（1-10）、式（1-11）解为

$$U(x,S) = U_f(S)e^{\frac{-S}{v}x} + U_b(S)e^{\frac{S}{v}x} \tag{1-12}$$

$$I(x,S) = I_f(S)e^{\frac{-S}{v}x} + I_b(S)e^{\frac{S}{v}x} \tag{1-13}$$

将以上频域形式解变换到时域形式为

$$i(x,t) = i_f\left(t - \frac{x}{v}\right) + i_b\left(t + \frac{x}{v}\right) \tag{1-14}$$

$$u(x,t) = u_f\left(t - \frac{x}{v}\right) + u_b\left(t + \frac{x}{v}\right) \tag{1-15}$$

式（1-14）、式（1-15）就是均匀无损单导线波动方程的解。

3. 波速和波阻抗

在波动方程中定义

$$v = \sqrt{\frac{1}{L_0 C_0}}$$

v 为波传播的速度。对于架空线路

$$v = \sqrt{\frac{1}{\mu_0 \varepsilon_0}} = 3 \times 10^8 \, (\text{m/s})$$

即沿架空线传播的电磁波波速等于空气中的光速度。而一般对于电缆，波速 $v \approx 1.5 \times 10^8 \, \text{m/s}$，其传播速度低于架空线，因此减小电缆介质的介电常数可提高电磁波在电缆中传播速度。

定义波阻抗

$$Z = \frac{u_f}{i_f} = -\frac{u_b}{i_b} = \sqrt{\frac{L_0}{C_0}} \quad (\Omega)$$

一般对单导线架空线而言，Z 为 500Ω 左右，考虑电晕影响时取 400Ω 左右。由于分裂导线和电缆的 L_0 较小而 C_0 较大，故分裂导线架空线路和电缆的波阻抗都较小，电缆的波阻抗约为十几欧姆至几十欧姆不等。

波阻抗 Z 表示了线路中同方向传播的电流波与电压波的数值关系，但不同极性的行波向不同的方向传播，需要规定一个正方向。电压波的符号只取决于导线对地电容上相应电荷的符号，和运动方向无关。而电流波的符号不但与相应的电荷符号有关，而且与电荷

运动方向有关，根据习惯规定：沿 x 正方向运动的正电荷相应的电流波为正方向。在规定行波电流正方向的前提下，前行波与反行波总是同号，而反行电压波与电流波总是异号，即

$$\frac{u_f}{i_f} = Z$$

$$\frac{u_b}{i_b} = -Z$$

必须指出，分布参数线路的波阻抗与集中参数电路的电阻虽然有相同的量纲，但物理意义上有着本质的不同：

（1）波阻抗表示向同一方向传播的电压波和电流波之间比值的大小；电磁波通过波阻抗为 Z 的无损线路时，其能量以电磁能的形式储存于周围介质中，而不像通过电阻那样被消耗掉。

（2）为了区别不同方向的行波，Z 的前面应有正负号。

（3）如果导线上有前行波，又有反行波，两波相遇时，总电压和总电流的比值不再等于波阻抗，即

$$\frac{u}{i} = \frac{u_f + u_b}{i_f + i_b} = Z\frac{u_f + u_b}{u_f - u_b} \neq Z$$

（4）波阻抗的数值 Z 只与导线单位长度的电感 L_0 和电容 C_0 有关，而与线路长度无关。

4. 前行波和反行波

下面用行波的概念来分析波动方程解的物理意义。

首先讨论式（1-15），电压 u 的第一个分量 $u_f\left(t - \frac{x}{v}\right)$。设任意波形的电压波 $u_f\left(t - \frac{x}{v}\right)$ 沿着线路 x 传播，如图 1-8 所示，假定当 $t = t_1$ 时刻线路上任意位置 x_1 点的电压值为 u_a，当时间 $t = t_2$ 时刻时（$t_2 > t_1$），电压值为 u_a 的点到达 x_2，则应满足

$$t_1 - \frac{x_1}{v} = t_2 - \frac{x_2}{v}$$

即
$$x_2 - x_1 = v(t_2 - t_1)$$

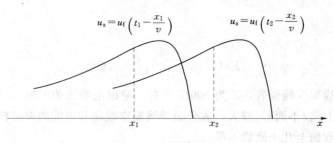

图 1-8　行波运动

由于 v 恒大于 0，且由于（$t_2 > t_1$），则（$x_2 - x_1$）> 0，由此可见 $u_f\left(t - \frac{x}{v}\right)$ 表示前行

波；同样的方法可以证明 $u_b\left(t+\dfrac{x}{v}\right)$ 表示沿 x 反方向行进的电压波，称为反行电压波。$i_f\left(t-\dfrac{x}{v}\right)$，$i_b\left(t+\dfrac{x}{v}\right)$ 的证明过程类似。

为方便将式（1-14）和式（1-15）改写成

$$i=i_f+i_b \tag{1-16}$$

$$u=u_f+u_b \tag{1-17}$$

由式（1-16）和式（1-17）可知，线路中传播的任意波形的电压和电流传播的前行波和反方向传播的反行波，两个方向传播的波在线路中相遇时电压波与电流波的值符合算术叠加定理，且前行电压波与前行电流波的符号相同，反行电压波与反行电流波的符号相反。

5. 行波的折射和反射

当波沿传输线传播，遇到线路参数发生突变，即波阻抗发生突变的节点时，都会在波阻抗发生突变的节点上产生折射和反射。

如图 1-9 所示，当无穷长直角波 $u_{if}=E$ 沿线路 1 达到 A 点时后，在线路 1 上除 u_f、i_f 外又会产生新的行波 u_b、i_b，因此线路上总的电压和电流为

$$\left.\begin{array}{l}u_1=u_{1f}+u_{1b}\\i_1=i_{1f}+i_{1b}\end{array}\right\} \tag{1-18}$$

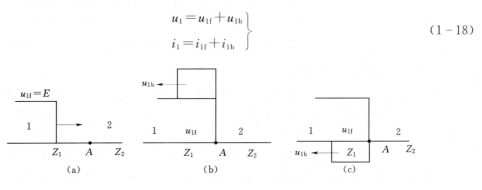

图 1-9 波通过节点的折反射

（a）波通过节点前；（b）波通过节点后，$Z_2>Z_1$ 时；（c）波通过节点后，$Z_2<Z_1$ 时

设线路 2 为无限长，或在线路 2 上未产生反射波前，线路 2 上只有前行波没有反行波，则线路 2 上的电压和电流为

$$\left.\begin{array}{l}u_2=u_{2f}\\i_2=i_{2f}\end{array}\right\} \tag{1-19}$$

然而节点 A 只能有一个电压电流，因此其左右两边的电压电流相等，即 $u_1=u_2$，$i_1=i_2$，因此有

$$\left.\begin{array}{l}u_{2f}=u_{1f}+u_{1b}\\i_{2f}=i_{1f}+i_{1b}\end{array}\right\} \tag{1-20}$$

将 $\dfrac{u_{if}}{i_{1f}}=Z_1$，$\dfrac{u_{2f}}{i_{2f}}=Z_2$，$\dfrac{u_{ib}}{i_{1b}}=-Z_1$，$u_{if}=E$ 代入式（1-20）得

$$u_{2f} = \frac{2Z_2}{Z_1 + Z_2} E = \alpha E \left.\right\}$$
$$u_{1b} = \frac{Z_2 - Z_1}{Z_1 + Z_2} E = \beta E \left.\right.$$

$$\text{(1-21)}$$

其中 α，β 分别为折射与反射系数。α，β 计算如式（1-22）所示。

$$\alpha = \frac{2Z_2}{Z_1 + Z_2}$$
$$\beta = \frac{Z_2 - Z_1}{Z_1 + Z_2}$$
$$\alpha = 1 + \beta$$

$$\text{(1-22)}$$

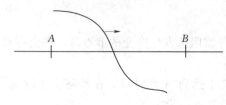

图 1-10　线路上的波过程

另外，线路是用集中参数还是分布参数等值，除跟线路长度有关，还与暂态过程的频率有关。设线路长 300m（约一档距），幅值为 I 的正弦波电流以光速（300m/μs）传播，如图 1-10 所示，AB 两点间的传播时间 Δt 为 1μs。如果是工频 50Hz，两点的电流的差值最大为 $3.14 \times 10^{-4} I$，这样可以看成同一值。但如果是 100kHz，其差值最大可达到 $0.628I$。因此在高频领域，即使距离很短，例如变电站的母线，也要考虑波的传播过程，即当成分布参数线路处理。变压器有时也要当作分布参数线路处理。

1.4.4　非线性元件和开关操作

　　电力系统的暂态过程往往是因状态的变化而造成的。这种变化可以是断路器正常或故障操作而引起触头的闭合或开断；可以是雷电入侵波或操作过电压引起间隙避雷器间隙击穿或电流过零时电弧的熄灭；也可以是系统发生故障造成相对地或相间突然短接等。在暂态计算中把电路中节点之间的闭合和开断用广义的开关操作来表示。因此，开关的计算模型以及正确处理开关操作所引起系统状态变化的程序方法，是电力系统电磁暂态计算的重要组成部分。

　　电力系统中大部分元件属于线性元件，或可以近似地认为是线性元件，但也有一些元件具有明显的非线性特性，这些特性对暂态过程产生明显的影响。典型的非线性元件有避雷器的非线性电阻，如图 1-11 所示；变压器或电抗器等铁磁元件因铁芯饱和而形成的非线性电感；以及断路器、保护间隙的电弧电阻等。因此，在暂态计算程序中应包括计及这些非线性元件特性的数学模型，并

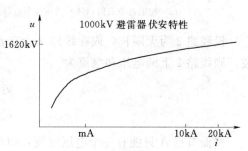

图 1-11　避雷器的电压—电流特性

且含有一定的求解非线性电路的数值分析方法。对工程计算来说，还希望计算模型和分析方法尽可能实用，以便在尽可能短的计算时间里，得到具有一定准确度的结果。

　　在实际计算中，经常采用被称为分段线性化的方法来处理非线性元件，即把非线性元

件的特性用几段具有不同斜率的直线线段来表示，把非线性元件局部等值为线性元件。

1.4.5 元件参数的频率特性

在电力系统电磁暂态分析过程中，一个元件的特性模拟，不只是要作出正确的等值电路，还要模拟它的频率特性，因为这些频率特性有时对暂态现象有着决定性的影响。

在暂态计算中，通常需要考虑频率特性的元件是架空线路和电缆。架空线路的正序电感 L_1 实际上是常数，在导线的趋肤效应不显著时，正序电阻 R_1 基本上也是常数。零序电感 L_0 和零序电阻 R_0 则因大地回路的趋肤效应而与频率密切相关。图 1-12 所示为架空线路电阻和电感的频率特性。变压器参数也有频率特性，但通常没有考虑。

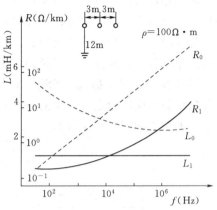

图 1-12 架空线路电阻和电感的频率特性

1.4.6 时间跨度的要求

稳态计算的对象是一个时间断面，而暂态计算要模拟一个时间过程。数字计算机不可能连续地模拟暂态现象，只能在离散的时间点（步长 Δt）求解，这将会导致累积误差。如何减少这类误差的积累是暂态仿真程序的重要课题。

鉴于暂态计算的上述特点，暂态计算比稳态计算不论是程序编制还是应用难度都要大得多。

1.5 电力系统数字仿真

1.5.1 电力系统数字仿真的分类

根据原型系统、数学模型和数字计算机三者的特征可以把电力系统数字仿真分成各种不同的类型。

按照原型系统状态变化的时间过程，可分为连续系统仿真和离散事件系统仿真。连续系统仿真的系统状态量随时间连续变化，它的数学模型是一组方程式，包括连续模型（用微分方程描述）、离散时间模型（用差分方程描述）和连续与离散混合模型。离散事件系统仿真的系统状态量只在一些时间点上由某随机事件的驱动而发生变化，这类系统在两个事件之间其状态量保持不变，它的数学模型一般只用流程图或网络图描述。

按照仿真目的，可分为以分析研究为目的的研究用系统仿真和以培训运行人员为目的的培训用系统仿真。研究用电力系统数字仿真，如电力系统电磁暂态计算程序（EMTP），它可用于研究由开关操作、故障和雷击等引起的电磁暂态、电磁谐振和机电振荡，也可用于研究交直流换流器、控制系统和继电保护装置等的特性。除此以外，还有大量适合于专门功能的电力系统数字仿真程序，如电力系统综合程序（BPA）等。培训用电力系统数字仿真，如电力系统调度员培训仿真系统（DTS）、变电站培训仿真系统等，利用计算机及相关设备，将电力系统完整的模拟出来，并可以在上面进行正常操作训练及故障排除训练。培训用的仿真是为了训练系统运行、调度人员对系统环境的反应和判断能力，因此要求仿真的环境尽可能逼真，而对于仿真精度，只由培训的要求决定。

研究用电力系统数字仿真又可分为系统稳态计算和暂态计算两大类。当需要研究电力系统处于相对平衡状态的运动特性时，采用系统稳态仿真；当研究系统处于受扰动状态的运动特性时，则采用系统暂态仿真。两者的数学模型不同，仿真方法也不相同。稳态仿真中有潮流计算、故障计算，以及稳定计算和电压稳定计算中的静稳定计算。暂态仿真中有过电压计算、次同步振荡（SSR）计算、暂态恢复电压（TRV）计算、高次谐波计算，及稳定计算和电压稳定计算中的暂态稳定性计算。电力系统数字仿真按照研究电力系统运行状态的分类如图 1-13 所示。

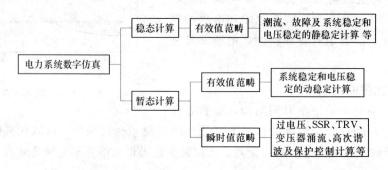

图 1-13　电力系统数字仿真按照研究电力系统运行的状态的分类示意图

按照计算方法，电力系统数字仿真又可以分成有效值计算和瞬时值计算两大类。有效值计算用于大规模系统的比较长时间的状态模拟，而瞬时值计算用于局部系统的短时间的暂态模拟。有效值计算通常只使用正序回路，而瞬时值计算需要使用三相回路。但是，在包含电力电子设备的情况，如高压直流系统，由于晶闸管等开关的频繁动作，即使是长时间模拟也需要采用瞬时值计算。另一方面，由于硬件设备和计算技术的进步，大规模系统的瞬时值在线（实时）计算也成为可能了。稳态计算和暂态计算中的动稳定计算属于有效值计算范畴，其他的暂态计算都属于瞬时值范畴。

1.5.2　电力系统数字仿真的优点

数字仿真在电力系统研究中得到快速的发展，除了计算机技术和软件技术的飞速发展外，电力系统数字仿真的独特优点是促使其快速发展的重要因素，这些优点有：

（1）数字仿真不受被研究电力系统的规模和复杂性的限制。世界各国都在不断扩大电力系统的规模，大多数工业发达国家都建立了自己的全国统一电力系统，有些相邻国家间还建立了跨国联合电力系统。我国已实现跨区域电力系统的互联，依托三峡工程，实现以长江三峡为中心的全国统一电力系统。随着规模的增大，电力系统的结构也变得更加复杂。这些规模庞大和结构复杂的大系统，试验和研究的现场实测方法已很难进行。在电力系统动态模拟上做几十台发电机、几十条输电线路的电力系统暂态过程试验也是相当困难，而采用电力系统数字仿真就不存在这些困难，可以进行数百台发电机和上千条输电线路的大型电力系统数字仿真。

（2）保证被研究系统的安全性。电力系统的故障试验、稳定性破坏试验、核电站控制试验等，直接在原型系统上做实验有很大的危险性，甚至是不允许的，这时，用电力系统数字仿真的方法是唯一可行的途径。

（3）提高系统试验的经济性。在实际电力系统上做试验要暂停部分用户供电，需要配备各种测量设备、测量通道、通信工具，要求很多运行、调度人员和测试人员密切配合，花费大量人力、物力和财力，因此这种试验很难实现。如果用数字仿真做试验，所需费用要少得多。而且，数字仿真试验的设备一般都可重复使用，只需少数计算人员参加，试验时间很短。

（4）增强对电力系统发展的预测性。需要对未来电力系统的特性做预测性的分析和研究，这些工作在实际电力系统中难以实现，而系统数字仿真可以对设计方案进行大量试验和计算，进行经济技术比较和优化，还可以对未来系统的假设条件的合理性进行验证。电力系统规划的方案是靠仿真得到的；新元件的接入、运行方式的确定是用仿真结果作为依据的；新方法研究、新装置设计、参数确定是用仿真来确认的。电力系统仿真软件试验已经成为电力系统设计、规划和运行阶段不可或缺的部分。

1.5.3　电力系统数字仿真软件

世界各国的电力系统数字仿真软件众多，目前国内外获得广泛应用的电力系统仿真软件主要有 3 大类：

（1）基于瞬时值计算的离线仿真软件，如 EMTP、PSCAD/EMTDC、PSAPAC 等。

（2）基于有效值计算的离线仿真软件，如 BPA（包括中国版 BPA）、PSASP、PSS/E、NETOMAC 等。

（3）基于瞬时值计算的实时仿真软件，如 RTDS、HYPERSIM。

1. 电磁暂态分析程序（EMTP）

电磁暂态分析程序 EMTP（Electro-Magnetic Transients Program）是国际公认的电力系统电磁暂态分析的标准程序，其创始人是加拿大 UBC 大学任教的 Dommel 教授，目前 EMTP 有三个版本，即 BPA-EMTP、ATP-EMTP 和 DCG-EMTP。BPA-EMTP 是最早由美国邦纳维尔电力局（Bonneville Power Adminstration，BPA）无偿提供的 EMTP 版本，其用户现在大多已转用 ATP-EMTP。ATP-EMTP 是 BPA 的 Scott-Meyer 以自己的业余时间和资金开发的 BPA-EMTP 的替代程序，ATP-EMTP 坚持无偿提供的原则，在全世界拥有最多的用户，是目前国际上主流版本的 EMTP 程序。DCG-EMTP 是 1981 年成立的 DCG（EMTP 合作开发组织）开发的 EMTP 版本，需有偿使用。

EMTP 具有分析功能多和元件模型全等优点，可以用于电力系统的稳态和暂态仿真分析，系统可由集中参数、分布参数元件、线性与非线性元件、具有频率相关参数的线路、各种类型开关、电力电子元件、变压器及电机、多种类型电源、控制电路的任意组合构成，只要是电路计算的范畴，对研究对象几乎没有限制。EMTP 的计算精度经过了 IEEE 和 CIGRE 等国际权威组织的认定，因此计算结果的可信性很高。

实际上，EMTP 是开发其他的电磁暂态程序，如 EMTDC、RTDS、HYPERSIM 的基础。

2. 直流电磁暂态程序（PSCAD/EMTDC）

Dennis Woodford 博士于 1976 年在加拿大曼尼托巴直流研究中心开发完成了 EMTDC（Electro-Magnetic Transients in DC System）的初版，它既可以研究交直流电力系统问题，又能完成电力电子仿真及其非线性控制，是一个离线仿真的电磁暂态计算程序，它有精确的直流元件模型、方便的数据输入方式以及强大的数据分析功能，是进行直流系统分析和工程研究的有力工具。事实上，EMTP 程序所采用的电力系统模型和技术都可以应用于 EMTDC 中。PSCAD（Power System Computer Aided Design）是其图形用户界面，PSCAD 的开发成功，使得用户能更方便地使用 EMTDC 进行电力系统分析，使电力系统复杂部分可视化成为可能，而且软件可以作为实时数字仿真器的前置端。可模拟任意大小的交直流系统，在对直流系统电磁暂态仿真方面有绝对优势。操作环境为：UNIX OS，Windows95、98，NT；Fortran 编辑器；浏览器和 TCP/IP 协议。主要功能如下：

（1）可以分析系统中断路器操作、故障及雷击时出现的过电压。

（2）可对包含复杂非线性元件（如直流输电设备）的大型电力系统进行全三相的精确模拟，其输入、输出界面非常直观、方便。

（3）进行电力系统时域或频域计算仿真。

（4）电力系统谐波分析及电力电子领域的仿真计算。

（5）实现高压直流输电、FACTS 控制器的设计。

3. PSAPAC 程序

PSAPAC 由美国 EPRI 开发，是一个全面分析电力系统静态和动态性能的软件工具。功能如下：

（1）DYNRED（Dynamic Reduction Program）：网络化简与系统的动态等值，保留需要的节点。

（2）LOADSYN（Load Synthesis Program）：模拟静态负荷模型和动态负荷模型。

（3）IPFLOW（Interactive Power Flow Program）：采用快速分解法和牛顿—拉夫逊法相结合的潮流分析方法，由电压稳态分析工具和不同负荷、事故及发电调度的潮流条件构成。

（4）TLIM（Transfer Limit Program）：快速计算电力潮流和各种负荷、事故及发电调度的输电线的传输极限。

（5）DIRECT：直接法稳定分析软件弥补了传统时域仿真工作量大、费时的缺陷，并且提供了计算稳定裕度的方法，增强了时域仿真的能力。

（6）LTSP（Long Term Stability Program）：LTSP 是时域仿真程序，用来模拟大型电力系统受到扰动后的长期动态过程。为了保证仿真的精确性，提供了详细的模型和方法。

（7）VSTAB（Voltage Stability Program）：该程序用来评价大型复杂电力系统的电压稳定性，给出接近于电压不稳定的信息和不稳定机理。为了估计电压不稳定状态，使用了一种增强的潮流程序，提供了一种接近不稳定的模式分析方法。

（8）ETMSP（Extended Transient Midterm Stability Program）：EPRI 为分析大型电力系统暂态和中期稳定性而开发的一种时域仿真程序。为了满足大型电力系统的仿真，程序采用了稀疏技术，解网络方程时为得到最合适的排序采用了网络拓扑关系并采用了显式积分和隐式积分等数值积分法。

SSSP（Small-signal Stability Program）：该程序有助于局部电厂模式振荡和站间模式振荡的分析，由多区域小信号稳定程序（MASS）及大型系统特征值分析程序（PEALS）两个子程序组成。MASS 程序采用了 QR 变换法计算矩阵的所有特征值，由于系统的所有模式都计算，它对控制的设计和协调是理想的工具；PEALS 使用了两种技术：AESOPS 算法和改进 Arnoldi 方法，这两种算法高效、可靠，而且在满足大型复杂电力系统的小信号稳定性分析的要求上互为补充。

4. BPA 程序

BPA 程序是美国联邦政府能源部下属邦纳维尔电力局计算方法开发组自 20 世纪 60 年代初期开发的大型电力系统离线分析程序。该程序采用稀疏矩阵技巧的牛顿—拉夫逊法，并将梯形积分法运用于暂态稳定的计算，形成较为稳定的数值解。BPA 程序的结构分为潮流程序和稳定程序两部分。

BPA 潮流程序主要用来计算电力系统潮流。该程序中的负荷模型包含恒定功率负荷、恒定电流负荷和恒定阻抗负荷模型。可以根据某节点上 P 和 Q 的扰动量，计算系统中各节点灵敏度、线路灵敏度和网损灵敏度值。程序的输出具有内容详细和格式灵活的特点，既可以有选择地列表输出原始数据、计算结果和潮流分析报告，也可以应用单线图格式潮流图形程序及地理接线图格式潮流图形程序输出。

BPA 稳定程序含有 9 种传统励磁模型和 1981 年 IEEE 提出的 11 种新励磁模型，可模拟多种类型的直流型励磁机、交流型励磁机及静态型励磁机，可以进行多端直流的模拟。程序可以在屏幕上输出最大摇摆角，还可以给出对应的两台发电机名。

BPA 程序的主要功能是进行大型交直流混合电力系统潮流和暂态稳定计算，同时还能进行短路电流计算和电网静态等值分析等。BPA 配备有较完善的辅助工具，包括单线图和地理接线图格式潮流图程序、稳定曲线作图工具。具有计算规模大、计算速度快、数据稳定性好、功能强等特点。BPA 稳定程序中包括详细的发电机和各种励磁系统模型，但没有提供用户自定义功能，程序中 HVDC、FACTS 元件及其控制模型不够完善。另外，BPA 的数据格式要求比较严格，与一些国际上通用的机电暂态仿真程序之间的数据互换比较困难。

中国版 BPA 程序是由中国电力科学院引进、消化、吸收美国 BPA 程序 1983 年 9 月版本的基础上开发而成。从 1984 年开始在我国推广应用以来，已在我国电力系统规划设计、调度运行和试验研究等各部门得到了广泛的应用，成为我国电力系统分析计算的重要工具之一。

5. 电力系统分析综合程序（PSASP）

电力系统分析综合程序（Power System Analysis Software Package，PSASP）是中国电力科学研究院开发的一套具有高度集成性、开放性的大型软件包。PSASP 与 Excel、AutoCAD、MATLAB 等通用的软件包分析工具有方便的接口，可充分利用其他软件包的资源。该软件在我国高校研究人员和电力系统现场都有广泛应用。

PSASP 结构分为三层，第一层是公用数据和模型的资源库，其中包括：电网基础库、固定模型库、用户自定义模型库和用户程序库等。第二层是基于资源库的应用程序包，包括稳态分析、故障分析、机电暂态分析和暂态稳定计算。第三层是计算结果库和分析工具，软件进行各种分析计算后，生成的结果数据以多种形式输出或转换为 Excel、Auto-CAD、MATLAB 等其他数据格式。

PSASP 的功能主要有稳态分析、故障分析和机电暂态分析。稳态分析包括潮流分析、网损分析、最优潮流和无功优化、静态安全分析、谐波分析和静态等值等。故障分析包括短路计算、复杂故障计算及继电保护整定计算。机电暂态分析包括暂态稳定计算、电压稳定计算、控制参数优化等。

6. PSS/E 软件

电力系统仿真软件 PSS/E（Power System Simulator for Engineering）是由美国电力技术公司（PTI）开发的商业软件，主要用于电力系统仿真和计算。PSS/E 程序国际影响较大，在国内 PSS/E 以其独有的魅力正受到各高校、研究机构的青睐。

PSS/E 包含了电力系统机电暂态分析计算的常见模块，其主要特点有：仿真规模非常大，有利用超大规模系统的计算；灵活的模型自定义功能；强劲的交互式计算过程控制等。另外，PSS/E 数据格式标准能与多种仿真程序进行数据转换。在版本更新方面，PSS/E 做得更好，随着版本的不断更新，PSS/E 模型库中的各种元件模型更加完善。

7. NETOMAC 程序

NETOMAC（Network Torsion Machine Control）是德国西门子公司研制的电力系统仿真软件。NETOMAC 仿真分析软件功能强大，较好地结合了机电暂态和电磁暂态两大应用领域，也具有网络等值、频域分析、参数辨识和优化等功能。但 NETOMAC 程序的使用存在掌握较为困难，潮流计算收敛性较差，无法方便绘制地理接线图格式的潮流图，输入数据与 BPA 转换较为困难，用户数据输入/输出界面不够友好等不足。在世界各国尤其是欧洲拥有众多用户。

NETOMAC 软件程序结构和特点：

（1）程序元件模型健全，该软件模型库几乎包含了当前电力系统所有的元件。

（2）仿真频带宽，该软件既可模拟雷电波的过程，又能进行电磁暂态、机电暂态、稳态等电力系统过程的仿真计算。

（3）功能多且强，该软件可进行潮流、短路、稳定、动态等值、电动机启动、参数辨识、机组轴系扭振、优化潮流等多种计算。

（4）NETOMAC 的微机版本可以计算包含数千条线路和数百台发电机的大型网络，能较好地满足大规模实际电力系统仿真的需要。

8. 实时数字仿真器（RTDS）

RTDS（Real Time Digital Simulators）是加拿大曼尼托巴 RTDS 公司开发的一种实时全数字电磁暂态电力系统模拟装置，它是电力系统规模的不断扩大和计算机并行处理技术及数字仿真技术飞速发展的产物。其算法与 EMTP 仿真程序相同，RTDS 的图形用户界面是 RSCAD。RTDS 提供了几乎所有的传统电力系统元件模型，并且可实现物理和数字混合仿真，对控制设备和保护装置进行测试。因此，RTDS 仿真系统可应用于电力系统的规划及优化、可行性研究、保护系统的设计与测试、系统稳态及电磁暂态分析及其教育培

训等诸多方面。RTDS 的数据文件比较复杂，目前 RSCAD 自带了 BPA－RSCAD 和 PSS/
E－RSCAD 的数据转换程序，但转换程序均不完善。

9. 全数字电力系统实时仿真系统（HYPERSIM）

HYPERSIM 是加拿大魁北克 TET 公司开发的一种基于并行计算技术、采用模块化
设计、面向对象编程的电力系统全数字仿真系统。HYPERSIM 目前具有 Unix，Linux、
Windows 等 3 种版本，即可在 Sun Unix 工作站或 Linux/Windows PC 机上进行离线仿
真，也可在 SGI 超级计算机或者 Linux PC-Cluster 上与实际电力系统器件连接而进行实
时在线仿真。HYPERSIM 提供了电磁仿真的灵活性，比传统的模拟仿真器更加灵活、简
单、廉价，可用于电力系统、电力电子及电机拖动分析，用于 HVDC 及 FACTS 设备动
态性能测试，以及控制系统性能测试、继电保护和重合闸装置闭环测试。

HYPERSIM 硬件采用基于共享存储器的多 CPU 超级并行处理计算机如 SGI3000
（SGI350）或多 CPU 的并行计算用的 Alpha 工作站。主要用于电力系统电磁暂态仿真，
仿真的规模可以相当大，也可以用于装置试验。其中基于 SGI3200 服务器的 HYPERSIM
也可用于直流系统动态特性仿真，HYPERSIM 软件的核心是 EMTP 程序。

习　　题

1－1　什么是电力系统电磁暂态现象？

1－2　分析电力系统电磁暂态现象的目的是什么？

1－3　电力系统电磁暂态研究的方法有哪些？各有什么特点？

1－4　电力系统电磁暂态现象的特点有哪些？

1－5　电力系统数值计算中著名的仿真程序有哪些？

第2章 电磁暂态计算用的电力系统设备模型

电力系统中暂态现象的研究所涉及的频率范围非常广，从直流到大约 50MHz。在不同目的的暂态过程分析中，所考虑的频率范围不同，相应的电力系统设备的模型也不同。国际大电网会议（CIGRE）按照频率范围将研究对象分成四个领域，即暂时过电压领域、缓波前过电压领域、快波前过电压领域和特快波前过电压领域，如图 1-3 所示。本章介绍电力系统设备模型也是按照这个划分考虑的。

电力系统的设备很多，可大致分为发电设备、变电设备、线路设备和负荷设备。本章介绍的模型以设备为对象，电气元件（电阻、电感和电容）的模型包含在设备模型中。放电模型和电晕模型严格地说不属于设备模型，但它们对暂态过程影响很大，因此也一并在本章中介绍。

2.1 架空线路和电缆

2.1.1 集中参数电路贝瑞隆（Bergeron）模型

贝瑞隆（Bergeron）数值计算法是把电路中集中参数元件按数值计算的要求化为相应的等效计算电路。

2.1.1.1 线性无耦合集中参数元件电路模型

1. 电阻元件

假设在节点 k、m 间有一电阻 R，如图 2-1 所示，纯电阻集中参数不是储能元件，其暂态过程与历史记录无关，电压和电流的关系满足方程式

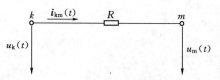

图 2-1 集中参数电阻元件等值电路

$$i_{km}(t) = [u_k(t) - u_m(t)]/R \qquad (2-1)$$

式中：$i_{km}(t)$ 表示由节点 k 流向节点 m 的电流；$u_k(t)$ 和 $u_m(t)$ 分别表示两端点对地的电压。

集中参数电阻可以用于模拟以下元件：①断路器中的合闸电阻和分闸电阻；②杆塔接地电阻；③发电机和变压器的中性点接地电阻等。

2. 电感元件

假设在节点 k、m 间有一电感 L，如图 2-2 所示，线性电感暂态过程用电磁感应定律来描述

$$u_k(t) - u_m(t) = L\frac{di_{km}(t)}{dt} \qquad (2-2)$$

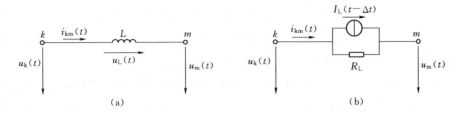

图 2-2　集中参数电感元件等值计算电路

（a）原电路；（b）等值计算电路

把式（2-2）写成积分形式为

$$i_{km}(t) - i_{km}(t-\Delta t) = \frac{1}{L}\int_{t-\Delta t}^{t}[u_k(t) - u_m(t)]du$$

$$(2-3)$$

式中：$i_{km}(t-\Delta t)$ 表示 $t-\Delta t$ 时刻由节点 k 流向节点 m 的电流。

因为式（2-3）等号右端和积分运算的几何意义相当于图 2-3 斜线所示面积，所以，当 Δt 足够小时，曲线段 ab 可近似地以直线段 ab 来替代，则曲线所示面积可以

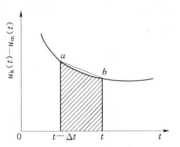

图 2-3　梯形积分法则的几何意义

梯形面积来表示，并有足够的精确度，这种方法称为梯形积分法则。运用梯形积分法则，式（2-3）可以写成

$$i_{km}(t) = i_{km}(t-\Delta t) + \frac{\Delta t}{2L}\{[u_k(t) - u_m(t)] + [u_k(t-\Delta t) - u_m(t-\Delta t)]\} \quad (2-4)$$

式中：$u_k(t-\Delta t)$ 和 $u_m(t-\Delta t)$ 表示 $t-\Delta t$ 时刻节点 k、m 的电压。

式（2-2）也可以直接用差分方程式推导出式（2-4）。

将式（2-4）改写成

$$i_{km}(t) = \frac{1}{R_L}[u_k(t) - u_m(t)] + I_L(t-\Delta t) \quad (2-5)$$

$$I_L(t-\Delta t) = i_{km}(t-\Delta t) + \frac{1}{R_L}[u_k(t-\Delta t) - u_m(t-\Delta t)] \quad (2-6)$$

式中：$R_L = 2L/\Delta t$ 称为电感 L 暂态计算时的等值电阻，只要 Δt 确定，R_L 就为定值；$I_L(t-\Delta t)$ 称为电感在暂态计算时反映历史记录的等值电流源。

可见，对电感元件来说，等值电流源不仅与计算前一步 $t-\Delta t$ 时节点电压值 $u_k(t-\Delta t)$ 和 $u_m(t-\Delta t)$ 有关，而且与计算前一步 $t-\Delta t$ 时流过电感的电流 $i_{km}(t-\Delta t)$ 有关，这样，在电路的求解过程中，不仅需要求解网络的节点电压，而且需要计算支路电流，而在进行电力系统的有些暂态分析计算，如电力系统过电压计算时，往往只对网络中节点对地电位和波形感兴趣，为了加快计算速度，对式（2-6）进行进一步推导。

由式（2-5）递推得到 $t-\Delta t$ 时刻电流为

$$i_{km}(t-\Delta t) = \frac{1}{R_L}[u_k(t-\Delta t) - u_m(t-\Delta t)] + I_L(t-2\Delta t) \quad (2-7)$$

将式（2-7）代入式（2-6），得到电感等值计算中新的等值电流源递推公式

$$I_{\mathrm{L}}(t-\Delta t)=I_{\mathrm{L}}(t-2\Delta t)+\frac{2}{R_{\mathrm{L}}}\big[u_{k}(t-\Delta t)-u_{m}(t-\Delta t)\big] \tag{2-8}$$

式 (2-8) 中不再出现 $i_{\mathrm{km}}(t-\Delta t)$，所以在过电压分析运算过程中不必再进行电感支路电流的中间计算，加快了计算速度，简化了递推公式。

集中参数电感可以用于模拟以下元件：①在并联补偿方案中的单相并联电抗器的中性点小电抗；②串联补偿站中的放电电路元件；③直流换流站中的平波电抗器；④单相常规 π 型电路中的电感元件等。

3. 电容元件

假设在节点 k、m 间有一电容 C，如图 2-4 所示，线性电容暂态过程用电磁感应定律来描述

$$i_{\mathrm{km}}(t)=C\,\frac{\mathrm{d}\big[u_{k}(t)-u_{m}(t)\big]}{\mathrm{d}t} \tag{2-9}$$

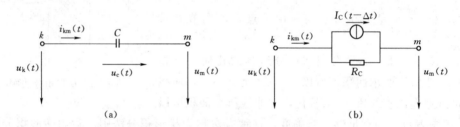

图 2-4　集中参数电感元件等值计算电路

(a) 原电路；(b) 等值计算电路

把式 (2-9) 写成积分形式为

$$\big[u_{k}(t)-u_{m}(t)\big]-\big[u_{k}(t-\Delta t)-u_{m}(t-\Delta t)\big]=\frac{1}{C}\int_{t-\Delta t}^{t}i_{\mathrm{km}}(t)\mathrm{d}t \tag{2-10}$$

运用梯形积分法则，式 (2-10) 写成

$$i_{\mathrm{km}}(t)=-i_{\mathrm{km}}(t-\Delta t)+\frac{2C}{\Delta t}\big[u_{k}(t)-u_{m}(t)\big]-\frac{2C}{\Delta t}\big[u_{k}(t-\Delta t)-u_{m}(t-\Delta t)\big] \tag{2-11}$$

将式 (2-11) 改写成

$$i_{\mathrm{km}}(t)=\frac{1}{R_{C}}\big[u_{k}(t)-u_{m}(t)\big]+I_{C}(t-\Delta t) \tag{2-12}$$

$$I_{C}(t-\Delta t)=-i_{\mathrm{km}}(t-\Delta t)-\frac{1}{R_{C}}\big[u_{k}(t-\Delta t)-u_{m}(t-\Delta t)\big] \tag{2-13}$$

式中：$R_{C}=\Delta t/(2C)$ 称为电容 C 暂态计算时的等值电阻；$I_{C}(t-\Delta t)$ 称为电容在暂态计算时反映历史记录的等值电流源。

可见，对电容元件来说，等值电流源同样不仅与计算前一步 $t-\Delta t$ 时节点电压值 $u_{k}(t-\Delta t)$ 和 $u_{m}(t-\Delta t)$ 有关，而且与计算前一步 $t-\Delta t$ 时流过电容的电流 $i_{\mathrm{km}}(t-\Delta t)$ 有关。为了加快计算速度，对式 (2-13) 进行进一步推导。

由式 (2-12) 递推得到 $t-\Delta t$ 时刻电流为

$$i_{\mathrm{km}}(t-\Delta t)=\frac{1}{R_{C}}\big[u_{k}(t-\Delta t)-u_{m}(t-\Delta t)\big]+I_{C}(t-2\Delta t) \tag{2-14}$$

将式（2-14）代入式（2-13），得到电容等值计算中新的等值电流源递推公式

$$I_C(t-\Delta t)=-I_C(t-2\Delta t)-\frac{2}{R_C}[u_k(t-\Delta t)-u_m(t-\Delta t)] \tag{2-15}$$

集中参数电容可以用于模拟以下元件：①串联及并联电容；②单相常规 π 型电路中的电容元件；③发电机和变压器的杂散电容；④电容式电压互感器和电容式分压器；⑤冲击电压发生器中的元件；⑥超高压直流换流站中的缓冲电路及滤波器中的元件，冲击电容器等。

以上给出了单个 R、L、C 元件的暂态等值电路。当一集中参数元件同时含有几个参数时，可以分别作出它们的暂态等值电路，然后进行相应的连接。另外，对于并联电抗器和并联电容器等接地元件，可以在暂态等值计算中令其接地端电压为零。暂态等值计算电路又称等值计算电路，在不引起混淆的情况下，将它简称为等值电路。

【例 2-1】 应用等值计算电路，计算图 2-5（a）中开关闭合后电感元件的电流和电压降。已知 $i_L(0)=1A$，并取 $\Delta t=0.1\mu s$。

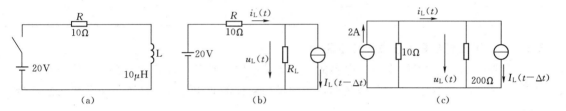

图 2-5 例 2-1 的电路图

(a) 原电路；(b) 等值计算电路 ；(c) 等值电路

解：（1）作全电路的等值计算电路。根据电阻和电感元件的等值电路，可以得出全电路的等值计算电路，如图 2-5（b）所示，其中 $R_L=2L/\Delta t=200\Omega$。将电压源化成电流源，则得到图 2-5（c）所示的等值电路。

（2）计算公式。按式（2-8），电感元件电流源的递推公式为

$$I_L(t-\Delta t)=I_L(t-2\Delta t)+\frac{2}{200}u_L(t-\Delta t)$$

由图 2-5（c），得电感元件的电流和电压降计算式为

$$i_L(t)=[2-I_L(t-\Delta t)]\times\frac{10}{210}+I_L(t-\Delta t)$$

$$u_L(t)=[2-I_L(t-\Delta t)]\times\frac{10}{210}\times 200$$

（3）起步计算。已知 $i_L(0)=1A$，由图 2-5（a）可求得开关闭合后瞬间，电感元件的电压 $u_L(0)=20-10\times1=10(V)$。应用式（2-6），得 $I_L(0)=1+\frac{1}{200}\times10=1.05(A)$。第一个步长 Δt 后的电流、电压为

$$i_L(\Delta t)=(2-1.05)\times\frac{10}{210}+1.05=1.095(A)$$

$$u_L(\Delta t)=(2-1.05)\times\frac{10}{210}\times200=9.048(V)$$

（4）递推计算。递推计算如下

$$I_L(\Delta t) = I_L(0) + \frac{2}{200} u_L(\Delta t) = 1.05 + 0.090 = 1.140(A)$$

$$i_L(2\Delta t) = (2 - 1.140) \times \frac{10}{210} + 1.140 = 1.181(A)$$

$$u_L(2\Delta t) = (2 - 1.140) \times \frac{10}{210} \times 200 = 8.190(V)$$

依次可求出 $t = 3\Delta t$，$4\Delta t$，…时的结果，如表 2-1 所示。

表 2-1　　　　　　　　　　例 2-1 的部分计算结果

$t(\mu s)$	$I_L(t - \Delta t)(A)$	$i_L(t)(A)$	$u_L(t)(V)$
0.1	1.050	1.095	9.048
0.2	1.140	1.181	8.190
0.3	1.222	1.295	7.410
0.4	1.296	1.330	6.705
0.5	1.363	1.393	6.067

2.1.1.2　线性耦合集中参数元件电路模型

线性无耦合集中参数电感、电容的等值计算电路，其模型计算公式都是一单个标量出现的。如果用一个矩阵来代替这些标量，即可用同样的通用公式来描述集中参数线性耦合元件。

1. 耦合性电感电路

图 2-6（a）表示一个简单的三支路耦合电感电路。由电感感应定律有

$$\boldsymbol{L} \frac{\mathrm{d}\boldsymbol{i}_{km}(t)}{\mathrm{d}t} = \boldsymbol{u}_k(t) - \boldsymbol{u}_m(t) \tag{2-16}$$

式中：k 表示节点 k_1，k_2，k_3；m 表示节点 m_1，m_2，m_3。

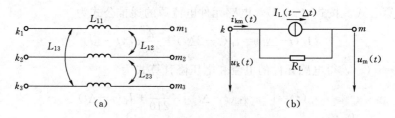

图 2-6　耦合性电感电路
(a) 三相耦合电感电路；(b) 等值计算电路

为了一般化起见，将 3 个支路扩展到 n 个支路，上述公式仍然成立，此时两端都有 n 个节点，其中

$$\boldsymbol{L} = \begin{bmatrix} L_{11} & M_{12} & \cdots & M_{1n} \\ M_{21} & L_{22} & \cdots & M_{2n} \\ \vdots & \vdots & \ddots & \vdots \\ M_{n1} & M_{n2} & \cdots & L_{nn} \end{bmatrix} \tag{2-17}$$

$$\begin{cases} \boldsymbol{i}_{\mathrm{km}}(t) = [i_{k_1 m_1}(t), i_{k_2 m_2}(t), \cdots i_{k_n m_n}(t)]^{\mathrm{T}} \\ \boldsymbol{u}_{\mathrm{k}}(t) = [u_{k_1}(t), u_{k_2}(t), \cdots, u_{k_n}(t)]^{\mathrm{T}} \\ \boldsymbol{u}_{\mathrm{m}}(t) = [u_{m_1}(t), u_{m_2}(t), \cdots, u_{m_n}(t)]^{\mathrm{T}} \end{cases} \tag{2-18}$$

电感上电压为

$$\boldsymbol{u}_{\mathrm{L}}(t) = \boldsymbol{u}_{\mathrm{k}}(t) - \boldsymbol{u}_{\mathrm{m}}(t) \tag{2-19}$$

式中：k 表示节点 k_1，k_2，$\cdots$，k_n；m 表示节点 m_1，m_2，$\cdots$，m_n。

当支路间无耦合时，电感参数矩阵中表示互感的非对角线元素都为零，则式（2-16）变为 n 个独立的微分方程，可以用前面介绍的单个元件的方法处理。有耦合时，非对角线元素不为零。对三相耦合电感元件，如三相变压器，通常给出正序电感参数 L_1 和零序电感参数 L_0，并且三相是对称的。通过变换可将模量参数变为平衡对称矩阵，对角元素 L 和非对角元素 M 分别为

$$\begin{cases} L = \dfrac{1}{3}(L_0 + 2L_1) \\ M = \dfrac{1}{3}(L_0 - L_1) \end{cases} \tag{2-20}$$

对式（2-16）同样可用梯形积分方法求解，可得

$$\boldsymbol{i}_{\mathrm{km}}(t) = \boldsymbol{i}_{\mathrm{km}}(t - \Delta t) + \frac{\Delta t}{2} \boldsymbol{L}^{-1} [\boldsymbol{u}_{\mathrm{L}}(t) + \boldsymbol{u}_{\mathrm{L}}(t - \Delta t)] \tag{2-21}$$

进一步写成

$$\boldsymbol{i}_{\mathrm{km}}(t) = \boldsymbol{R}_{\mathrm{L}}^{-1} [\boldsymbol{u}_{\mathrm{k}}(t) - \boldsymbol{u}_{\mathrm{m}}(t)] + \boldsymbol{I}_{\mathrm{L}}(t - \Delta t) \tag{2-22}$$

式中

$$\boldsymbol{R}_{\mathrm{L}} = \frac{2}{\Delta t} \boldsymbol{L} \tag{2-23}$$

$$\boldsymbol{I}_{\mathrm{L}}(t - \Delta t) = \boldsymbol{i}_{\mathrm{km}}(t - \Delta t) + \boldsymbol{R}_{\mathrm{L}}^{-1} [\boldsymbol{u}_{\mathrm{k}}(t - \Delta t) - \boldsymbol{u}_{\mathrm{m}}(t - \Delta t)] \tag{2-24}$$

这里电阻矩阵 $\boldsymbol{R}_{\mathrm{L}}$ 和反映历史记录的等效电流源列向量 $\boldsymbol{I}_{\mathrm{L}}(t - \Delta t)$ 和前面介绍的线性无耦合电感元件的公式具有相同的形式，这里只是用矩阵和列向量来表示，等值计算电路如图 2-6（b）所示。

2. 耦合性电容电路

图 2-7（a）表示三相的耦合性电容电路。由图可见，不仅每个节点对地有电容，而且节点之间相互有电容。虽然也可以把每个电容看作单个电容，采用前述的方法进行处理。但考虑参数的平衡性，用耦合性电路来处理，则可更方便输入数据和建立起网络节点导纳矩阵。

由电路理论，可以建立耦合性电容的微分方程

$$\boldsymbol{i}_{\mathrm{k0}}(t) = \boldsymbol{C} \frac{\mathrm{d} \boldsymbol{u}_{k0}(t)}{\mathrm{d}t} \tag{2-25}$$

若扩展成为 n 个节点，则有类似于耦合性电感的一系列公式。如果 n 个节点的

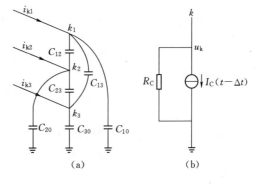

图 2-7 耦合性电容电路
(a) 三相耦合电容电路；(b) 等值计算电路

对地电容和节点间的电容均各自相等，并分别为 C_{11} 和 C_{12}，则 C 为平衡对称矩阵，对角线元素与非对角线元素分别为

$$\begin{cases} C = C_{11} + (n-1)C_{12} \\ K = -C_{12} \end{cases} \tag{2-26}$$

对三相对称耦合电路，若给出正序电容 C_1 和零序电容 C_0，便有 $C_1 = C_{11} + 3C_{12}$，$C_0 = C_{11}$。电容参数矩阵 C 的对角元素 C 与非对角元素 K 分别为

$$\begin{cases} C = C_{11} + 2C_{12} = \dfrac{1}{3}(C_0 + 2C_1) \\ K = -C_{12} = \dfrac{1}{3}(C_0 - C_1) \end{cases} \tag{2-27}$$

同样用梯形积分方法解微分方程可得

$$\boldsymbol{i}_{\mathrm{k}}(t) = \boldsymbol{R}_{\mathrm{C}}^{-1}\boldsymbol{u}_{\mathrm{k}}(t) + \boldsymbol{I}_{\mathrm{C}}(t - \Delta t) \tag{2-28}$$

式中

$$\boldsymbol{R}_{\mathrm{C}} = \frac{\Delta t}{2}\boldsymbol{C}^{-1} \tag{2-29}$$

$$\boldsymbol{I}_{\mathrm{C}}(t - \Delta t) = -\boldsymbol{R}_{\mathrm{C}}^{-1}\boldsymbol{u}_{\mathrm{k}}(t - \Delta t) - \boldsymbol{i}_{\mathrm{k}}(t - \Delta t) \tag{2-30}$$

根据式（2-28），可以作出图 2-7（b）的等值电路。图中，$\boldsymbol{R}_{\mathrm{C}}$ 为各支路的等值电阻矩阵，$\boldsymbol{I}_{\mathrm{C}}(t - \Delta t)$ 为各个节点对地等值电流源支路的电流源列向量，它是反映历史状态的时变电流源。

3. 耦合性电阻、电感串联电路

实际计算中常常会遇到如图 2-8 所示的三相电阻、电感耦合电路。

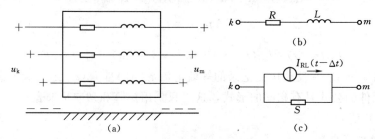

图 2-8　有耦合的电阻与电感串联电路

（a）三相耦合电阻与电感串联电路；（b）等值电路；（c）等值计算电路

若三相电路是平衡的，同样可根据电磁感应定律列出微分方程求解

$$\boldsymbol{R}\boldsymbol{i}_{\mathrm{km}}(t) + \boldsymbol{L}\frac{\mathrm{d}\boldsymbol{i}_{\mathrm{km}}(t)}{\mathrm{d}t} = \boldsymbol{u}_{\mathrm{k}}(t) - \boldsymbol{u}_{\mathrm{m}}(t) \tag{2-31}$$

也可写成

$$\frac{\mathrm{d}\boldsymbol{i}_{\mathrm{km}}(t)}{\mathrm{d}t} = \boldsymbol{L}^{-1}\big[\boldsymbol{u}_{\mathrm{k}}(t) - \boldsymbol{u}_{\mathrm{m}}(t) - \boldsymbol{R}\boldsymbol{i}_{\mathrm{km}}(t)\big] \tag{2-32}$$

应用梯形积分方法，并经整理可得

$$\boldsymbol{i}_{\mathrm{km}}(t) = \boldsymbol{S}^{-1}\big[\boldsymbol{u}_{\mathrm{k}}(t) - \boldsymbol{u}_{\mathrm{m}}(t)\big] + \boldsymbol{I}_{\mathrm{km}}(t - \Delta t) \tag{2-33}$$

式中

$$\boldsymbol{S} = \boldsymbol{R} + \frac{2}{\Delta t}\boldsymbol{L} \tag{2-34}$$

$$I_{km}(t-\Delta t)=S^{-1}[S-2R]i_{km}(t-\Delta t)+S^{-1}[u_k(t-\Delta t)-u_m(t-\Delta t)] \quad (2-35)$$

由前面递推公式，可将式（2-35）改写为

$$I_{km}(t-\Delta t)=H[u_k(t-\Delta t)-u_m(t-\Delta t)+SI_{km}(t-2\Delta t)]-I_{km}(t-2\Delta t) \quad (2-36)$$

式中

$$H=2[S^{-1}-S^{-1}RS^{-1}] \quad (2-37)$$

由以上公式的量纲可知 S 为电阻矩阵，H 为导纳矩阵，由于有耦合的存在，因此它们均是满阵。若耦合支路中无电阻，即 R 为零阵。此时 $S=\dfrac{2}{\Delta t}L$，$H=\dfrac{\Delta t}{2}L^{-1}$，与前面的三相平衡耦合性电感电路结果完全一致。

2.1.2 分布参数电路的模型

Bergeron 数值计算法的核心是把分布参数元件等值为集中参数元件，以便用比较通用的集中参数的数值求解法来计算线路上的波过程。

架空输电线和电缆等分布参数电路与集中参数电路不同，线路上任何一点的电压 u 和电流 i 是时间 t 和距离 x 的函数，是电磁波沿线路传播的过程。如图 2-9 所示为均匀单导线的等值计算电路，将线路看成是由无数个长度为 dx 的小段所组成，若每单位长度的电阻、电感、电导和电容分别为常数 R_0、L_0、G_0 和 C_0，则长度为 dx 线段的参数为 R_0dx、L_0dx、G_0dx 和 C_0dx，可以列出方程

$$u-\left(u+\frac{\partial u}{\partial x}\cdot dx\right)=-\frac{\partial u}{\partial x}dx=R_0dx\cdot i+L_0\cdot dx\frac{\partial i}{\partial t}$$

$$i-\left(i+\frac{\partial i}{\partial x}\cdot dx\right)=-\frac{\partial i}{\partial x}dx=G_0dx\cdot\left(u+\frac{\partial u}{\partial x}dx\right)+C_0dx\frac{\partial\left(u+\frac{\partial u}{\partial x}dx\right)}{\partial t}$$

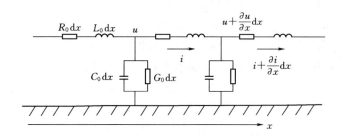

图 2-9　均匀单导线的等值计算电路

略去式中的二阶无限小项，得到电压 u 和电流 i 满足的偏微分方程

$$-\frac{\partial u}{\partial x}=R_0i+L_0\frac{\partial i}{\partial t}$$

$$-\frac{\partial i}{\partial x}=G_0u+C_0\frac{\partial u}{\partial t} \quad (2-38)$$

式中：u 和 i 是电压和电流向量；R_0、L_0、G_0 和 C_0 分别是线路单位长度的电阻、电感、电导和电容。

式（2-38）也称为电磁波在导线上传播的波动方程。

2.1.2.1　恒定参数单相无损线路

若略去线路损耗，即 $R_0 = 0$，$G_0 = 0$，则单相无损线路的波动方程为

$$\left.\begin{array}{l} -\dfrac{\partial u}{\partial x} = L_0\,\dfrac{\partial i}{\partial t} \\[2mm] -\dfrac{\partial i}{\partial x} = C_0\,\dfrac{\partial u}{\partial t} \end{array}\right\} \tag{2-39}$$

式（2-39）的时域形式解为

$$\left.\begin{array}{l} u(x,t) = \vec{u}(x-vt) + \overleftarrow{u}(x+vt) \\[2mm] i(x,t) = \vec{i}(x-vt) + \overleftarrow{i}(x+vt) \end{array}\right\} \tag{2-40}$$

式中：$\vec{u}$ 和 $\overleftarrow{u}$ 分别是前行电压波和反行电压波；$\vec{i}$ 和 $\overleftarrow{i}$ 分别是前行电流波和反行电流波。

可见，任一点的电压和电流是该点的前行波和反行波的矢量和。$v = \dfrac{1}{\sqrt{L_0 C_0}}$，是波传播的速度，在无损架空线路上传播速度约等于光速，为 $3 \times 10^8 \mathrm{m/s}$，而在电缆线路上的传播速度约为光速的一半，为 $1.5 \times 10^8 \mathrm{m/s}$。

前行电压波和前行电流波之间，以及反行电压波和反行电流波之间是通过波阻抗相联系的。

$$\left.\begin{array}{l} \vec{u}(x-vt) = \vec{i}(x-vt) Z_\mathrm{C} \\[2mm] \overleftarrow{u}(x-vt) = -\overleftarrow{i}(x-vt) Z_\mathrm{C} \end{array}\right\} \tag{2-41}$$

式中：Z_C 为波阻抗，$Z_\mathrm{C} = \sqrt{L_0/C_0}$，一般架空单导线的波阻抗约为 500Ω，分裂导线的波阻抗约为 300Ω，电缆的波阻抗约为 $10 \sim 100\Omega$。

根据习惯规定：沿 x 正方向运动的正电荷相应的电流波为正方向。在规定行波电流正方向的前提下，前行电压波与电流波总是同号，而反行电压波与电流波总是异号。原因是电压波的符号只取决于导线对地电容上相应电荷的符号，与运动方向无关，而电流波的符号不但与相应的电荷符号有关，而且与电荷运动方向有关。

将式（2-41）代入式（2-40），分别消去 $\overleftarrow{u}$ 或 $\vec{u}$，则得到前行波特征方程和反行波特征方程

$$\left.\begin{array}{l} u(x,t) + Z_\mathrm{C} \cdot i(x,t) = 2Z_\mathrm{C} \cdot \vec{i}(x-vt) \\[2mm] u(x,t) - Z_\mathrm{C} \cdot i(x,t) = 2Z_\mathrm{C} \cdot \overleftarrow{i}(x+vt) \end{array}\right\} \tag{2-42}$$

式（2-42）为贝瑞隆（Bergeron）行波方程式，多梅尔（Dommel）将其用于 EMTP 的无损分布参数线路的求解。式（2-42）的物理意义：设想观察者从首端 k 向终端 m 沿线路以波速前进，因为 $(x-vt)$ 保持不变，观察者所处的位置 x 在 t 时刻观察到的 $u(x,t) + Z_\mathrm{C} \cdot i(x,t)$ 的值始终保持不变，且等于两倍前行电压波的大小。同样，若观察者沿 x 反方向以波速运动，则在线路上任一点位置 x 在 t 时刻观察到的 $u(x,t) - Z_\mathrm{C} \cdot i(x,t)$ 值始终保持不变，且等于两倍反行电压波的大小。

前行波特征方程和反行波特征方程式（2-42）可用图 2-10 的前行特征线和反行特征线表示，前行特征线在伏安坐标中是斜率为 $-Z_\mathrm{C}$ 的直线，反行特征线在伏安坐标中是斜率为 Z_C 的直线。直线的位置是由边界条件和起始条件确定的。

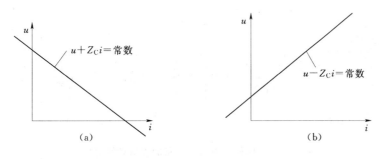

图 2-10 前行和反行特征线

(a) 前行特征线; (b) 反行特征线

下面根据单相无损导线的特征方程及其物理意义,来推导出单相无损导线波过程的计算的等值电路和相应的计算公式。

假定有如图 2-11 (a) 所示的单相无损均匀导线,线路长度为 l,波阻抗为 Z_C,线路首端 $k(x=0)$ 和末端 $m(x=l)$ 的电压和电流分别为 $u_k(t)$, $u_m(t)$, $i_{km}(t)$ 和 $i_{mk}(t)$。端点上电流的正方向假设都是由端点流向线路。

若观察者在 $(t-\tau)$ 时刻从节点 m 出发,随反行波在 t 时刻到达点 k,在 k 点 t 时刻观察到的 $u_k(t)-Z_C \cdot i_{km}(t)$ 值应与在 m 点 $(t-\tau)$ 时刻观察到的 $u_m(t-\tau)-Z_C \cdot [-i_{mk}(t-\tau)]$ 值保持不变,即

$$u_k(t)-Z_C \cdot i_{km}(t)=u_m(t-\tau)+Z_C \cdot i_{mk}(t-\tau) \tag{2-43}$$

整理后得到

$$i_{km}(t)=\frac{1}{Z_C}u_k(t)+I_k(t-\tau) \tag{2-44}$$

式 (2-44) 中 $I_k(t-\tau)$ 为等值历史电流源。

$$I_k(t-\tau)=-\frac{1}{Z_C}u_m(t-\tau)-i_{mk}(t-\tau) \tag{2-45}$$

若观察者在 $(t-\tau)$ 时刻以波速从节点 k 出发(传播时间 $\tau=l/v$),则在 t 时刻到达 m 点,在 m 点 t 时刻观察到的 $u_m(t)+Z_C \cdot [-i_{mk}(t)]$ 值应与在 k 点 $(t-\tau)$ 时刻观察到的 $u_k(t-\tau)+Z_C \cdot i_{km}(t-\tau)$ 值保持不变,即

$$u_m(t)+Z_C \cdot [-i_{mk}(t)]=u_k(t-\tau)+Z_C \cdot i_{km}(t-\tau) \tag{2-46}$$

整理后得到

$$i_{mk}(t)=\frac{1}{Z_C}u_m(t)+I_m(t-\tau) \tag{2-47}$$

式 (2-47) 中 $I_m(t-\tau)$ 为等值历史电流源,

$$I_m(t-\tau)=-\frac{1}{Z_C}u_k(t-\tau)-i_{km}(t-\tau) \tag{2-48}$$

根据式 (2-44)、式 (2-47) 可以得到单相无损均匀导线的等值计算电路如图 2-11 (b) 所示。

由等值电流源计算式 (2-45)、式 (2-48) 可知,要计算 k (或 m) 端的电压,需要知道线路另一端 m (或 k) 的电压及电流数值,一般节点电压是直接求出的,电流还需要

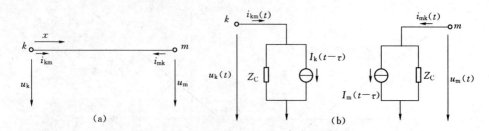

图 2 - 11　单相无损均匀线路的等值计算电路

(a) 示意图；(b) 等值计算电路

进一步通过公式计算，这不但增加了计算时间，还需要多占用存储单元，下面对无损线路等值电流源的递推公式进一步简化。

式（2 - 45）、式（2 - 48）对任何时刻都成立，则 t 时刻有

$$\left. \begin{array}{l} I_k(t) = -\dfrac{1}{Z_C}u_m(t) - i_{mk}(t) \\[2mm] I_m(t) = -\dfrac{1}{Z_C}u_k(t) - i_{km}(t) \end{array} \right\} \tag{2 - 49}$$

把式（2 - 47）、式（2 - 44）分别代入，得

$$\left. \begin{array}{l} I_k(t) = -\dfrac{1}{Z_C}u_m(t) - \dfrac{1}{Z_C}u_m(t) - I_m(t-\tau) = -\dfrac{2}{Z_C}u_m(t) - I_m(t-\tau) \\[2mm] I_m(t) = -\dfrac{1}{Z_C}u_k(t) - \dfrac{1}{Z_C}u_k(t) - I_k(t-\tau) = -\dfrac{2}{Z_C}u_k(t) - I_k(t-\tau) \end{array} \right\} \tag{2 - 50}$$

由式（2 - 50）可见，只要计算 $I_k(t)$、$I_m(t)$，将这些数据送入一个运动的数组中去，依波速运动，当它们运动到对面端点时，上述数值就变成 $I_k(t-\tau)$、$I_m(t-\tau)$，它们即是下一时刻所需要的历史电流源，省去了线路电流的计算，简化了运算过程，提高了计算速度。

2.1.2.2　恒定参数多相无损线路

实际的输电线路都是多相导线，由于多相导线间有电磁的耦合，EMTP 分析中采用将相量转变为模量的变换方法，去掉了相量间相互的电磁耦合，每一个模量和单相导线一样，利用其相应的等值电路及计算公式，可以单独求解，使恒定参数的多相无损线路求解变得方便。

对于无损的三相导线，如果用 $\boldsymbol{u}$、$\boldsymbol{i}$ 表示对地电压和导线电流的列向量，有

$$\boldsymbol{u} = \begin{bmatrix} u_a \\ u_b \\ u_c \end{bmatrix} \tag{2 - 51}$$

$$\boldsymbol{i} = \begin{bmatrix} i_a \\ i_b \\ i_c \end{bmatrix} \tag{2 - 52}$$

很清楚，它们都是距离 x 和时间 t 的函数，设 L 和 M 分别为单位长度各相导线的自感和各相导线间的互感，C_0 和 C' 分别为单位长度各相导线的对地电容和各相间电容。根

据电磁理论可以建立微分方程组

$$-\frac{\partial u_a}{\partial x}=L\,\frac{\partial i_a}{\partial t}+M\,\frac{\partial i_b}{\partial t}+M\,\frac{\partial i_c}{\partial t}$$

$$-\frac{\partial u_b}{\partial x}=M\,\frac{\partial i_a}{\partial t}+L\,\frac{\partial i_b}{\partial t}+M\,\frac{\partial i_c}{\partial t}\Bigg\} \qquad (2-53)$$

$$-\frac{\partial u_c}{\partial x}=M\,\frac{\partial i_a}{\partial t}+M\,\frac{\partial i_b}{\partial t}+L\,\frac{\partial i_c}{\partial t}$$

$$-\frac{\partial i_a}{\partial x}=C_0\,\frac{\partial u_a}{\partial t}+C'\frac{\partial(u_a-u_b)}{\partial t}+C'\frac{\partial(u_a-u_c)}{\partial t}$$

$$-\frac{\partial i_b}{\partial x}=C'\frac{\partial(u_b-u_a)}{\partial t}+C_0\,\frac{\partial u_b}{\partial t}+C'\frac{\partial(u_b-u_c)}{\partial t}\Bigg\} \qquad (2-54)$$

$$-\frac{\partial i_c}{\partial x}=C'\frac{\partial(u_c-u_a)}{\partial t}+C'\frac{\partial(u_c-u_b)}{\partial t}+C_0\,\frac{\partial u_c}{\partial t}$$

式（2-54）整理后，令 $C=C_0+2C'$，$K=-C'$，得到

$$-\frac{\partial i_a}{\partial x}=C\,\frac{\partial u_a}{\partial t}+K\,\frac{\partial u_b}{\partial t}+K\,\frac{\partial u_c}{\partial t}$$

$$-\frac{\partial i_b}{\partial x}=K\,\frac{\partial u_a}{\partial t}+C\,\frac{\partial u_b}{\partial t}+K\,\frac{\partial u_c}{\partial t}\Bigg\} \qquad (2-55)$$

$$-\frac{\partial i_c}{\partial x}=K\,\frac{\partial u_a}{\partial t}+K\,\frac{\partial u_b}{\partial t}+C\,\frac{\partial u_c}{\partial t}$$

用矩阵表示，则式（2-53）和式（2-55）可写为

$$-\frac{\partial \boldsymbol{u}(x,t)}{\partial x}=\boldsymbol{L}\,\frac{\partial \boldsymbol{i}(x,t)}{\partial t}$$

$$-\frac{\partial \boldsymbol{i}(x,t)}{\partial x}=\boldsymbol{C}\,\frac{\partial \boldsymbol{u}(x,t)}{\partial t}\Bigg\} \qquad (2-56)$$

式中

$$\boldsymbol{L}=\begin{bmatrix} L & M & M \\ M & L & M \\ M & M & L \end{bmatrix} \qquad (2-57)$$

$$\boldsymbol{C}=\begin{bmatrix} C & K & K \\ K & C & K \\ K & K & C \end{bmatrix} \qquad (2-58)$$

电感矩阵 $\boldsymbol{L}$ 和电容矩阵 $\boldsymbol{C}$ 的对角元素各自相等，非对角元素各自相同，称为平衡矩阵。将式（2-56）两边分别对 x、t 求导，并加以整理，则可得到如下的 2 阶偏微分方程。

$$\left.\begin{aligned}\frac{\partial^2 \boldsymbol{u}(x,t)}{\partial x^2}&=\boldsymbol{LC}\,\frac{\partial^2 \boldsymbol{u}(x,t)}{\partial t^2}\\[2mm]\frac{\partial^2 \boldsymbol{i}(x,t)}{\partial x^2}&=\boldsymbol{CL}\,\frac{\partial^2 \boldsymbol{i}(x,t)}{\partial t^2}\end{aligned}\right\}$$

(2-59)

式 (2-59) 与单相无损导线波过程在形式上类似，从三相导线系统推导而来，也适用于多相系统。但因为相与相之间存在电磁耦合，式 (2-57) 和式 (2-58) 中的矩阵 $\boldsymbol{L}$、$\boldsymbol{C}$ 为高阶非对角矩阵，因此，多相系统不是相互独立的，不能直接用单相无损导线的方法求解。为了能够应用单相无损线路的方法求解式 (2-59)，首先需要解耦。可应用特征值理论将式 (2-59) 的有耦方程从相域转换到模域，使方程解耦，即需要寻找转换矩阵，下面介绍推导过程。

设 $\boldsymbol{T}_\mathrm{u}$、$\boldsymbol{T}_\mathrm{i}$ 分别为多相线路上电压 $\boldsymbol{u}$ 列向量和电流 $\boldsymbol{i}$ 列向量的变换矩阵，它们都是 n 阶非奇异方阵，$\boldsymbol{u}_\mathrm{M}$ 和 $\boldsymbol{i}_\mathrm{M}$ 分别为模参数的列向量。以三相为例，u_0、u_α、u_β 称为 "0" 模电压、"α" 模电压和 "β" 模电压；i_0、i_α、i_β 称为 "0" 模电流、"α" 模电流和 "β" 模电流。

$$\boldsymbol{u}_\mathrm{M}=\begin{bmatrix}u_0\\u_\alpha\\u_\beta\end{bmatrix}$$

(2-60)

$$\boldsymbol{i}_\mathrm{M}=\begin{bmatrix}i_0\\i_\alpha\\i_\beta\end{bmatrix}$$

(2-61)

则有

$$\begin{aligned}\boldsymbol{u}&=\boldsymbol{T}_\mathrm{u}\boldsymbol{u}_\mathrm{M}\\\boldsymbol{i}&=\boldsymbol{T}_\mathrm{i}\boldsymbol{i}_\mathrm{M}\end{aligned}$$

(2-62)

恒定参数多相无损线路的转换矩阵 $\boldsymbol{T}_\mathrm{u}$、$\boldsymbol{T}_\mathrm{i}$ 总是实数矩阵，则有

$$\begin{aligned}\boldsymbol{u}_\mathrm{M}&=\boldsymbol{T}_\mathrm{u}^{-1}\boldsymbol{u}\\\boldsymbol{i}_\mathrm{M}&=\boldsymbol{T}_\mathrm{i}^{-1}\boldsymbol{i}\end{aligned}$$

(2-63)

将式 (2-62) 代入式 (2-59)，整理得

$$\begin{aligned}\frac{\partial^2 \boldsymbol{u}_\mathrm{M}}{\partial x^2}&=\boldsymbol{T}_\mathrm{u}^{-1}\boldsymbol{LCT}_\mathrm{u}\,\frac{\partial^2 \boldsymbol{u}_\mathrm{M}}{\partial t^2}\\[2mm]\frac{\partial^2 \boldsymbol{i}_\mathrm{M}}{\partial x^2}&=\boldsymbol{T}_\mathrm{i}^{-1}\boldsymbol{CLT}_\mathrm{i}\,\frac{\partial^2 \boldsymbol{i}_\mathrm{M}}{\partial t^2}\end{aligned}$$

(2-64)

如果输电线路均匀换位，研究的是整个线路或线路某段范围内的电磁暂态过程时，可以认为矩阵 $\boldsymbol{L}$、$\boldsymbol{C}$ 都是平衡的对称矩阵，那么它们的乘积也是平衡对称矩阵，并且有 $\boldsymbol{LC}=\boldsymbol{CL}$。若选取 $\boldsymbol{T}_\mathrm{u}=\boldsymbol{T}_\mathrm{i}=\boldsymbol{T}$，则有

$$\boldsymbol{T}_\mathrm{u}^{-1}\boldsymbol{LCT}_\mathrm{u}=\boldsymbol{T}_\mathrm{i}^{-1}\boldsymbol{CLT}_\mathrm{i}$$

(2-65)

因此，如果能找出一个变换矩阵 $\boldsymbol{T}$，不但能使式 (2-65) 成立，而且将其变换成对角阵，使方程式 (2-64) 变得相互独立，求解就方便多了。由线性代数知识可知，这种

矩阵不是唯一的，常用的卡伦鲍厄（Karrrenbauer）变换矩阵之一为

$$
\boldsymbol{T}=\begin{bmatrix} 1 & 1 & \cdots & 1 \\ 1 & 1-n & \cdots & 1 \\ \vdots & \vdots & \ddots & \vdots \\ 1 & 1 & \cdots & 1-n \end{bmatrix} \tag{2-66}
$$

且

$$
\boldsymbol{T}^{-1}=\frac{1}{n}\begin{bmatrix} 1 & 1 & 1 & \cdots & 1 \\ 1 & -1 & 0 & \cdots & 0 \\ 1 & 0 & -1 & \cdots & 0 \\ \vdots & \vdots & \vdots & \ddots & \vdots \\ 1 & 0 & 0 & 0 & -1 \end{bmatrix} \tag{2-67}
$$

对于无损三相导线，即 $n=3$，则有

$$
\boldsymbol{T}=\begin{bmatrix} 1 & 1 & 1 \\ 1 & -2 & 1 \\ 1 & 1 & -2 \end{bmatrix} \tag{2-68}
$$

且

$$
\boldsymbol{T}^{-1}=\frac{1}{3}\begin{bmatrix} 1 & 1 & 1 \\ 1 & -1 & 0 \\ 1 & 0 & -1 \end{bmatrix} \tag{2-69}
$$

这样，三相导线相电压和模电压的关系为

$$
\begin{bmatrix} u_a \\ u_b \\ u_c \end{bmatrix}=\begin{bmatrix} 1 & 1 & 1 \\ 1 & -2 & 1 \\ 1 & 1 & -2 \end{bmatrix}\begin{bmatrix} u_0 \\ u_\alpha \\ u_\beta \end{bmatrix} \tag{2-70}
$$

或

$$
\begin{bmatrix} u_0 \\ u_\alpha \\ u_\beta \end{bmatrix}=\frac{1}{3}\begin{bmatrix} 1 & 1 & 1 \\ 1 & -1 & 0 \\ 1 & 0 & -1 \end{bmatrix}\begin{bmatrix} u_a \\ u_b \\ u_c \end{bmatrix} \tag{2-71}
$$

三相导线相电流和模电流的关系为

$$
\begin{bmatrix} i_a \\ i_b \\ i_c \end{bmatrix}=\begin{bmatrix} 1 & 1 & 1 \\ 1 & -2 & 1 \\ 1 & 1 & -2 \end{bmatrix}\begin{bmatrix} i_0 \\ i_\alpha \\ i_\beta \end{bmatrix} \tag{2-72}
$$

或

$$
\begin{bmatrix} i_0 \\ i_\alpha \\ i_\beta \end{bmatrix}=\frac{1}{3}\begin{bmatrix} 1 & 1 & 1 \\ 1 & -1 & 0 \\ 1 & 0 & -1 \end{bmatrix}\begin{bmatrix} i_a \\ i_b \\ i_c \end{bmatrix} \tag{2-73}
$$

即

$$\begin{cases} u_0 = \dfrac{1}{3}(u_a + u_b + u_c) \\[2mm] u_\alpha = \dfrac{1}{3}(u_a - u_b) \\[2mm] u_\beta = \dfrac{1}{3}(u_a - u_c) \\[2mm] i_0 = \dfrac{1}{3}(i_a + i_b + i_c) \\[2mm] i_\alpha = \dfrac{1}{3}(i_a - i_b) \\[2mm] i_\beta = \dfrac{1}{3}(i_a - i_c) \end{cases} \qquad \begin{cases} u_a = u_0 + u_\alpha + u_\beta \\[2mm] u_b = u_0 - 2u_\alpha + u_\beta \\[2mm] u_c = u_0 + u_\alpha - 2u_\beta \\[2mm] i_a = i_0 + i_\alpha + i_\beta \\[2mm] i_b = i_0 - 2i_\alpha + i_\beta \\[2mm] i_c = i_0 + i_\alpha - 2i_\beta \end{cases}$$

模电流的分布如图 2-12 所示，从图可知，"0" 模电流相当于在相导线与大地间运动的波，"α" 模电流和 "β" 模电流则相当于相间运动的波。

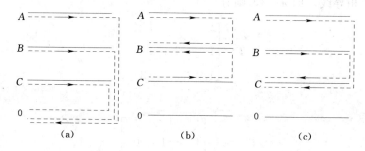

图 2-12　模电流在三相导线中的分布
(a) 地模；(b) 线模 1；(c) 线模 2

因为 L、C 都是平衡的对称矩阵，且 $T \cdot T^{-1}$ 是单位阵，则有

$$T^{-1}LCT = T^{-1}LT \cdot T^{-1}CT$$

相应的可以算出各模量的单位长度的电感

$$L_M = T^{-1}LT$$

$$= \frac{1}{3}\begin{bmatrix} 1 & 1 & 1 \\ 1 & -1 & 0 \\ 1 & 0 & -1 \end{bmatrix} \cdot \begin{bmatrix} L & M & M \\ M & L & M \\ M & M & L \end{bmatrix} \cdot \begin{bmatrix} 1 & 1 & 1 \\ 1 & -2 & 1 \\ 1 & 1 & -2 \end{bmatrix}$$

$$= \begin{bmatrix} L+2M & 0 & 0 \\ 0 & L-M & 0 \\ 0 & 0 & L-M \end{bmatrix} \tag{2-74}$$

各模量的单位长度的电容

$$C_M = T^{-1}CT$$

$$= \frac{1}{3}\begin{bmatrix} 1 & 1 & 1 \\ 1 & -1 & 0 \\ 1 & 0 & -1 \end{bmatrix} \cdot \begin{bmatrix} C & K & K \\ K & C & K \\ K & K & C \end{bmatrix} \cdot \begin{bmatrix} 1 & 1 & 1 \\ 1 & -2 & 1 \\ 1 & 1 & -2 \end{bmatrix}$$

$$
= \begin{bmatrix} C+2K & 0 & 0 \\ 0 & C-K & 0 \\ 0 & 0 & C-K \end{bmatrix} \tag{2-75}
$$

令

$$
\begin{cases} L_0 = L+2M \\ L_1 = L-M \\ C_0 = C+2K \\ C_1 = C-K \end{cases}
$$

式中：L_0 和 L_1 分别为单位长度线路的零序电感和正序电感；C_0 和 C_1 分别为单位长度线路的零序电容和正序电容。

经过模量变换后，原来具有电磁耦合的三相电路变为三个相互独立的模量来求解。式（2-64）变为

$$
\begin{bmatrix} \dfrac{\partial^2 u_0}{\partial x^2} \\[2mm] \dfrac{\partial^2 u_\alpha}{\partial x^2} \\[2mm] \dfrac{\partial^2 u_\beta}{\partial x^2} \end{bmatrix} = \begin{bmatrix} L_0 C_0 & 0 & 0 \\ 0 & L_1 C_1 & 0 \\ 0 & 0 & L_1 C_1 \end{bmatrix} \begin{bmatrix} \dfrac{\partial^2 u_0}{\partial t^2} \\[2mm] \dfrac{\partial^2 u_\alpha}{\partial t^2} \\[2mm] \dfrac{\partial^2 u_\beta}{\partial t^2} \end{bmatrix} \tag{2-76}
$$

$$
\begin{bmatrix} \dfrac{\partial^2 i_0}{\partial x^2} \\[2mm] \dfrac{\partial^2 i_\alpha}{\partial x^2} \\[2mm] \dfrac{\partial^2 i_\beta}{\partial x^2} \end{bmatrix} = \begin{bmatrix} C_0 L_0 & 0 & 0 \\ 0 & C_1 L_1 & 0 \\ 0 & 0 & C_1 L_1 \end{bmatrix} \begin{bmatrix} \dfrac{\partial^2 i_0}{\partial t^2} \\[2mm] \dfrac{\partial^2 i_\alpha}{\partial t^2} \\[2mm] \dfrac{\partial^2 i_\beta}{\partial t^2} \end{bmatrix} \tag{2-77}
$$

式（2-76）和式（2-77）称为三相线路模域中的波动方程。每一个模电压和模电流都是完全独立的，各不相关，其波动方程与无损单导线线路的波动方程一样。它们有各自的波阻抗和波速，"0"模的波速为 $1/\sqrt{L_0 C_0}$，波阻抗为 $\sqrt{L_0/C_0}$，"α"模和"β"模的波速为 $1/\sqrt{L_1 C_1}$，波阻抗为 $\sqrt{L_1/C_1}$。求解一个模量的过程相当于前面介绍的单相导线的求解过程。

2.1.2.3 具有频率相关参数的单相线路

线路的参数通常是频率的函数，尤其是零序电阻和电感，它们的频率相关特性最为显著。因此，把参数作为常量用时域中求解的方法来求解，不适用于参数与频率相关的线路。为了考虑参数的频率相关特性，需要在频域研究贝瑞隆的表达方式。对于任一给定的频率，电压和电流可用相量表示。

对于具有频率相关参数的单相线路，记

$$
Z=Z(\omega), Y=Y(\omega), u=u(\omega), i=i(\omega)
$$

那么沿着线路电压和电流的关系为

$$-\frac{\partial u(\omega)}{\partial x}=Z_0(\omega)i(\omega)$$

$$-\frac{\partial i(\omega)}{\partial x}=Y_0(\omega)u(\omega) \tag{2-78}$$

式中：$u(\omega)$ 和 $i(\omega)$ 是相量电压和相量电流；$Z_0(\omega)$ 和 $Y_0(\omega)$ 是单位长度线路的阻抗和导纳。

其精确交流稳态解为

$$\begin{bmatrix} u_k(\omega) \\ i_{km}(\omega) \end{bmatrix}=\begin{bmatrix} \cosh[\gamma(\omega)\cdot l] & -Z_C(\omega)\sinh[\gamma(\omega)\cdot l] \\ \dfrac{1}{Z_C(\omega)}\sinh[\gamma(\omega)\cdot l] & -\cosh[\gamma(\omega)\cdot l] \end{bmatrix}\begin{bmatrix} u_m(\omega) \\ i_{mk}(\omega) \end{bmatrix} \tag{2-79}$$

$$Z_C(\omega)=\sqrt{\frac{Z_0(\omega)}{Y_0(\omega)}}$$

$$\gamma(\omega)=\sqrt{Z_0(\omega)Y_0(\omega)}$$

式中：l 是线路长度；$Z_C(\omega)$ 是特征阻抗；$\gamma(\omega)$ 是传播系数。

将式（2-79）第一行减去第二行乘以 Z_C，得到

$$u_k(\omega)-Z_C(\omega)i_{km}(\omega)=[u_m(\omega)+Z_C(\omega)i_{mk}(\omega)]\cdot e^{-\gamma(\omega)\cdot l} \tag{2-80}$$

整理得

$$i_{km}(\omega)=u_k(\omega)/Z_C(\omega)-[u_m(\omega)/Z_C(\omega)+i_{mk}(\omega)]\cdot e^{-\gamma(\omega)\cdot l} \tag{2-81}$$

式（2-80）、式（2-81）与式（2-43）、式（2-44）有相似的形式，它们是 Bergeron 法在频域中的表达形式，比时域中的方程更完善。但整个系统在时域中求解比较方便，因为大量的状态变量都是时间的函数，最终所求的电压和电流量也要求是时间的变量。因此，在获得了 Bergeron 法在频域中的表达式（2-81）后，需通过傅立叶逆变换，这要借助卷积积分实现，最后变换到时域。

$$i_{km}(t)=F^{-1}\{u_k/Z_C\}-F^{-1}\{(u_m/Z_C+i_{mk})e^{-\gamma\cdot l}\} \tag{2-82}$$

总的来说，输电线路考虑频率影响后，过电压幅值是下降的，但下降的程度与计算的方法和参数的变化有关。一般认为，工程估算中无需计及输电线路参数频率特性，但计及输电线路参数频率特性会使计算与实测结果更加接近。

2.1.2.4　具有频率相关参数的多相线路

对于具有频率相关参数的多相线路，电压和电流的关系为

$$\left.\begin{aligned} -\frac{d\boldsymbol{u}}{dx}&=\boldsymbol{Z}\cdot\boldsymbol{i} \\ -\frac{d\boldsymbol{i}}{dx}&=\boldsymbol{Y}\cdot\boldsymbol{u} \end{aligned}\right\} \tag{2-83}$$

式中：$\boldsymbol{u}$ 和 $\boldsymbol{i}$ 是相量电压和相量电流的向量；$\boldsymbol{Z}$ 和 $\boldsymbol{Y}$ 是单位长度线路的阻抗矩阵和导纳矩阵。

将式（2-83）两边分别对 x 求导，并代回式中，则可得到如下的 2 阶常微分方程：

$$\left.\begin{aligned} -\frac{d^2\boldsymbol{u}}{dx^2}&=\boldsymbol{Z}\cdot\boldsymbol{Y}\cdot\boldsymbol{u} \\ -\frac{d^2\boldsymbol{i}}{dx^2}&=\boldsymbol{Y}\cdot\boldsymbol{Z}\cdot\boldsymbol{i} \end{aligned}\right\} \tag{2-84}$$

为了应用具有频率相关参数的单相线路的求解方法,同理,需要把相量转换为模量,使方程去耦,例如对于平衡线路,也即寻找变换矩阵 $T = T_u = T_i$,使得 $T_u^{-1}ZYT_u = T_i^{-1}YZT_i$ 成立,且成为对角线矩阵。

理论上转换矩阵 T_u 和 T_i 是复数矩阵,而且与频率相关。但如果使用频率相关的转换矩阵,模量只能在计算转换矩阵的频率下定义,这样计算会变得很复杂。因此在计算中往往采用实常数的近似转换矩阵。具体的做法是,选择一个特定的频率计算转换矩阵,然后忽略其虚部。

不论 T 采用哪一种变换矩阵,目的是使矩阵对角化,有

$$-\frac{\mathrm{d}^2 u_M}{\mathrm{d}x^2} = \lambda_u \cdot u_M$$

$$-\frac{\mathrm{d}^2 i_M}{\mathrm{d}x^2} = \lambda_i \cdot i_M$$

式中:$\lambda_u = \lambda_i = \lambda$,其中的各元素为 ZY 的特征值;第 j 个模的 λ_j 即代表线路该模传播系数 γ_j 的平方,即 $\gamma_j = \sqrt{\lambda_j} = \alpha_j + \mathrm{j}\beta_j$,其中 α_j 为该模的衰减系数,Np/km;β_j 为该模的相位系数,rad/km。模电流和模电压具有相同的传播系数、衰减系数和传播速度。

各模量的功率之和,对规格化的 T 来说,将等于实际功率。

$$P = \begin{bmatrix} u_a & u_b & u_c \end{bmatrix} \begin{bmatrix} i_a \\ i_b \\ i_c \end{bmatrix} = \begin{bmatrix} u_{M1} & u_{M2} & u_{M3} \end{bmatrix} T^T \cdot T \begin{bmatrix} i_{M1} \\ i_{M2} \\ i_{M3} \end{bmatrix} = \begin{bmatrix} u_{M1} & u_{M2} & u_{M3} \end{bmatrix} \cdot \begin{bmatrix} i_{M1} \\ i_{M2} \\ i_{M3} \end{bmatrix}$$

2.1.3 EMTP 的线路模型

2.1.3.1 π形集中参数电路模型

π(PI) 形集中参数电路如图 2-13 所示。

在求取精确解时,等值 π 形电路的参数为

$$Z = l(R_0 + \mathrm{j}\omega L_0)\frac{\sinh(\gamma l)}{\gamma l}$$

$$\frac{Y}{2} = \frac{l}{2}(G_0 + \mathrm{j}\omega C_0)\frac{\tanh(\gamma l/2)}{\gamma l/2}$$

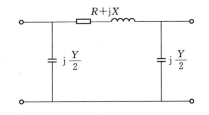

图 2-13 π 形集中参数等效模型

在通常的情况下,等值 π 形电路的参数可用下式近似,这种简化的 π 形电路也称作常规 π 形电路。

$$Z = R + \mathrm{j}X = (R_0 + \mathrm{j}\omega L_0)l$$

$$\frac{Y}{2} = \mathrm{j}\frac{B}{2} = \frac{1}{2}\mathrm{j}\omega C_0 l \tag{2-85}$$

式中:R_0、L_0 和 C_0 是某一给定频率下的单位长线路的电阻、电感、电容;电导 $G_0 = 0$;l 是线路长度。

在稳态计算时,对于通常的架空线路长度(100～200km)采用 π 形电路模型有足够的精度。在暂态计算时,使用 π 形电路模型的条件是:π 形电路的 L、C 决定的截断频率 f_c 远大于线路暂态现象的基本频率 f_t。可按照这个条件来把长线路分成若干个短线路,合理选择每段 π 形电路的长度 Δx,用短线路对应的 π 形电路的串接来模拟长线路。

裁断频率 f_c 和线路暂态现象的基本频率 f_t 可用以下公式简单估算。

$$f_c = \frac{v}{\pi \Delta x} \qquad\qquad (2-86)$$

$$\begin{cases} f_t = \dfrac{1}{4\tau} (\text{终端开放的线路}) \\[2mm] f_t \approx \dfrac{1}{3\tau} (\text{终端有阻抗接续的线路}) \\[2mm] f_t = \dfrac{1}{2\tau} (\text{终端短路的线路}) \end{cases} \qquad (2-87)$$

式中：Δx 是 π 形电路的长度，km；v 是传播速度，km/s；$\tau = \Delta x / v$ 是传播时间，s。

　　π 形电路模型回路不能模拟线路参数的频率相关特性，有时甚至还会出现由于采用集中参数而产生的虚假振荡，图 2-14 显示了用 8 个和 32 个 π 形电路串接模拟一条单相线路时的这种振荡。为进行比较，图中给出了使用分布参数的精确解。

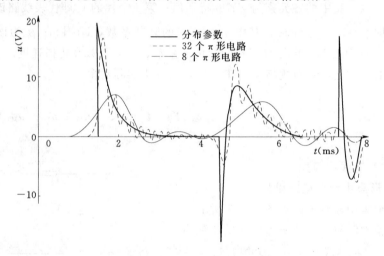

图 2-14　一条单相线路送端加 10V 直流电压时受端电压的波形

　　而按行波理论的计算方法比串接 π 形电路的求解快，因此暂态计算时一般采用分布参数模型。π 形电路模型回路主要用于稳态计算和工频范畴的暂态计算。

2.1.3.2　带集中电阻的恒定参数无损线路模型

　　一般线路的并联电导可以略去，但线路的串联电阻不能忽视。在应用贝瑞隆特征线方法得到无损线路的等值计算的基础上，用分段串联接入集中电阻的方法来近似地考虑线路损耗的影响，避免了直接求解考虑电阻损耗的线路波动方程，同时可以获得合理的精确度，这是工程计算方法的重要发展，是道梅尔—贝瑞隆的贡献。这个模型也称作道梅尔模型或贝瑞隆（Begeron）模型。用于换位线路时也称 Clark 模型，用于不换位线路时也称 KClee 模型。

　　EMTP 中常把线路平均分成两段，如图 2-15（a）所示，将全线总电阻 R 集中分接在三处，即两端各串联接入 $R/4$，中间串联接入 $R/2$。

　　将等值 π 形电路用于无损线路段，并消去内部节点后，可得到带集中电阻的分布参数线路模型的等值 π 电路的参数。

$$Z = R\cos^2(\omega\tau) - \left(0.5 + 0.03125 \times \frac{R^2}{Z_C^2}\right) R\sin^2(\omega\tau)$$

$$+ j\sin(\omega\tau)\cos(\omega\tau)\left(0.375 \times \frac{R^2}{Z_C} + 2Z_C\right) \tag{2-88}$$

$$\frac{1}{2}Y = \frac{\left(-2 - 0.125 \times \frac{R^2}{Z_C^2}\right)\sin^2(\omega\tau) + j\frac{R}{Z_C} \times \sin(\omega\tau) \cdot \cos(\omega\tau)}{Z} \tag{2-89}$$

式中：R 为全线路总电阻，Ω；$\tau = l \cdot \sqrt{L_0 C_0}/2$ 为每段无损线路段的传播时间，s；l 为线路长度，km；$Z_C = \sqrt{L_0/C_0}$ 为无损线路的波阻抗，Ω。

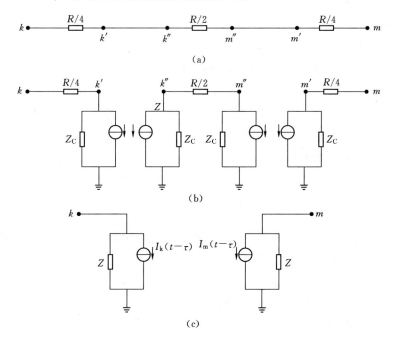

图 2-15 带集中电阻的恒定参数无损线路模型

(a) 接入集中电阻后的电路；(b) 两段线路的等值计算电路；(c) 整条线路的简化计算电路

根据贝瑞隆特征线方法，可以画出相应的等值计算电路如图 2-15（b）所示，将该电路进一步化简，可以得到如图 2-15（c）所示的等值电路。这一电路在形式上和图 2-11（b）所示单相无损线路的等值电路完全相同，只是记及电阻损耗以后的等值波阻抗以及等值电流源 $I_k(t-\tau)$ 和 $I_m(t-\tau)$ 的计算公式需要作一些修正。

$$Z = Z_C + \frac{R}{4}$$

$$I_k(t-\tau) = -\frac{1+k}{2}\left[(1-k)u_k(t-\tau) + (1+k)u_m(t-\tau)\right]Y - \frac{k}{2}\left[(1-k)I_k(t-2\tau) + (1+k)I_m(t-2\tau)\right] \tag{2-88}$$

$$I_m(t-\tau) = -\frac{1+k}{2}\left[(1-k)u_m(t-\tau) + (1+k)u_k(t-\tau)\right]Y - \frac{k}{2}\left[(1-k)I_k(t-2\tau) + (1+k)I_k(t-2\tau)\right] \tag{2-89}$$

式中：$k = \left(Z - \dfrac{R}{4}\right) \Big/ \left(Z + \dfrac{R}{4}\right)$。

为了达到工程计算的精度要求，应满足 $R/4 \ll Z_C$ 的条件，此处 Z_C 为波阻抗。否则应增加线路的段数，即减小每个模型相应的线路长度。原则上分的线段数越多，越接近分布参数电阻，电阻损耗的模拟也越精确，但实际计算表明，在一般输电线路长度下，把线路等分成两段或者更多段对暂态计算无显著影响。因此，一般情况下把线路等分成两段能满足实际工程要求。

带集中电阻的恒定参数无损线路模型没有考虑线路参数的频率相关特性，其线路参数是按照基本频率计算。

2.1.3.3　J. Marti 模型

J. Marti 模型是目前应用最广的具有频率相关参数的线路模型。

在稳态计算时，J. Marti 模型同样需要转换成等值 π 形电路模型。在推导等值 π 形电路的参数时，先求出在模域的工频下的特征阻抗 Z_C 和传播常数 γ_M，然后用式（2-90）求得在模域的串联阻抗 Z_M 和并联导纳 $Y_M/2$，最终将串联阻抗矩阵和并联导纳矩阵从模域转换至相域。为了与暂态计算所用的模型相适应，在将 J. Marti 模型转换成 π 形电路模型时也采用近似的实常数转换矩阵。

$$Z_M = Z_{C \cdot M} \cdot \sinh(\gamma_M l)$$
$$\frac{1}{2} Y_M = \frac{\tanh(\gamma_M l/2)}{Z_{C \cdot M}} \tag{2-90}$$

在暂态计算时，对于具有频率相关参数的线路模型来说，关键是如何处理式（2-82）的傅立叶逆变换。这里将式（2-82）重写成式（2-91）

$$i_{km}(t) = F^{-1}\{U_k(\omega)/Z_C(\omega)\} - F^{-1}\{[U_m(\omega)/Z_C(\omega) + I_{mk}(\omega)]e^{-\gamma(\omega) \cdot l}\} \tag{2-91}$$

式中的右侧第 2 项为传播到节点 k 的对端节点 m 的历史项。设在频域对端节点 m 的历史项为 $I_m(\omega)$，传播系数为 $A(\omega)$，即

$$I_m(\omega) = U_m(\omega)/Z(\omega) + I_{mk}(\omega)$$
$$A(\omega) = e^{-\gamma(\omega) \cdot l} \tag{2-92}$$

则传播到节点 k 的对端节点 m 的历史项为

$$I_{k \cdot p} = -F^{-1}\{I_m(\omega) \cdot A(\omega)\} = -\int_{\tau_{min}}^{\tau_{max}} i_m(t-u) \cdot a(u) \cdot du \tag{2-93}$$

式中：τ_{min} 是最快波的传播时间；τ_{max} 是最慢波的传播时间；$a(u)$ 是传播系数 $A(\omega)$ 的时域响应。

J. Marti 模型将 $A(\omega)$ 在频域用有理函数近似。

$$A(s) = e^{-s\tau_{min}} k \frac{(s+z_1)(s+z_2)\cdots(s+z_n)}{(s+p_1)(s+p_2)\cdots(s+p_m)}$$
$$= e^{-s\tau_{min}} \left(\frac{k_1}{s+p_1} + \frac{k_2}{s+p_2} + \cdots + \frac{k_m}{s+p_m}\right) \tag{2-94}$$

式中：$s = j\omega$、极点 p_i 和零点 z_i 都是负实数。

式（2-94）的时域响应为

$$a(t)=\begin{cases} k_1 \cdot \mathrm{e}^{-p_1(t-\tau_{\min})}+k_2\mathrm{e}^{-p_2(t-\tau_{\min})}+\cdots+k_\mathrm{m}\mathrm{e}^{-p_\mathrm{m}(t-\tau_{\min})} & (t\geqslant\tau_{\min}) \\ 0 & (t<\tau_{\min}) \end{cases} \qquad (2-95)$$

因此，式（2-93）可写成

$$I_{k\cdot p}=-\sum_{i=1}^{m}\int_{\tau_{\min}}^{\tau_{\max}}i(t-u)\cdot k_i\cdot\mathrm{e}^{-p_i(u-\tau_{\min})}\mathrm{d}u \qquad (2-96)$$

对于特征阻抗 $Z_\mathrm{C}(\omega)$，J. Marti 建议用串接的 R—C 电路来模拟，具体是：在频域特征阻抗 $Z_\mathrm{C}(\omega)$ 由下列有理函数近似

$$Z_\mathrm{C}(s)=k\frac{(s+z_1)(s+z_2)\cdots(s+z_n)}{(s+p_1)(s+p_2)\cdots(s+p_n)}$$
$$=k_0+\frac{k_1}{s+p_1}+\frac{k_2}{s+p_2}+\cdots+\frac{k_n}{s+p_n} \qquad (2-97)$$

式中：$s=\mathrm{j}\omega$、极点 p_i 和零点 z_i 都是负实数。

它与图 2-16（a）中的串接 R-C 电路对应

$$R_0=k_0,\ R_i=\frac{k_i}{p_i},\ C_i=\frac{1}{k_i}(i=1,\cdots,n) \qquad (2-98)$$

对串接 R-C 电路中的电容可以采用通常的梯形法，但 J. Marti 采用隐式积分法，对第 i 个 R—C 电路，有

$$i=\frac{u_i}{R_i}+C_j\frac{\mathrm{d}u_i}{\mathrm{d}t} \qquad (2-99)$$

其精确解为

$$u_i(t)=\mathrm{e}^{-\alpha_i\cdot\Delta t}u_i(t-\Delta t)+\frac{1}{C_i}\int_{t-\Delta t}^{t}\mathrm{e}^{-\alpha_i(t-u)}i(u)\mathrm{d}u \qquad (2-100)$$

式中：$\alpha_i=1/(R_iC_i)$。对 $i(u)$ 采用线性插值后，其解为

$$u_i(t)=R_{\mathrm{eq},i}\cdot i(t)+E_{\mathrm{RC},i}(t-\Delta t) \qquad (2-101)$$

其中

$$R_{\mathrm{eq},i}=R_i\cdot\left(1-\frac{1-\mathrm{e}^{-\alpha_i\cdot\Delta t}}{\alpha_i\cdot\Delta t}\right) \qquad (2-102)$$

$$E_{\mathrm{RC},i}(t-\Delta t)=\mathrm{e}^{-\alpha_i\cdot\Delta t}\cdot u_i(t-\Delta t)-R_i\cdot\left(\mathrm{e}^{-\alpha_i\cdot\Delta t}-\frac{1-\mathrm{e}^{-\alpha_i\cdot\Delta t}}{\alpha_i\cdot\Delta t}\right)\cdot i(t-\Delta t)$$

将所有的 R—C 电路和 R_0 合并后，得到

$$i_{\mathrm{RC}}(t)=\frac{1}{R_{\mathrm{eq}}}\cdot u_k(t)+I_{\mathrm{RC}}(t-\Delta t) \qquad (2-103)$$

其中

$$R_{\mathrm{eq}}=R_0+\sum_{i=1}^{n}R_{\mathrm{eq},i} \qquad (2-104)$$

$$I_{\mathrm{RC}}(t-\Delta t)=\frac{1}{R_{\mathrm{eq}}}\cdot\sum_{i=1}^{n}E_{\mathrm{RC},i}(t-\Delta t)$$

将式（2-103）所示的等值电路（特征阻抗 Z_C 的等值电路）和式（2-93）所示的等值电流源（传播到节点 k 的对端节点 m 的历史项）合并后可得到 J. Marti 模型最终的等值电路，如图 2-16（b）所示。由于成功地应用有理函数近似 $A(\omega)$ 和 $Z_\mathrm{C}(\omega)$，J. Marti 模

型在暂态计算中很稳定。

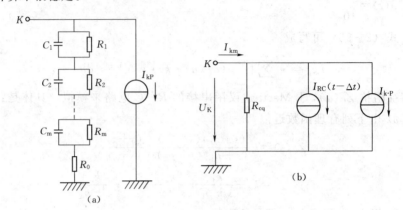

图 2-16　J. Marti 模型的等值电路

(a) 含串接 $R-C$ 电路的等值电路；(b) 最终的等值电路

在暂态计算时，对于具有频率相关参数的线路模型来说，另一关键是如何实现相模转换。理论上转换矩阵 T_i 和 T_u 是频率相关复数矩阵，但这样计算会变得很复杂。因此 J. Marti 模型采用近似的实常数转换矩阵。对于换位线路，转换矩阵本身就是实常数的。对于不换位的单回路线路，近似的实常数转换矩阵带来的误差是可以接受的。但是对于垂直排列的不换位的双回路和同轴电缆，采用近似的实常数转换矩阵会使计算精度明显降低。另外，在接地故障等主频率分散的计算中，也会出现计算精度的问题。

在 EMTP 中，与 J. Marti 模型类似的具有频率相关参数的线路模型还有 Semlyen 模型。它和 J. Marti 模型的区别在于处理式 (2-82) 的傅立叶逆变换时，Semlyen 在时域将特征阻抗 $Z_C(\omega)$ 和传播系数 $A(\omega)$ 用指数函数之和近似。其缺点是因为要进行收敛计算，稳定性较差，需要调整收敛的设定来提高计算精度。在相模转换方面，Semlyen 模型和 J. Marti 模型一样，采用近似的实常数转换矩阵，因此也存在上述的 J. Marti 模型的缺点。Semlyen 模型比 J. Marti 模型开发早，但现在已大多被后者所取代。

2.1.3.4　Noda 线路模型

Noda 模型是理论上最严密的具有频率相关参数的线路模型。J. Marti 模型和 Semlyen 模型由于在相模转换时采用近似的实常数转换矩阵，造成了计算精度上的问题。因此，Noda 模型不在模域求解，而是直接在相域考虑线路参数的频率相关特性。

为了推导 Noda 模型的等值电路，对于给定的任意频率将式 (2-84) 重新写成如下形式

$$\left.\begin{aligned} \frac{\partial^2}{\partial x^2}\boldsymbol{U}(x,\omega)&=\boldsymbol{Z}(\omega)\boldsymbol{Y}(\omega)\boldsymbol{U}(x,\omega)\\ \frac{\partial^2}{\partial x^2}\boldsymbol{I}(x,\omega)&=\boldsymbol{Y}(\omega)\boldsymbol{Z}(\omega)\boldsymbol{I}(x,\omega) \end{aligned}\right\} \qquad (2-105)$$

式中：$\boldsymbol{U}(x,\omega)$ 和 $\boldsymbol{I}(x,\omega)$ 是相量电压和相量电流的向量；$\boldsymbol{Z}(\omega)=\boldsymbol{R}(\omega)+\mathrm{j}\omega\boldsymbol{L}(\omega)$、$\boldsymbol{Y}(\omega)=\boldsymbol{G}(\omega)+\mathrm{j}\omega\boldsymbol{C}(\omega)$ 是对应给定频率的单位长度线路的串联阻抗矩阵和并联导纳矩阵。

式 (2-105) 的伯努利解为

$$
\left.\begin{aligned}
&U(x,\omega)=\mathrm{e}^{-\gamma(\omega)\cdot x}\cdot U_{\mathrm{f}}(\omega)+\mathrm{e}^{\gamma(\omega)\cdot x}\cdot U_{\mathrm{b}}(\omega)\\
&I(x,\omega)=Y_{\mathrm{C}}(\omega)\big[\mathrm{e}^{-\gamma(\omega)\cdot x}\cdot U_{\mathrm{f}}(\omega)-\mathrm{e}^{\gamma(\omega)\cdot x}\cdot I_{\mathrm{b}}(\omega)\big]
\end{aligned}\right\}
\tag{2-106}
$$

式中：$U_{\mathrm{f}}(\omega)$ 和 $U_{\mathrm{b}}(\omega)$ 是前行电压波向量和反行电压波向量；$Y_{\mathrm{C}}(\omega)=Z_{\mathrm{C}}^{-1}(\omega)$ 是特征导纳矩阵；$Z_{\mathrm{C}}(\omega)$ 是特征阻抗矩阵；$\gamma(\omega)$ 是传播常数矩阵。

$$
\left.\begin{aligned}
&\gamma(\omega)=\sqrt{Z(\omega)Y(\omega)}\\
&Z_{\mathrm{C}}(\omega)=\sqrt{\frac{Z(\omega)}{Y(\omega)}}
\end{aligned}\right\}
\tag{2-107}
$$

设线路长度为 l，首端节点为 k，末端节点为 m，由式（2-106）可得

$$
\left.\begin{aligned}
I_{\mathrm{k}}(\omega)=&Y_{\mathrm{C}}(\omega)\cdot U_{\mathrm{k}}(\omega)\\
&-Y_{\mathrm{C}}(\omega)\cdot\mathrm{e}^{-\gamma(\omega)\cdot l}\cdot\big[U_{\mathrm{m}}(\omega)+Z_{\mathrm{C}}(\omega)\cdot I_{\mathrm{m}}(\omega)\big]\\
I_{\mathrm{m}}(\omega)=&Y_{\mathrm{C}}(\omega)\cdot U_{\mathrm{m}}(\omega)\\
&-Y_{\mathrm{C}}(\omega)\cdot\mathrm{e}^{-\gamma(\omega)\cdot l}\cdot\big[U_{\mathrm{k}}(\omega)+Z_{\mathrm{C}}(\omega)\cdot I_{\mathrm{k}}(\omega)\big]
\end{aligned}\right\}
\tag{2-108}
$$

式（2-108）和式（2-81）有相似的形式，不同的是：前者在模域（单相），后者在相域（多相）。为了从式（2-108）获得时域的等值电路，需要通过傅立叶逆变换将它从频域转换到时域。但是，$\gamma(\omega)=\alpha(\omega)+\mathrm{j}\beta(\omega)$ 是复数矩阵，其中 $\alpha(\omega)$ 称衰减常数矩阵，$\beta(\omega)$ 称相移常数矩阵，两者都是频率的函数。直接将 $\gamma(\omega)$ 放入后述的 ARMA 模型进行卷积计算有困难，因此 Noda 模型设 $H(\omega)=\mathrm{e}^{\mathrm{j}\omega\tau_{\min}}\cdot\mathrm{e}^{-\gamma(\omega)\cdot l}$，将式（2-108）改写成

$$
\left.\begin{aligned}
I_{\mathrm{k}}(\omega)=&Y_{\mathrm{C}}(\omega)\cdot U_{\mathrm{k}}(\omega)\\
&-Y_{\mathrm{C}}(\omega)\cdot\mathrm{e}^{-\mathrm{j}\omega\tau_{\min}}\cdot H(\omega)\cdot\big[U_{\mathrm{m}}(\omega)+Z_{\mathrm{C}}(\omega)\cdot I_{\mathrm{m}}(\omega)\big]\\
I_{\mathrm{m}}(\omega)=&Y_{\mathrm{C}}(\omega)\cdot U_{\mathrm{m}}(\omega)\\
&-Y_{\mathrm{C}}(\omega)\cdot\mathrm{e}^{-\mathrm{j}\omega\tau_{\min}}\cdot H(\omega)\cdot\big[U_{\mathrm{k}}(\omega)+Z_{\mathrm{C}}(\omega)\cdot I_{\mathrm{k}}(\omega)\big]
\end{aligned}\right\}
\tag{2-109}
$$

式中：$H(\omega)$ 是衰减系数矩阵；$\tau_{\min}$ 是最快传播时间。

为了减少卷积的运算次数，又进一步将式（2-109）改写成

$$
\left.\begin{aligned}
I_{\mathrm{k}}(\omega)=&Y_{\mathrm{C}}(\omega)\cdot U_{\mathrm{k}}(\omega)\quad-Y_{\mathrm{C}}(\omega)\cdot\mathrm{e}^{-\mathrm{j}\omega\tau_{\min}}\cdot H^{T}(\omega)\cdot\big[Y_{\mathrm{C}}(\omega)\cdot U_{\mathrm{m}}(\omega)+I_{\mathrm{m}}(\omega)\big]\\
I_{\mathrm{m}}(\omega)=&Y_{\mathrm{C}}(\omega)\cdot U_{\mathrm{m}}(\omega)-Y_{\mathrm{C}}(\omega)\cdot\mathrm{e}^{-\mathrm{j}\omega\tau_{\min}}\cdot H^{T}(\omega)\cdot\big[Y_{\mathrm{C}}(\omega)\cdot U_{\mathrm{k}}(\omega)+I_{\mathrm{k}}(\omega)\big]
\end{aligned}\right\}
$$
$$\tag{2-110}$$

式中：$H^{T}(\omega)$ 是 $H(\omega)$ 的转置矩阵。

用傅立叶逆变换将式（2-110）转换到时域后，得

$$
\left.\begin{aligned}
&i_{\mathrm{k}}(t)=y_{\mathrm{c}}(t)*u_{\mathrm{k}}(t)+i_{\mathrm{p1}}(t)\\
&i_{\mathrm{m}}(t)=y_{\mathrm{c}}(t)*u_{\mathrm{m}}(t)+i_{\mathrm{p2}}(t)
\end{aligned}\right\}
\tag{2-111}
$$

式中：* 表示矩阵—向量卷积运算；$i_{\mathrm{k}}(t)$、$i_{\mathrm{m}}(t)$、$u_{\mathrm{k}}(t)$、$u_{\mathrm{m}}(t)$ 分别是 $I_{\mathrm{k}}(\omega)$、$I_{\mathrm{m}}(\omega)$、$u_{\mathrm{k}}(\omega)$、$U_{\mathrm{m}}(\omega)$ 在时域的对应向量（象原函数向量，下同）；$y_{\mathrm{c}}(t)$ 是 $Y_{\mathrm{C}}(\omega)$ 在时域的对应矩阵；$i_{\mathrm{p1}}(t)$、$i_{\mathrm{p2}}(t)$ 是在时域的历史项，

$$
\left.\begin{aligned}
&i_{\mathrm{p1}}(t)=h^{T}(t)*\big[y_{\mathrm{c}}(t)*u_{\mathrm{m}}(t-\tau)+i_{\mathrm{m}}(t-\tau)\big]\\
&i_{\mathrm{p2}}(t)=h^{T}(t)*\big[y_{\mathrm{c}}(t)*u_{\mathrm{k}}(t-\tau)+i_{\mathrm{k}}(t-\tau)\big]
\end{aligned}\right\}
\tag{2-112}
$$

式中：$h(t)$ 是 $H(\omega)$ 在时域的对应矩阵。

由式（2-111）可画出计算用多相等值电路，如图 2-17（a）所示。这表示一个 n 相

耦合导纳与 n 相等值电流源并联的电路。等值电流源在求解的时刻是已知的，它是历史项。问题是如何将具有频率相关特性的特征导纳矩阵纳入整个网络的导纳矩阵中，因为它是一个时变参数矩阵。为此 Noda 模型将与 $\boldsymbol{y}_c(t)$ 相关的卷积分解成

$$\boldsymbol{y}_c(t) * \boldsymbol{u}(t) = \boldsymbol{y}_{c0} \cdot \boldsymbol{u}(t) + \boldsymbol{y}_{c1}(t) * \boldsymbol{u}(t-\tau) \tag{2-113}$$

式中：$\boldsymbol{y}_{c0}$ 是常参数矩阵；$\boldsymbol{y}_{c1}(t) * \boldsymbol{u}(t-\tau)$ 是矩阵—向量卷积，但无需即时响应。

将式（2-113）代入式（2-111），得到

$$\left.\begin{array}{l} \boldsymbol{i}_k(t) = \boldsymbol{y}_{c0} \cdot \boldsymbol{u}_k(t) + \boldsymbol{i}'_{p1}(t) \\ \boldsymbol{i}_m(t) = \boldsymbol{y}_{c0} \cdot \boldsymbol{u}_m(t) + \boldsymbol{i}'_{p2}(t) \end{array}\right\} \tag{2-114}$$

式中：

$$\left.\begin{array}{l} \boldsymbol{i}'_{p1}(t) = \boldsymbol{i}_{p1}(t) + \boldsymbol{y}_{c1}(t) * \boldsymbol{u}_k(t-\tau) \\ \boldsymbol{i}'_{p2}(t) = \boldsymbol{i}_{p2}(t) + \boldsymbol{y}_{c1}(t) * \boldsymbol{u}_m(t-\tau) \end{array}\right\} \tag{2-115}$$

式（2-114）对应的等值电路如图 2-17（b）所示。其中，$\boldsymbol{y}_{c0}$ 是常参数矩阵，可直接纳入整个网络的导纳矩阵，$\boldsymbol{i}'_{p1}(t)$ 和 $\boldsymbol{i}'_{p2}(t)$ 是历史项，需在每一时步更新。

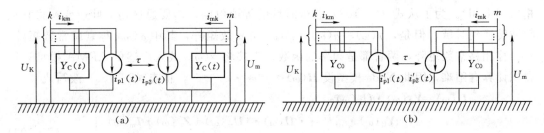

图 2-17　Noda 模型的等值电路

Noda 模型在计算卷积时，应用了自回归移动平均模型（ARMA：Auto-Regressive Moving Average）。ARMA 模型实质上表达一个离散系统的输入和输出的关系，其输入变量 $x(t)$ 和输出变量 $y(t)$ 以时间间隔 Δt 采样，按照 Z—变换理论，传递函数为下式所示的有理函数

$$G(z) = \frac{a_0 + a_1 z^{-1} + \cdots + a_N z^{-N}}{1 + b_1 z^{-1} + \cdots + b_N z^{-N}} \tag{2-116}$$

式中：a_N、b_N 是 ARMA 模型的系数；N 是 ARMA 模型的阶。

ARMA 模型的输出变量在时间领域的表达式为

$$\begin{aligned} y(n) = &\, a_0 x(n) + a_1 x(n-1) + \cdots + a_N x(n-N) \\ &- b_1 y(n-1) - \cdots - b_N y(n-N) \end{aligned} \tag{2-117}$$

它相当于通过 $2N+1$ 次乘法和 $2N$ 次加法完成一次递归卷积计算。

将 ARMA 模型应用于 Noda 模型时，传递函数矩阵 $g(t)$ 相应于式（2-111）和式（2-112）中的 $\boldsymbol{y}_c(t)$ 或 $\boldsymbol{h}_c^T(t)$。Noda 模型采用线性最小二乘法以有理函数近似 $\boldsymbol{y}_c(\omega)$ 和 $\boldsymbol{H}(\omega)$ 中的每一个元素。

Noda 线路模型在理论上是严密的，但缺点是计算时间长，需要内存大，而且计算稳定性比 J.Marti 模型差。

与 Noda 模型类似的还有 L.Marti 模型，它在理论上也是严密的。L.Marti 借助时域

卷积来考虑变换矩阵的频率相关特性。但是变换矩阵的频率响应，不像 $A(\omega)=e^{-\gamma(\omega)l}$ 和 $Z_c(\omega)$ 是单调变化的，而是呈现振动性。因此 L. Marti 线路模型的最大缺点是计算不稳定，故很少被应用。

2.2 电 机 模 型

2.2.1 同步发电机模型

在电力系统电磁暂态分析中，引入适当的理想化假设条件后，通过派克变换，实现从 a、b、c 系统到 d、q、0 坐标系统的转换，得到发电机的基本方程及其标幺制形式。同步电机大都采用 d、q、0 坐标系统下的方程式作为数学模型。尔后所提出的一些数学模型，其主要区别在于转子等值阻尼绕组所考虑的数目、用电机暂态和次暂态参数表示同步电机方程式时所采用的假设以及计及磁路饱和影响的方法等有所不同。

在系统稳态运行和暂态过程中，同步电机电气参数具有明显的频率特性，在不同的运行状态下的电气参数和等值电路截然不同，这些参数和等值电路的获取需进行大量的试验测试和统计分析，仿真计算中等效参数和等值电路的选择影响仿真系统的准确性。同步电动机和同步调相机可以和同步发电机一样模拟。

2.2.1.1 暂时过电压领域

在这个领域，通常模拟时间较长，因此需要详细模拟同步发电机的动特性。在 EMTP 中，有 $dq0$ 坐标的 Type-59 和相坐标的 Type-58 两种同步电机模型供选择。EMTP 的同步电机模型是以常规设计的电机为对象的，即定子上有三相交流电枢绕组，转子上有一个直流励磁绕组。

电机的参数受结构影响。水轮发电机转子为凸极式，有 2 对以上磁极（可以多达几十对），沿着以磁极为对称轴（直轴，也称 d 轴）的磁路特性与以两个磁极中间分界线为对称轴（交轴，也称 q 轴）的磁路特性有明显区别，因为后者磁路中有较大一部分是在空气中。汽轮发电机转子为隐极式，只有 1～2 对磁极，隐极式的直轴和交轴的磁路特性差别很小，如图 2-18 所示。EMTP 的同步电机模型考虑凸极性，如果忽略凸极性，只要假定某些直轴和交轴的参数相同即可。

机械部分最简单的模拟是系统稳定研究中用的单质块模型。对于水力发电机组，用单质块是合适的，因为水轮机和发电机靠得很近。但是对于火力发电机组，特别是要研究次同步谐振等涉及轴扭振的问题时，需要使用多质块模型。EMTP 的同步电机模型考虑轴扭振模拟。图 2-19 表示一个典型的 7 个质块构成的汽轮发电机组轴系模型。

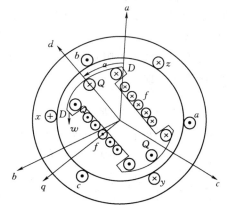

图 2-18　同步发电机的结构示意图

图 2-20 为同步电机的各绕组电路图。为一般起见，考虑转子为凸极并具有 D、g、Q 三个阻尼绕组，而将隐极电机或转子仅有 D、Q 阻尼绕组分别处理为它的特殊情况。图

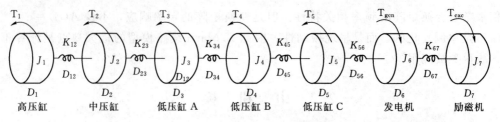

图 2-19　汽轮发电机组轴系模型

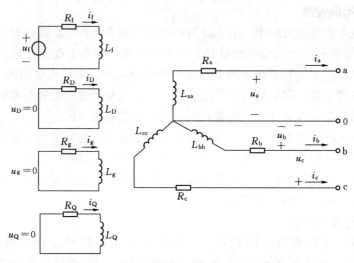

图 2-20　同步发电机的各绕组电路图

中给出了定子三相绕组、转子励磁绕组 f 和阻尼绕组 D、g、Q 的电流、电压和磁轴的规定正方向。需注意，定子三相绕组磁轴的正方向分别与各绕组正向电流所产生磁通的方向相反；而转子各绕组磁轴的正方向则分别与各绕组正向电流所产生磁通的方向相同；转子的 g 轴沿转子旋转方向超前于 d 轴 $90°$。另外，规定各绕组磁链的正方向与相应的磁轴正方向一致。

　　假设三相绕组电阻相等 $R_a = R_b = R_c = R$，相坐标同步电机模型的电压平衡方程由图 2-20 所列出，即

$$
\begin{pmatrix} u_a \\ u_b \\ u_c \\ \cdots \\ u_f \\ 0 \\ 0 \\ 0 \end{pmatrix} = \begin{pmatrix} R & 0 & 0 & \vdots & & & & \\ 0 & R & 0 & \vdots & & & 0 & \\ 0 & 0 & R & \vdots & & & & \\ \cdots & \cdots & \cdots & \vdots & \cdots & \cdots & \cdots & \\ & & & \vdots & R_f & 0 & 0 & 0 \\ & 0 & & \vdots & 0 & R_D & 0 & 0 \\ & & & \vdots & 0 & 0 & R_g & 0 \\ & & & \vdots & 0 & 0 & 0 & R_Q \end{pmatrix} \begin{pmatrix} -i_a \\ -i_b \\ -i_c \\ \cdots \\ i_f \\ i_D \\ i_g \\ i_Q \end{pmatrix} + \begin{pmatrix} p\dot{\psi}_a \\ p\dot{\psi}_b \\ p\dot{\psi}_c \\ \cdots \\ p\dot{\psi}_f \\ p\dot{\psi}_D \\ p\dot{\psi}_g \\ p\dot{\psi}_Q \end{pmatrix} \quad (2-118)
$$

式中：ψ 为个绕组磁链；$\dot{\psi}$ 为磁链对时间的导数 $d\psi/dt$；p 为极对数。

　　在假定磁路不饱和的情况下，各绕组的磁链 ψ 可以通过各绕组自感 L 和绕组间互感

M，列出磁链方程为

$$
\begin{bmatrix} \psi_a \\ \psi_b \\ \psi_c \\ \cdots \\ \psi_f \\ \psi_D \\ \psi_q \\ \psi_Q \end{bmatrix} = \begin{bmatrix} L_{aa} & M_{ab} & M_{ac} & \vdots & M_{af} & M_{aD} & M_{aq} & M_{aQ} \\ M_{ba} & L_{bb} & M_{bc} & \vdots & M_{bf} & M_{bD} & M_{bq} & M_{bQ} \\ M_{ca} & M_{cb} & L_{cc} & \vdots & M_{cf} & M_{cD} & M_{cq} & M_{cQ} \\ \cdots & \cdots & \cdots & \vdots & \cdots & \cdots & \cdots & \cdots \\ M_{fa} & M_{fb} & M_{fc} & \vdots & L_{ff} & M_{fD} & M_{fq} & M_{fQ} \\ M_{Da} & M_{Db} & M_{Dc} & \vdots & M_{Df} & L_{DD} & M_{Dq} & M_{DQ} \\ M_{qa} & M_{qb} & M_{qc} & \vdots & M_{qf} & M_{qD} & L_{qq} & M_{qQ} \\ M_{Qa} & M_{Qb} & M_{Qc} & \vdots & M_{Qf} & M_{QD} & M_{Qq} & L_{QQ} \end{bmatrix} \begin{bmatrix} -i_a \\ -i_b \\ -i_c \\ \cdots \\ i_f \\ i_D \\ i_q \\ i_Q \end{bmatrix} \tag{2-119}
$$

式（2-119）中的系数矩阵为对称矩阵。由于转子的转动，一些绕组的自感和绕组间的互感将随着转子位置的改变而呈周期性变化。取转子 d 轴与 a 相绕组磁轴之间的电角度 α 为变量，在假定定子电流所产生的磁势以及定子绕组与转子绕组间的互磁通在空间均按正弦规律分布的条件下，各绕组的自感和绕组间的互感可以表示如下。

（1）定子各相绕组的自感和绕组间的互感，即

$$
\left. \begin{aligned} L_{aa} &= l_0 + l_2 \cos 2\alpha \\ L_{bb} &= l_0 + l_2 \cos 2(\alpha - 120°) \\ L_{cc} &= l_0 + l_2 \cos 2(\alpha + 120°) \end{aligned} \right\} \tag{2-120}
$$

$$
\left. \begin{aligned} M_{ab} &= M_{ba} = -[m_0 + m_2 \cos 2(\alpha + 30°)] \\ M_{bc} &= M_{cb} = -[m_0 + m_2 \cos 2(\alpha - 90°)] \\ M_{ca} &= M_{ac} = -[m_0 + m_2 \cos 2(\alpha + 150°)] \end{aligned} \right\} \tag{2-121}
$$

由于自感总是正的，自感的平均值 l_0 总是大于变化部分的幅值 l_2。在理想化假设条件下，可以证明：$l_2 = M_2$。对于隐极电机，$l_2 = M_2 = 0$，上列自感和互感都是常数。

（2）定子绕组与转子绕组间的互感，即

$$
\left. \begin{aligned} M_{af} &= M_{fa} = m_{af} \cos \alpha \\ M_{bf} &= M_{fb} = m_{af} \cos(\alpha - 120°) \\ M_{cf} &= M_{fc} = m_{af} \cos(\alpha + 120°) \end{aligned} \right\} \tag{2-122}
$$

$$
\left. \begin{aligned} M_{aD} &= M_{Da} = m_{aD} \cos \alpha \\ M_{bD} &= M_{Db} = m_{aD} \cos(\alpha - 120°) \\ M_{cD} &= M_{Dc} = m_{aD} \cos(\alpha + 120°) \end{aligned} \right\} \tag{2-123}
$$

$$
\left. \begin{aligned} M_{ag} &= M_{ga} = -m_{ag} \sin \alpha \\ M_{bg} &= M_{gb} = -m_{ag} \sin(\alpha - 120°) \\ M_{cg} &= M_{gc} = -m_{ag} \sin(\alpha + 120°) \end{aligned} \right\} \tag{2-124}
$$

$$
\left. \begin{aligned} M_{aQ} &= M_{Qa} = -m_{aQ} \sin \alpha \\ M_{bQ} &= M_{Qb} = -m_{aQ} \sin(\alpha - 120°) \\ M_{cQ} &= M_{Qc} = -m_{aQ} \sin(\alpha + 120°) \end{aligned} \right\} \tag{2-125}
$$

（3）转子各绕组的自感与绕组间的互感。

由于转子各绕组与转子一起旋转，无论凸极或隐极电机，这些绕组的磁路情况都不因

转子位置的改变而变化，因此这些绕组的自感 L_{ff}、L_{DD}、L_{gg}、L_{QQ} 和它们间的互感 M_{fD}、M_{gQ} 都是常数。另外，由于 d 轴的 f、D 绕组与 q 轴的 g、Q 绕组彼此正交，因此它们之间的互感为零，即 $M_{fg}=M_{fQ}=M_{Dg}=M_{DQ}=0$。

基于 $dq0$ 坐标的同步电机模型，从 a、b、c 坐标系统到 d、q、0 坐标系统的派克变换

$$\begin{bmatrix} i_d \\ i_q \\ i_0 \end{bmatrix} = \frac{2}{3} \begin{bmatrix} \cos\alpha & \cos(\alpha-120°) & \cos(\alpha+120°) \\ -\sin\alpha & -\sin(\alpha-120°) & -\sin(\alpha+120°) \\ \frac{1}{2} & \frac{1}{2} & \frac{1}{2} \end{bmatrix} \begin{bmatrix} i_a \\ i_b \\ i_c \end{bmatrix} \tag{2-126}$$

或
$$\boldsymbol{i}_{dq0} = \boldsymbol{P}\boldsymbol{i}_{abc} \tag{2-127}$$

同步电机模型的电压平衡方程为

$$\begin{Bmatrix} u_d \\ u_q \\ u_0 \\ \cdots \\ u_f \\ 0 \\ 0 \\ 0 \end{Bmatrix} = \begin{bmatrix} R & 0 & 0 & \vdots & & & & \\ 0 & R & 0 & \vdots & & & 0 & \\ 0 & 0 & R & \vdots & & & & \\ \cdots & \cdots & \cdots & \vdots & \cdots & \cdots & \cdots & \cdots \\ & & & \vdots & R_f & 0 & 0 & 0 \\ & 0 & & \vdots & 0 & R_D & 0 & 0 \\ & & & \vdots & 0 & 0 & R_g & 0 \\ & & & \vdots & 0 & 0 & 0 & R_Q \end{bmatrix} \begin{Bmatrix} -i_d \\ -i_q \\ -i_0 \\ \cdots \\ i_f \\ i_D \\ i_g \\ i_Q \end{Bmatrix} + \begin{Bmatrix} p\dot{\psi}_d \\ p\dot{\psi}_q \\ p\dot{\psi}_0 \\ \cdots \\ p\dot{\psi}_f \\ p\dot{\psi}_D \\ p\dot{\psi}_g \\ p\dot{\psi}_Q \end{Bmatrix} - \begin{Bmatrix} \omega\psi_q \\ -\omega\psi_d \\ 0 \\ \cdots \\ 0 \\ 0 \\ 0 \\ 0 \end{Bmatrix} \tag{2-128}$$

其中：$\omega = \mathrm{d}\alpha/\mathrm{d}t$。

磁链方程为

$$\begin{Bmatrix} \psi_d \\ \psi_q \\ \psi_0 \\ \cdots \\ \psi_f \\ \psi_D \\ \psi_q \\ \psi_Q \end{Bmatrix} = \begin{bmatrix} L_d & 0 & 0 & \vdots & m_{af} & m_{aD} & 0 & 0 \\ 0 & L_q & 0 & \vdots & 0 & 0 & m_{aq} & m_{aQ} \\ 0 & 0 & L_0 & \vdots & 0 & 0 & 0 & 0 \\ \cdots & \cdots & \cdots & \vdots & \cdots & \cdots & \cdots & \cdots \\ \frac{3}{2}m_{af} & 0 & 0 & \vdots & L_f & m_{fD} & 0 & 0 \\ \frac{3}{2}m_{aD} & 0 & 0 & \vdots & m_{fD} & L_D & 0 & 0 \\ 0 & \frac{3}{2}m_{ag} & 0 & \vdots & 0 & 0 & L_g & m_{gQ} \\ 0 & \frac{3}{2}m_{aQ} & 0 & \vdots & 0 & 0 & m_{gQ} & L_Q \end{bmatrix} \begin{Bmatrix} -i_d \\ -i_q \\ -i_0 \\ \cdots \\ i_f \\ i_D \\ i_q \\ i_Q \end{Bmatrix} \tag{2-129}$$

式中所有的自感和互感都是常数，其中

$$\left. \begin{aligned} L_d &= l_0 + m_0 + 3l_2/2 \\ L_q &= l_0 + m_0 - 3l_2/2 \\ L_0 &= l_0 - 2m_0 \end{aligned} \right\} \tag{2-130}$$

采用坐标变换，实际上相当于将定子的三个相绕组用结构与它们相同的另外三个等值绕组——d 绕组、q 绕组和 0 绕组来代替。d 绕组和 q 绕组的磁轴正方向分别与转子的 d 轴和 q 轴相同，用来反映定子三相绕组在 d 轴和 q 轴方向的行为；而 0 绕组用于反映定子三相中的零序分量。L_d、L_q、L_0 分别为等值 d 绕组、q 绕组和 0 绕组的自感，它们依次对应于定子 d 轴同步电抗、q 轴同步电抗和零序电抗。

同步电机的转子运动方程为

$$\left.\begin{aligned}\frac{\mathrm{d}\delta}{\mathrm{d}t} &= \omega - \omega_0 \\ \frac{\mathrm{d}\omega}{\mathrm{d}t} &= \frac{\omega_0}{T_J}(P_T - P_e - D)\end{aligned}\right\} \tag{2-131}$$

式中：δ 为功角，rad；ω 分别为发电机转子的电角速度，rad/s，ω_0 为同步角速度，rad/s；T_J 为发电机组的惯性时间常数，s；P_T 为原动机机械功率的标幺值；P_e 为发电机电磁功率的标幺值；D 为阻尼系数。

电力系统电磁暂态分析是研究系统在给定稳态运行方式下遭受扰动后的暂态过程行为，因此，需要知道扰动前系统稳态运行方式下的各个运行参数或它们之间的关系。另外，式（2-118）、式（2-119）中同步电机的原始参数大部分很难直接得到，实际上，同步电机的参数常用稳态、暂态和次暂态等电机参数来表示，因为它们可以通过试验获得。

在稳态、对称且同步转速运行下，转差率为零，电机中各阻尼绕组的电流（i_D、i_g、i_Q）及相应的空载电势都等于零，而其他绕组的电流（i_d、i_q、i_f）和对应于 i_f 的空载电势以及所有绕组的磁链则保持不变，可导出各种稳态方程。

对于隐极机，$x_d = x_q$，发电机端电压相量 $\dot{U} = \dot{E}_q - \mathrm{j}\dot{I}x_d$，其中 $\dot{E}_q$ 为发电机空载电动势，$\dot{I}$ 为电流相量，其等值电路及相量图如图 2-21 所示。计及电阻时，$\dot{U} = \dot{E}_q - \mathrm{j}\dot{I}x_d - R\dot{I}$。这是用同步电抗表示的稳态方程。

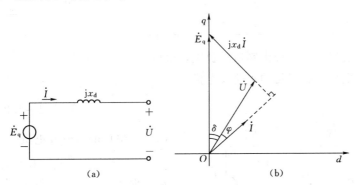

图 2-21 隐极机等值电路及相量图
(a) 等值电路；(b) 相量图

对于凸极机，为分析方便起见，假设一个虚构的电动势 $\dot{E}_Q$，凸极机等值电路及相量图如图 2-22 所示，有

$$\dot{E}_q = \dot{U} + R\dot{I} + \mathrm{j}x_d\dot{I}_d + \mathrm{j}x_q\dot{I}_q = \dot{U} + R\dot{I} + \mathrm{j}\dot{I}x_q + \mathrm{j}(x_d - x_q)\dot{I}_d = \dot{E}_Q + \mathrm{j}(x_d - x_q)\dot{I}_d$$

$$\tag{2-132}$$

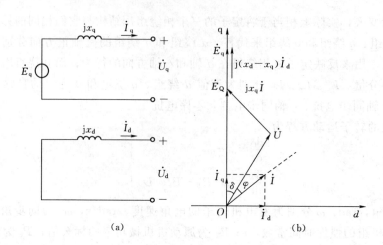

图 2 - 22　凸极机等值电路及相量图

(a) 等值电路；(b) 相量图

用暂态参数表示的稳态方程

$$\dot{E}' = \dot{U} + R\,\dot{I} + \mathrm{j}x_d'\,\dot{I} \qquad (2-133)$$

用次暂态参数表示的稳态方程

$$\dot{E}'' = \dot{U} + R\,\dot{I} + \mathrm{j}x_d''\,\dot{I}_d + \mathrm{j}x_q''\,\dot{I}_q \qquad (2-134)$$

表 2 - 2 列出了上述电机参数的数值范围。

表 2 - 2　　　　　　　同步电机参数的电抗数值范围

电　抗	汽轮发电机	水轮发电机	电　抗	汽轮发电机	水轮发电机
x_d	1.2～2.2	0.7～1.4	x_d''	0.10～0.15	0.14～0.26
x_q	1.2～2.2	0.45～0.70	x_q''	0.10～0.15	0.15～0.35
x_d'	0.15～0.24	0.20～0.35			

同步电机的负序电抗一般由制造厂提供，也可以按下式估算：

(1) 汽轮发电机及有阻尼的水轮发电机

$$x_2 = \frac{x_d'' + x_q''}{2} \approx (1 \sim 1.2)x_d'' \qquad (2-135)$$

(2) 无阻尼的水轮发电机

$$x_2 = \sqrt{x_d' x_q} \approx 1.45 x_d' \qquad (2-136)$$

在工程计算中，同步发电机的零序电抗的变化范围为

$$x_0 = (0.15 \sim 0.6)x_d'' \qquad (2-137)$$

如果发电机中性点不接地，不能构成零序电流的通路，此时其零序电抗为无限大。

将电压平衡方程离散化后，消去转子的变量，可得到图 2 - 23 的等值电路。图中的 I_a、

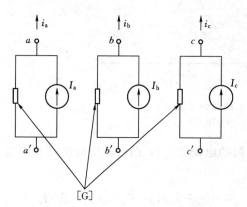

图 2 - 23　同步电机的等值电路

I_b、I_c 是表示反映历史记录的等值电流源。

为了获得这些等值电流源，采用相坐标的 Type-58 模型只需要预测转子角速度 ω。而 $dq0$ 坐标的 Type-59 模型除了需要预测转子角速度 ω 外，还需要预测旋转电势 u_d、u_q 和电流 i_d、i_q。因此，相坐标表示的 Type-58 模型比 $dq0$ 坐标表示的 Type-59 模型有更好的稳定性和精度，但 Type-59 模型计算速度快。

在这个领域，由于模拟时间较长，需要考虑发电机的自动电压调节装置（AVR）和调速器（Governor）。这两个装置可用 EMTP 的控制系统 TACS 或 MODELS 模拟。

2.2.1.2 缓波前过电压领域

在缓波头过电压领域（50/60Hz～20kHz），以断路器动作引起的操作过电压为对象，发电机可用恒定电压源、绕组电感（通常取次暂态电感 L_d''）、表示损耗的电

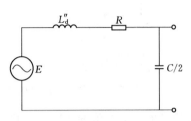

图 2-24 缓波头过电压领域
的同步电机模型

阻 R 及表示绕组对地电容一半的 $C/2$ 来模拟。其等值电路如图 2-24 所示。表 2-3 列出了汽轮发电机每相定子绕组的对地电容 C。水轮发电机定子绕组每相对地电容可采用近似计算

$$C = \frac{KS^{0.75}}{3(U_N + 3.6)n^{\frac{1}{3}}} \ (\mu F) \tag{2-138}$$

式中：S 为发电机额定容量，kVA；U_N 为额定线电压，kV；n 为每分钟转速，rad/min；K 为与绝缘等级相关的系数，如 B 级绝缘 $K=0.04$。

表 2-3　　　　　　　　汽轮发电机每相定子绕组的对地电容

额定线电压（kV）	发电机额定容量（kVA）	每相定子绕组的对地电容（μF）
	4375	0.05
	7500	0.05
6.3	15000	0.10
	31250	0.20
	15000	0.08
10.5	31250	0.16
	58900	0.25
13.8	117900	0.31

在缓波头过电压领域、陡波头过电压领域及特陡波头过电压领域，不需要模拟发电机的机械部分。

2.2.1.3 陡波前过电压领域

在陡波头过电压领域（10kHz～3MHz）计算时，单纯从计算雷电入侵时发电机端子过电压的角度，可以用冲击波侵入电容模拟发电机，如果还需要考虑发电机的频率响应特性，则可以使用图 2-25 所示的由多个 RLC 组合的模型。

由于入侵的雷电波通常是通过变压器传递到发电机的。发电机的波阻抗和对地电容对

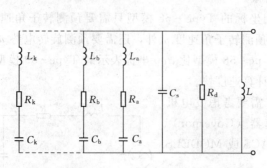

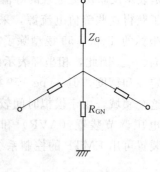

图 2-25　陡波头过电压领域的同步电机模型　　　图 2-26　波阻抗模型

传递过电压的幅值和陡度的衰减有明显的作用。考虑对变压器传递过电压的影响时，通常使用图 2-26 所示的波阻抗模型模拟发电机。图 2-26 中，用电阻 Z_G 模拟发电机的波阻抗。这里，R_{GN} 表示发电机的中性点接地电阻。这个波阻抗与发电机的额定容量 $S(MVA)$ 和额定电压 $U_G(kV)$ 有关，可用式（2-111）计算。这个模型与测量结果比较，第 1 波的波幅很一致，但由于仅用电阻模拟，第 2 波以后计算值的衰减比实测值大得多。

$$Z_G = 632 \times \left(\frac{S}{\sqrt{U_G}} \right)^{-0.66} \tag{2-139}$$

能够正确反映传递电压振动周期的发电机模型如图 2-27 所示。这个模型用发电机电感 L_G 和铁损电阻 R_{NN} 的并联电路模拟频率特性。

以上的发电机模型都是表现从发电机端子向内看去的等值电路，不能用于发电机的内部计算。

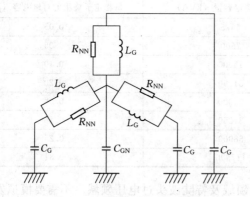

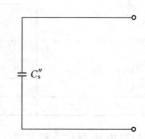

图 2-27　转移电压计算用模型　　　　　图 2-28　特陡波头过
　　　　　　　　　　　　　　　　　　　电压领域的同步电机模型

2.2.1.4　特陡波前过电压领域

这个领域以隔离开关操作过电压计算为主，需要详细模拟的部分通常仅限于 GIS 设备。如果需要在这个领域模拟同步电机，可只用冲击波侵入电容表示，模型如图 2-28 所示。

2.2.2 电动机模型

这里介绍异步电动机。异步电动机从转子的结构可分为鼠笼形、特殊鼠笼形和绕组形，在过电压计算时都一样对待。

2.2.2.1 暂时过电压领域

在这个领域，需要使用 EMTP 的通用电机模型详细模拟。EMTP 的通用电机模型可以模拟同步机、异步机和直流机，可以模拟三相的、两相的和单相的，可以模拟多种励磁方式。通用电机与网络其他部分有两种接口，供用户选择。一种是从电机端子看出去，网络其他部分用戴维南等值电路表示，然后与电机方程式联立求解，称作补偿法；另一种是电机用导纳和电流源的并联电路表示，与 2.2.1 节的同步电机模型一样，需用预测某些变量，称作预测法。前一种接口虽然在计算上是精确的，但为保证解的唯一性，电机之间（或与其他的采用补偿法的非线性元件之间）必须用分布参数线路分开，有应用上的限制。因此这里主要介绍后一种接口的模型。

通用电机模型将绕组分成两类：①电枢绕组。最多可有 3 相；②励磁侧绕组；分布在直轴和交轴上，数量不限。通用电机模型采用 $dq0$ 坐标系统，零轴（0 轴）磁链与直轴（d 轴）、交轴（q 轴）的绕组间没有耦合，是独立的。

通用电机模型与同步电机模型不同，没有内在的机械部分模型，用户必须将机械部分转换成由集中参数 R、L、C 表示的等值电路，EMTP 将它们作为整个网络的一部分求解。表 2-4 列出机械量与电气量之间的等值关系。轴系的每一个质块对应等值电路的一个节点，用节点的对地电容模拟质块的转动惯量 J，用与该电容并联的电阻模拟质块的自阻尼系数 D_i；用连接两个节点间的电感模拟连接两个质块的轴的弹性系数 $K_{i-1,i}$；用与该电感并联的电阻模拟轴扭转引起的互阻尼系数 $D_{i-1,i}$；如果有机械转矩加在质块上，就用电流源接到相应的节点上模拟；通用电机模型将电磁转矩作为电流源自动加到相应节点上。

表 2-4 　　　　　　　　　　机械量与电气量的等值关系

机 械 量	电 气 量	机 械 量	电 气 量
T（作用在质块上的转矩）(N·m)	I（流入节点的电流）(A)	J（转动惯量）(kg·m²)	C（对地电容）(F)
ω（角速度）(rad/s)	U（节点电压）(V)	K（弹性系数）(N·m/rad)	$1/L$（电感倒数）(1/H)
θ（质块角位置）(rad)	Q（电容上的电荷）(C)	D（阻尼系数）(N·m·s/rad)	$1/R$（电导）(S)

通用电机虽然采用 $dq0$ 坐标系统，但它的预测法与采用相同坐标系统的同步电机模型（Type-59）不同。$dq0$ 坐标同步电机模型预测发电机转子角速度 ω、旋转电势 u_d、u_q 和电流 i_d、i_q，而通用电机模型用磁链 λ_{ds}、λ_{qs}、λ_{0a} 的预测替代电压、电流的预测，由于磁链的变化缓慢，因此通用电机的预测法有更好的精确度和稳定性。通用电机的等值电路仍如图 2-23 所示。

2.2.2.2 缓波前、快波前和特快波前过电压领域

这三个领域，对于异步电动机模型考虑绕组电感、电阻以及各种杂散电容，就很充分了。对于单一频率的暂态现象，可以使用图 2-29 所示的 RL 模型或图 2-30 所示的 RLC

模型。要详细模拟频率特性，则需要使用图 2-31 所示的多段 RLC 模型。

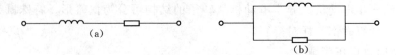

图 2-29　RL 模型

(a) RL 串联模型；(b) RL 并联模型

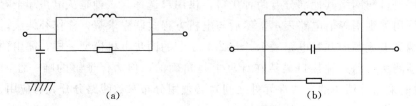

图 2-30　RLC 并联模型

(a) 对地 C；(b) 对中性点 C

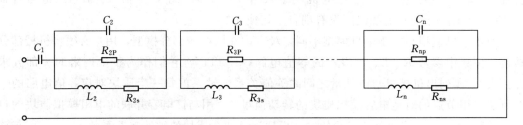

图 2-31　多段 RLC 模型

2.3　变压器、互感器和电抗器模型

变压器模型首先要考虑对应匝数比的绕组之间的电磁耦合，其次要考虑铁芯的磁化特性（磁滞特性）、漏抗和绕组电阻，再次，还要考虑绕组间和绕组对地的电容等。互感器和电抗器可与变压器同样考虑。由于变压器含有绕组和铁芯元件，其电气参数、励磁特性等随作用的电压波形、频率变化而变化，呈现鲜明的频率特性。在工频和其附近的低频领域，电感和电阻有较大影响。随着计算频率升高，磁场相关特性的影响降低，而电容的影响随之升高。这是因为对于高频铁磁特性不能迅速响应，而且随着频率升高，电感所呈现的阻抗变大，电容所呈现的阻抗变小。因此，在直流电压作用下，变压器可等值为一个纯电阻元件。在工频稳态电压作用下应考虑绕组的铜耗、漏感，铁芯的铁耗和励磁电感，此时变压器的等值电抗（双绕组变压器即为两个绕组漏抗之和）就是它们的正序或负序电抗。而零序电抗和正序、负序电抗是很不同的，它与变压器绕组的接线结构有关。当在变压器端点施加零序电压时，其绕组中有无零序电流，以及零序电流的大小均与变压器三相绕组的接线方式和结构密切相关。而在高频电压波作用下，变压器对外呈现明显的电容效应，可近似采用等值入口电容进行等效。

2.3.1 变压器模型

2.3.1.1 暂时过电压领域 (0.1Hz～3kHz)

这个频域的计算以负荷波动引起的电压变化、变压器投入引起的涌流现象等为对象，以确定交流绝缘水平和母线容量为目的。对这个频域的计算，EMTP 有两种变压器模型可供选择：①阻抗矩阵模型；②饱和变压器模型。

1. 阻抗矩阵模型

在工频稳态电压作用下变压器的等值电抗就是它们的正序或负序电抗。常用稳态普通双绕组和三绕组变压器的等值电路如图 2-32 所示。

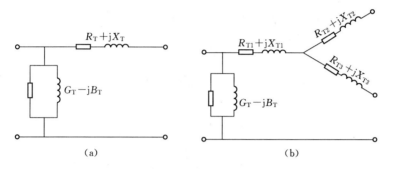

图 2-32 变压器的等值电路

(a) 双绕组变压器的等值电路；(b) 三绕组变压器的等值电路

普通双绕组变压器的参数计算如下：

$$\left.\begin{array}{l} R_{\text{T}} = \dfrac{\Delta P_{\text{k}} U_{\text{N}}^2 \times 10^3}{S_{\text{N}}^2} (\Omega) \\[3mm] X_{\text{T}} = \dfrac{U_{\text{P}}\% U_{\text{N}}^2 \times 10}{S_{\text{N}}} \approx \dfrac{U_{\text{k}}\% U_{\text{N}}^2 \times 10}{S_{\text{N}}} (\Omega) \\[3mm] G_{\text{T}} = \dfrac{\Delta P_0 \times 10^{-3}}{U_{\text{N}}^2} (\text{S}) \\[3mm] B_{\text{T}} = \dfrac{I_0\% S_{\text{N}}}{U_{\text{N}}^2} \times 10^{-5} (\text{S}) \end{array}\right\} \tag{2-140}$$

式中：S_{N} 为变压器额定容量，kVA；U_{N} 为变压器的额定电压，kV；ΔP_{k} 为变压器额定三相短路损耗，kW；$U_{\text{k}}\%$ 为变压器短路电压百分值；ΔP_0 为变压器额定三相空载损耗，kW；$I_0\%$ 为变压器空载电流百分值。

三绕组变压器的参数计算如下

$$\left.\begin{array}{l} \Delta P_{\text{k1}} = \dfrac{\Delta P_{\text{k12}} + \Delta P_{\text{k31}} - \Delta P_{\text{k23}}}{2} \\[3mm] \Delta P_{\text{k2}} = \dfrac{\Delta P_{\text{k12}} + \Delta P_{\text{k23}} - \Delta P_{\text{k31}}}{2} \\[3mm] \Delta P_{\text{k3}} = \dfrac{\Delta P_{\text{k23}} + \Delta P_{\text{k31}} - \Delta P_{\text{k12}}}{2} \end{array}\right\} \tag{2-141}$$

$$R_{T1} = \frac{\Delta P_{k1} U_N^2 \times 10^3}{S_N^2}$$

$$R_{T2} = \frac{\Delta P_{k2} U_N^2 \times 10^3}{S_N^2}$$ $$\quad (2-142)$$

$$R_{T3} = \frac{\Delta P_{k3} U_N^2 \times 10^3}{S_N^2}$$

$$U_{k1}\% = \frac{1}{2}(U_{k12}\% + U_{k31}\% - U_{k23}\%)$$

$$U_{k2}\% = \frac{1}{2}(U_{k12}\% + U_{k23}\% - U_{k31}\%)$$ $$\quad (2-143)$$

$$U_{k3}\% = \frac{1}{2}(U_{k23}\% + U_{k31}\% - U_{k12}\%)$$

$$X_{T1} = \frac{U_{k1}\% U_N^2 \times 10}{S_N}$$

$$X_{T2} = \frac{U_{k2}\% U_N^2 \times 10}{S_N}$$ $$\quad (2-144)$$

$$X_{T3} = \frac{U_{k3}\% U_N^2 \times 10}{S_N}$$

变压器零序等值电路与外电路的连接，可用图 2-33 所示的开关电路来表示。

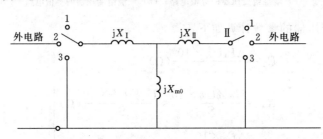

变压器绕组接法	开关位置	绕组端点与外电路的连接
Y	1	与外电路断开
YN	2	与外电路接通
d	3	与外电路断开,但与励磁支路并联

图 2-33　变压器零序等值电路与外电路的连接

EMTP 的变压器模型没有分正负序和零序等值电路，备有变压器参数计算的辅助程序，帮助用户由厂家提供的试验数据计算三相变压器或者单相变压器的阻抗矩阵。

2. 饱和变压器模型

EMTP 为在低频领域模拟变压器，专门开发了如图 2-34 所示的饱和变压器模型。这是一个单相变压器，由双绕组、三绕组或更多绕组构成。饱和变压器模型增加了一个内部节点 S（星节点），一次侧绕组支路在节点 $B11$ 和星节点 S 之间，与其他绕组没有耦合关系。星节点 S 与一次侧绕组的另一节点 $B21$ 之间的支路构成理想变压器的一次侧，其

他绕组连接在理想变压器的二次侧，分别构成一个双绕组变压器，如图 2-35 所示。每个双绕组变压器的方程为

$$\begin{bmatrix} \dfrac{\mathrm{d}i_\mathrm{S}}{\mathrm{d}t} \\[2mm] \dfrac{\mathrm{d}i_\mathrm{K}}{\mathrm{d}t} \end{bmatrix} = \frac{1}{L_\mathrm{K}} \begin{bmatrix} \left(\dfrac{n_\mathrm{K}}{n_1}\right)^2 & -\dfrac{n_\mathrm{K}}{n_1} \\[3mm] -\dfrac{n_\mathrm{K}}{n_1} & 1 \end{bmatrix} \begin{bmatrix} u_\mathrm{S} \\[2mm] u_\mathrm{K} \end{bmatrix} - \begin{bmatrix} \dfrac{R_\mathrm{K}}{L_\mathrm{K}} & 0 \\[3mm] 0 & \dfrac{R_\mathrm{K}}{L_\mathrm{K}} \end{bmatrix} \begin{bmatrix} i_\mathrm{S} \\[2mm] i_\mathrm{K} \end{bmatrix} \tag{2-145}$$

式中：n_1 为一次侧绕组匝数；n_K 为第 K 绕组的匝数（$K=2，\cdots，N$）。

这是用逆电感矩阵 L^{-1} 表示的形式。

为了模拟铁损和励磁特性，将一个电阻 R_m 与励磁电感 L_m（线性或非线性）并联的支路连接在星节点上。饱和变压器模型是单相的，但可以用三个饱和变压器模型模拟三相变压器，不过这只在三相变压器原本就是由三个单相变压器构成的情况才是正确的。对于三相五柱式或壳式变压器，这样的模拟方法也是合理的。但是对于三相三柱式变压器，因为零序磁通要经过空气间隙，这样模拟会有较大误差。

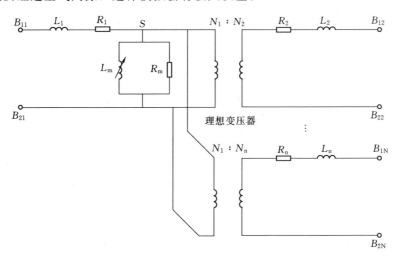

图 2-34 饱和变压器模型

2.3.1.2 缓波前过电压领域(50/60Hz～20kHz)

这个频域以断路器操作引起的操作过电压为对象，可以使用与频域 I 相同的变压器模型，也可以加上绕组间及绕组对地间电容，如图 2-36 所示。C_{11}、C_{22} 分别为绕组 I、II 的匝间电容，C_{12} 为绕组 I、II 间的电容，C_1、C_2 分别为绕组 I、II 的对地电容。

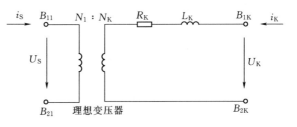

图 2-35 理想变压器与 R—L 支路串联

2.3.1.3 陡波前过电压领域 （10kHz～3MHz）

这个频域以雷过电压计算为主。一般雷过电压计算用于避雷器配置等变电站对外部侵

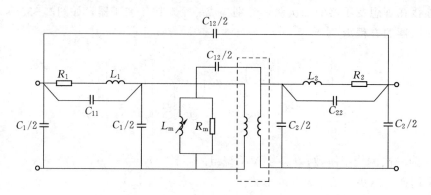

图 2-36　考虑电容的饱和变压器模型

入过电压的绝缘配合研究，对于变压器通常只需要知道一次侧端子过电压，不需要考虑过电压的传递，此时可用冲击波侵入电容模拟变压器，如图 2-37（a）所示。

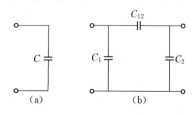

图 2-37　变压器的电容模型

冲击波侵入电容由绕组对地电容、绕组间电容、绕组内部的串联电容等构成，其中最主要的是绕组对地电容和绕组间电容。高压侧的入口电容数值为

$$C_T = \sqrt{CK} \qquad (2-146)$$

式中：C 为变压器绕组总的对地电容，F；K 为变压器绕组总的匝间电容，F。

变压器的冲击波侵入电容可通过向变压器注入阶跃波电流时的端子电压暂态响应求得。如没有这个数据，也可使用标准值。表 2-5、表 2-6 和表 2-7 分别是日本、IEEE 和我国推荐的变压器类设备的冲击波侵入电容标准值。冲击波侵入电容值因制造厂家和形状有较大变化，日本将能够产生较大过电压的较小值作为推荐值。

表 2-5　　　　　　　　　　冲击波侵入电容标准值（日本推荐值）

电压等级 （kV）	变压器 （pF）	电磁式电压互感器 （pF）	电容式电压互感器 （pF）	套管 （pF）
500	3000			
275	2500	200	2000	200
220	2500			
187	2500			
154	1500			
110	1500	100	2000	50
77	1000			
66	1000			

<table>
</table>

表 2 - 6 **冲击波侵入电容标准值（IEEE 推荐值）**

电压等级（kV）		115	400	765
对地电容（pF）	电容式电压互感器	8000	5000	4000
	电磁式电压互感器	500	550	600
	电流互感器	250	680	800
	自耦变压器	3500	2700	5000

表 2 - 7 **冲击波侵入电容标准值（GB 推荐值）**

电 压 等 级（kV）	变压器高压绕组（pF）	PT（pF）	绝缘套管（pF）
500	4000～6000	200	200
330	2000～5000		
220	1500～3000		
110	1000～2000	100	50
35	500～1000		

对于纠结式绕组变压器，因匝间电容增大，其冲击波侵入电容比表中的数值大。此外，还应注意对同一变压器，不同电压等级绕组，其冲击波侵入电容是不同的。表中数据为变压器高压绕组的入口电容。

用一个集中电容不能模拟变压器的频率响应特性，如果需要模拟频率响应特性，可用图 2 - 38 所示的 RLC 串并联电路模拟变压器。这个模型模拟的变压器的谐振点愈多精度愈高，但建模愈费时。从简化的角度，可只模拟变压器从电感性转变为电

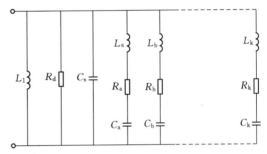

图 2 - 38 变压器的频率响应特性模型

容性时的并联谐振点，此时对雷过电压这个模型有和集中电容模型相同的响应特性，而且只比较变压器端电压幅值的话，也和集中电容模型大致相同。但需指出，这个频率响应特性模型只适用于快波前过电压领域或更高的频率领域。对于工频领域，这个模型会呈现低阻抗特性，不能得到正常的交流电压。

掌握从变压器的高压侧侵入低压侧的传递过电压特性，对保护水电站等低压侧设备（发电机等）尤为重要。变压器的传递过电压包括绕组间的静电传递成分和电磁传递成分。静电传递电压由一次绕组与二次绕组间的电容和二次绕组的对地电容的分压比决定。电磁传递电压基本上取决于一次绕组与二次绕组的匝数比，但二次侧是否与线路连接也有影响。

静电传递成分通常在兆赫级范围，在冲击波的传递中最先出现，然后是电磁传递成分。以高频领域为对象时，静电传递是主要的，如果只考虑静电传递，可以使用图 2 - 37 （b）所示的 π 形电容模型模拟变压器。如果需要兼顾电磁传递，就需要考虑绕组间的变比，此时可以使用图 2 - 39 所示的变压器模型。这个模型是在饱和变压器模型的基础上，

加上绕组间及绕组对地间电容构成的。由于频率高，铁芯的影响变小，这个模型忽略了铁芯的磁化特性。

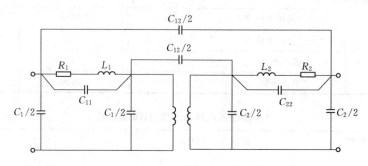

图 2 - 39　变压器的传递过电压模型

2.3.1.4　特快波前过电压领域（100kHz～50MHz）

这个频域以隔离开关操作过电压计算为主。与快波前过电压领域一样，在不考虑过电压传递时可使用图 2 - 37（a）所示的冲击波侵入电容来模拟；在考虑过电压传递时，可使用图 2 - 37（b）所示的 π 形电容来模拟。由于这个频域的频率特别高，在计算传递过电压时，通常只考虑静电传递成分。

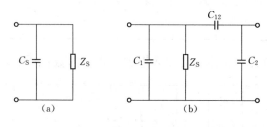

图 2 - 40　CIGRE 模型

（a）不考虑电压传递时；（b）考虑电压传递时

为了考虑绕组波阻抗的影响，CIGRE 建议在特快波前过电压领域使用图 2 - 40 所示模型。图 2 - 40 中，Z_s 是绕组波阻抗。通常电压等级愈高，容量愈小，变压器的波阻抗愈大。这些等值电路的参数由实测数据决定。

$$C_s = C_1 + \frac{C_{12} C_2}{C_{12} + C_2} \tag{2-147}$$

2.3.2　互感器模型

电流互感器与电压互感器两者的差别在于，电压互感器是和主电路并联，而电流互感器是和主电路串联，因此为了不影响主电路的电压、电流，电压互感器有很大的电感和电阻。

电压互感器、电流互感器的基本构造和变压器是一样的，因此在暂时过电压领域和缓波前过电压领域可使用饱和变压器模型模拟，在快波前过电压领域和特快波前过电压领域可使用集中电容模拟。如果要考虑传递过电压，可使用变压器在不同频率领域的传递模型。

1. 电压互感器模型

电压互感器有通过分压电容变压的电容型电压互感器（CVT）和 GIS 中经常使用的 SF_6 绝缘的电压互感器等类型。

电容型电压互感器的基本电路如图 2 - 41 所示。在频域 I、II，按照这个基本电路，可将图 2 - 34 的变压器模型通过电容接入线路。在频域 III、IV 计算过电压时使用的集中电

容由分压电容器的电容决定。一般情况下，线路用 CVT
取 2000pF、母线用 CVT 取 2000pF（500kV 等级）～
11000pF（66kV 等级）。此外还需考虑电容器的杂散电感
及连接线的电感。电容器的杂散电感在 500kV 级的 CVT
大约为 15μH。连接线有输电线、母线到 CVT 的架空引线
和 CVT 接地线等，应分别按它们的长度考虑电感值，按
1μH/m 计算。

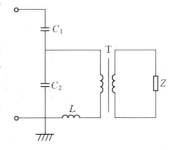

图 2—41 电容型电压
互感器（CVT）电路模型

对电磁式电压互感器而言，计算过电压时使用的集中
电容主要由电压互感器内部的屏蔽环和容器间的杂散电容
构成。通常使用表 2—5 或表 2—6 给出的标准值。向二次
侧电路转移的过电压，在频域Ⅰ、Ⅱ大致与变比相当，在频域Ⅲ在变比以下，在频域Ⅳ可
能发生 4～5 倍的转移电压，但因实际上不构成威胁，故通常不考虑。

2. 电流互感器模型

电流互感器的模型也和变压器一样模拟。一般，电力用 TA 有为了抑制一次和二次绕
组间的静电转移用的静电屏蔽环。因此，在频域Ⅲ、Ⅳ计算过电压时使用的集中电容主要
由主电路和静电屏蔽环之间的电容决定，可选用表 2—5 或表 2—6 给出的标准值。而且向
二次侧电路的转移电压主要是电磁转移部分，因此在高频领域的转移电压较小。

2.3.3 电抗器模型

电力电抗器有：抑制短路电流或在并联电路间分配电流用的串联电抗器，补偿容性无
功、降低过电压用的并联电抗器。两者的基本构造和变压器相同，
但只有一个绕组。另外，为了避免磁路饱和，也有铁芯中带间隙或
空芯的电抗器。

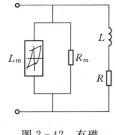

图 2—42 有磁
化特性

2.3.3.1 暂时过电压领域

电抗器模型如图 2—42 所示，由绕组的自阻抗、铁芯的 Φ—I
特性和铁损等组成，不考虑绕组的对地电容。带间隙铁芯电抗器和
空心电抗器不需要考虑磁化特性，可以用电阻和线性电感的串联支
路模拟。另外为了简化，带铁芯的电抗器模型也通常忽略铁芯的磁
滞特性和铁损，只模拟绕组的电感和电阻，非饱和电抗器用线性电
感和电阻串联支路模拟，饱和电抗器用表示饱和特性的非线性电感和电阻串联支路模拟。

2.3.3.2 缓波前过电压领域

这个频域以操作过电压为主要对象，可以使用暂时过电压领域的电抗器模型，或者再
加上绕组的杂散电容。

2.3.3.3 快波前过电压领域

对于雷过电压计算，电抗器通常和变压器一样用冲击波侵入电容模拟。

需要模拟频率响应特性时，可使用 RLC 串并联电路来模拟电抗器，图 2—43 是考虑
频率响应特性的电抗器模型的一个例子。同样需指出，这个频率响应特性模型只适用于快
波前过电压领域或更高的频率领域。对于工频领域，这个模型会呈现低阻抗特性，不能得
到正常的交流电压。

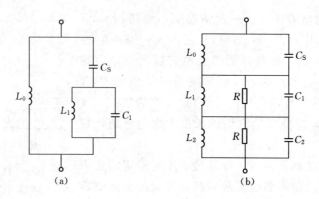

图 2-43　电抗器频率特性模型

2.3.3.4　特快波前过电压领域

这个频域以隔离开关操作过电压计算为主。与快波前过电压领域一样，电抗器可使用冲击波侵入电容来模拟。

2.4　母　　线

变电站按照绝缘方式分敞开式（AIS）、SF_6 绝缘式（GIS）和混合绝缘式（HGIS）三种。可靠性要求高或用地紧张的变电站大多采用 SF_6 绝缘式。

2.4.1　暂时过电压领域

在这个领域，不需要考虑波的传播和折反射，不管母线是哪一种绝缘方式都可当作节点，不需要模拟。

2.4.2　缓波前过电压领域

在这个领域，同样可将母线当作节点，省略母线的模拟，或者用单一的电容模拟。

2.4.3　快波前过电压领域

在这个领域，波的传播和折反射是十分重要的，母线必须根据实际尺寸（特别是长度）进行详细模拟。

2.4.3.1　SF_6 母线

1. 相分离式 SF_6 母线

由于可不考虑相间耦合，通常用单相无损线路模型模拟相分离式 SF_6 母线。考虑到母线的波阻抗和传播速度对雷过电压计算结果影响不大，根据各厂家的实测结果，建议用波阻抗 70Ω 和传播速度 $270m/\mu s$ 作为标准值。CIGRE 用波阻抗 Z 和传播时间 τ（母线长度/传播速度）作为单相无损线路的参数，其波阻抗 Z 用下式计算

$$Z = 60 \cdot \ln\frac{r_2}{r_1} \tag{2-148}$$

式中：r_1 为导体的外半径；r_2 为罐体的内半径。

2. 三相一体式 SF_6 母线

通常用多相无损线路模型模拟三相一体式 SF_6 母线。CIGRE 将罐体当作理想接地，

用三相分布参数线路模型模拟母线。导体和罐体的布置如图 2-44 所示，其自波阻抗和互波阻抗用下式计算

$$\boldsymbol{Z} = \begin{bmatrix} Z_{11} Z_{12} Z_{13} \\ Z_{21} Z_{22} Z_{23} \\ Z_{31} Z_{32} Z_{33} \end{bmatrix} \tag{2-149}$$

$$Z_{ii} = 60 \cdot \ln \frac{r_2^2 - x_i^2 - y_i^2}{r_2 \cdot r_1} (\Omega) \tag{2-150}$$

$$Z_{ij} = 60 \cdot \ln \sqrt{\frac{(r_2^2 - x_i x_j - y_i y_j)^2 + (x_i y_j - x_j y_i)^2}{r_2^2 [(x_i - x_j)^2 + (y_i - y_j)^2]}} (\Omega) \tag{2-151}$$

三相对称布置时，$Z_{ii} = Z_s$、$Z_{ij} = Z_m$，阻抗矩阵有如下形式

$$\boldsymbol{Z} = \begin{bmatrix} Z_s Z_m Z_m \\ Z_m Z_s Z_m \\ Z_m Z_m Z_s \end{bmatrix} \tag{2-152}$$

代表性的值为 $Z_s = 90 \sim 130\Omega$，$Z_m = 10 \sim 30\Omega$。

考虑罐体不是理想接地的，保留罐体，用 4 相分布参数线路模型模拟母线。导体和罐体的布置如图 2-45 所示，线路模型参数用 EMTP 的电缆参数计算辅助程序计算。

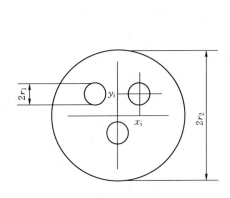

图 2-44　三相一体式 SF$_6$ 母线
（罐体理想接地）

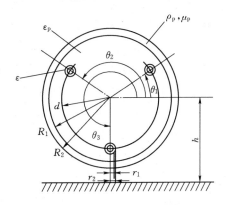

图 2-45　三相一体式 SF$_6$ 母线
（保留罐体）

3. 接地引下线

罐体是通过接地引下线与变电站的接地网连接的。考虑罐体电位时，需要模拟接地引下线和接地电阻。作为接地引下线的模型，一般用集中电感模拟（1μH/m）。考虑接地引线长度时，有时也用分布参数模型模拟（波阻抗：300Ω，传播速度：300m/μs）。从计算结果看两者的差别不大。

2.4.3.2　敞开式母线

因为敞开式母线在变电站内各相以不同高度架设，还包含垂直部分，要考虑相互之间的耦合很困难。因此从安全角度考虑，可用单相分布参数线路模型模拟。敞开式母线的波阻抗对过电压计算结果影响较小，可不分电压等级，采用波阻抗 350Ω、传播速度 300m/μs 的无损线路作为标准模型。

2.4.3.3 门型架引下线

门型架引下线可用单相无损线路模型模拟。但是对于 GIS 变电站，由于输电线路是用多相模型模拟的，这样会产生实际并不存在的折反射，因此通常将门型架引下线的长度加在门型架至终端塔这一档的线路长度上；对于敞开式变电站，则将门型架引下线的长度包含在相同线型的母线中。

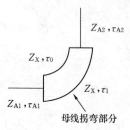

图 2-46 母线拐弯部分的模拟

2.4.4 特快波前过电压领域

这个领域以隔离开关操作过电压计算为主要对象，母线的模拟是十分重要的。母线的模拟方法可和快波前过电压领域相同，或者更详细。图 2-46 是 CIGRE 建议的对母线拐弯部分模拟的示意图，考虑了内侧和外侧冲击波传播时间的不同。

2.5 断路器和隔离开关

在电力系统中，将电路断开或接通的操作称分合操作，实行分合操作的设备称开关设备。电力系统的开关设备主要有断路器和隔离开关 2 种。

断路器（CB：Circuit Breaker）不仅能通断正常负荷电流，而且能通断一定的短路电流，可用来投切线路和变压器，并能在保护装置作用下自动跳闸，切除短路故障。高压断路器按灭弧介质不同可分为油断路器（少油和多油）、压缩空气断路器、六氟化硫（SF_6）断路器、真空断路器等，现在主要使用 SF_6 断路器和真空断路器。

隔离开关（DS：Disconnecting Switch）没有切断负荷电流的能力，但可在电路中建立可靠的绝缘间隙，保证检修人员的安全，或者参与倒闸操作，还可接通或断开电流较小的电路。在传统的敞开式变电站采用敞开式隔离开关，在混合式变电站或者全 GIS 变电站，采用气体（SF_6）绝缘式隔离开关。

同样是暂态过程，所考虑的过电压的频域不同，断路器和隔离开关的模型不同。电力系统的暂态过程往往是因状态的变化而造成的。这种变化可以是断路器正常或故障操作而引起触头的闭合或开断；可以是雷电入侵波或操作过电压引起有间隙避雷器间隙击穿或电流过零时电弧的熄灭；也可以是系统发生故障造成相对地或相间突然短接等。在暂态计算中把电路中节点之间的闭合和开断用广义的开关操作来表示。因此，开关的计算模型以及正确处理开关操作所引起系统状态变化的程序方法，是电力系统电磁暂态计算的重要组成部分。

显而易见，电网中的开关动作，它可能改变某一支路的参数值，也可以改变网络节点结构，从而影响到整个网络的导纳矩阵的变化。假设网络节点导纳矩阵只是在 k、m 节点间开关开断状态下建立起来的，当 k、m 节点间开关闭合时，k、m 节点间的互导纳被短接，k、m 节点间的自导纳相加，成为一个节点的自导纳，但应扣除 k、m 节点间被短接的互导纳，原来 k、m 节点与其他各节点间的互导纳成了保留 k 或 m 节点与其他各节点间的互导纳。

2.5.1 理想开关

理想开关是开关在闭合和开断状态时的一种理想化模型，即假定在闭合状态时，触头间的电阻等于零，即开关上的电压降等于零；开关在开断状态时，触头间的电阻等于无穷大，即经过开关的电流等于零。开关的分、合操作是在瞬间完成这两种状态之间的过渡。图 2-47 表示理想开关在闭合和开断两种状态下的模型。

图 2-47 理想开关模型
(a) 闭合状态；(b) 开断状态

实际开关在分、合操作过程中，触头动作时间在机械和电气上总是存在一定的差别，在合闸过程中，开关触头在机械上还没有接触，但是其间隙变得越来越小，当作用在触头间的电压超过所能耐受的强度时，会发生"预击穿"现象，使电的闭合比机械上的接触更早一些。在开断交流电弧过程时，在电流过零以后，灭弧间隙上还存在介质恢复强度和恢复电压的增长过程，由两者增长的快慢来决定电弧能否熄灭。当恢复电压超过介质恢复强度时，可能发生电弧"重燃"现象，此时不能开断。实际上在灭弧过程中间隙从导电状态过渡到绝缘状态有一个过程。在这过程中触头之间存在着一定的导电联系，这点显然区别于理想开关模型。研究表明，开断过程中灭弧间隙上的电阻和电路的恢复电压之间存在相互影响。一般认为，开关在电流过零以后的过程可以用一个非线性或时变电阻来模拟。

以上所述的开关在分、合过程中产生的重燃和预击穿现象原则上可在理想开关的基础上作附加处理，只要知道开关开断和闭合时的机械特性和电弧特性，这种模拟并不困难，但实践中得到这种特性并不容易，需要更多的信息。

根据开关的特性和功能不同，在 EMTP 中常用的理想开关又可以分为下列几种不同类型。

(1) 时控开关（Switch time controlled）。开关按给定的时间进行分、合操作。在闭合时不考虑预击穿现象。在开断时不考虑重燃现象，但到达给定的开断时间以后，电弧并不立即熄灭，只有当电流第一次过零或电流的绝对值小于某给定值时，电弧熄灭，开关才真正开断。很显然，这一功能是通过程序自身检测开关流过电流幅值及电流改变方向来实现的。

在暂态计算中这种开关模型是最简单，也是最常用的。常用于模拟电力系统断路器的分、合操作以及各种短路故障等。三相系统使用三相时控开关（Switch time 3-ph）。

(2) 压控开关（Switch voltage controlled）。这种开关在正常状况下处于开断状态。只是当暂态过程中开关触头之间的作用电压超过给定数值时，开关闭合。此后，可以在电流再次过零时开断，也可以在一给定的迟延时间以后电流第一次过零时开断，以满足电力系统开关动作的不同需要。

这类开关常用来模拟间隙避雷器放电间隙的击穿，绝缘子串在过电压作用下的闪络等。必要时也可以考虑间隙放电的伏秒特性。另外可以把这种模型用来作为非线性元件分段线性化的开关元件。

（3）晶体管开关。这类开关模拟晶体管的开关特性，晶体管开关有二极管 ［Diode（Type 11）］和三极管 ［Triac（Type 12）］。二极管开关用来模拟二极管的单相导电特性，当二极管受正向电压作用时导通，正向电阻很小，相当于开关导通，当开关两端部有反向电压作用时开关断开。三极管开关用来模拟三极管的饱和与截止特性。当基极加反向电压时，晶体三极管工作在截止区，这时，三极管的管压很大，流过三极管的电流却很小，三极管呈现高阻抗，近似于开路，即开关断开，如图 2-48（a）所示；当基极加正向电压时，晶体三极管工作在饱和区，这时，流过三极管的电流很大，三极管的管压却很小，三极管呈现低阻抗，相当于短路，即开关导通，如图 2-48（b）所示。

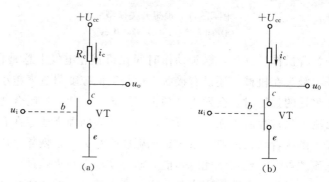

图 2-48　三极管开关模型
(a) 开关断开；(b) 开关接通

（4）控制开关。可控二极管 ［Valve（Type 11）］开关与晶体管开关类似，只是其闭合与开关是通过由控制极 G 引进的外部控制信息决定的。电磁暂态计算程序 EMTP 还设有 TACS 控制开关 ［TACS switch（Type 13）］，具有控制系统暂态分析的功能，可以作为高压直流输电系统换流站控制系统、同步发电机励磁系统的模拟。

（5）测量开关（Measuring）。需要使用测量开关是因为有些支路在时步循环的更新过程中不能计算出电流，集中或分布参数的多相耦合支路便属于这类支路。在暂态模拟和交流稳态解中，测量开关永远是闭合的，用以测量电流、功率或能量。也可把它放在用其他方法不能得到这些量的地方。当然，也可以简单地改变更新过程，以得到电流来取代测量开关。

（6）统计开关（Statistic switch）。进行操作过电压概率分布计算时需要这类三相开关，此类开关的开断和闭合时间在一定范围内按一定的方式进行选取。通常可以采用两种计算模型。在对操作过电压进行计算时用的最普遍的方法是在给定的范围内随机选择操作时间，即所谓蒙特卡洛方法。操作时间在给定的范围内可以服从某种概率分布，如正态分布、均匀分布等。在每次统计开关的操作时间改变以后，算例又重新计算，这样可以计算电力系统操作过电压的概率分布。

（7）规律化开关（Systematic switch）。在给定的时间范围内顺序进行系统操作，以及对系统的随机操作。具体方法是把给定的时间范围划分成许多小区间，按顺序系统地选取操作时间。对多相开关则需要对各相可能有的操作时间进行系统的排列组合，所以通常称为系统抽样方法。如三相断路器的三个分相都是这样模拟，结果则会造成必须自动进行大量的计算。

2.5.2 断路器和隔离开关模型

2.5.2.1 暂时过电压领域

在这个领域，主要以暂时过电压计算为对象，通常不考虑隔离开关，用理想时控开关来模拟断路器。

2.5.2.2 缓波前过电压领域

在这个领域，操作过电压和暂态恢复电压（TRV：Transient Recovery Voltage）是主要的研究对象，通常也省略隔离开关，用理想时控开关来模拟断路器。

操作过电压的大小与开关动作时机有很大关系。特别在三相合闸时，由于断路器的机械系统动作的分散性，三相不会同时合闸，先合闸相的过电压会影响后合闸的相。为了求得最大过电压值，或者为了计算操作过电压的分布，都需要进行多次计算，计算的次数愈多，愈接近实际分布。EMTP 为断路器准备了统计开关。统计开关实际上也是时控开关，只是它能自动按照指定的次数多次动作，动作时间按高斯分布或均匀分布随机变化。

断路器在切断故障电流或者负荷电流后，在断路器的断口间会出现由系统结构和参数决定的振动性暂态过电压，即暂态恢复过电压。在电流过零以后，断口间存在着绝缘强度恢复和暂态恢复电压增长的两个过程。当暂态恢复电压超过绝缘恢复强度时（如图 2-49 的 b 曲线和 c 曲线），就会发生电弧"重燃"，此时不能开断。断路器成功切断电流的必要条件是绝缘恢复特性完全置于暂态恢复电压之上，如图 2-49 的 a 曲线所示。断路器标准规定了各种规格的断路器应该满足的暂态恢复电压特性，这主要用振幅系数和上升率来评估。这些参数都可以通过暂态恢复电压计算获得。在计算暂态恢复电压时，根据系统结构会出现快波前过电压领域的频率，因此有时也考虑断路器的对地电容。

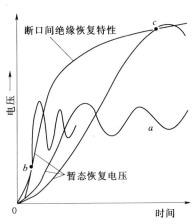

图 2-49 绝缘恢复特性和暂态
恢复过电压特性

断路器在切断故障电流时，在触头分离的过程中触头间产生电弧。在计算过电压时，通常用与理想开关串联的电阻和电感表示。但这个电弧实际上是非线性的，对电流过零值时的电流切断现象有影响，因此严密计算时需要用非线性电阻模拟电弧。

对电弧的非线性特性模型有许多提案，它们大多建立在电弧和周围环境的能量平衡上。最常用的两个方程为 Mayr 方程和 Cassie 方程。

Mayr 方程：
$$\frac{\mathrm{d}g}{\mathrm{d}t} = \frac{1}{T}\left(\frac{i^2}{P} - g\right) \qquad (2-153)$$

Cassie 方程：
$$\frac{\mathrm{d}g}{\mathrm{d}t} = \frac{1}{T}\left(\frac{iu}{U_0^2} - g\right) \qquad (2-154)$$

式中: g 为电弧电导; T 为时间常数; u 为电弧电压; i 为电弧电流; P 为电弧功率损耗; U_0 为稳态电弧电压。

2.5.2.3 快波前过电压领域

在这个频域, 主要以雷过电压计算为对象。对于隔离开关, 在闭合状态作为 GIS 的一部分处理, 在打开状态由于极间电容很小, 通常作为开路开关处理。对于断路器, 在合闸状态和 GIS 一样用无损分布参数线路模型模拟; 在分闸状态考虑触头间电容及触头与大地 (包括罐体) 间电容, 如图 2-50 所示。在计算雷过电压时, 通常不考虑断路器和隔离开关的动作。

表 2-8 是日本推荐的断路器分闸时的电容值, 表 2-9 是 IEEE 推荐的断路器和隔离开关的对地电容值。日本将能够产生较大过电压的较小值作为推荐值。

表 2-8 　　　　　　　　　**断路器分闸时的电容 (日本推荐值)**

电压等级(kV)	C_1(pF)	C_2(pF)	C_3(pF)	电压等级(kV)	C_1(pF)	C_2(pF)	C_3(pF)
500	140	830	190	154	90	50	—
275	120	910	—	110	90	50	—
220	90	50	—	77	70	50	—
187	90	50	—	66	70	50	—

表 2-9 　　　　　　　　　**断路器和隔离开关的对地电容 (IEEE 推荐值)**

电压 (kV)		115	400	500	765
对地电容 (pF)	隔离开关	100	200	150	160
	断路器/落地罐式断路器	100/	150/	140/650	/600

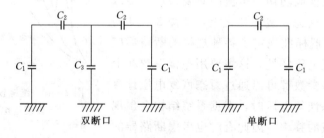

图 2-50 分闸状态下的断路器模型

2.5.2.4 特快波前过电压领域

在这个领域, 主要以隔离开关的操作过电压计算为对象。在 GIS 变电站或者混合式变电站, 电路的长度短, 伴随着变电站内设备开合的过电压频率高, 而且衰减小, 因此需要研究伴随隔离开关操作的特快波前过电压 (VFTO: Very-Fast Transient Overvoltage) 的影响。

在计算隔离开关操作过电压时, 断路器和计算雷过电压时一样模拟。对不是操作对象的隔离开关也和计算雷过电压时一样处理, 对作为操作对象的隔离开关则用下述的电弧模型模拟。

（1）时变电阻模型。

（2）电感和电阻串联模型。如图 2-51 所示，隔离开关极间插入 0.5μH 的电感和 2Ω 的电阻的串联电路。这个模型现在被广泛应用。

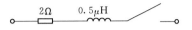

图 2-51 隔离开关重燃模型

2.6 避 雷 器

变电站的避雷器是为了抑制由输电线路侵入的雷电过电压或者断路器或隔离开关操作引起的操作过电压、保护变电站的电气设备而设置的。线路的避雷器是为了防止雷击时绝缘子串或空气间隙闪络、降低线路的雷事故率而设置的。过去使用碳化硅避雷器，现在已完全被氧化锌避雷器所取代。过去避雷器带放电间隙，现在除了一部分线路避雷器外，避雷器都是无间隙型的。

已开发的避雷器模型很多，这里只介绍几种主要的模型。

2.6.1 CIGRE 避雷器模型

如表 2-10 所示，CIGRE 在四个过电压领域都用非线性电阻模拟避雷器，不同的是：在特快波前过电压领域和快波前过电压领域的一部分，除了避雷器的非线性电阻特性外，还需要考虑避雷器的接地引线和避雷器自身的固有电感。因为接地引线和氧化锌避雷器的固有电感会降低避雷器的限压作用。这些电感的单位长度（或高度）的平均值为 0.5～1μH/m。

CIGRE 模型的非线性电阻特性是对应标准雷电冲击波电流（8/20μs）的［标准操作冲击波（30/80μs）］。但是氧化锌避雷器对于波前长为数 μs 以下的陡波前电流，会出现限压上升的现象，此时需要使用 IEEE 模型或者其他考虑陡波前特性的避雷器模型。

表 2-10 CIGRE 的 模 拟 方 法

氧化锌避雷器	暂时过电压领域	缓波前过电压领域	快波前过电压领域	特快波前过电压领域
限压特性 $u_r(i)$	u_r $u_r(i)$ i	u_r $u_r(i)$ i	u_r $u_r(i)$ i	u_r $u_r(i)$ i
温度对限压特性的影响	对热容量评价时重要	不考虑	不考虑	不考虑
固有电感	不考虑	不考虑	重要	非常重要
对地电感	不考虑	不考虑	重要	非常重要

2.6.2 IEEE 避雷器模型

IEEE 模型考虑了避雷器的陡波前特性，如图 2-52 所示。这个模型适用波前长 0.5～45μs 的范围。这个模型有两个非线性电阻 A_0 和 A_1。A_1 对应标准雷电冲击波电流（8/20μs）；A_0 对应陡波前雷电冲击电流，A_0 的限压高于 A_1。A_1 和 A_0 用由电阻 R_1 和电感

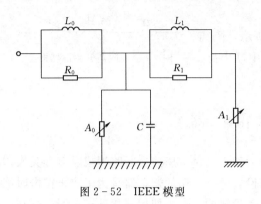

图 2-52　IEEE 模型

L_1 构成的滤波器隔离，这个滤波器对有较缓波前的冲击波有较小的阻抗。模型中，L_0 是表示避雷器周围磁场的很小的电感，R_0 是为了抑制数值振荡的电阻，C 是避雷器的杂散电容。

模型中的各参数如下决定。

（1）建模需要的数据。

d：避雷器元件的全长（m）；

n：避雷器元件的并联数；

U_{10}：对 10kA、8/20μs 放电电流的限压（kV）；

U_{ss}：对操作冲击波电流的限压（kV）。

（2）计算模型中元件参数。

$L_0 = 0.2d/n(\mu H)$，$R_0 = 100d/n(\Omega)$

$L_1 = 15d/n(\mu H)$，$R_1 = 65d/n$（Ω），$C = 100n/d$（pF）

（3）计算对应各电流值（0.01～20kA）的 A_0、A_1 的限压。

$$A_0 \text{ 的限压} = A_0 \text{ 的限压(p.u.)} \times (U_{10}/1.6)(\text{kV})$$

$$A_1 \text{ 的限压} = A_1 \text{ 的限压(p.u.)} \times (U_{10}/1.6)(\text{kV})$$

A_0、A_1 的限压（p.u.）可从图 2-53 得到。该图的纵轴是以 $U_{10} = 1.6$kV 规格化了的标幺值。

（1）～（3）的阶段建立初级避雷器模型。

（4）对这个初级模型注入操作冲击波电流，调整 A_0、A_1 的特性，使其放电电压与实测得到的操作过电压限压 U_{ss} 一致。

（5）最后对调整后的模型注入 8/20μs 冲击波电流，调整 L_1 的值，使其放电电压与避雷器限压 U_{10} 一致。在 L_0、R_0、L_1、R_1 和 C 中对计算结果影响最大的是 L_1。

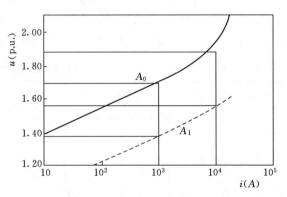

图 2-53　非线性电阻的 U—I 特性

为了简化计算，也可按照 $A_0 = aR$、$A_1 = a/(a-1)R$ 来设定 A_0 和 A_1，其中 R 是用避雷器的 U—I 特性表示的非线性电阻。a 的值可根据图 2-41 中的 A_0 和 A_1 曲线确定，可取 $a = 11$。

2.6.3　非线性电感模型

这是用非线性电感和非线性电阻串联电路表示的避雷器模型，如图 2-54（a）所示。这个模型适用波前长 1～8μs 的范围。氧化锌元件具有电流波前愈短，电压最大值发生时间比电流最大值发生时间越前和电压幅值升高的特性。这些特性仅用非线性电阻是无法模拟的。

这个模型的参数由图 2-54 （b）所示的磁滞曲线决定。避雷器的端电压 $u(t)$ 由非线性电阻 $R(i)$ 和非线性电感 $L(i)$ 分担，如下式所示，

$$u(t) = R(i)i(t) + L(i)\frac{\mathrm{d}i}{\mathrm{d}t} \quad (2-155)$$

非线性电阻分担的电压取电压上升过程的电压和电压下降过程的电压的平均值［图 2-54 （b）中的 D 点］，非线性电阻的 $u-i$ 特性为同图的曲线 ODB。非线性电感的分

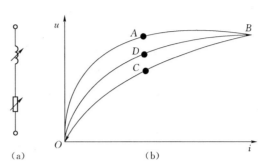

（a）　　　　　　　（b）

图 2-54　非线性电感模型和 $u-i$ 磁滞特性

担电压为避雷器端电压减去非线性电阻电压（同图的线段 AD）。因此，可用下式计算非线性电感。

$$L(i) = \frac{u(t) - R(i) \cdot i(t)}{\mathrm{d}i(t)/\mathrm{d}t} \quad (2-156)$$

2.6.4　氧化锌避雷器动特性模型

氧化锌避雷器的动态伏安特性具有磁滞特性，而且具有电流波前愈短，电压幅值愈高的特性。这个模型以一贯采用的静态伏安特性为基础，着眼于静态特性和动态特性的电压差，将这个电压差特性附加到原来的静态伏安特性上。即将与 ZnO 元件高度对应的线性电感（按 $1\mu\mathrm{H/m}$ 考虑）L_r、模拟静态伏安特性的非线性电阻 R_n 及模拟上述电压差的电压源 U_n 串联在一起，如图 2-55 所示。

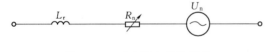

图 2-55　动态伏安特性模型

这个电压源 U_n 用指数函数近似表示电压差与能量吸收率的关系。这里将时刻 t 为止吸收能量的平均值 E/t 和时刻 t 的功率 $\Delta E/\Delta t$ 之比定义为能量吸收率。例如，对应 $1/2.5\mu\mathrm{s}$、5kA 电流的电压差—能量吸收率特性可用以下两个指数函数近似。

$$U_n = 1521 \cdot \mathrm{e}^{-0.4753x} \quad (x \leqslant 2.2086)$$
$$U_n = 982 \cdot \mathrm{e}^{-0.2772x} \quad (x > 2.2086) \tag{2-157}$$

式中：x 为能量吸收率 $\times \lg(t \times 10^8)$。

这个模型的特点：

（1）这个电压差特性用与电流波形无关的能量吸收率的函数形式表示。

（2）不仅能高精度模拟从陡波前电流换算成标准电流的限压的波形和幅值，而且能很好地模拟对应现场观测到的振荡波电流的限压。

2.7　接　地　网

变电站的接地网大多采用图 2-56 所示的网状电极。在暂时过电压领域，接地网用它的工频电阻表示。当接地网的网格较密时，接地网可以看成一块具有同样面积的金属圆

板。通常接地网的埋设深度 d 比等值半径 r 小得多，金属圆板的工频电阻可用下式计算

$$R=\frac{\rho}{4r}\left(1-\frac{4d}{\pi r}\right) \tag{2-158}$$

式中：ρ 是土壤电阻率；d 是埋设深度；r 是金属圆板的等值半径，$\pi r^2=ab$。

　　在缓波前过电压领域、快波前过电压领域和特快波前过电压领域，通常也用常参数的集中电阻表示接地网，如果需要模拟波在接地网的传播过程，则可以采用图 2-57 所示的埋设地线模型。图中，R_0、L_0 按照直埋式电缆参数计算；R_1、C_1 用下式计算；取 $R_2=R_1$，$C_2=5C_1$，用来表示土壤中阻抗的频率相关特性。

$$R_1=\frac{\rho}{\pi}\left[\ln\left(\frac{2l}{\sqrt{2rd}}\right)-1\right]$$

$$C_1=\frac{\pi\varepsilon}{\ln\left(\dfrac{2l}{\sqrt{2rd}}\right)-1} \tag{2-159}$$

式中：ρ 是土壤电阻率；ε 是介电系数；d 是埋设深度；r 是埋设地线半径；l 是埋设地线长度。

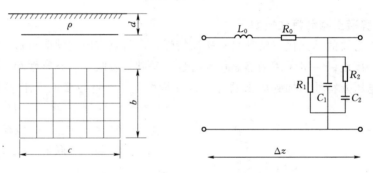

图 2-56　变电站的接地网　　　　图 2-57　埋设地线的分布参数模型

2.8　铁塔和塔脚电阻

2.8.1　铁塔模型

　　在暂时过电压领域和缓波前过电压领域，一般省略铁塔的模拟，只考虑塔脚接地电阻；在特快波前过电压领域，由于研究的范围局限在变电站内，通常也不需要模拟铁塔；只有在快波前过电压领域，铁塔的模拟才是十分重要的，因为雷电波在铁塔内的传播特性对雷过电压的计算结果影响很大。

2.8.1.1　铁塔模型应该具备的条件

　　作为实用的铁塔模型应该具备以下的条件：

　　(1) 初始的塔顶阻抗在 $100\sim200\Omega$ 的范围内。

　　(2) 从塔脚返回的反射波应呈现衰减。

　　(3) 在经过一定时间后，塔顶阻抗应等于塔脚接地电阻。

　　(4) 从塔脚返回的反射波有畸变。

（5）方便用 EMTP 计算。

2.8.1.2 无损线路模型

这是用和铁塔高相当长度的无损线路来模拟铁塔，这种模型的缺点是不能表现从塔脚返回的反射波的衰减和畸变。

图 2-58 是 IEEE 提供的四种铁塔模型。这四个模型中的前三个用于一般铁塔，它们的波阻抗用式（2-160）～式（2-162）计算，铁塔内的冲击波传播速度 v 为光速的 0.85 倍。

$$Z_{\text{shape1}} = 60\ln\frac{\sqrt{2(H^2 + r_3^2)}}{r_3} \tag{2-160}$$

$$Z_{\text{shape2}} = 60\ln\frac{2\sqrt{2}H}{r_2} - 60 \tag{2-161}$$

$$Z_{\text{shape3}} = \sqrt{\frac{\pi}{4}} \cdot 60\left[\ln\cot\left(\frac{1}{2}\tan^{-1}\frac{r_{\text{avg}}}{h_1 + h_2}\right) - \ln\sqrt{2}\right] \tag{2-162}$$

$$r_{\text{avg}} = \frac{r_1 h_2 + r_2(h_1 + h_2) + r_3 h_1}{h_1 + h_2}$$

式中：r_1、r_2、r_3 为铁塔断面的内接圆半径。

图 2-58 的第 4 个铁塔模型的波阻抗用式（2-163）计算。

$$Z_{\text{shape4}} = \frac{Z_1 Z_2}{Z_1 + Z_2} \tag{2-163}$$

式中：Z_1 是圆柱的波阻抗；Z_2 是水平圆筒和圆柱波阻抗的加权平均值。

$$Z_1 = 60\ln\frac{2\sqrt{2}H}{r} - 60 \tag{2-164}$$

$$Z_2 = \left(D \cdot 60\ln\frac{2H}{r} + HZ_1\right)/(H + D) \tag{2-165}$$

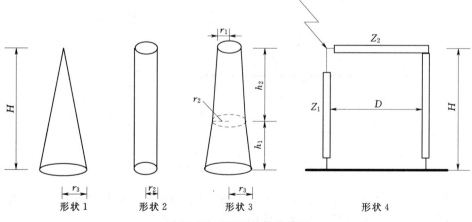

形状 1　　形状 2　　形状 3　　形状 4

图 2-58　IEEE 的铁塔模型

2.8.1.3 有损无畸变线路模型

即用有损无畸变线路模型来模拟铁塔。这个模型不满足上述条件（3），在经过相当长的时间后塔顶阻抗仍会高于塔脚接地电阻。因此在计算长波头雷电流的电位上升时，要考虑这个因素。日本电力中央研究所的《送电线耐雷设计基准纲要》中用波阻抗 $Z_T =$ 100Ω、传播速度 $v = 0.7c$（c 光速）、衰减系数 $\alpha = 0.7$ 模拟铁塔就是用这个模型。

2.8.1.4　细分化模型

即将铁塔分解成主材、斜材和横担，分别用无损线路模型模拟。由于各段的波阻抗不同，等价地模拟了行波的畸变。但这个模型不满足上述条件（2），因此塔身电位会低于实际电位。设双回路铁塔的布置如图 2-59（a）所示，相应的细分化模型如图 2-59（b）所示，各部分波阻抗的计算如下。

（1）主材。

$$Z_{Tk} = 60\left(\ln \frac{2\sqrt{2}h_k}{r_{ek}} - 2\right)(k = 1,2,3,4) \qquad (2-166)$$

式中

$$r_{ek} = \begin{cases} \sqrt[8]{2} \cdot \left[\sqrt[3]{r_{Tk} \cdot (r_B')^2}\right]^{1/4} \cdot \left[\sqrt[3]{R_{Tk} \cdot (R_B')^2}\right]^{3/4} & (k = 1,2,3) \\ \sqrt[8]{2} \cdot \left[\sqrt[3]{r_{Tk} \cdot (r_B)^2}\right]^{1/4} \cdot \left[\sqrt[3]{R_{Tk} \cdot (R_B)^2}\right]^{3/4} & (k = 4) \end{cases} \qquad (2-167)$$

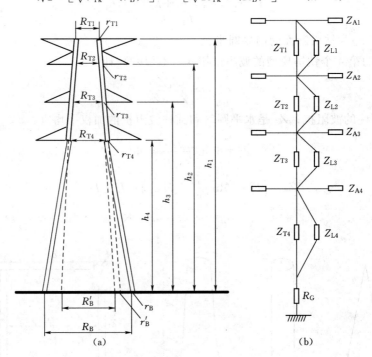

图 2-59　铁塔的原模型

(a) 双回路铁塔的布置；(b) 双回路铁塔细分化模型

（2）斜材。实验表明由于斜材的存在波阻抗大约下降 10% 左右。斜材的波阻抗用下式计算，而斜材的长度设为相应主材长度的 1.5 倍。

$$Z_{Lk} = 9Z_{Tk} \quad (k = 1,2,3,4) \qquad (2-168)$$

（3）横担。横担可以当作通常的水平导体来计算波阻抗。

$$Z_{Ak} = 60\ln \frac{2h_k}{r_{Ak}} \quad (k = 1,2,3,4) \qquad (2-169)$$

式中：r_{Ak} 为等价半径，取横担和主材的连接长度（即横担和塔身的连接断面的上边和下边之和）的 1/4。

2.8.1.5 四段模型

用上相、中相和下相的横担位置将铁塔分成 4 段，用无损线路和 $R—L$ 并联电路的串接来模拟铁塔，如图 2-60 所示，图 2-60 中的 R_f 为塔脚接地电阻。本模型用集中电阻实现冲击波的衰减，用电感和电阻的并联实现高频领域衰减大、低频领域衰减小的特性。

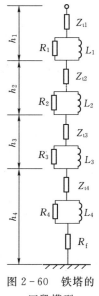

图 2-60 铁塔的四段模型

按照重现各相绝缘子串上实测电压波形的原则，选取模型参数。表 2-11 是根据小电流试验和实际雷击观测确定的铁塔参数。按照特高压铁塔的小电流试验结果，假定铁塔的上部和下部的波阻抗相同（$Z_{T1}=Z_{T2}=Z_T=120\Omega$），取各段波阻抗 $Z_{t1}=Z_{t2}=Z_{t3}=Z_{t4}=Z_T$，用铁塔全体的衰减系数 γ 和各段相应的长度 h_1、h_2、h_3、h_4 计算各段的参数。

$$r=-2Z_T \cdot \frac{\ln\gamma}{H} \qquad (2-170)$$

$$R_i=r \cdot h_i \quad (i=1,2,3,4) \qquad (2-171)$$

$$L_i=\alpha \cdot \tau \cdot R_i=\alpha \cdot \left(\frac{2H}{v_t}\right) \cdot R_i \quad (i=1,2,3,4) \qquad (2-172)$$

式中：r 为单位长电阻；$H=h_1+h_2+h_3+h_4$，即铁塔的全高；Z_T 为铁塔波阻抗；τ 为冲击波在铁塔中的往复传播时间；v_t 为冲击波在铁塔中的传播速度；α 为时间常数 L_i/R_i 与 τ 之比。

按照 500kV 铁塔的小电流试验结果，假定铁塔的上部和下部的波阻抗不同（$Z_{T1}=220\Omega$，$Z_{T2}=150\Omega$），取上部波阻抗 $Z_{t1}=Z_{t2}=Z_{t3}=Z_{T1}$，下部波阻抗 $Z_{t4}=Z_{T2}$，设上部和下部衰减系数相等，$\gamma_1=\gamma_2=\sqrt{\gamma}$，用各段相应的长度 h_1、h_2、h_3、h_4 计算各段的参数。

$$R_i=\frac{-2Z_{T1}\ln\sqrt{\gamma_1}}{h_1+h_2+h_3} \cdot h_i \quad (i=1,2,3) \qquad (2-173)$$

$$R_4=-2Z_{T2}\ln\gamma_2 \qquad (2-174)$$

$$L_i=\alpha\tau R_i=\alpha\left(\frac{2H}{v_t}\right)R_i \quad (i=1,2,3,4) \qquad (2-175)$$

$$H=h_1+h_2+h_3+h_4$$

式中：H 为铁塔的全高；Z_{T1} 和 Z_{T2} 分别为铁塔上下部波阻抗；τ 为冲击波在铁塔中的往复传播时间；v_t 为冲击波在铁塔中的传播速度；α 为时间常数 L_i/R_i 与 τ 之比。

表 2-11 　　　　　　　　　　**4 段铁塔模型的参数**

参　　数	$Z_{T1}(\Omega)/Z_{T2}(\Omega)$	γ	参　　数	$Z_{T1}(\Omega)/Z_{T2}(\Omega)$	γ
小电流试验（500kV）	220/150	0.8	实际雷击观测	80/80	0.8
小电流试验（1000kV）	120/120	0.7	实际雷击观测	120/120	0.8
实际雷击观测	200/135	0.8			

本模型满足上述的对于铁塔模型的各种要求。模型中，冲击波的传播速度 v_t 为光速，取时间常数 L/R 等于铁塔内冲击波往复传播时间 τ（即 $\alpha=1$）。这个模型的最大缺点是参数的选定不能反映铁塔的大小和形状，譬如横担的长度。

2.8.2　塔脚电阻

塔脚接地电阻具有暂态特性和大电流特性。在计算暂时过电压或操作过电压时，可以不考虑这两个特性。但在进行雷过电压研究时，由于雷电流很大，变化很快，这两个特性会对雷过电压计算结果有明显影响。因为对这两者的组合效应在理论上还不明确，也为了从安全考虑，在雷过电压计算时也可简单地用工频电阻表示塔脚接地电阻。

2.8.2.1　工频接地电阻模型

计算暂时过电压或操作过电压时，塔脚接地电阻用恒定电阻模拟。接地电阻由接地极的形状和布置及大地电阻率决定。接地极是半球电极时，其接地电阻 R 用以下理论式计算。

$$R=\frac{\rho}{2\pi r}(\Omega) \tag{2-176}$$

式中：ρ 为大地电阻率，$\Omega\cdot m$；r 为半球半径，m。

接地极是圆板电极时，其接地电阻 R 用以下理论式计算。

$$R=\frac{\rho}{4r}(\Omega) \tag{2-177}$$

式中：ρ 为大地电阻率，$\Omega\cdot m$；r 为圆板半径，m。

接地极是接地棒时，其接地电阻 R 用以下理论式计算。

$$R=\frac{\rho}{2\pi l}\left(\ln\frac{4l}{r}-1\right)(\Omega) \tag{2-178}$$

式中：l 为接地棒的长度，m；r 为接地棒的半径，m，$l\gg r$。

实际铁塔的塔脚接地电阻由于塔脚形状的复杂性和大地电阻率的不均匀性，单纯用上述的理论式进行计算很难掌握实际的接地电阻值，因此通常要在运行前对塔脚接地电阻进行实测。

2.8.2.2　暂态特性模型

在研究塔脚接地电阻对雷电流的响应时，需要用暂态特性模型。从暂态接地电阻的测量结果看，工频电阻较大时，初期的接地电阻小于工频电阻，即呈现电容性，而且有工频电阻愈高接地电阻到达最大值的时间愈长的倾向；工频电阻在 $5\sim10\Omega$ 范围时，接地电阻随时间的变化较小，即呈现电阻性；工频电阻较小时，初期的接地电阻大于工频电阻，即呈现电感性。

考虑暂态特性的塔脚接地电阻模型如图 2-61 所示。选择暂态特性模型的参数时应使其工频接地电阻基本不变。以下是一个选择参数的例子。

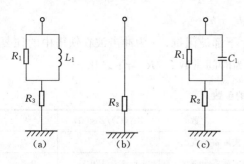

图 2-61　塔脚接地电阻的暂态特性模型
(a) 电感性；(b) 电阻性；(c) 电容性

设工频接地电阻 $R_3 = 10\Omega$。则对电感性模型，选择 $R_1 = 5\Omega$，$R_3 = 10\Omega$，$L_1 = 5\mu H$；对电容性模型，选择 $R_1 = 5\Omega$、$R_2 = 5\Omega$、$C_1 = 0.2\mu F$。

2.8.2.3 大电流特性模型

当大电流流入接地电极时，由于电极周围土壤的电离，接地电阻会低于通常电流时的值。接地电阻愈高，这种降低效应愈明显。有各种大电流特性模型，CIGRE 模型假定电离区呈半球状扩大，建议用下式计算考虑电流相关特性的接地电阻。

$$R = \frac{R_0}{\sqrt{1 + I/I_g}} \tag{2-179}$$

式中：I 是流过塔脚电阻的雷电流，A；I_g 是对应土壤电离梯度 E_c 的临界电流，A；R_0 是工频电阻，Ω。

土壤电离电场强度的推荐值为 $E_c = 400 kV/m$，I_g 和 R_0 用下式计算。

$$I_g = \frac{2\pi r^2}{\rho} E_c \tag{2-180}$$

$$R_0 = \frac{\rho}{2\pi r} \tag{2-181}$$

式中：r 为表面积相等的半球电极半径，m；ρ 为土壤电阻率，$\Omega \cdot m$。

2.9 空气间隙放电

空气间隙放电特性是高电压技术的重要研究课题。线路上的放电路径可分为相—相和相—地两类。由于相间距离较大，除了舞动和脱冰跳跃等特殊情况，放电通常发生在相—地之间。线路上的相对地间隙有导线等带电部分与塔身（包括横担）间的间隙、跨接绝缘子串的间隙和招弧角间隙。

线路的故障大部分是雷害事故，正确模拟雷击时空气间隙的放电现象对决定线路和变电站设备的绝缘水平至关重要。在超高压和特高压线路，空气间隙长达数米，先导放电是长间隙放电的特有现象。雷过电压下的空气间隙放电模型最早采用短路模型和电压阀值模型，之后开发了伏秒法模型和积分法模型，目前主要使用能适应于高精度雷过电压计算的先导法模型。

操作过电压下长空气间隙的放电过程与雷过电压下是相似的，也有先导放电过程。由于在操作冲击波电压下空气间隙的 50% 放电电压—间隙长度曲线呈现饱和特性，50% 放电电压—波前长度曲线呈现 U 形特性，正确模拟操作过电压下的空气间隙放电特性也是十分重要的。对于操作冲击波电压下的空气间隙放电模型，虽然已经提出了各种各样的物理的、工程的模型，但目前还没有达到实用阶段。空气间隙的放电形式除了先导放电外，还有电弧放电。电弧放电通常是雷击引起间隙闪络后工频续流下的主放电。电弧放电与长间隙闪络初期见到的先导放电不同，流过间隙的电流很大，而且维持放电的电场很小。电阻值随着短路电流的大小而变化。电弧放电可以简单地用电阻或电感模拟，也可以用更精确的非线性电阻模拟。

2.9.1 雷过电压下的空气间隙放电模型

2.9.1.1 电压阀值模型

早期使用当间隙电压达到一定值（50％放电电压）时开关闭合的电压阀值模型，即直接应用 EMTP 的间隙开关模拟空气间隙放电。但是，这个模型没有考虑电压波形的影响，因此现在一般不使用。

标准雷电冲击波电压下空气间隙的 50％放电电压可用下面的实验公式计算

正极性 $\qquad U_{50}=550d+80(\text{kV})$ $\qquad$ (2-182)

负极性 $\qquad U_{50}=580d+190(\text{kV})$ $\qquad$ (2-183)

式中：d 为间隙长度，m；上式适用的条件是 $d\geqslant1.5\text{m}$。

2.9.1.2 伏秒法模型

假定间隙上的电压在波前部分与伏秒特性曲线交叉，或者间隙上电压峰值的水平延长线与伏秒特性曲线相交时发生闪络，闪络时插入等值电感，如图 2-62 所示。这个模型能够表达放电时间的滞后，同时能够考虑与波头部波形的相关性。由于间隙的闪络现象仅用开关模拟，没有模拟先导过程，在过电压波形里有时有明显的胡须状波形重叠在一起。

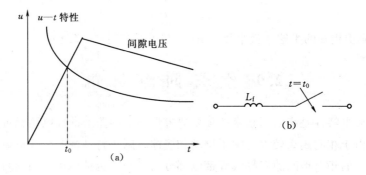

图 2-62　伏秒法模型

用图 2-63 所示的控制方框图，可自动考虑伏秒特性，因此可应用于多相闪络计算。对于棒-棒间隙，当 $u(t)$ 为正极性时，$u(t)$ 特性由下式给出。

$$u(t)=(1.086t^{-1.248}+0.476)d+0.236 \qquad (2-184)$$

式中：$u(t)$ 为加在间隙上电压的幅值，MV；t 为到绝缘破坏为止的时间，μs；d 为间隙长度，m。

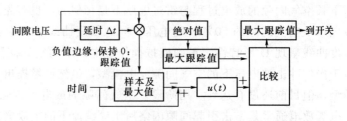

图 2-63　用 TACS 表示的伏秒法模型

2.9.1.3 积分法模型

这个方法是，当间隙电压在某个基准电压以上时对间隙电压进行积分，当积分值达到

某个值时判断闪络发生。其基本式如下式所示

$$DE = \int_{t_0}^{t_b} [u(t) - U_0]^K dt \qquad (2-185)$$

式中：$u(t)$ 为间隙间电压；t_0 为间隙间电压超过 U_0 的时间；t_b 为绝缘破坏时间；U_0 和 K 为常数 $u(t)$ 超过 U_0 时（$t=t_0$ 的时间）积分开始。积分值等于 DE 时（$t=t_b$ 的时间）闪络发生；闪络电压是 $U(t_b)$。

　　积分法的控制方框图如图 2-64 所示。图中的 U_0 和 B 用下式给出。这里的 B 与式（2-185）的 DE 相当。而同式的 K 取为 1（等面积法）。

$$U_0 = 0.476d + 0.236(\text{MV}) \qquad (2-186)$$

$$B = 0.65d - 0.04 \qquad (2-187)$$

　　施加截断波电压时，伏秒法模型以施加电压的最大值来判断闪络，而积分法模型因在截断时刻积分值发生变化，即使施加高电压也未必判断引起闪络。由于间隙形状形成不均匀电场时，会影响精度，而且存在没有考虑放电前驱电流引起电压波形畸变的缺点，因此基本不用于长空气间隙模型。

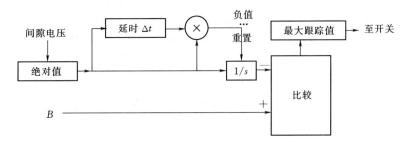

图 2-64　用 TACS 表示的积分法模型

2.9.1.4　先导法模型

　　先导发展是长间隙放电的特有现象，如图 2-65（a）所示。先导法模型是能够模拟放电前驱电流的高精度间隙放电模型。由于前驱电流的存在，铁塔电位的上升变缓。

　　这个模型的重点是如何设定以下的条件：

　　（1）先导发展的开始条件。

　　（2）先导发展速度和放电前驱电流的关系。

　　（3）先导终止的条件。

　　1. 折线近似的电感模型（新藤模型）

　　作为先导发展的开始条件，从标准雷冲击波电压的各种试验发现，先导开始时间与电压幅值明显相关，采用式（2-188）所示的经验公式。

$$T_s = \frac{A}{\dfrac{U_m}{d} - B}(\mu s) \qquad (2-188)$$

式中：U_m 为施加电压幅值，MV；d 为间隙长，m；A、B 为常数，如表 2-12 所示。

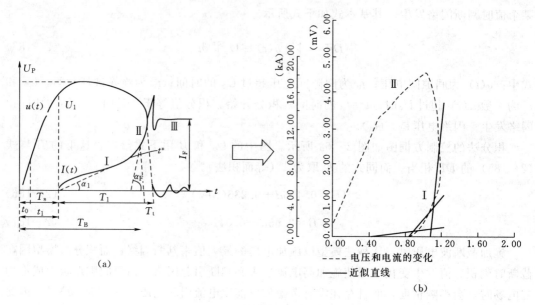

图 2 - 65　长间隙放电过程

（a）间隙上的电压和电流波形及参数定义；（b）电流波形的折线近似

$u(t)$ —电压波形；$I(t)$ —电流波形；U_P —电压幅值；I_F —最终电流；U_1 —先导开始电压；Ⅰ —先导发展阶段；

Ⅱ —最终跳跃阶段；Ⅲ —电弧放电阶段；α_1、α_F —电流上升率；t_0 —电子流开始时间；t_1 —先导开始时间；

T_s —电子流发展时间；T_1 —先导发展时间；T_t —空气加热时间；T_B —放电时间；

t^* —最终跳跃开始时间

　　将先导发展速度作为电压和先导长度的函数，每时每刻模拟先导发展的情况。先导发展速度 v 及放电前驱电流 i 用下式定义。

　　对于正极性棒—板电极（先导单向发展）

$$v = K_1 \frac{u(t)^2}{d-x} + K_2 \frac{u(t) \cdot i}{d-x} \cdot \frac{x}{d} (\text{m/s}) \tag{2-189}$$

式中：v 为先导发展速度，m/s；x 为先导长度，m；$u(t)$ 为间隙电压，V；i 为前驱电流，A；K_1 和 K_2 为与电压波形无关的常数，见表 2 - 12。

表 2 - 12　　　　　　　　　　　折线近似的电感模型系数

间隙电极	间隙长在 1m 以上				间隙长在 1m 以下			
	K_1 [m²/ (V²·s)]	K_2 [m²/ (V·A·s)]	A (MV· μs/m)	B (MV/m)	K_1 [m²/ (V²·s)]	K_2 [m²/ (V·A·s)]	A (MV· μs/m)	B (MV/m)
正极性棒—板	2.0×10^{-7}	3.0×10^{-3}	0.5	0.3				
正极性棒—棒	1.0×10^{-7}	2.5×10^{-3}	0.5	0.42	1.0×10^{-7}	12.5×10^{-3}	0.5	0.42
负极性棒—棒	0.5×10^{-7}	5.0×10^{-3}	0.5	0.5	0.5×10^{-7}	25.0×10^{-3}	0.5	0.5

　　对于正极性棒—棒电极或负极性棒—棒电极（先导双向发展）

$$v = K_1 \frac{u(t)^2}{d-2x} + K_2 \frac{u(t) \cdot i}{d-2x} \cdot \frac{x}{d} (\text{m/s}) \tag{2-190}$$

前驱电流 i 用下式计算

$$i = C \cdot u(t) \cdot v(\text{A}) \qquad (2-191)$$

式中：C 为单位长度先导的对地电容，$C = 5 \times 10^{-10}$（F/m）。

将式（2-189）、式（2-190）与式（2-191）及电路方程式组合，就可以计算每时每刻的先导发展及放电前驱电流的变化。

当先导长度超过间隙长度时判定闪络发生，而如外加电压在先导发展过程中下降，先导未到达部分的平均电场在 0.40MV/m 以下（棒－板间隙）或者在 0.45MV/m 以下（棒－棒间隙）时，判断先导发展终止。

先导法的放电计算流程如图 2-66 所示。

折线近似的电感模型首先用 EMTP 计算闪络发生前的暂态现象，求得间隙间的电压波形，确定最大值 U_m。其次，按照这个间隙电压用先导法求间隙的等值阻抗，将这个等值阻抗用直线近似，如图 2-65（b）所示，并把线性电感和时控开关组

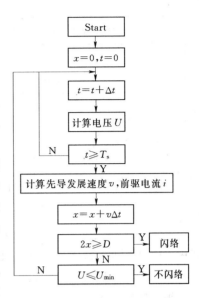

图 2-66　先导法计算流程

合，构成闪络模型，如图 2-67 所示。

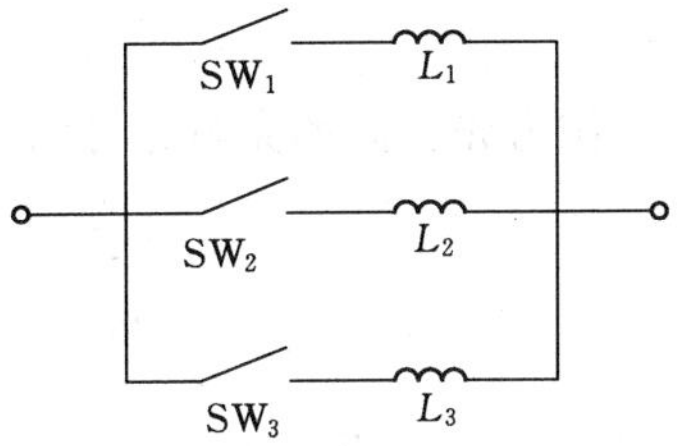

具体分下面 3 个时区计算线性电感：

第 I 时区：$t_1 \leqslant t < t^*$（先导发展时区）

第 II 时区：$t^* \leqslant t < t^* + T_\text{t}$（最后跳跃时区）

第 III 时区：$t^* + T_\text{t} \leqslant t$（电弧时区）

将这个闪络模型与电路计算程序组合，计算反击时

图 2-67　折线近似的电感模型

的雷过电压。因为需要两次计算和预先计算参数，使用比较麻烦。

2. 非线性电感模型（长冈模型）

直接用非线性电感表示电弧的非线性特性，避开了预计算阶段。

非线性电感模型以外加电压达到间隙的临界放电电压为先导开始条件。只要放电时间不是特别短，先导开始时间对模拟精度的影响不大。

非线性电感模型的电路如图 2-68 所示。L_n 是表示放电间隙等值电感的非线性电感，用 Φ_n—i 的形式给出其值。L_f 是表示闪络后稳态电弧电感的线性电感。SW_1 是表示先导发展开始的开关，当间隙电压达到 U_m 时闭合。SW_2 是表示闪络的开关，当间隙电流达到 i_f 时或者间隙电压为零时闭合。非线性电感模型没有考虑外加电压下降时先导终止的条件。

$$\Phi_\text{n} = \frac{1 - \dfrac{1}{(1 + i/I_0)^{n-1}}}{n-1} L_0 I_0 - L_\text{f} i (\text{Wb} \cdot \text{t}) \qquad (2-192)$$

$$L_\text{f} = 0.001 d (\text{mH}) \qquad (2-193)$$

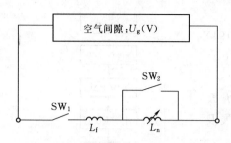

$$U_m = 500d + 200 \text{ (kV)} \tag{2-194}$$

$$i_f = I_0 \left[\left(\frac{L_0 \cdot 10^6}{d} \right)^{\frac{1}{n}} - 1 \right] \text{(A)} \tag{2-195}$$

式中：d 为间隙长，m，$3\text{m} < d < 7.5\text{m}$；$L_0$ 为小电流领域的等值电感；n 为大电流领域的等值电感—电流特性的斜率；I_0 为等值电感为 $\frac{L_0}{2^n}$ 时的电流，即拐点电流。

图 2-68　非线性电感模型

其中

$$L_0 = 1.23d - 0.432 \text{ (mH)} \tag{2-196}$$

$$n = -0.0743d - 0.000734R_b + 2.18 \tag{2-197}$$

$$I_0 = 10^{(-0.0343D - 0.00025R_b + 2.85)} \text{(A)} \tag{2-198}$$

式中：R_b 是从间隙看到的系统等值阻抗。

可在闪络点插入 1A 电流源后用计算得到。也可取 $100\sim300\Omega$ 范围内的值，此值对计算结果的影响不大。

非线性电感模型的各参数计算公式是通过标准雷冲击波电压的试验得出的。

3. TACS 控制电流源模型（本山模型）

通常，闪络模型以标准雷冲击波为对象开发。但是，输电线发生的雷事故大多为铁塔上的反击引起的，此时的雷冲击波电压具有短波尾波形。

TACS 控制电流源模型用平均电压来判断先导开始时间，作为先导开始条件采用经验公式（2-199）。

$$\frac{1}{T_s} \int_0^{T_s} u(t) \mathrm{d}t > U_m \tag{2-199}$$

式中：$u(t)$ 为棒—棒间隙上的电压，kV；U_m 为先导开始电压（kV）；T_s 为先导发展开始时间。

正极性：

$$U_m = 400d + 50 \text{ (kV)} \tag{2-200}$$

负极性：

$$U_m = 460d + 150 \text{ (kV)} \tag{2-201}$$

式中：d 为间隙长度，m。

然后，电流源模型中的先导发展平均速度 v 的计算式为

$$v = k_1 \left[\frac{u(t)}{d - 2x} - E_0 \right] \text{(m/s)} \tag{2-202}$$

式中：k_1、E_0 为常数，参照表 2-13；x 为先导平均长度，m，是上部电极先导长度和下部电极先导长度的平均值，即 $x = (x_+ + x_-)/2$。

表 2-13　　　　　　　　　　　　TACS 控制电流源模型的系数

系数	$d < 1\text{m}$	$d \geqslant 1\text{m}$
$k_1 (\text{m}^2/\text{V} \cdot \text{s})$	$1.0 (0 \leqslant 2x \leqslant d/2)$ $0.42 (d/2 < 2x)$	$2.5 (0 \leqslant 2x \leqslant d/2)$ $0.42 (d/2 < 2x)$
$E_0 (\text{kV/m})$	750	750

先导长度用下面的离散化公式计算。

$$x(t)=x(t-\Delta t)+v \cdot \Delta t \text{(m)} \tag{2-203}$$

前驱放电电流用下式计算

$$i=2qv \text{(A)} \tag{2-204}$$

式中：$q=410\mu C/m$。

先导发展长度超过间隙长度时（$2x>d$），判断闪络发生。而施加电压在先导发展过程中降低，间隙上的电压低于 U_{min} 时，判断先导中止。

$$U_{min}=E_0(d-2x) \text{(V)} \tag{2-205}$$

4. CIGRE 模型

CIGRE 模型是在 Pigini 模型基础上建立的，作为先导开始条件，采用和 Pigini 模型相同的实验式

$$\frac{1}{T_s}=1.25\times\frac{E}{E_0}-0.95 \quad (\mu s^{-1}) \tag{2-206}$$

式中：T_s 为先导开始时间，μs；E 为最大有效电场；E_0 为从实验得到的最小击穿场强，kV/m。

图 2-69 所示 E_{50} 为 50% 放电电压的有效电场。

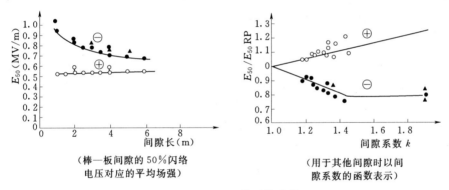

图 2-69 Pigini 模型的系数

CIGRE 将 Pigini 模型的先导发展速度的计算式简化为下式。

$$v=ku(t) \cdot \left[\frac{u(t)}{d-x}-E_0\right] \tag{2-207}$$

式中：v 是先导发展速度，m/s；k 是常数，参照表 2-14；$u(t)$ 是间隙上的电压，kV；d 是间隙长度，m；x 是先导长度，m；E_0 是最小击穿场强，kV/m，见表 2-14。

表 2-14　　　　　雷电冲击闪络先导发展模型的推荐取值

项　目	极　性	k	$E_0 \text{(kV/m)}$
空气间隙，柱状绝缘子，长棒复合绝缘子	正极性	0.8×10^{-6}	600
	负极性	1.0×10^{-6}	670
瓷或玻璃的盘形绝缘子串	正极性	1.2×10^{-6}	520
	负极性	1.3×10^{-6}	600

前驱放电电流的计算式为

$$i = qv(\text{A}) \tag{2-208}$$

式中：q 是先导中单位长度的电荷量，一般 $q = 400\mu\text{C/m}$。

当先导发展长度超过间隙长度时判断闪络发生。而当施加电压在先导发展过程中下降，先导未到达部分的平均电场达到 E_0 以下时，判断先导发展终止。

2.9.2　操作过电压下的空气间隙放电模型

操作冲击波电压的放电现象有 50％放电电压—间隙长特性呈现的放电电压饱和特性、及 50％放电电压—波头长特性呈现的 U 特性等。尤其施加正极性电压时，棒－平板间隙的 50％放电电压最低。这里介绍西岛模型。

可用这个模型推断，对 $2 \sim 20\text{m}$ 间隙长的棒一板电极施加正极性操作冲击波电压时的 U 形特性、伏秒特性及饱和特性。

先导开始电压 U_{lc} 用下式给出

$$U_{lc} = \frac{1556}{1 + 3.89/d}(\text{kV}) \tag{2-209}$$

先导发展的条件是：从正极性棒发展的先导通道的顶端电位 U_{lt} 达到 U_{lc} 以上。U_{lc} 是以先导未到达部分长度 $(d - l_z)$ 为等值间隙的开始电压。这里，l_z 是先导发展长度；U_{lt} 是从 $u_a(t)$ 减去先导通道的电压降得出。

先导连续性发展时，先导通道的电场强度 $g(t)$ 用下式计算

$$g(t) = 125I^{-0.5} + (500 - 125I^{-0.5}) \cdot e^{-t/\theta_h}(\text{kV/m}) \tag{2-210}$$

式中：I 为先导电流；θ_h 为由于等离子区加热电场削弱的时间常数，μs。在上式中，$t = \infty$ 时的先导通道电场强度 E_a 由电弧静电场特性给出

$$E_a = 125I^{-0.5}(\text{kV/m}) \tag{2-211}$$

另一方面，先导间断性发展时，先导通道的电场强度 $g(t)$ 用下式给出

$$g(t) = g_{s0} \cdot e^{t/\theta_r}(\text{kV/m}) \tag{2-212}$$

式中：g_{s0} 为先导终止时的电场（kV/m）；θ_r 为表示由于等离子区冷却电场上升的时间常数。

先导电流 $I(t)$ 用下式计算

$$I(t) = 2.5 \times 10^{-0.6}(U_{lt} - 350)^2 \tag{2-213}$$

先导发展速度 v_l 用下式给出

$$v_l = I(t)/q \tag{2-214}$$

式中：q 为先导的线电荷密度，$\mu\text{C/m}$。

闪络条件是：

（1）先导通道顶端与平板电极的距离等于或小于 h_f，即先导未到达部分的长度 $(d - l_z)$ 在 h_f 以下时，闪络发生。

$$h_f = \frac{3.89}{1 + 3.89/d}(\text{m}) \tag{2-215}$$

（2）施加于先导未到达部分间隙的平均电场满足以下条件时闪络发生。

$$\frac{U_{lt}}{d - l_z} > 500(\text{kV/m}) \tag{2-216}$$

θ_h、θ_r、q 的值因 d 值而异，但在 d 一定的条件下，与波头时间 T_f 的值无关，可选择表 2-15 所示的最佳值。

表 2-15　　　　　　　　西岛模型的系数值

系　　数	空　气　间　隙 d(m)				
	2	4	7	10	20
$\theta_h(\mu s)$	10	10	15	22	20
$\theta_r(\mu s)$	100	500	800	2000	1000
$q(\mu C/m)$	20	25	50	50	110

2.9.3　电弧放电模型

电弧放电一般用 $10\Omega/m$ 的电阻或者 $1\mu H/m$ 的电感模拟，但实际上电弧电阻是随着短路电流的大小而变化的，因此也可以用更精确的非线性电阻模拟。这里介绍由 M. Kizilcay 开发的电弧放电模型。

这个模型是在 Mayr 的修正方程式上建立的，即

$$\frac{\mathrm{d}g}{\mathrm{d}t} = \frac{G-g}{\tau} \tag{2-217}$$

式中：g 为动态电弧电导，S；G 为稳态电弧电导，S；τ 为电弧时间常数，s。稳态电弧电导 G 从能量平衡的关系由下式计算

$$G = \frac{i_B^2}{p_0 + u_0 |i_B|} \tag{2-218}$$

式中：i_B 为电弧电流，A；p_0 为稳态热耗，W；u_0 电弧电压，V。

式（2-218）右侧的分母给出了电弧总的热耗。

将这个模型放入 EMTP 时，分以下三步进行计算：

（1）由电路计算的结果，得到断路器的电弧电流，送入 TACS。

（2）在 TACS 求解式（2-217），在每一时步修正电弧的动态电阻，并以 TACS 控制时变电阻的形式送入电路。

（3）求解整个电路的节点导纳方程式。

2.10　电　　晕

2.10.1　电晕的基本概念

在带有高电压的导线或者绝缘子装置的周围，由于高电压的作用空气发生局部放电（电离），这通常称作电晕放电。标准气象条件下，空气绝缘破坏的临界电场强度约为 $30kV/cm$（波幅值）。导线的表面电场强度达到这个值时发生电晕，这时的电压称作电晕临界电压，相应的导线表面电场强度称作电晕临界电场强度。特高压的电晕效应，是高电压技术发展的三大关键技术之一。

在工频领域，交流输电导线（单导线）电晕临界电场强度 E_{g0}（kV/cm）可用皮克公式计算。

$$E_{g0} = 21.4\delta m_1 m_2 \left(1 + \frac{0.298}{\sqrt{r\delta}}\right) \tag{2-219}$$

式中：$\delta = 0.386p/(273+t)$；p 为气压，mmHg；t 为气温，℃；m_1 为导线表面粗糙系数；理想光滑导线 $m_1 = 1$，绞线 $m_1 = 0.8 \sim 0.9$；m_2 为气象系数，晴天时取 1.0，雨天时取 0.8；r 为导线半径，cm。

分裂导线的电晕临界电压 U_0（kV）可用下式计算。

$$U_0 = 1.178 m_0 m_1 \delta^{2/3} \left(1 + \frac{0.298}{\sqrt{r\delta}}\right) \times \frac{nr}{C\left[1 + 2(n-1)\dfrac{r}{s} \times \sin\dfrac{\pi}{n}\right]} \tag{2-220}$$

式中：C 为工作电容，μF/km；n 为子导线数；s 为分裂间距，cm。

在工频领域，电晕主要考虑其含有的高次谐波和电晕噪声对环境的影响。而在高频领域，主要考虑电晕引起雷电波畸变和衰减的作用。这是由于局部放电，导线和大地之间及导线和导线之间的流过电容电流，这个电容电流与导线上的电压相关，具有非线性和回滞特性，其非线性造成雷电波形的畸变，其回滞特性造成雷电波形的衰减。

有各种各样的电晕畸变模型，各种模型的电晕临界电压的计算不尽相同。

2.10.2　Lee 模型

用非线性电容和非线性电导表示波动方程式的非线性。

$$-\frac{\partial u}{\partial t} = L\frac{\partial i}{\partial t}$$

$$-\frac{\partial i}{\partial t} = C\frac{\partial u}{\partial t} + 2k_C\left(1 - \frac{U_{c0}}{u}\right)\frac{\partial u}{\partial t} + k_G\left(1 - \frac{U_{c0}}{u}\right)^2 u \tag{2-221}$$

其中

$$k_C = \sigma_c\sqrt{\frac{R_g}{2h}} \times 10^{-11}\,(\text{F/m})$$

$$k_G = \sigma_G\sqrt{\frac{R_g}{2h}} \times 10^{-11}\,(\text{S/m}) \tag{2-222}$$

式中：R_g 为等值半径，m；U_{c0} 为电晕临界电压，为导线表面最大电场强度 E_{max} 达到 30kV/cm 时的电压，kV；h 为导线高度，m。

导线表面最大电场强度 E_{max}，对单导线用下式计算。

$$|E_{max}| = \frac{C_e U_{c0}}{2\pi\varepsilon_0 r} \tag{2-223}$$

式中：$C_e = \dfrac{1}{18}\ln\left(\dfrac{2h}{r}\right)$（$\mu$F/m）；$r$ 为导线半径，m。

对分裂导线用下式计算。

$$|E_{max}| = \frac{18C_e U_{c0}}{nr}\left[1 + \frac{2r}{s}(n-1)\sin\left(\frac{\pi}{n}\right)\right] \tag{2-224}$$

$$C_e = \frac{1}{18}\ln\left(\frac{2h}{R_e}\right)(\mu\text{F/m})\,;\,R_e = \sqrt[n]{nr\left[\frac{s}{2\sin(\pi/n)}\right]^{n-1}}\,(\text{m})$$

式中：n 为子导线数；s 为分裂间距，m。

由 U_{c0} 可用下式计算等值半径 R_g

$$\frac{U_{c0}}{R_{g}\ln\left(\dfrac{2h}{R_{g}}\right)}=3000(\text{kV/m}) \tag{2-225}$$

这个模型的等值电路如图 2-70 所示。这个等值电路可放入 EMTP 计算,但为了获得最佳 σ_C 和 σ_G 需要事前实测。

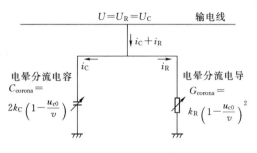

图 2-70 Lee 电晕模型

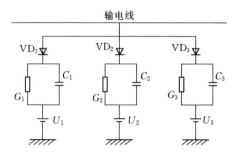

图 2-71 本山电晕模型

2.10.3 本山模型

如图 2-71 所示,将 Lee 模型的非线性电容和非线性电导用线性电容和线性电导、二极管和直流电源替代。这个模型的设置间距为数百米,是 Lee 模型的 5 倍左右,实用上很方便。

按空气绝缘破坏强度 30kV/cm 考虑,电晕临界电压 U_{c0} 可用下式计算。

$$U_{c0}=\frac{5nr}{3}C_{w}\left[1+\frac{2r}{s}(n-1)\sin\left(\frac{\pi}{n}\right)\right](\text{kV}) \tag{2-226}$$

式中:n 为子导线数;r 为子导线半径,cm;s 为分裂间距,cm;C_w 为导线对地电容(工作电容),μF/km。

图 2-71 中的直流电源的电压由下式给出。

$$U_{1}=U_{c0},\quad U_{2}=2U_{c0},\quad U_{3}=3U_{c0} \tag{2-227}$$

使用这些电压,各线性电容和电导可由下式计算。

$$G_{k}=A_{k}-A_{k-1}$$
$$A_{k}=k_{G}\left(1-\frac{U_{c0}}{U_{c0}+U_{k}}\right)^{2}\Delta l \quad (k=1,2,3) \tag{2-228}$$
$$C_{k}=B_{k}-B_{k-1}$$
$$B_{k}=2k_{C}\left(1-\frac{U_{c0}}{U_{c0}+U_{k}}\right)^{2}\Delta l \quad (k=1,2,3) \tag{2-229}$$

式中:Δl 为电晕模型的设置间隔,m;k_G、k_C 用和 Lee 模型相同的公式计算。

这个模型应用于 EMTP 时,为了抑制二极管动作引起的数值震荡,可将 5Ω 左右的小电阻与二极管串联。另外,与 Lee 模型相同,为了获得最佳 σ_C 和 σ_G 值需要事前实测。

2.10.4 Guiller 模型

这个模型利用了电晕放电生成的空间电荷形成同心圆状的电晕套,用数值计算的方法求得库伏特性,在这个基础上考虑电晕放电引起的对地和相间电容的变化。这是目前能应用于 EMTP 的最新电晕畸变模型。

如图 2-72 所示，设同心圆状的空间电荷的半径为 r_c，它的电荷量为 q_c，单位长度导线表面的电荷量为 q_0，导线表面临界电场强度为 E_c，空间电荷套的电场强度为 E_0，则总电荷量 q 可用下式计算。

$$q = q_0 + q_c = \frac{2\pi\varepsilon_0 E_c}{\dfrac{1}{r_c} + \dfrac{1}{2h - r_c}} \tag{2-230}$$

假定导线上的电压为 u，导线的半径为 r_1，导线的高度为 h_1，则下式成立。

$$u = r_1 \left[E_c - \frac{E_0 r_c (2h_1 - r_c)}{2h_1(2h_1 - r_1)} \right] \ln\left(\frac{r_c}{r_1}\right) + \frac{E_0 r_c (2h_1 - r_c)}{2h_1} \ln\frac{2h_1 - r_1}{r_c} \tag{2-231}$$

在压力 $p = 760\text{mmHg}$，温度 20℃，湿度 11g/m^3 时，E_c 可用下式计算。

$$E_c = m \times 2.594 \times 10^6 \left(1 + \frac{0.1269}{r_1^{0.4346}}\right)(\text{V/m}) \tag{2-232}$$

式中：m 为导线表面系数。

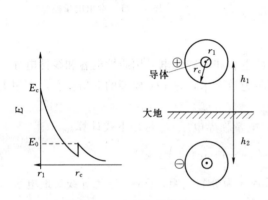

图 2-72　空间电荷的分布

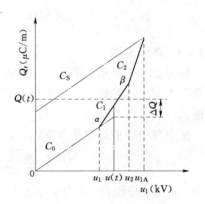

图 2-73　库伏特性的折线近似

空间电荷套的电场强度 E_0，在正极性时可取 5kV/cm，在负极性时可取 18kV/cm。E_c、E_0 已知后，r_1 和 h_1 可从线路的几何尺寸查到，因此从式（2-231）可算得电压 u 对应的 r_c。然后由式（2-230）计算电压 u 对应的 q，即可求得库伏特性。如图 2-73 所示，这样求得的库伏特性用折线近似后，可近似算出各个电压范围的电容。

Guiller 模型的等值电路如图 2-74 所示。等值电路由电容、电压源、二极管和开关构成。电容通过开关与导线连接，由开关控制电容的连接或者断开。电容的大小、电压源的值及开关的动作时间均由图 2-73 的近似库伏特性单一定义。模型要求插入间隔不大于 100m。

该模型虽然没有考虑库伏特性与电压波头长的相关性，但也可认为是考虑了电晕放电过程的合理模型。

2.10.5　野田模型

在 Guillier 模型的基础上，考虑了电晕开始的迟后时间、电子流发展过程和电离过程与波头长的相关性。

总电荷量、电压、电晕套电场强度采用与 Guillier 相同的计算式（2-230）、式（2-231）、式（2-232）。

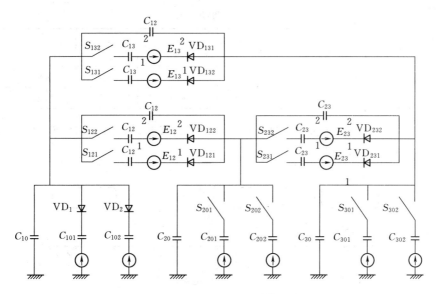

图 2-74 Guiller 电晕模型

实际上在外加陡波头高电压时，需要考虑电晕开始的迟后时间和流柱的发展时间，因此式（2-231）中的电晕套半径 r_c 应该用下式的 r_c' 取代

$$r_c' = r_0 + v_{st} \cdot (t - \tau_d) \cdot u(t - \tau_d) \tag{2-233}$$

式中：t 为以外加电压超过电晕起始电压的时刻为基准的经过时间；$u(t)$ 为单位阶跃函数；τ_d 为电晕开始迟后时间；v_{st} 为电子流发展速度。

但是外加电压给予流柱的能量是由式（2-231）决定的，因此当式（2-233）计算得到的 r_c' 超过 r_c 时，强制性地令 $r_c' = r_c$。而且由于电晕开始的延迟，在发生电晕的瞬间实际的电场强度已远远超过了式（2-232）所给出的电晕起始电场强度，因此可以认为电晕套在瞬间发展到下式给出的半径

$$r_c' = h - \sqrt{h^2 - \frac{h \cdot q_0}{\pi \varepsilon_0 E_c}}, \quad q_0 = C_0 U_{cr}' \tag{2-234}$$

式中：U_{cr}' 为电晕发生瞬间的电压。

然后用 r_c' 代入式（2-230）计算电荷量，但是这个电荷量不是瞬间产生的，电离过程需要一定的时间 τ_i，这用下式的阶跃函数响应来表示

$$f(t) = 1 - e^{-\frac{t}{\tau_i}} \tag{2-235}$$

式中：τ_i 为电离过程时间。

在操作过电压范畴，数 μs 等级的电晕开始迟后时间、电子流发展时间和电离过程时间几乎没有影响，可以直接使用式（2-230）～式（2-232）计算 $q-u$ 曲线。在雷电过电压范畴，本模型的计算结果很好地重现了实测结果。

根据电晕放电实测，电晕开始迟后时间 τ_d、电子流发展速度 v_{st} 和电离过程时间 τ_l 与线路形状无关，可取表 2-16 所列数值。

表 2 - 16　　　　　　　　　　　　　野田模型参数取值

U_{max} (kV)	τ_d (μs)	v_{st} (m/μs)	τ_i (μs)	U_{max} (kV)	τ_d (μs)	v_{st} (m/μs)	τ_i (μs)
285	0.7	0.3	0.5	400	0.5	0.9	0.5
340	0.6	0.3	0.5	450	0.5	0.9	0.5

在计及电晕效应时，将这个模型沿线等距离插入线路，如图 2 - 75 所示。线路长度为 10km 时，可 10 等分插入。

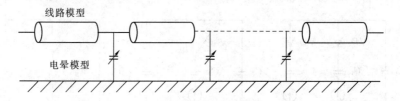

图 2 - 75　野田电晕模型

电晕半径为几十厘米，采用分裂导线时子导线周围的电晕套不会是圆形的，而且很可能发生重叠。此时应该以分裂导线的等值半径用单导线来近似。

2.11　换　流　阀

换流阀是换流站的关键设备。换流阀的构造是：由晶闸管和晶闸管控制单元、阻尼回路构成晶闸管级；由数个晶闸管级构成阀组件；由数个阀组件串联构成阀臂，即换流阀。换流器由阀臂构成。阀组件的等值电路如图 2 - 76 所示，由 TACS（或 MODELS）控制开关、缓冲电路、分压电阻和阳极电抗器构成。

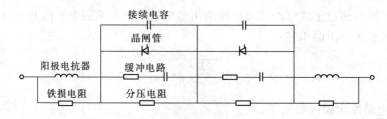

图 2 - 76　阀组件的等值电路

换流阀在运行中需要承受的电压和电流如表 2 - 17 所示。换流阀承受的缓波前过电压有两种来源：

（1）从交流系统或者直流系统来的传递过电压，包括发生在交流线路或者直流线路的雷电过电压。由于换流阀位于换流变压器和直流电抗器之间，这两个设备都具有很大的电感，雷电波通过它们时波头将变缓，成为缓波前过电压。

（2）换流器故障引起的过电压。

换流阀承受的快波前过电压可能在下述两种情况下发生：

（1）在过电压发生时换流阀被触发。

（2）换流站内发生接地故障。这两种情况中，后者的幅值和陡度都大于前者，因此主要关注换流站内接地故障引起的快波前过电压。

表 2 - 17　　　　　　　　　　　　　　　换流阀承受的电压和电流

	稳 态 时	暂 态 时
电压的作用	直流电压、交流电压、换相时的振动电压	雷过电压、操作过电压、各种动态过电压
电流的作用	负荷电流	各种事故电流
电压和电流的同时作用	开通或关断时的电压和电流	过电压时的开通、事故电流切断后的过电压、换相失败的过电压

2.11.1　在直流和交流电压范畴的模拟

换流站内换流阀之外的各种设备的模拟可参照前面各节，这里主要介绍换流阀的模拟方法。

在这个频域，阀组件用图 2 - 76 所示的等值电路模拟，但晶闸管的接续电容可以忽略。阳极电抗器由铁芯和绕组构成，用电抗和模拟铁损的电阻的并联电路模拟。考虑电感的非线性特性时，用表示非线性 i—Φ 特性的非线性 L 模型模拟。可以用集中电阻模拟导通状态下晶闸管的正向压降。在这个领域，控制系统的影响很大，因此需要包括控制系统。

2.11.2　在缓波前过电压和快波前过电压范畴的模拟

在这两个领域，换流阀之外的各种设备的模拟同样参照前面各节，根据需要考虑各个设备的杂散电容；在对换流阀模拟时，分换流阀内部发生过电压和换流阀外部发生过电压两种情况。

计算换流阀内部发生的过电压时，由于波头较陡，相当于快波前过电压领域，要考虑阳极电抗器的绕组和铁芯间的电容，并将电抗器绕组用若干电感的串联表示，如图 2 - 77 所示；还要考虑阀组件与框架间、阀组件间及阀组件与屏蔽套间的杂散电容，如图 2 - 78 所示。连接阀组件的导体也宜用分布参数线路模拟。此时，安装在阀臂间的避雷器需要用考虑陡波头特性的避雷器模型模拟。

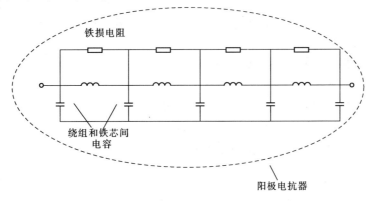

图 2 - 77　阳极电抗器的等值电路

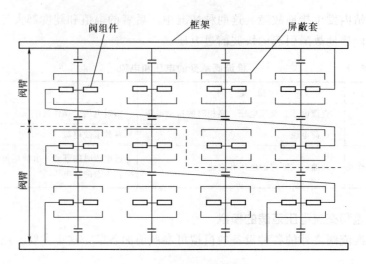

图 2-78　阀组件的杂散电容

　　计算换流阀外部发生的过电压时，如前面所述，由于换流变压器和直流电抗器的大电感的作用，传递过电压的波头显著变缓，相当于缓波前过电压领域。因此阳极电抗器的对地电容、晶闸管级的连接电容、阀组件间的电容等比较小的电容可以不考虑。而且，沿连接导线的传播时间也可忽视。此时安装在阀臂间的避雷器可用非线性电阻模拟。

习　题

2-1　试绘制线性无耦合集中参数元件电路模型。

2-2　试绘制线性耦合集中参数元件电路模型。

2-3　试绘制恒定分布参数单相无损线路模型。

2-4　试绘制恒定分布参数多相无损线路模型。

2-5　试比较 EMTP 中的 PI 型、Bergeron 型和 J. Marti 型线路模型。

2-6　试绘制同步发电机低频振荡领域模型。

2-7　试分析比较不同频域的变压器模型。

2-8　EMTP 中理想开关类型有哪些？试分析断路器和隔离开关的模型。

2-9　试分析避雷器的暂态模型。

2-10　试分析接地网的暂态模型。

2-11　试分析比较常用铁塔的几种暂态模型。

2-12　试分析空气间隙放电的几种先导法暂态模型。

2-13　试分析电晕放电的几种暂态模型。

2-14　试分析高压直流输电中换流阀的暂态模型。

第3章 电磁暂态计算程序 EMTP

3.1 EMTP 简介

3.1.1 EMTP 发展简史

EMTP 最初由加拿大不列颠哥伦比亚大学的 H. W. Dommel 教授创立，1962 年 Dommel 在他的博士论文中首次将水力学中流体计算的 Schnyder-Bergeron 法用于电压和电流的行波计算。这个方法的特点是：将坐标固定在分布参数线路上观察波的传播现象，改为将坐标随着行波移动来观察波的传播现象，从而将行波的数学描述大大简化了。这类似同步电机在 Park 方程中采用的 dq 坐标。

1966 年 Dommel 就职美国邦纳维尔电力局（Bonneville Power Administration，BPA）继续 EMTP 的开发，1968 年完成约 4000 行的 EMTP 原型。

1970 年 CIGRE 的 SC13（断路器）设立工作组（WG13 - 05）对过电压计算精度进行研究，肯定了 EMTP 的绝对优越性。

1973 年 Dommel 从 BPA 退职，就职加拿大 British Columbia 大学，W. S. Meyer 接替 EMTP 的开发和管理工作。为了对高压直流输电系统仿真，程序中增加了模拟二极管和晶闸管等开关器件的能力。

1976 年完成可应用于各种计算机的通用版本 Universal Transients Program File（UTPF）和 Editor/Translator Program（E/T）。

1978 年在威斯康星开办了第一次 EMTP 培训班。1981 年在 IEEE 的电力分会（Power Engineering Society）夏季大会设立了 EMTP 辅导课程。

1982 年成立 EMTP 的联合开发机构 DCG（Development Coordination Group）。1983 年 EPRI 加盟 DCG，成立 DCG/EPRI。在 EMTP 的版权上，BPA 和 EPRI 对立化。BPA 是美国的政府机构，主张继续无偿公开。EPRI 是私营企业，主张版权独占，有偿使用。

1984 年 BPA 终止 EMTP 的开发（BPA - EMTP 的最终版为 M42），W. S. Meyer 着手 ATP 的开发。1987 年 BPA 退出 DCG。

在 1984 年以前的十多年里，BPA 主导了 EMTP 程序的开发工作，它在人力和财力上对 EMTP 程序的开发工作给予了极大的支持。当时的工作属于公共域内，其成果可以免费提供给任何一个感兴趣的团体。EMTP 是一个不断发展的软件，拥有其不断发展的大量资源，因此成为美国电力系统和电子电力仿真方面的工作标准。

3.1.2 EMTP 的几个版本

EMTP 现在发展成用于个人计算机的多种 EMTP 版本，如 ATP（Alternative Transient Program）、DCG（Development Coordination Group）、BPA 等。所有版本的程序都

具有的 EMTP 原版的大部分功能。其中 ATP/EMTP 是 W. Scott Meyer 博士和 Tsu-huei
Liu 博士的推动下，通过国际间的合作，于 1984 年秋正式诞生，是 EMTP 的免费独立版
本，但 ATP/EMTP 不是一个公开程序，ATP 发展的需求包括诚信公开和不参与任何
EMTP 的商业活动，获得 ATP 资料之前要得到相应许可，用户必须买他们的使用手册及
相关资料并要书写不做商业目的保证书，才能得到口令，并从网上下载。DCG - EMTP
是有偿使用的 EMTP，最新版本是 2005 年发行的 RV（Restructuring Version）版。其图
形接口称作 EMTPWorks。BPA - EMTP 是最早由 BPA 无偿提供的 EMTP 版本，已停止
开发。其用户现在大多已转用 ATP - EMTP。

ATP/EMTP 是目前世界上电磁暂态分析程序最广泛使用的一个版本，最新版本为第
2.1 版，源程序约 21.8 万行，ATP 还配备有比 TACS（Transient Analysis of Control
Systems）更灵活、功能更强的通用描述语言 MODELS 及图形输入程序 ATPDraw，AT-
PDraw 最新版本为第 5.7 版。

ATP/EMTP 总会在加拿大/美国 EMTP，由总会授权在全球建有多个分委会。各分
委会负责通过专用网站进行最新 ATP/EMTP 软件包的发布；负责分委会网站的建设、更
新、维护与日常管理；负责该地区 ATP/EMTP 用户的资格审查和版权授予；为本地区
ATP/EMTP 用户提供软件的技术咨询和疑难问题解答；为本地区 ATP/EMTP 用户提供
网上技术论坛、组织参与世界 ATP/EMTP 协会的各种学术活动和国际交流，并组织参加
下一代 ATP/EMTP 软件的开发与完善等。

我国于 1980 年初在水利电力部计算机办公室的领导下，从美国 BPA 公司引进了
EMTP 程序，从 1984 年开始在各地举办过多次研讨班，水利电力部还成立了 EMTP 工作
组，归中国电力科学研究院系统所领导。1988 年又通过电力部引进了微机版电磁暂态计
算程序 ATP/EMTP。中国电力科学研究院对该程序进行了调试、修改以及功能二次开
发，并且在全国范围内推广使用，完善了中文使用说明及相关技术资料，编制了人机会话
式数据输入程序及 ATP 工作环境软件包，提供了与用户友好的人机界面。

2005 年 11 月 25 日，加拿大/美国总会正式通知，授权依托北京交通大学电气工程学
院组建 ATP/EMTP 协会中国分委会（Republic of China EMTP User Group，简称
CEUG），网址：http://www.ceug.org/。这是中国大陆（包括香港、澳门地区）唯一
获得授权进行 ATP/EMTP 程序的发布和版权授予的用户组织。

加拿大/美国 EMTP 总会（Canadian/American EMTP User Group，简称 CanAmUG，包
括北美、加拿大、美国、墨西哥等地区），网址：http://www.ece.mtu.edu/atp/。

欧洲 ATP/EMTP 分委会（European EMTP - ATP Users Group Assoc，简称 EE-
UG），网址：http://www.eeug.org。

日本 ATP/EMTP 分委会（Japanese ATP User Group，简称 JAUG）网址：ht-
tp://thunderbird.kuee.kyoto-u.ac.jp/atpwww/usrgrp2.htm♯Japan。

拉丁美洲 EMTP 分委会（Latin American EMTP User Group，简称 CLAUE），网
址：http://iitree.ing.unlp.edu.ar/estudios/claue/Index.htm 。

阿根廷 EMTP 分委会（Argentinian EMTP User Group，简称 CAUE），网址：ht-
tp://iitree.ing.unlp.edu.ar/estudios/caue/index.htm。

澳大利亚 EMTP 分委会（Australian EMTP User Group，简称 AEUG），网址：ht-tp：//www. ee. unsw. edu. au/。

印度 EMTP 分委会（Indian EMTP User Group，简称 IEUG），网址：malathi@bom4. vsnl. net. in。

南非 EMTP 分委会（South African ATP User Group）网址：http：//www. ee. wits. ac. za/~atp。

3.1.3 EMTP 的元件模型

EMTP 程序的基本功能是进行电力系统仿真计算，典型应用是预测电力系统在某个扰动（如开关投切或故障）之后感兴趣的变量随时间变化的规律；将 EMTP 的稳态分析和电磁暂态分析相结合，可以作为电力系统谐波分析的有力工具。另外，EMTP 程序也广泛应用于电力电子领域的仿真计算。

目前，在 EMTP 中已经开发了的元件模型有如下几种：

（1）集中参数电阻 R、电感 L 和电容 C，包括由其构成的耦合电路、单相电阻、电感和电容串联电路，单相或多相 π 型电路。这是 EMTP 最基本的元件，可以构成发电机、变压器、线路、负荷或电力系统其他元件，也可以单独使用，如用作断路器的合闸电阻、杆塔的接地电阻、并联电抗器的中性点小电抗、变压器的杂散电容等。

（2）单相、多相分布参数输电线路。在 EMTP 中可以用常规 π 形电路、无损分布参数电路、无畸变分布参数电路、具有集中电阻的分布参数电路或者具有频率相关参数的分布参数电路来模拟架空线路和电缆。其中，具有频率相关参数的分布参数电路又有加权模型（Weighting Function Model）、Semlyn 模型、Ametani 模型和 J. Marti 模型之分。在上述模型中，使用最多的是常规 π 形电路、无损分布参数电路、具有集中电阻的分布参数电路和具有频率相关参数的 J. Marti 模型。各种模型的参数可用 EMTP 的补助程序"LINE CONSTANS"或者"CABLE CONSTANTS"计算。

（3）非线性电阻（这里 u—i 特性曲线是单值的）和电感、考虑磁滞回线的电抗器、时变电阻、TACS/MODELS 控制电阻。非线性元件：考虑磁滞和饱和的变压器、避雷器（无间隙和有间隙）、电弧、电晕等。EMTP 准备了各种非线性元件模型，用来模拟变压器和电抗器的非线性电感、避雷器的非线性电阻、电弧的非线性电阻和电感等。EMTP 中的非线性元件模型分为两大类：一类是准非线性（Pseudo-nonlinear）元件；一类是正规的非线性元件。对于准非线形元件，EMTP 用分段线性模型来表示非线性特性，因此存在"过冲"的问题，即要在超过原段的范围后，才会认识到应该改变到下一分段去。对于正规的非线性元件，EMTP 采用补偿法求解，即将非线性元件以外的网络线性部分用戴维南等值电路表示，将非线性元件当作电流源，用迭代法求得同时满足戴维南等值方程和非线性特性的电流，因此不存在准非线形元件的"过冲"问题。

（4）开关。EMTP 中普通开关、时控开关、间隙开关、TACS/MODELS 控制开关（二极管开关、晶闸管开关、单纯的 TACS 控制开关）和测量开关。时控开关主要用于模拟断路器、隔离开关和短路。测量开关用于输出支路的电流、功率或者向 TACS 传递变量。另外为了计算操作过电压，EMTP 还准备了统计开关（Statistics Switch）和规律化开关（Systematic Switch），统计开关可模拟开关分合的统计特性，包括正态分布特性和均匀分布特性。EMTP 中的开关都是理想开关，开闭的过程是在瞬时完成的，在开路状态电流为零，在闭路状态电压为零。因此为了详细模拟开关的物理特性，需要在开关上增加其他的元件，如断口间的杂散电容。

（5）变压器。在 EMTP 中可以用单相饱和变压器模型、三相饱和变压器模型或者多相耦合 R-L 电路来模拟各种变压器。通常用 3 台单相饱和变压器模型来模拟三相变压器。如要模拟磁滞特性，需要在模型外并联磁滞特性支路。在高频领域（快波前过电压和特快波前过电压）要考虑杂散电容的影响。

（6）各种波形的电压源和电流源。EMTP 将经常遇到的电源函数作为内部函数，其中包括阶跃函数（Type-11）、斜角函数（Type-12，13）、正弦函数（Type-14）、冲击函数（Type-15）、简化换流阀（Type-16）、TACS 控制电源（Type-17）和 TACS 电源（Type-60）。另外，EMTP 还有可接于两个节点间的电源（Type-18），它是通常的一端接地电源和理想变压器的组合。除了标准的数学函数波形外，用户还可用 FOR-TRAN 或 TACS 来自定义波形。

（7）同步电机。在 ATP-EMTP 中有两种同步电机模型，即基于 dq0 坐标（Park 方程）的 Type-59 模型和基于相坐标的 Type-58 模型[1]。由于在 EMTP 中网络部分是用相坐标表示的，因此使用 Type-59 模型需要将 dq0 坐标表示的同步电机等值电路转换成相坐标，这将增加预测值，有时候这些预测值会引起数值不稳定。Type-58 模型避免了这个问题，但由于每个步长都需要更新 G 矩阵并重新三角形化，因此计算时间比 Type-59 长。但不管哪种同步电机模型都可以模拟发电机的轴系（质点系）。

（8）通用电机。EMTP 的通用电机模型可以模拟各种同步电机、各种异步电机和各种直流电机，功能十分广泛，但也正因为如此使用起来不太方便。另外，通用电机模型也是使用 dq0 坐标的，因此在和网络部分结合时也需要坐标转换。笔者已经开发了基于相坐标的异步电机模型，并将安装在 ATP-EMTP 中。与 TACS 控制系统模型相连接，还可模拟电压调节器和调速器等的动态特性。

（9）TACS（Transient Analysis of Control System）。TACS 是 EMTP 中的控制系统模拟工具，由于它的存在，使 EMTP 的功能和应用大大地扩展了。控制系统常用方块图的连接来表示，在 TACS 中有三种功能块，即传递函数、特殊装置和信号源。在 EMTP 中电气网络和 TACS 是分别求解的，网络的解可以在同一时步传递给 TACS，但 TACS 的解要在下一时步传递给网络，即存在一个时步的时延（称作外部时延）。这个时延有时会引起数值振荡。在 TACS 中还存在着内部时延，这是由于 TACS 的计算次序不当或者是因为在反馈环中存在特殊装置或两个以上的限幅器引起的，内部时延有时会引起数值不稳定和解的不正确。对外部时延，笔者建议在电气网络和 TACS 的接口处插入低通滤波器，以抑制数值振荡。对内部时延，笔者引入了阶层系数，并在反馈环采取迭代计算，以避免所有的内部时延。在 TACS 中，除了时延的问题还存在着变量初始化的问题，目前的 TACS 虽然有初始化的功能，但这功能是极不完善的，也往往是不正确的，必须依靠用户输入 TACS 变量的初始值，而这对用户是困难的。为此笔者导入了基于瞬时值计算

---

[1]　该模型是著作者曹祥麟教授开发的。

的 TACS 变量的初始化方法，可以有效地自动获得 TACS 变量的初始值。根据上述这些改良，笔者改写了 ATP-EMTP 的 TACS 部分，并已提交给 BPA (Bonneville Power Administration)，可望在不久的将来付之使用。

（10）用户自定义元件模型（包括与 MODELS 的交互）。ATP/EMTP 还配备有比 TACS 更灵活、功能更强的通用描述语言 MODELS。MODELS 在 ATP-EMTP 中的作用主要可归纳为如下几个方面：

1）提供一种用来开发电路和控制元件模型的工具，这种电路和控制元件模型难以用 ATP 和 TACS 中现有元件模型来实现。

2）具有完整程序语言的灵活性而不需要在编程级（Programming Level）上与 ATP 程序相互作用。

3）不但可以描述元件是如何运行的，而且可以描述元件的初始状态是如何建立的。

4）在模拟级（Modeling Level）上，通过电压、电流和控制信号建立与 ATP 的标准程序接口，而不需要在编程级上通过变量、公用数据区和子程序与 ATP 相接口，这使得将 ATP 与外部程序相连接时不必知道 ATP 内部是如何运行的，也不必改变 ATP 的源程序。

ATP-EMTP 还配备有图形输入程序 ATPDraw，目前最新版是 5.7 版。ATPDraw 5.7 是一个 32 位程序，可以在 Windows 9x/NT/2000/XP/Vista 下运行。ATPDraw 作为 ATP-EMTP 的一个前处理程序，最终生成一个格式正确的 ATP-EMTP 的数据输入文件。目前 ATPDraw 支持 70 个标准元件和 28 个 TACS 模块，同时也支持 MODELS，用户可以根据自己的需要创建所需要的电路模块。

3.1.4 EMTP 的结构

电磁暂态程序 EMTP 的操作原理是：综合化的梯形规则用来解决在时间界域系统成分中的微分方程可用稳态相量解法自动地确定非零的初状态，对于较简单的状态，用户可以自己输入数据；对于程序模 TACS（控制系统暂态分析）和 MODELS（仿真语言）的界面功能可处理控制系统和含有非线性特征成分的模型；允许对称或不对称干扰，譬如故障，雷电冲击，任一种开关操作包括阀门的换向；使用频率扫描特点可计算相量网络频率特性；使用谐波频率扫描（谐波电流注入方法）分析频域谐波；即使没有任一个电网络，TACS 和 MODELS 控制系统模型也可仿真动态系统。

电磁暂态程序（EMTP）的结构如图 3-1 所示，它由辅助支持子程序部分及仿真程序部分组成。

其中通用描述语言 MODELS 在 ATP-EMTP 的作用可归纳为如下几个方面：

（1）开发电路和控制元件模型的工具，这种电和控制元件模型难以用 ATP 和 TACS 中现有元件型来实现。

（2）程序语言的灵活性而不需要在编程级（Programming Level）上与 ATP 程序相互作用。

（3）叙述元件是如何运行的，以及元件的初始态是如何建立的。

（4）模拟级（Modeling Level）上，通过电压、电和控制信号建立与 ATP 的标准程序接口，而不需要编程级上通过变量、公用数据区和子程序与 ATP 相口，这使得将 ATP

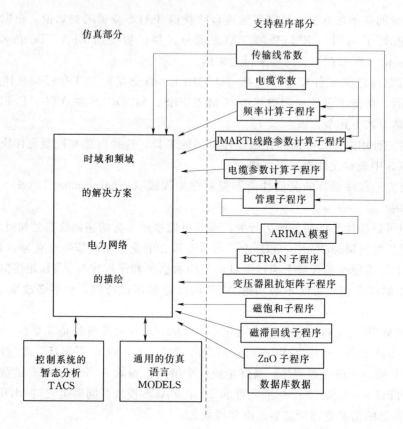

图 3-1　EMTP 的结构

与外部程序相连接时不必知道 A 内部是如何运行的，也不必改变 ATP 的源程序。

控制系统 TASC 是一个在时间领域的仿真模块，它开始是为 HVDC 交换器控制开发的模块。TACS 用来表示控制系统的结构图，也可作仿真用，主要用在 HVDC 交换器控制、同步电机磁系统、电力电子学和驱动器、电弧。信号的交换确定电力网络 TACS 之间的界面，譬如节点电压、开关流、开关状态、时变电阻、电压和电流来等。

仿真程序部分是 ATP-EMTP 的核心，包括稳态计算和暂态计算两部分。在计算时，电路计算和控制系统计算是分开进行的。电路计算的结果在同一时步传递给控制系统，控制系统计算结果在下一时步传递给电路。

支持子程序部分有：

（1）"LINE CONSTANTS" 用于架空线路参数计算。

（2）"CABLE CONSTANTS" 用于电缆和架空线路参数计算。

（3）"JMARTI SETUP" 用于频率相关参数线路模型（JMARTI 模型）的输入数据计算。

（4）"XFORMER" 用于变压器模型输入数据计算。

（5）"BCTRAN" 用于变压器模型输入数据计算。

（6）"SATURATION" 用于从 $U—I$ 到 $\Phi—i$ 的饱和特性转换。

（7）"HYSTERESIS" 用于从饱和特性计算磁滞特性。

(8)"NETEQV"用于部分网络的等值电路计算。

ATPDraw 是建立电路模型用的人机对话图形接口,并兼有 ATP - Launcher 大部分功能。有了这个工具,使 ATP - EMTP 的利用大大方便了,特别对初学者。

ATP - Launcher 是输出入文件和执行程序管理的图形框,具有以下功能:

(1)输入的文本文件、输出的文本文件和图形文件的管理。

(2)执行程序的运行。

(3)执行程序的扩容。

(4)设定内部数组值等功能。

3.1.5 EMTP 计算原理

EMTP 计算电磁暂态过程是基于梯形积分规则,用伴随模型作为动态元件,用节点法建立方程,用稀疏矩阵和 LU 因式分解法来解代数方程。将包括分布参数线路在内的全部电力系统元件用等值的电流源和电阻代替,然后求解等值回路的节点电压方程。因此,不管怎样复杂的网络,从原理上来说都能用相应的节点导纳矩阵来表示,程序本身对所计算的网络几乎没有什么限制。EMTP 计算电磁暂态过程的一般步骤如图 3-2 所示。

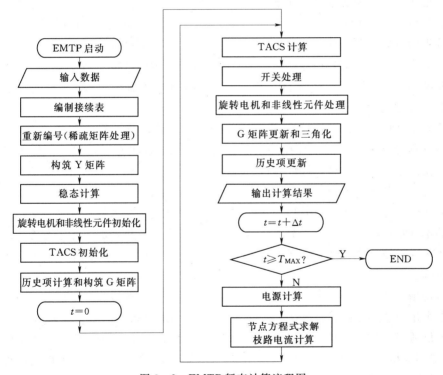

图 3-2 EMTP暂态计算流程图

EMTP 仿真计算的主要特点和功能:

(1)EMTP 主要用于电力系统暂态过程的计算。一般来说,暂态过程是电力系统稳态运行的继续,因此,EMTP 还设有稳定状态下的计算,以便为暂态过程的计算提供正确的和必要的初始条件。

在稳态计算时,EMTP 不考虑系统中元件的非线性特性,而是将非线性元件线性化,把具有分布参数的线路用具有集中参数的 π 形电路代替，通常在给定电源端电压的大小和相位后，用解节点电压方程组来求得电力系统各节点的电压，然后根据支路的特点求得各元件电流、有功功率、无功功率等，从而得到整个系统的潮流、电压、电流。当需要进行潮流计算时，只要给出电源的有功功率和无功功率，或者给出电源的有功功率和电源电压的幅值，通过简单的迭代就能求得各电源合适的电压幅值和相位，然后再进一步作与上面类似的计算。

（2）EMTP 计算线性元件暂态过程的特点是将电力系统全部线性元件（包括分布参数线路）都用不变的等值电阻和随元件初始电压、电流值而变化的等值电流源来代替，利用梯形积分法在时域内求解系统元件的微分方程，从而求出其等值电路的节点导纳（电导）方程式的解。

（3）EMTP 在暂态过程计算中可以考虑各种元件的非线性特性。对于非线性元件，程序中有分段线性化方法或补偿法等不同的处理方法。

（4）控制系统模拟（Transient Analysis of Control Systems，简称 TACS）和 MODELS（一种仿真语言）是 BPA－EMTP 的重要特点。TACS 程序模块和 MODELS 的接口能力可以模仿控制系统和非线性元件，如电弧电晕等。实际的控制系统往往用方块图表示，它们是由一些基本元件如传递函数、加法器、乘法器、限制器、选择器、代数函数和逻辑函数等构成的。TACS 采用与实际系统相似的结构，也是由控制系统的各种基本模拟元件连接而成，可以模拟各种各样的控制系统，如直流输电的换流站控制系统，同步电机的励磁系统和调速系统等，使得 BPA 的 EMTP 在研究交直流输电的暂态过程及电力系统机电暂态过程时更为方便。

由于有了 TACS，就可以同时研究电力系统和控制系统的暂态过程及其相互作用。TACS 的方程与电力系统的方程在结构上有很大差别，解法也很不相同。在 TACS 中基本上是按框图结构顺序计算，线性方程与非线性方程混合求解。虽然由传递函数构成的线性方程组也采用与电力系统线性方程组类似的解法，但传递函数的输出达到其极值以后，线性方程实际上已成为非线性方程式。TACS 不采用迭代方法求解，以避免迭代的不收敛性或解的不确定性，同时亦为了节省计算时间，而采用一些特殊的方法来考虑其影响。因此，TACS 变量的计算顺序就特别重要，它不但关系到计算速度和存储容量，而且关系到计算的正确性。

（5）初始条件的考虑。非零初始状态的确定通过以下两种方式：由稳态相量解法自动确定或者由用户通过简单元件输入。EMTP 可以自动地进行稳态计算，从而为暂态过程的计算提供适当的初始条件，然后进入暂态过程计算。当研究的网络包含有非线性元件（不包括旋转电机）并在稳态过程中起作用时，本程序就不能得到正确的初始条件，暂态过程的计算失去了可靠的基础。此时，EMTP 可用 "Start Again" 的特殊手段来弥补。换句话说，整个过程得分两步走，先计及非线性元件的影响后计算稳态过程，再在此基础上进行暂态计算，一直算到稳定为止，即考虑非线性后稳态计算得到的初始条件尚需由在此基础上产生的暂态过程的稳定性来校正。然后，把所有需要的量都记录下来作为今后计算的初始数据。

（6）可分析对称与不对称故障和扰动，如雷击浪涌、开关操作和包括阀换流等。

（7）运用频率扫描方法计算相量网络的频率响应特性。

（8）运用谐波频率扫描方法（谐波电流注入法）进行频域的谐波分析。

（9）无电网络的动态系统也可使用 TACS 控制系统和 MODELS 语言来进行模拟。

3.1.6 EMTP 程序数据输入/输出格式

1. EMTP 程序数据输入格式

EMTP 程序数据输入格式有固定格式的文本方式和图形接口 ATPDraw 编制方式两种。

（1）固定格式的文本方式。EMTP 程序编写以填写特定格式的卡片的形式进行的，文本方式输入文件的后缀.atp，固定格式。如图 3-3 所示，这是有图形接口前的唯一的输入方式。不同类型的卡片具有各种不同的功能，数据的结构也不相同。因为是固定格式，因此用 EMTP 仿真计算时，程序编写和数据输入通常比较困难，也因为 EMTP 庞大的功能，初学者不容易掌握，但因没有图形的限制，熟练者常采用这种方式。下面是最常用的 EMTP 输入数据的结构：

1）"BEGIN NEW DATA CASE"卡。共两张，前一张表示原始数据输入开始，最后一张和随后的空白卡片表示整个输入过程结束。

2）特殊要求卡片组。表明对程序的一些特殊要求，如潮流计算，线路常数计算等，也可以省去这组卡片。

3）MISC 卡片组。由二到四张卡片组成，是一些给出计算步长、计算开始时间和终止时间、参数使用的单位、对输出结果的要求及统计分析等的特殊卡片。

4）TACS 卡片组。定义控制系统中的电源、传递函数、补充变量和补充装置，以一张空白卡结束此卡片组。

5）支路卡片组。填写集中参数元件支路、线路、变压器等元件的卡片，并指定要求出支路的参数，如支路电流、电压、功率等，同样以一张空白卡作为结束。

6）开关卡片组。定义各种开关的特性，也以一张空白卡来结束。

7）电源卡片组。规定各种电源的类型和有关参数，用一张空白卡片结束。

8）初始条件卡片组。给定系统的初始条件，在一般情况下可以不用，因为程序本身进行稳态计算并给出可靠的初始条件，只有在特殊情况下使用。

9）输出要求卡片组。规定要求输出的节点或支路名称，输出的类型，如节点电压、支路电压、支路电流、支路功率和支路消耗的能量等。

BEGIN NEW DATA CASE
特殊要求卡片组
MISC 卡片组
TACS 卡片组
空白卡片
支路卡片组
空白卡片
开关卡片组
空白卡片
电源卡片组
空白卡片
初始条件卡片组
节点电压输出指示卡片
作图卡片组
空白卡片
空白卡片
BEGIN NEW DATA CASE
空白卡片

图 3-3 EMTP 数据
输入结构

10）作图卡片组。选择作图方式、给出图上所要求的信息以及对作图的要求等。

（2）利用图形接口 ATPDraw 编制方式。图形方式输入文件：后缀 .acp（或 .adp）。ATPDraw 准备了电力系统各种元件的图符，双击这些图符，可打开相应的图框，输入有关参数。将这些图符连接，可构成所需要的电路。各个元件的图框都带有帮助功能，提示各参数的定义。ATPDraw 还具有设定时间步长、计算时间、输出要求及各种特殊要求（如频率扫描）的功能。ATPDraw 生成文本输入文件，执行 ATP 时实际上还是通过文本输入文件。图 3-4 显示 ATPDraw 的窗口，窗口中弹出的对话框为电源的输入参数图框。

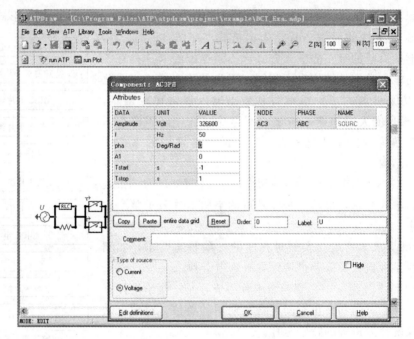

图 3-4　ATPDraw 的窗口

2. EMTP 的输出数据方式

EMTP 的输出数据方式有文本方式和图形方式两种。

（1）文本方式。文本方式的输出文件的后缀为 .lis。文本输出文件重复文本输入文件的内容，并用表格形式输出暂态计算结果，给出警告信息和错误信息，还可输出电路的节点连接表、稳态计算结果（复数表示）和暂态过程的极值。

（2）图形方式。图形方式的输出文件的后缀为 .pl4。可将几个变量的计算结果在同一图形中表示。

3.1.7　电磁暂态分析应注意事项

EMTP 具备着广泛的功能，电磁暂态分析过程中只要不出现数值振荡，总会得到计算结果，但用户不加分析的使用计算结果是危险的。所以，电磁暂态分析应注意以下事项：

（1）明确计算目的，确定分析的主导频率。

（2）选择合适的模型，包括模型的前提条件和相关理论。在有困难时，可先建立简化模型，再逐步完善。

（3）选择合适的参数，分析各种参数值对计算结果的影响程度（灵敏度）。

（4）判断计算结果是否符合定性的（从物理意义判断的）或者近似计算的预测。

（5）和实测结果比较，改良模型，进一步提高计算精度。

3.2　单相暂态等值计算网络的求解

第 2 章介绍的各种元件计算模型，在时刻 t 的等值计算电路都由等值电阻和电流源组成，当电力网络由这些元件构成时，将各元件的等值计算电路按照电网的实际接线情况进行相应的连接后，便形成一个由纯电阻和电流源组成的网络。显然，这一网络反映了 t 时刻各元件本身及其相互之间的电压、电流关系，因此称它为 t 时刻的暂态等值计算网络，或简称等值计算网络。在 t 时刻外施电源和各等值电流源都已知的情况下，将可以对等值计算网络进行求解，从而得出该时刻各元件的电压和电流。然后，用所得结果即可求出 $t+\Delta t$ 时刻各电流源的取值，再求解相应的等值计算网络，便可得出 $t+\Delta t$ 时刻各元件的电压和电流。这样，从 $t=0$ 时刻开始，网络电磁暂态过程的计算，实际上便转化为在各个离散时刻对等值计算网络的求解，在计算过程中将涉及到等值计算网络的求解方法、等值电流源的计算和外施电源的处理等问题，现依次介绍如下。

3.2.1　等值计算网络的节点方程

在电磁暂态过程计算中时刻 t 等值计算网络常用节点电压方程来表示，即

$$I = YU \tag{3-1}$$

式中：I 为由各节点注入电流组成的列向量（每一节点的注入电流为 t 时刻等值计算网络中与该节点相连的各等值电流源以及外施电流源的代数和）；U 为由该时刻各节点电压所组成的列向量；Y 为等值计算网络的节点电导矩阵（它由各元件的等值电阻构成，其形成方法与潮流计算中形成网络节点导纳矩阵相仿）。不难看出，当网络中分布参数线路用等值计算电路表示时，由于线路两端无直接联系，矩阵比潮流计算中导纳矩阵更为稀疏。因此，式（3-1）常用稀疏技巧存储及求解。

【例 3-1】　图 3-5（a）所示为一空载无损线路合闸于工频电压源，试画出等值计算网络，列出节点方程并求解暂态过程。

解：（1）作等值计算网络。将电感及无损线路用等值计算电路表示，然后按原电路的接线情况连接，再将外施电压源和电阻转换成电流源形式，即可得到图 3-1（b）所示的等值计算网络。

（2）列出节点方程。按图 3-5（b）所示进行节点编号，则节点方程为

$$\begin{bmatrix} \dfrac{1}{R}+\dfrac{1}{R_L} & -\dfrac{1}{R_L} & 0 \\[2mm] -\dfrac{1}{R_L} & \dfrac{1}{R_L}+\dfrac{1}{Z} & 0 \\[2mm] 0 & 0 & \dfrac{1}{Z} \end{bmatrix} \begin{bmatrix} u_1(t) \\[2mm] u_2(t) \\[2mm] u_3(t) \end{bmatrix} = \begin{bmatrix} i_1(t) \\[2mm] i_2(t) \\[2mm] i_3(t) \end{bmatrix}$$

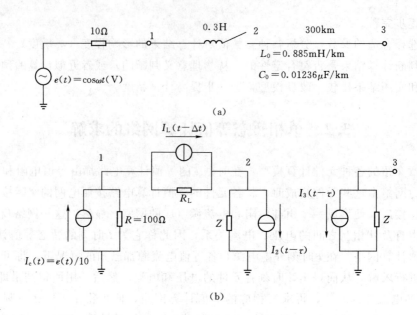

图 3-5 例 3-1 的电路图

(a) 原电路；(b) 等值计算电路

取计算时间步长 $\Delta t = 100\mu s$，各参数值为

L 的等值电阻

$$R_L = \frac{2L}{\Delta t} = \frac{2 \times 0.3}{100 \times 10^{-6}} = 6000(\Omega)$$

线路波阻抗

$$Z = \sqrt{\frac{L_0}{C_0}} = \sqrt{\frac{0.885 \times 10^{-3}}{0.01236 \times 10^{-6}}} = 267.59(\Omega)$$

波传播速度

$$v = \sqrt{\frac{1}{L_0 C_0}} = \sqrt{\frac{1}{0.885 \times 10^{-3} \times 0.01236 \times 10^{-6}}} \approx 3 \times 10^5 (km/s)$$

波传播时间

$$\tau = \frac{l}{v} = \frac{300 \times 10^6}{3 \times 10^5} = 1000(\mu s)$$

代入具体数值后，得节点方程为

$$\begin{bmatrix} 0.100167 & -0.000167 & 0 \\ -0.000167 & 0.003903 & 0 \\ 0 & 0 & 0.003737 \end{bmatrix} \begin{bmatrix} u_1(t) \\ u_2(t) \\ u_3(t) \end{bmatrix} = \begin{bmatrix} i_1(t) \\ i_2(t) \\ i_3(t) \end{bmatrix}$$

由图 3-5 (b) 可以得到各节点注入电流与电流源之间的关系，再应用式 (2-8) 和式 (2-50) 可得递推计算式为

$$i_1(t) = I_e(t) - I_L(t - \Delta t)$$

$$= \frac{1}{10}\cos(100\pi t) - I_L(t - 2\Delta t) - \frac{2}{6000}\left[u_1(t - \Delta t) - u_2(t - \Delta t)\right]$$

$$i_2(t) = I_L(t - \Delta t) - I_2(t - \tau)$$

$$= I_L(t - 2\Delta t) + \frac{2}{6000}\left[u_1(t - \Delta t) - u_2(t - \Delta t)\right] + \frac{2}{267.59}u_3(t - \tau) + I_3(t - 2\tau)$$

$$i_3(t) = -I_3(t-\tau) = \frac{2}{267.59}u_2(t-\tau) + I_2(t-2\tau)$$

（3）求解暂态过程。每一时段的计算过程为，先求出各节点注入电流，然后由节点方程解出各节点电压。由于在合闸前线路空载，因此在合闸后瞬间，电感和线路中的等值电流源起始值都等于零，各节点电压为 $u_1(0) = 1.0V$，$u_2(0) = u_3(0) = 0V$。对于第一阶段（即起步计算），各电流源不能应用递推计算公式，而应采用式（2-6）、式（2-45）和式（2-48）进行计算，由此可得

$$I_L(0) = 0 + \frac{1}{6000}[u_1(0) - u_2(0)] = 0.000167(A)$$

$$I_2(\Delta t - \tau) = I_3(\Delta t - \tau) = 0(A)$$

$$i_1(\Delta t) = 0.1\cos(314.16 \times 0.0001) - 0.000167 = 0.099784(A)$$

$$i_2(\Delta t) = 0.000167(A)$$

$$i_3(\Delta t) = 0(A)$$

以后各个时段的注入电流则可应用递推公式进行计算。表 3-1 给出了部分时段的计算结果。

表 3-1   例 3-1 暂态过程的部分计算结果

时段	t（s）	I_e(t)	$I_L(t-0.0001)$	$I_2(t-0.001)$	$I_3(t-0.001)$	$I_1(t)$(A)	$I_2(t)$(A)	$I_3(t)$(A)	$u_1(t)$(V)	$u_2(t)$(V)	$u_3(t)$(V)
0	0	0.1	0	0	0	0.1	0	0	1	0	0
1	0.0001	0.099951	0.000167	0	0	0.0998333	0.000167	0	0.996315	0.085418	0
2	0.0002	0.099803	0.000471	0	0	0.099332	0.000471	0	0.991932	0.163119	0
3	0.0003	0.099556	0.000747	0	0	0.098809	0.000747	0	0.986828	0.233615	0

3.2.2 等值电流源的处理

从例 3-1 已可看出，为了计算式（3-1）中的节点注入电流，需求出各个时段各元件等值计算电路中的电流源。

在一般计算中都取暂态过程开始的时刻为 $t=0$。如前所述，集中参数元件第一个时段（$t=0$ 到 $t=\Delta t$），即 $t=\Delta t$ 时刻的电流源必须按式（2-6）和式（2-13）进行计算，而以后各时段的计算则可采用电流源的递推公式，即式（2-8）和式（2-15），以省去计算元件电流所需的时间。

对于电感元件，应用式（2-5）计算第一时段的电流源时，其中 $t=\Delta t$。由于电感中的电流不能突变，因此，式（2-5）中的 $i_{km}(0)$ 便是暂态过程发生前电感中流过的电流。至于电感两端的电压 $u_k(0)$ 和 $u_m(0)$，应是暂态过程开始后瞬间的数值，它们应根据网络实际情况和暂态过程的起因经分析计算后决定。同理，应用式（2-13）计算电容元件第一时段的电流源时，因电容上电压不能突变，$u_k(0) - u_m(0)$ 应等于暂态过程发生前电容器上的电压。

对于分布参数线路，应用式（2-45）、式（2-48）计算 $t=0$ 时刻的电流源时，必须

已知 $-\tau$ 时刻两端的电压和电流。为此有两种典型情况：一种是暂态过程发生前线路已充电至某一电压 u_0（对未充电的情况可令 $u_0 = 0$），而两端电流为零，这时两端电流源 $I(-\Delta t)$，$I(-2\Delta t)$，$\cdots$，$I(-\tau)$ 均为 $-u_0/Z$；另一种是暂态过程前为交流稳态，这时必须先进行相应的潮流计算，求出两端电压和电流的有效值，然后计算并保存电流源在 $-\Delta t$，$-2\Delta t$，$\cdots$，$-\tau$ 时的取值。除 $-\tau$ 时的电流源数值用于 $t=0$ 时刻的计算外，其他数值将依次用于后面的计算。以后每计算一步便可求得新的电流源，并可用它对所保存的电流源进行更新。实际上，一般 τ 并不是 Δt 的整数倍［设 $m\Delta t < \tau < (m+1)\Delta t$］，对此可计算 $-\Delta t$，$-2\Delta t$，$\cdots$，$-m\Delta t$，$-(m+1)\Delta t$ 等时刻的电流源取值，并用插值法求出 $-\tau$ 时刻的电流源，而当 $t \geqslant \tau$ 时，则可以应用电流源的递推公式。

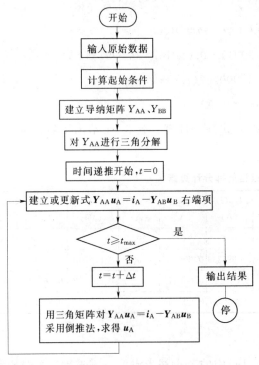

图 3-6　电磁暂态过程计算流程图

3.2.3　外施电源的处理

外施电压可能是已知的电流源或电压源。对于前者，只需简单地将它计入相应的节点注入电流。对于已知电压源，如果像例 3-1 那样有一电阻元件直接与它串联，则可以将电压源和电阻转化为等值电流源。一般的方法是将式（3-1）按已知和未知电压节点进行分块，使之变为

$$\begin{bmatrix} Y_{AA} & Y_{AB} \\ Y_{BA} & Y_{BB} \end{bmatrix} \begin{bmatrix} u_A \\ u_B \end{bmatrix} = \begin{bmatrix} i_A \\ i_B \end{bmatrix} \quad (3-2)$$

式中：u_A、i_A 和 u_B、i_B 分别为未知和已知电压节点的电压、电流列向量。显然 u_B、i_A 为已知量，故由式（3-2）可以导出

$$Y_{AA} u_A = i_A - Y_{AB} u_B \quad (3-3)$$

用式（3-3）来求解各未知电压节点的电压 u_A。

3.2.4　暂态过程计算的主要流程

考虑具有外施电压源并应用节点方程式（3-3）进行计算的情况。显然，矩阵 Y_{AA} 是对称的稀疏矩阵，因此，式（3-3）可以用稀疏三角分解后，再用倒推法进行求解。这样，综合以上所介绍的情况，可以得出如图 3-6 所示的电磁暂态过程计算流程图。

3.3　多相暂态等值计算网络的求解

采用第 2 章介绍的相模变换法可将难于求解的多导线上相域量的波动方程，转换成易于求解的多个互相独立的模域量的波过程来解。由于输电线路是实际电力系统中的一个组

成部分，为了在相域里进行全系统电磁暂态过程的计算，还需要进行相域量节点方程的建立和求解，所以对多导线线路模量和相量的分析计算都是全系统计算的重要中间计算过程。

对于具有多相输电线路的系统，有关输电线路中间计算一般过程如下：

（1）由整个电网前一时刻所求得的节点电压 u，用电压变换矩阵将输电线路各端电压由相量变成模量，即 $u_M = T_u^{-1} u$。

（2）利用已知各模量电压、模量波阻抗、波速及相应的 τ 之前的模量历史电流源（开始为零或有初始值），即可算出 t 时刻的等效电流源，放到一个动态的数组中，供各模量对应的 τ 时间以后使用。

（3）取出各模量已运动到线路端点的模量历史电流源（并保留这些模量电流，因为按公式计算下一个模量电流要用到它们），反变换成相量，成为整个电网相量求解的历史电流源的一部分。

（4）由包含输电线路在内的电网节点导纳矩阵，根据部分已知的节点电压、电流源及历史电流源，求出待求节点电压。

（5）计算下一个 Δt 时，再重复上述过程。

3.3.1 均匀换位多相线路

从"2.2.1.2 恒定参数多相无损线路"一节关于均匀换位输电线路的模变换的分析中，可以得到以下几点结论：

（1）对均匀换位线路来说，可以采用相同的电压变换矩阵和电流变换矩阵，即 $T_u = T_i$，对线路参数矩阵的乘积 $LC = CL$ 进行相似变换得到相同的对角矩阵。

（2）对任何平衡矩阵（L 或 C）来说，都可以选取固定的变换矩阵 T，经过相似变换使之对角化，变换矩阵与平衡矩阵的具体参数无关。

（3）变换矩阵 T 不是唯一的，各列向量的元素之间只要满足一定的要求所构成的变换矩阵原则上都可以采用，这类变换矩阵，UBC 版本和 BPA 旧版本 EMTP 采用 2.2.1.2 中介绍的常用卡伦鲍厄（Karrrenbauer）变换矩阵。EMTP 中的平衡分布参数线路模型采用了由克拉克（clarke）提出的 0、α、β 分量变换，n 相 α、β、0 正交变换矩阵为

$$T = \begin{bmatrix} \dfrac{1}{\sqrt{n}} & \dfrac{1}{\sqrt{2}} & \dfrac{1}{\sqrt{6}} & \cdots & \dfrac{1}{\sqrt{n(n-1)}} \\[2mm] \dfrac{1}{\sqrt{n}} & -\dfrac{1}{\sqrt{2}} & \dfrac{1}{\sqrt{6}} & \cdots & \dfrac{1}{\sqrt{n(n-1)}} \\[2mm] \dfrac{1}{\sqrt{n}} & 0 & -\dfrac{2}{\sqrt{6}} & \cdots & \dfrac{1}{\sqrt{n(n-1)}} \\[2mm] \vdots & \vdots & \vdots & \ddots & \vdots \\[2mm] \dfrac{1}{\sqrt{n}} & 0 & 0 & \cdots & -\dfrac{n-1}{\sqrt{n(n-1)}} \end{bmatrix} \tag{3-4}$$

该矩阵具有特性

$$T^{-1} = T^T \tag{3-5}$$

这个性质使均匀换位线路的变换矩阵成为不换位线路变换矩阵的特例。

对于无损三相导线，α、β、0 的顺序改为 0、α、β，其变换矩阵为

$$T = \begin{bmatrix} \dfrac{1}{\sqrt{3}} & \dfrac{1}{\sqrt{6}} & \dfrac{1}{\sqrt{2}} \\ \dfrac{1}{\sqrt{3}} & -\dfrac{2}{\sqrt{6}} & 0 \\ \dfrac{1}{\sqrt{3}} & \dfrac{1}{\sqrt{6}} & -\dfrac{1}{\sqrt{2}} \end{bmatrix} \tag{3-6}$$

其逆矩阵为

$$T^{-1} = \begin{bmatrix} \dfrac{1}{\sqrt{3}} & \dfrac{1}{\sqrt{3}} & \dfrac{1}{\sqrt{3}} \\ \dfrac{1}{\sqrt{6}} & -\dfrac{2}{\sqrt{6}} & \dfrac{1}{\sqrt{6}} \\ \dfrac{1}{\sqrt{2}} & 0 & -\dfrac{1}{\sqrt{2}} \end{bmatrix} \tag{3-7}$$

这里 T 和 T^{-1} 中各列相量都已单位化，因此，T 是正交矩阵，称为修正的 0、α、β 变换矩阵。

此外，还有如对称分量法，由于变换成对称分量引进了复数系数，而在暂态分析中所有变量都是实数，因而对称分量法就不太合适。

（4）对均匀换位线路来说，n 个模量中有一个模量是以大地为回路的"地中模量"，而其余的模量都是以架空导线为回路的"空间模量"。以式（2-68）和式（2-69）的变换矩阵为例，模量中电流的第一个分量即"0"模量 $i_{M1} = i_0 = \dfrac{1}{3}(i_a + i_b + i_c)$，可见"0"模量是以大地为回路的"地中模量"，这一分量波的传播参数与大地有关。第二、三个分量 $i_{M2} = \dfrac{1}{3}(i_a - i_b)$、$i_{M3} = \dfrac{1}{3}(i_a - i_c)$ 是以导线为回路的"空间模量"，其传播参数与大地无关。

3.3.2 不换位多相输电线路

对不换位多相输电线路（包含换位线路某一换位段内），电感、电容参数矩阵不再是平衡对称矩阵（虽然还是对称阵），因此 $LC \neq CL$，不能使用平衡对称矩阵所采用的固定的模量变换矩阵，而且 T_u 与 T_i 也不能使用相同的矩阵。

对于平衡对称矩阵取了 $T_u = T_i = T$，即使电感与频率相关也可用此简单变换。对于不换位线路模量变换矩阵 T 是频率的函数，它取决于具体线路的结构。但研究结果表明，对单回线路，中等频率范围之内，用常量变换矩阵所得结果还是足够准确的。一般采用有下列关系的矩阵

$$T_u = (T_i^T)^{-1} \tag{3-8}$$

取 T_i 为电流变换矩阵，对 CL 进行相似变换，使成为对角阵 λ_i

$$T_i^{-1} CL T_i = \lambda_i \tag{3-9}$$

T_u 为电压变换矩阵，对 LC 进行相似变换，根据矩阵特性及 T_u 与 T_i 的关系，可得

$$T_u^{-1}LCT_u = T_i^T LC(T_i^T)^{-1} = (T_i^{-1}CLT_i)^T = \lambda_i^T = \lambda_u \tag{3-10}$$

LC 及 CL 进行变换后，只要式（3-8）成立，都能使上述两矩阵乘积变换为对角阵，且 $\lambda_i = \lambda_u = \lambda$，说明只要 T_u 或 T_i 选择得当，就可以使模量电压、模量电流具有相同的传播系数和速度。若计及电阻，衰减对电压，电流的影响也是相同的。

对不换位线路，只要求出电压、电流变换矩阵，同样可将线路间有耦合变成无耦合，每一模量可以单独求解。由上述分析可知，T_u 与 T_i 变换矩阵有一定关系，因此只要求出其中之一即可。

由于不换位线路的 L、C 是由线路参数决定的，而参数由导线的排列位置，导线根数来决定。因而矩阵 $T_i^{-1}CLT_i = \lambda_i$ 的求解，可以归结为 CL 的特征值和特征向量问题。这是一个纯数学问题，数学工作者提出了许多不同的解决方法，并有通用的程序，只要输入 L、C 矩阵元素，即可算出变换矩阵 T_i，再按式（3-8）求出 T_u。有了变换矩阵后，不换位多相导线系统求解与换位的多相导线系统求解就没有什么差别了。

也可以这样说，在假定线路参数为常量的前提下，对任何换位线路，相模变换矩阵是常量，它与线路参数无关。但对不换位线路，相模变换矩阵要通过一定的计算才能求得，此种变换矩阵不是常量，它与具体线路的参数有关。因此，某种意义上讲，均匀换位线路的变换矩阵是不换位线路变换矩阵的特例，后者更有通用性。

应该指出：这里讨论对 LC 或 CL 进行的相似变换，其变换矩阵 T_u、T_i 为实数矩阵，对模量的电阻矩阵 R_M 进行的相似变换只是一种近似的处理。若计及输电线路损耗，可用类似求模量电感矩阵和模量电容矩阵的方法，求得三相均匀换位的各模量电阻矩阵为

$$R_M = \begin{bmatrix} R_s + 2R_m & 0 & 0 \\ 0 & R_s - R_m & 0 \\ 0 & 0 & R_s - R_m \end{bmatrix} \tag{3-11}$$

式中：R_s、R_m 分别为相电阻矩阵 R 中的自电阻和互电阻。

令

$$\begin{cases} R_0 = R_s + 2R_m \\ R_1 = R_s - R_m \end{cases} \tag{3-12}$$

由此可见，第一模量参数即为零序电阻，第二、三模量分别为正、负序电阻。各模量电阻求出后，变换矩阵 T_u、T_i 应为复数。取 T_u、T_i 为实数矩阵，则 R_M、L_M、C_M 都是近似的处理。

值得注意的是，原来同时由首端出发的 3 个模量，由于波速不一致，各模量衰减也不相同，因此在传播一定距离后，三相波形必定会现畸变。每一个模量可用计及单相导线损耗的方法进行处理，即近似地使用无畸变线路模型，或集中电阻输电线路模型。

由于线路参数是频率的函数，因此变换矩阵 T_u、T_i 还与频率有关。但实际经验表明，当频率超过工频时，变换矩阵基本与频率无关。因此，在一般的电磁暂态过程计算中，认为变换矩阵不随频率变化，而采用工频下的线路参数来计算变换矩阵。

3.3.3　多导线线路模量上的等值计算

设相量上 n 根导线线路的一端的节点为 k_1，k_2，$\cdots$，k_n；另一端的端点为 m_1，m_2，$\cdots$，m_n；线路长度为 l，导线之间存在电磁联系。线路两端的对地电压分别为 u_{k_1}，u_{k_2}，$\cdots$，u_{k_n} 和 u_{m_1}，u_{m_2}，$\cdots$，u_{m_n}，而从端点流入的电流分别为 i_{km1}，i_{km2}，$\cdots$，i_{kmn} 和 i_{mk1}，i_{mk2}，$\cdots$，i_{mkn}。如图 3 – 7（a）所示，若以上电压和电流都用列向量 u_k（t）、u_m（t）和 i_{km}（t）、i_{mk}（t）表示，则可用图 3 – 7（b）表示多导线线路。

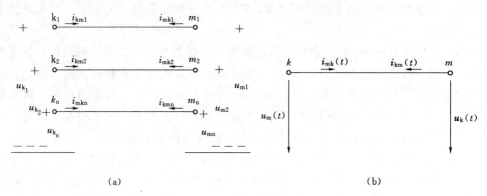

（a）　　　　　　　　　　　　　　　　　　（b）

图 3 – 7　相量上的多导线线路

（a）多根导线线路；（b）用列向量表示的多导线线路

从以上讨论可知，对 n 根导线线路，不管是否均匀换位，都可以经过模变换方法简化为 n 根相互独立，电磁上没有联系的模量上的线路。需要说明的是对不换位线路上的电阻损耗，不论采用哪种方法求解模变换矩阵，都做了某些近似处理。

对于无损导线，每一模量线路均可用如图 2 – 11（b）所示，由计算可得各模量线路上单位长度的电感、电容和电阻参数分别为 L_{Mi}、C_{Mi} 和 R_{Mi}（$i=1, 2, \cdots, n$），各模量的传播时间为

$$\tau_{Mi} = \frac{l}{v_{Mi}} = l \sqrt{L_{Mi}C_{Mi}}\,(i=1,2,\cdots,n) \tag{3-13}$$

各模量等值计算波阻抗为

$$Z_{Mi} = \sqrt{\frac{L_{Mi}}{C_{Mi}}}\,(i=1,2,\cdots,n) \tag{3-14}$$

相应的，三相无损线路的模量波阻抗为

$$\begin{cases} Z_{M1} = \sqrt{L_0/C_0} \\ Z_{M2} = Z_{M3} = \sqrt{L_1/C_1} \end{cases} \tag{3-15}$$

参照单相无损均匀线路的等值计算式（2 – 44）、式（2 – 47），n 根导线线路的计算式可归纳为

$$\begin{cases} i_{M\cdot km}(t) = Z_M^{-1}u_{M\cdot k}(t) + I_{M\cdot k} \\ i_{M\cdot mk}(t) = Z_M^{-1}u_{M\cdot m}(t) + I_{M\cdot m} \end{cases} \tag{3-16}$$

式中：Z_{Mi} 为对角矩阵；其余为相应模量的列向量。

$$\boldsymbol{Z}_{\mathrm{Mi}} = \begin{bmatrix} Z_{\mathrm{M1}} & 0 & \cdots & 0 \\ 0 & Z_{\mathrm{M2}} & \cdots & 0 \\ \vdots & \vdots & \ddots & \vdots \\ 0 & 0 & \cdots & Z_{\mathrm{Mn}} \end{bmatrix}$$

$$\begin{cases} \boldsymbol{i}_{\mathrm{M \cdot km}}(t) = \left[i_{\mathrm{M \cdot k_1 m_1}}(t), i_{\mathrm{M \cdot k_2 m_2}}(t), \cdots, i_{\mathrm{M \cdot k_n m_n}}(t) \right]^{\mathrm{T}} \\ \boldsymbol{i}_{\mathrm{M \cdot mk}}(t) = \left[i_{\mathrm{M \cdot m_1 k_1}}(t), i_{\mathrm{M \cdot m_2 k_2}}(t), \cdots, i_{\mathrm{M \cdot m_n k_n}}(t) \right]^{\mathrm{T}} \\ \boldsymbol{u}_{\mathrm{M \cdot k}}(t) = \left[u_{\mathrm{M \cdot k_1}}(t), u_{\mathrm{M \cdot k_2}}(t), \cdots, u_{\mathrm{M \cdot k_n}}(t) \right]^{\mathrm{T}} \\ \boldsymbol{u}_{\mathrm{M \cdot m}}(t) = \left[u_{\mathrm{M \cdot m_1}}(t), u_{\mathrm{M \cdot m_2}}(t), \cdots, u_{\mathrm{M \cdot m_n}}(t) \right]^{\mathrm{T}} \\ \boldsymbol{I}_{\mathrm{M \cdot k}} = \left[I_{\mathrm{M \cdot k_1}}(t - \tau_{\mathrm{M1}}), I_{\mathrm{M \cdot k_2}}(t - \tau_{\mathrm{M2}}), \cdots, I_{\mathrm{M \cdot k_n}}(t - \tau_{\mathrm{Mn}}) \right]^{\mathrm{T}} \\ \boldsymbol{I}_{\mathrm{M \cdot m}} = \left[I_{\mathrm{M \cdot m_1}}(t - \tau_{\mathrm{M1}}), I_{\mathrm{M \cdot m_2}}(t - \tau_{\mathrm{M2}}), \cdots, I_{\mathrm{M \cdot m_n}}(t - \tau_{\mathrm{Mn}}) \right]^{\mathrm{T}} \end{cases}$$

其中，等值电流源计算式为

$$I_{\mathrm{M \cdot k_i}}(t - \tau_{\mathrm{Mi}}) = -\frac{1}{Z_{\mathrm{Mi}}} u_{\mathrm{M \cdot m_i}}(t - \tau_{\mathrm{Mi}}) + i_{\mathrm{M \cdot m_i k_i}}(t - \tau_{\mathrm{Mi}}) \quad (i = 1, 2, \cdots, n)$$

$$I_{\mathrm{M \cdot m_i}}(t - \tau_{\mathrm{Mi}}) = -\frac{1}{Z_{\mathrm{Mi}}} u_{\mathrm{M \cdot k_i}}(t - \tau_{\mathrm{Mi}}) + i_{\mathrm{M \cdot k_i m_i}}(t - \tau_{\mathrm{Mi}}) \quad (i = 1, 2, \cdots, n)$$

当考虑线路电阻时，可以仿照单根线路的处理方法。

3.3.4 多导线线路相量上的等值计算

虽然线路用模量计算非常方便，但它仅是多相系统计算的一个组成部分。为了便于处理开关操作和非线性元件等，希望整个计算（包括节点方程的建立和求解）在相量中进行。为此，需要将线路的模量反变换成相量，其关系式为

$$\boldsymbol{i} = \boldsymbol{T} \boldsymbol{i}_{\mathrm{M}}$$

将式（3-16）变为相量表达式

$$\boldsymbol{i}_{\mathrm{km}}(t) = \boldsymbol{T} \boldsymbol{i}_{\mathrm{M \cdot km}}(t) = \boldsymbol{T} \boldsymbol{Z}_{\mathrm{M}}^{-1} \boldsymbol{T}^{-1} \boldsymbol{u}_{\mathrm{k}}(t) + \boldsymbol{T} \boldsymbol{I}_{\mathrm{M \cdot k}}$$

$$= \boldsymbol{Y} \boldsymbol{u}_{\mathrm{k}}(t) + \boldsymbol{T} \boldsymbol{I}_{\mathrm{M \cdot k}} = \boldsymbol{Y} \boldsymbol{u}_{\mathrm{k}}(t) + \boldsymbol{I}_{\mathrm{k}} \qquad (3-17)$$

式中：$\boldsymbol{Y} = \boldsymbol{T} \boldsymbol{Z}_{\mathrm{M}}^{-1} \boldsymbol{T}^{-1}$ 是将模量转变为相量的导纳矩阵；$\boldsymbol{I}_{\mathrm{k}} = \boldsymbol{T} \boldsymbol{I}_{\mathrm{M \cdot k}}$ 是模量转变为相量的历史电流源。

由于对角矩阵的逆矩阵等于对角元素的倒数组成的对角矩阵，对于三相线路，若用卡伦鲍厄变换。则

$$\boldsymbol{Y} = \boldsymbol{T} \boldsymbol{Z}_{\mathrm{M}}^{-1} \boldsymbol{T}^{-1}$$

$$= \begin{bmatrix} 1 & 1 & 1 \\ 1 & -2 & 1 \\ 1 & 1 & -2 \end{bmatrix} \cdot \begin{bmatrix} Y_0 & 0 & 0 \\ 0 & Y_1 & 0 \\ 0 & 0 & Y_2 \end{bmatrix} \cdot \frac{1}{3} \begin{bmatrix} 1 & 1 & 1 \\ 1 & -1 & 0 \\ 1 & 0 & -1 \end{bmatrix}$$

$$= \frac{1}{3} \begin{bmatrix} Y_0 + 2Y_1 & Y_0 - Y_1 & Y_0 - Y_1 \\ Y_0 - Y_1 & Y_0 + 2Y_1 & Y_0 - Y_1 \\ Y_0 - Y_1 & Y_0 - Y_1 & Y_0 + 2Y_1 \end{bmatrix} \qquad (3-18)$$

当线路为无损耗、无畸变线路模型，有

$$Y_1 = \frac{1}{Z_1}, Y_0 = \frac{1}{Z_0}$$

当线路为集中电阻线路模型，有

$$Y_1 = \frac{1}{Z_1 + \dfrac{R_1}{4}}$$

$$Y_0 = \frac{1}{Z_0 + \dfrac{R_0}{4}}$$

式中：R_1 与 R_0 为线路总的正序电阻和零序电阻。

若 $Y_{11} = Y_{22} = Y_{33} = Y_0 + 2Y_1$，$Y_{12} = Y_{23} = Y_{13} = Y_0 - Y_1$，则可画出三相等值计算电路图如图 3-8 所示。

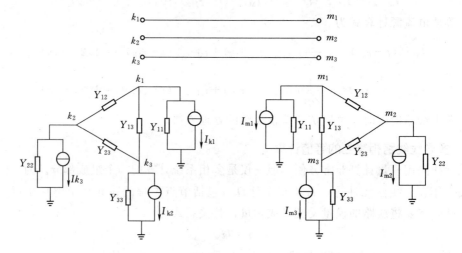

图 3-8　三相线路相量上的等值计算电路

从图中可以看到，等值电路中相间有导纳 Y_{12}，Y_{23}，Y_{13} 相联系，反映相间电磁耦合，但整个多导线线路两端点之间拓扑上是断开的。因此包括多导线线路在内的网络的节点导纳矩阵一般仍然是一个稀疏矩阵，在进行暂态计算时仍应充分利用这一特点。

需要说明的是，以上用模变换方法和特征线计算方法讨论计算多导线线路暂态过程的计算电路，如图 3-8 这种等值计算电路只是形象的示意，目的是给出清晰的物理概念，实际计算时并不需要画出这种复杂的等值计算电路。实际计算中只需要通过计算得到导纳矩阵 Y 和反映历史记录的等值电流源，并分别将其中的元素分解加到全网络的节点导纳矩阵和电流相量的对应元素上。

至于等值电流源，由于在模量上的波速不同，因此波在线路上的传播时间也不相同。计算时是把模量上的等值电流源 $I_k^{(i)}$ 和 $I_m^{(i)}$ 值作为历史记录储存起来，放入一个动态的数组中，并在计算过程中不断更新。在每一个时间步长里，取出所需的模量上的等值电流源值，再根据前面公式反变换到相量，作为相量上的等值电流源。同时，对每一个时间步长，在求解相量上的节点电压方程并得到相量上的节点电压列向量之后，经过模变换到模量上。并按照等值电流源的递推公式建立起新的电流源值储存起来。从以上可知，在整个计算过程中，相—模变换作为一个中间环节，是通过等值电流源的提取、更新和储存来实现的，过程中要反复进行从模量到相量，再从相量到模量的变换和反变换。

【例 3-2】 某 300km、500kV 三相均匀换位线路，其参数 $L=0.00128167\text{H/km}$，$M=0.00039667\text{ H/km}$，$C=0.0118061\mu\text{F/km}$，$K=0.0013696\mu\text{F/km}$。已知：$u_{k1}=\cos(314t)$，$u_{k2}=\cos\left(314t-\dfrac{2\pi}{3}\right)$，$u_{k3}=\cos\left(314t+\dfrac{2\pi}{3}\right)$。试计算该线路末端 m 开路，始端 k 突然合闸于三相交流电压后，末端的三相电压。

解：（1）按式（2-74）和式（2-75）计算模量参数（模量 1 为地中模量），即

$$L_{M1}=L+2M=0.00207501(\text{H/km})$$

$$L_{M2}=L_{M3}=L-M=0.000288500(\text{H/km})$$

$$C_{M1}=C+2K=0.0009669(\mu\text{F/km})$$

$$C_{M2}=C_{M3}=C-K=0.01317570(\mu\text{F/km})$$

$$v_{M1}=\frac{1}{\sqrt{L_{M1}C_{M1}}}=230548(\text{km/s})$$

$$v_{M2}=v_{M3}=\frac{1}{\sqrt{L_{M2}C_{M2}}}=292847(\text{km/s})$$

$$\tau_{M1}=\frac{l}{v_{M1}}=0.0013012(\text{s})$$

$$\tau_{M2}=\tau_{M3}=\frac{l}{v_{M2}}=0.0010244(\text{s})$$

$$Z_{M1}=\sqrt{\frac{L_{M1}}{C_{M1}}}=478.39(\Omega)$$

$$Z_{M2}=Z_{M3}=\sqrt{\frac{L_{M2}}{C_{M2}}}=259.17(\Omega)$$

（2）应用式（3-18），得

$$\boldsymbol{Y}=\boldsymbol{T}\boldsymbol{Z}_M^{-1}\boldsymbol{T}^{-1}$$

$$=\begin{bmatrix}1 & 1 & 1\\ 1 & -2 & 1\\ 1 & 1 & -2\end{bmatrix}\cdot\begin{bmatrix}478.39 & 0 & 0\\ 0 & 259.17 & 0\\ 0 & 0 & 259.17\end{bmatrix}\cdot\frac{1}{3}\begin{bmatrix}1 & 1 & 1\\ 1 & -1 & 0\\ 1 & 0 & -1\end{bmatrix}$$

$$=\begin{bmatrix}0.0032690 & -0.0005893 & -0.0005893\\ -0.0005893 & 0.0032690 & -0.0005893\\ -0.0005893 & -0.0005893 & 0.0032690\end{bmatrix}$$

（3）全系统相量节点电压方程为线路两端相互独立的两组方程，应用式（3-17），即

$$\boldsymbol{i}_{km}(t)-\boldsymbol{I}_k=\boldsymbol{Y}\boldsymbol{u}_k(t)$$

$$0-\boldsymbol{I}_m=\boldsymbol{Y}\boldsymbol{u}_m(t)$$

（4）计算结果。表 3-2 列出了 5 个时刻的计算结果。先把已知的外施电压相量转换成为模量，即 $\boldsymbol{u}_{M\cdot k}=\boldsymbol{T}^{-1}\boldsymbol{u}_k$，由于外施电压为三相对称正弦电压且线路三相对称，故无地中模量。模量电流 $\boldsymbol{I}_{M\cdot k}$ 在 $t>\tau_{M2}$（$=0.0010244\text{s}$）后才出现。当 $t=0.0011\text{s}$ 时

$$I_{M2 \cdot m}(t - \tau_{M2}) = I_{M2 \cdot m}(0.0000756) = -\frac{2u_{M2 \cdot k}(0.0000756)}{Z_{M2}}$$

其中，$u_{M2 \cdot k}(0.0000756)$ 可用插值法求出。由 $I_{M \cdot m}$ 通过反变换可求出 $I_m = TI_{M \cdot m}$，再由 m 端节点电压方程即可求出 u_m。由表 3-2 可见，此时 u_m 约为 $t=0$ 时 u_k 的两倍。

表 3-2   例 3-2 的计算结果

t（s）	0	0.0001	0.0002	0.0010	0.0011
u_{k1}（已知）	1	0.9995	0.9980	0.9511	0.9409
u_{k2}（已知）	-0.5	-0.4726	-0.4447	-0.2081	-0.1773
u_{k3}（已知）	-0.5	-0.5269	-0.5533	-0.7430	-0.7636
$u_{M1 \cdot k}$	0	0	0	0	0
$u_{M2 \cdot k}$	0.5	0.4907	0.4809	0.3864	0.3727
$u_{M3 \cdot k}$	0.5	0.5988	0.5171	0.5647	0.5682
$I_{M1 \cdot m}$	0	0	0	0	0
$I_{M2 \cdot m}$	0	0	0	0	-0.003804
$I_{M3 \cdot m}$	0	0	0	0	-0.003909
I_{m1}	0	0	0	0	-0.007713
I_{m2}	0	0	0	0	0.003699
I_{m3}	0	0	0	0	0.004014
u_{m1}	0	0	0	0	1.9989
u_{m2}	0	0	0	0	-0.9586
u_{m3}	0	0	0	0	-1.0403

3.4   带开关操作的网络解法

在电磁暂态过程计算中，通常需要考虑系统元件的突然短路、断路器操作使触头闭合或分断、过电压造成避雷器间隙击穿、电流过零时电弧熄灭等情况，以及某些情况的相继发生。为了处理上述情况，一般在网络中对所涉及的短路点、断路器两侧和避雷器间隙两端设置相应的节点，用节点之间的闭合或断开来进行模拟。这种节点间的闭合或断开统称为广义的开关操作。

实际的开关闭合或断开过程往往比较复杂。例如，断路器在闭合过程中，当外施电压超过触头间所能耐受的强度时便会发生预击穿现象。而在分断电弧过程中，很可能在电流过零以后因触头间的恢复电压超过其介质恢复强度而发生电弧重燃现象。此外，避雷器间隙击穿后所产生的电弧则使间隙两端存在电压降。

在电磁暂态过程计算中，通常将开关的闭合和断开过程理想化。对于 EMTP 的暂态模拟部分，处理开关状态的变化不限于一种方法。交流稳态解的问题比较简单，因为方程只解一次，最好用两个节点表示打开的开关，用一个节点表示闭合的开关。

有一些程序用电阻表示法。将实际开关用一个具有两值电阻的元件来模拟。例如节点 k、m 之间有一个开关，现在用一个电阻元件来代替。当开关断开，相应电阻取值非常大；开关闭合相应电阻取值非常小。只要电阻值选择恰当，这种近似模拟会得到满意的结果。它不改变节点导纳矩阵的阶数，修改导纳矩阵只涉及 k、m 两节点的自导纳及互导纳。但电阻值如何选取，这要靠计算者的经验。否则，要么引起较大的误差，要么计算无法进行下去。EMTP 不选用这种方法。

有的程序采用等值电流源模拟法。开始时，总是假定开关是打开的，当闭合时，用一个等值电流源来模拟，如图 3-9 所示。

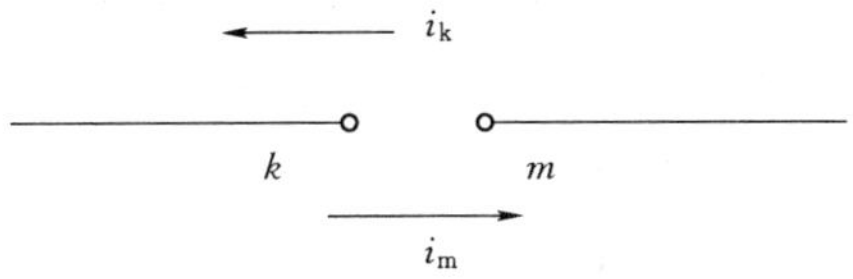

开关闭合时，显然有：$i_k = -i_m$。

首先计算开关断开时各节点电压 $u_{k(0)}$、$u_{m(0)}$，

图 3-9　开关闭合后的等值电路

再用注入单位电流法求 k、m 节点的自阻抗 Z_{kk}、Z_{mm} 及互阻抗 Z_{km}，则

$$\begin{cases} u_k = u_{k(0)} + Z_{kk}i_k + Z_{km}i_m \\ u_m = u_{m(0)} + Z_{mk}i_k + Z_{mm}i_m \end{cases} \quad (3-19)$$

将两式相减，并令其为零表示闭合。有

$$0 = u_{k(0)} - u_{m(0)} + [(Z_{kk} - Z_{km}) - (Z_{mk} - Z_{mm})]i_k$$

$$i_k = -\frac{u_{k(0)} - u_{m(0)}}{(Z_{kk} - Z_{km}) - (Z_{mk} - Z_{mm})} \quad (3-20)$$

当知道电流 i_k 后，利用叠加原理，对开关闭合时所求出的各节点电压加以修正。例如 k 点

$$u_k = u_{k(0)} + (Z_{kk} - Z_{km})i_k \quad (3-21)$$

这里的 k 节点包含网络所有待求节点，当然也包含开关节点 k、m。这种方法适用于开关数量少的网络。

EMTP 选用改变网络连接的方法。如图 3-10 所示，图 3-10（a）表示开关在断开状态时，其两端节

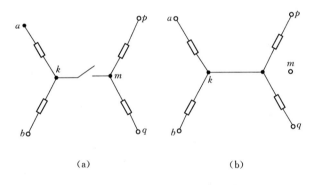

图 3-10　EMTP 中开关闭合的处理
（a）开关断开状态；（b）开关闭合状态

点 k 和 m 与相邻节点连接情况；图 3-10（b）表示开关闭合时只剩余一个节点 k，原来与节点 m 相连的支路改为与节点 k 相连，而新的节点 m 则不与任何节点相连。

3.4.1　开关闭合时节点导纳矩阵的修改

假设节点导纳矩阵是在开关断开状态下建立起来的，当 k、m 节点间开关闭合时，k、m 节点间的互导纳被短接；k、m 节点的自导纳应相加，成为一个节点的自导纳，但应扣除 k、m 节点间直接被短接的互导纳；k、m 节点与其他各节点间的互导纳成了 k 或 m 节点与其他各节点的互导纳。开关闭合后，网络中 k、m 节点合并为一个节点，因此要保留一个节点，去掉一个节点。假设原网络节点数为 n，现在则为（$n-1$）。很明显，要重新建立（$n-1$）节点导纳矩阵是很不经济的，一般还保留 n 阶导纳矩阵，设法使去掉的一个节点对其他节点不产生影响。这在计算程序中是不难实现的。在节点导纳矩阵建立的过程中，程序应按各元件进入的先后编号，对每一个元件来说，它是一条支路，支路两端的节

点编号中必然有一个编号大的节点和一个编号小的节点，开关也是如此。当开关闭合时，一般保留编号小的节点，而去掉编号大的节点，这样可稍为节省矩阵三角分解的计算时间和存储量。设 k 为编号小的节点，节点导纳矩阵的修改步骤如下：

（1）将原节点导纳矩阵的 m 行与 k 行各对应元素分别相加，形成新的 k 行的元素，原 m 列与 k 列各对应元素分别相加构成新的 k 列各元素。

（2）令导纳矩阵中两元素 $Y_{mk} = Y_{km} = 0$，在 Y_{kk} 中扣除 k，m 间的互导纳。

（3）将原节点导纳矩阵的 m 行及 m 列元素全部置零，然后再令 $Y_{mm} = 1$。即将此节点独立，与其他节点无任何联系。当开关操作后，对节点导纳矩阵修正的同时，对等值的历史电流源 I 列向量要进行同样的运算，因为这涉及到历史电流源的问题。

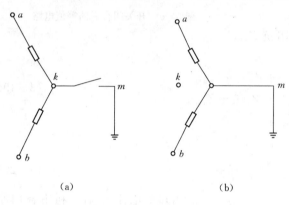

图 3 - 11 一端接地的开关闭合处理
（a）开关断开状态；（b）开关闭合状态

如果开关一端 m 点原为接地点，如图 3 - 11（a）所示，则其处理方法如图 3 - 11（b），对此，节点导纳矩阵的修改方法为：将原节点导纳矩阵的 k 行及 k 列元素全部置零，然后再令 $Y_{kk} = 1$。

由前面分析可知，开关的闭合对节点导纳矩阵的影响是有限的，只影响节点导纳矩阵中与开关节点相对应行与列的元素。

3.4.2 完全重新三角分解

线性电力系统得到的等值计算电路，其节点导纳矩阵具有对称性，为了节省内存，通常只存储矩阵上（或下）三角部分。很明显，上述节点导纳矩阵的修正过程，也很容易在上（或下）三角矩阵中得到实现。又由于电力系统节点方程一般用消去法求解。按给定的网络结构及参数，在全部开关断开状态下建立导纳矩阵后，首先对不包含开关部分三角化，得到矩阵的上部，同时也得到下部包含开关部分的简化矩阵。开关动作后，修改了节点导纳矩阵，因此要重新三角化才能求解。旧版 EMTP 中采用网络简化技术，在进入步长循环前，只对电压未知且没有开关连接的节点，采用正常的高斯消去法。这样，在每一个 Δt 中，按给定的条件检查开关状态，当要求开关闭合时，只涉及到简化矩阵以及上三角部分中有关的列元素进行修正。然后对简化矩阵三角化，即可进行计算。优点是：不需要开关每动作一次，都要将整个节点导纳矩阵重新三角化，而且将导纳矩阵修改及三角化压缩在一个很小的范围内。这种方法只在开关数量少时比较奏效。

新版 EMTP 中已不再采用网络简化技术，而是每当开关状态改变一次，或是分段线性化电感元件斜率改变一次，重新形成节点导纳矩阵并重新三角化，电流是从开关全部打开时的节点 k 或 m 原所在行中计算出来的，并对应于适当的右端相。

采用这种新方法后，只要每一开关上的电流是唯一确定的，任何节点上均可连接任意多个开关，只有闭合开关三角接法或两个闭合开关并联在程序中是不允许的，开关也不应连接两个电压源，这样的连接也是不现实的，它会造成无限大电流。现在，在交流稳态解中也计算开关电流，使开关电流值在包括 $t=0$ 的任何时刻都是正确的。

3.4.3 开关闭合

假定在 t_0 时刻决定要闭合某开关，迄今为止，EMTP 尚不能改变步长，开关闭合的时间 t_0 应总是步长 Δt 的整数倍。真实的闭合时间与使用者定义的时间是有差别的。

在 t_0 时刻决定将要闭合某开关时，开关仍为开断的网络已经求解了，在 $t=t_0$ 时的全部电压和电流值均为闭合前 t_0^- 时刻的值。在 $t=t_0$ 的网络求解以后，重新建立开关闭合状态的网络节点导纳矩阵，并且重新作三角分解，在从 t_0 进行到 $t_0^+ + \Delta t$ 时，假定全部变量以有限的斜率线性转移，而不是突变。

3.4.4 开关断开

现在来讨论开关闭合后，在给出的控制条件下（时间、电压等），开关又重新断开时的处理的问题。解决的方法与闭合时是类相似的。首先要确定断开的条件，如理想的时间控制开关，时间到了就打开，但它和系统实际的开关一样，有电流过零或截流的问题。所以首先要确定电流过零或截流的时间，在接到断开信息后，仍需进行该开关处于闭合状态下的暂态过程数值计算，直到相继的两个计算时刻通过开关的电流变号为止，然后用插值法求出电流过零时间。为了不改变步长，可以取靠近此电流过零时间的计算时刻作为开关的实际断开时间 T。

在求解时，开关打开的处理方法与开关闭合的处理方法一样。在 T 时刻将开关打开时，开关仍为闭合的网络已经求解了，在 $t=T$ 时的全部电压和电流值均为闭合前 T^- 时刻的值。在 $t=T$ 的网络求解以后，重新建立开关断开状态的网络节点导纳矩阵，并且重新作三角分解，在从 T 进行到 $T^+ + \Delta t$ 时，假定全部变量以有限的斜率线性转移，而不是突变。

由于涉及到历史电流源的问题，节点方程的右端 I 列向量也要作相应的修正，才可进行求解。

3.5   非线性元件的处理

若计及电网中非线性元件特性时，网络的节点导纳矩阵不再是常量，其中某些导纳元素可能是电压、电流的函数，这样求解整个网络是比较费时的，即使网络中仅含有时变电阻，每步计算要对导纳矩阵重新三角化，如若有其他类型的非线性元件，每一步还不能直接求解，因此，这种非线性解法效率较低。由于电网中大量的元件是线性的，非线性元件通常是少量的。随着电路理论的发展，解决电网中非线性元件采用以下三种方法。

3.5.1 时间落后一个 Δt 的电流源表示法

假定网络中含有非线性电感，已知它们的磁通与电流的关系，要求在 t 时刻网络各节点电压。系统在求解 t 时刻状态时，假定 $(t-\Delta t)$ 时的状态是已知的。因此非线性电感两端电压是已知的，采用梯形积分法则，即可求得 $\Phi(t-\Delta t)$，再由非线性特性，求得相应的 $i(t-\Delta t)$。用此电流源去代替非线性电感元件，即相当于 $i(t-\Delta t)$ 的电流源，去求解 t 时刻节点方程。只要 Δt 取得足够小，解是足够精确的，理论上任何数量的非线性电感都可以用此电流源来代替。这一方法使用方便，一般仅用于要求步长非常小的非线性电感。

3.5.2 补偿法

实际计算的系统往往是比较复杂的，可能有很多节点和支路，有集中参数也有分布参数，以及多组开关等。大多数集中参数是线性的，只是在某些节点上接有非线性元件，计及这些非线性特性，用同时求解的方法是很不经济的。补偿法提供了分步求解的过程，不但能简化计算，而且节省计算时间。在 EMTP 的早期版本中，补偿法仅用于网络中只有一个非线性元件或者多个非线性元件均被分布参数隔开的算例中，之后推广到多个非线性元件。

1. 补偿法的思想

系统中的非线性元件只影响所在支路的导纳值，并不影响网络结构。另一方面根据电路理论，网络中的任一无源元件，可以用有源元件（定电压源或定电流源）等效代替，不影响整个网络状态，这是求解电路的补偿法思想。

电网的暂态计算是通过间隔为 Δt 的许多离散点计算来实现的。补偿法在每一个 Δt 循环中按以下 3 步进行：

（1）断开所有用补偿法求解的非线性元件，对线性系统（该系统可能含有非线性元件，但在某一个 Δt 中是线性的）用戴维宁定理，求断开点看进去的等值电路。

（2）根据非线性元件特性和第一步求得的等值电路，该电阻是进入步长循环前计算的，每次开关打开或闭合后应重新计算。使用曲线相交法，求出流入非线性元件的电流。

（3）根据迭代原理，用幅值等于第二步求出的非线性元件电流值的电流源依次代替非线性元件，修正第一步中算出的节点电压，最后求出网络的最终值。

2. 补偿法的求解过程

由上述可知，不论网络如何复杂，补偿法求出网络的等值电路后，总是对一组带有系统等值阻抗的电压源与一组非线性元件来求解，因此补偿法本身是比较简单的。整个求解过程如图 3-12 所示。

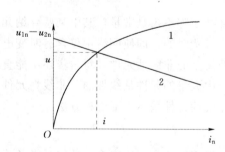

图 3-12　非线性元件求解示意图
1—非线性元件特性；2—网络等值电路特性

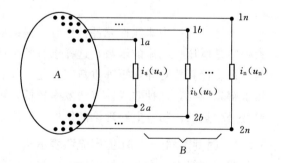

图 3-13　开路电压求解电路
A—简化的等值电路部分；B—n 个非线性元件

（1）求解开路电压。断开所有用补偿法求解的非线性元件，开路电压表示如图 3-13 所示，这是一个线性系统，重复解计算无非线性支路的节点电压，求出无非线性支路的节

点电压

$$\boldsymbol{u}_0 = \begin{bmatrix} u_{1a-2a} \\ u_{1b-2b} \\ \vdots \\ u_{1n-2n} \end{bmatrix} \qquad (3-22)$$

（2）求解等值阻抗矩阵 $\boldsymbol{Z}_{eq}$。移开被简化系统中所有电流源，且短接所有的电压源，在接有非线性元件节点处。顺序送入单位电流，由 1 端流入，再由 2 端流出。依次求出 u_a、u_b、…、u_n，通过一定的运算，即可求出 $\boldsymbol{Z}_{eq}$。

如果被简化系统中没有发生开关操作（包括分段线性化的开关型元件），或虽发生开关操作，但非线性元件是通过线路（分布参数）与系统相连，而输电线路在计算中的等效支路，"拓扑"是首末不连的，此时，只要 Δt 不变，$\boldsymbol{Z}_{eq}$ 计算一次即可，不需要每一个 Δt 中都重新计算一次。否则，在每次开关打开或闭合后应重新计算一次。

（3）求解非线性元件中的电流。非线性元件中的电流必须同时满足一个线性网络方程组，和一个非线性网络方程组。即

$$\begin{cases} \boldsymbol{u}_0 - \boldsymbol{Z}_{eq}\boldsymbol{i} - \boldsymbol{u} = 0 \\ \boldsymbol{u} = \boldsymbol{Z}_{non}\boldsymbol{i} \end{cases} \qquad (3-23)$$

其中每条非线性元件本身的电压和电流之间具有非线性特性

$$u = f\left(i, \frac{\mathrm{d}i}{\mathrm{d}t}, \cdots\right) \qquad (3-24)$$

式（3-23）消去一个变量，即可求得

$$\boldsymbol{u}_0 - (\boldsymbol{Z}_{eq} + \boldsymbol{Z}_{non})\boldsymbol{i} = 0 \qquad (3-25)$$

用牛顿—拉夫逊法可求解非线性方程组，得到各支路电流。

（4）求解系统节点电压（及支路电流）。当前面求出每一个非线性元件电流后，将此电流变为电流源来代替非线性元件，利用迭代原理，修正节点电压（及支路电流），最终求出网络节点电压及支路电流的数值。式（3-2）中，若 i 已知，则网络各节点电压相量很容易由以下公式求出。

$$\boldsymbol{u} = \boldsymbol{u}_0 - \boldsymbol{Z}_{eq}\boldsymbol{i} \qquad (3-26)$$

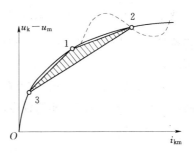

图 3-14 步长 Δt 太大时的负阻尼效应

3. 补偿法的数值问题

只要 EMTP 采用固定步长 Δt，解非线性元件便会出现数值问题。步长 Δt 取得太大，取样点相距太远，使得取样点之间的伏安特性得不到真实的反映，如图 3-14 虚线所示。可能会产生人为的负阻尼磁滞效应（如图 3-14 中的 1→2→3），可能导致非线性电感中振荡幅值的放大，出现数值不稳定现象，甚至导致数值解的不收敛。因为采用虚线所示的非线性特性可以得到与实线所示特性同样的结果，非线性特性只是在几点上被利用。

从理论上讲，利用补偿法求解含非线性元件的网络，网络中非线性元件数量是不受限

制的。但实际计算表明，由于这种求解要多次迭代，非线性元件多了，与使用分段线性化相比，时间会大大增加。另外，选取电压还是电流作为求解变量，对计算时间（迭代次数）影响是很大的。这取决于它们的特性，如对电压速饱和的氧化物避雷器的求解，选取电压作为变量，比选取电流作为变量时的迭代次数少得多。

3.5.3　分段线性化表示法

非线性元件（电阻或电感）的特性通常用曲线来表示，如果将曲线分成若干段用弦去代替弧，只要分得恰当，用一组折线来替代原曲线，其结果还是足够准确的，这就是分段线性化的思想。至于电路工作点从一线性段变换到另一线性段，一般由一个受控开关来实现。

先分析非线性电感。比如用两段斜率的分段线性电感可以精确模拟现代变压器的饱和特性。其非线性电感可由图 3-15 所示模型来表示，其特性如图 3-16 所示，其中，$\alpha_1 = \tan^{-1} L_1$，$\alpha_2 = \tan^{-1} L_2$，$L_2 = \dfrac{L_1 L_2'}{L_1 + L_2'}$。

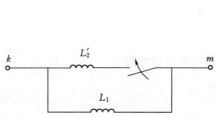

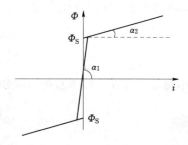

图 3-15　两段斜率的分段线性电感模型　　　图 3-16　两段斜率的分段线性电感特性

用两条直线来模拟电感曲线，先计算出 $u_k - u_m$，再求出 L_1 中的磁通，当磁通 $|\Phi| \geqslant \Phi_S$ 时，开关闭合；反之只要 $|\Phi| < \Phi_S$ 时，开关立即打开。

当电路工作在 L_1 时，它相当于一个数值为 L_1 的线性集中电感，按线性集中电感建立导纳矩阵，计算历史电流源。当开关闭合时，k、m 之间的电感实际上为 $L_2 = \dfrac{L_1 L_2'}{L_1 + L_2'}$，这仍然是一个线性电感，这就使程序很容易处理，只需对节点导纳矩阵局部地进行修正后就可求解。

为了计算精确，可用多段线段来表示曲线，处理的方法是类似的，但会增加计算时间。这种方法也适用于非线性电阻，只不过受控条件不一样。

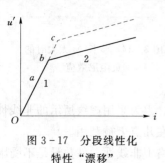

图 3-17　分段线性化
特性"漂移"

若非线性元件（电感、电阻）与电位参考点大地相连，很明显，工作点的改变，只需修改节点导纳矩阵中对应的自导纳，不需要修改互导纳，因为与大地相连的元件是不进入互导纳的。

分段线性化的优点是数值稳定，虽有非线性元件，但还是在线性范围内的求解。但如果步长 Δt 取得过大，会出现特性"过冲"问题，如图 3-17 所示。这是因为一般程序检查开关的闭合条件是落后一个 Δt 进行的。原来工作点在直线 1 上，未超过饱和点，假设为 a 点，但下一步可能达到 c 点，显然已经超出原段的范围，此时才意识到应该改变工作在直线 2 上，再计算下一个 Δt 时，只好工作在沿 c 为起点的虚线上，而不是工作在以 b 为起点的实线上，虽然虚线与实线斜率相等，但特性发生了"过冲"。分段线性电感的过冲问题并不严重，因为磁链是电压的积分，它是不能突变的，但是非线性电阻上的电压却能很快变化，解决的办法是采用插值方法使解向回移动，但沿时间轴上的点不再是等距的。实践证明，只要选择合适的 Δt，可以减少这种"过冲"，使计算结果满足精度要求。

值得注意的是，描述非线性特性的拟合函数，对计算过程、计算时间、甚至使计算能否进行下去会产生很大的影响。补偿法克服了分段线性化中节点数增加，以及"特性漂移"（或"过冲"）等问题，可是有时很难用一个非线性函数描述非线性特性。如金属氧化物避雷器（简称 MOA），若用单指数模拟 MOA 的全特性，使用者必须对过电压作用在 MOA 的工作区段有所了解，以便使单指数在工作区段内与真实特性符合，尽管单指数在其他区段不符合，但 MOA 不会工作在那些区段上，因此对计算结果不会产生很大的误差。当然，另一种选择，用多指数来拟合 MOA 的各个区段，在表征特性方面，不必像单指数那样要选取 MOA 的主要工作段，对计算人员要求不如单指数高，但又带来了新的问题，当 MOA 某一时刻刚好工作在两个指数段交界处，非线性方程（组）采用收敛速度较快的牛顿迭代法（简称牛顿法）时，会出现数值振荡，甚至不收敛，虽然有办法可以避免由于牛顿法造成的数值振荡，但收敛速度会减慢。有人提出了一种称之为 MOA 线性与非线性的混合模型，即在两相邻指数段间加一条直线。该模型不但克服了上述缺点，而且使 MOA 模型更符合实际的"u—i 特性"。当然，MOA 更精确的特性模拟仍在进行中，如采用神经网络的方法，使特性在符合实际的同时更加光滑，克服计算中遇到的困难。

3.5.4 记及开关操作和非线性元件的电磁暂态过程

若采用修改导纳矩阵的方法处理开关操作，并采用补偿法计算非线性元件时，电磁暂态过程计算流程图如图 3 - 18 所示。

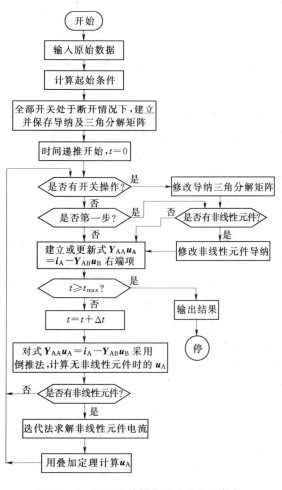

图 3 - 18 记及开关操作和非线性元件的电磁暂态过程计算流程图

3.6　非零初始状态的确定

电磁暂态过程与扰动前瞬间系统的初始状态有关，如何正确计算初始状态也是电磁暂态计算程序的一个重要组成部分。对于初始值的确定，不同的计算方法、数学模型有不同的处理方法，一般通过以下两种基本方式：一是由用户通过简单元件操作的直接输入法，二是由稳态相量解法自动确定的稳态计算法。有时同时使用上述两种方法。

3.6.1　直接输入法

初始条件实质上是暂态计算由 $t=0$ 开始时的网络状态，要知道 $t=-\Delta t$ 的状态，即历史电流源的取值问题。

直接输入法原理很简单，即是用一个新值代替旧值，将已知的信息送入指定的数组中去，可能送入电流值，也可能送入电流值和节点电压值，这要根据所编辑的程序来定。

对于分布参数线路，不但要注意电压沿线的正弦或者余弦分布，而且还涉及到相模变换，以及瞬时值等问题，才能准确送入动态数组中去。

直接输入法原理很简单，但对于使用程序的人来说是一件比较繁琐的事情。

3.6.2　稳态计算法

EMTP 可以开始时自动地进行稳态计算，从而为暂态过程的计算提供适当的初始条件，然后进入暂态过程计算。具体来说，首先按暂态前的网络接线，求得工频稳态解，进而获得各类元件在 $t=0$ 时的初始值。这种方法使用时很容易实现，只需令电源在 $t=0$ 前就已投入，进行一次稳态计算即可。但当研究的网络包含有非线性元件（不包括旋转电机）并在稳态过程中起作用时，程序就不能得到正确的初始条件，暂态过程的计算失去了可靠的基础。此时，EMTP 可用 "Start Again" 的特殊手段来弥补。换句话说，整个过程得分两步走，先假定非线性元件处在线性状态计算稳态过程，再在此基础上进行暂态计算，一直算到稳定为止，即考虑非线性后稳态计算得到的初始条件尚需由在此基础上产生的暂态过程的稳定性来校正。然后，把所有需要的量都记录下来作为今后计算的初始数据。

EMTP 稳态解的子程序是 J. W. Walker 加入，原先的目的是自动求得交流稳态初始条件，后来它本身成为一个有用的工具，例如，用于研究同一架空走廊中多回路间复杂的耦合关系。因此，在 EMTP 中有一个在稳态解之后停止执行的选择，并按使用者的要求详细列出各相量的值。

1. 稳态计算中的假设

（1）为了计算简便，网络中电源只考虑取一个电源频率为计算频率，其他频率将全部被忽略。

（2）对于用分段线性化表示的非线性元件，仅取第一个线性段值，若计算结果表明，元件不是工作在第一线性段，程序有应会自动给出警告。

（3）对于用时变元件或用补偿法表示的非线性元件，假定它们的阻抗值为无穷大。

2. 节点导纳矩阵的形成

稳态计算只考虑一个频率 f，节点导纳矩阵在此频率下建立。

(1) 线性无耦合集中参数元件。对于图 2-1 所示的阻值为 R 的电阻元件，采用追加支路法来修改原节点导纳矩阵，对节点 k 和 m 的自导纳增加 $\dfrac{1}{R}$，k 和 m 的互导纳增加 $-\dfrac{1}{R}$。如果节点 k 或 m 为大地参考节点，就只对 m 或 k 的自导纳增加 $\dfrac{1}{R}$。

对于图 2-2 所示的电感值为 L 的电感元件，一样采用追加支路法来修改原节点导纳矩阵，对节点 k 和 m 的自导纳增加 $-\mathrm{j}\dfrac{1}{\omega L}$（$\omega = 2\pi f$），$k$ 和 m 的互导纳增加 $\mathrm{j}\dfrac{1}{\omega L}$。如果节点 k 或 m 为大地参考节点，就只对 m 或 k 的自导纳增加 $-\mathrm{j}\dfrac{1}{\omega L}$。

对于图 2-4 所示的电容值为 C 的电容元件，处理方法一样，对节点 k 和 m 的自导纳增加 $\mathrm{j}\omega C$，k 和 m 的互导纳增加 $-\mathrm{j}\omega C$。如果节点 k 或 m 为大地参考节点，就只对 m 或 k 的自导纳增加 $\mathrm{j}\omega C$。

(2) 线性耦合集中参数元件。假定 Z_1 为正序参数，Z_0 为零序参数，对三相平衡参数矩阵有

$$\mathbf{Z} = \frac{1}{3}\begin{bmatrix} 2Z_1+Z_0 & Z_0-Z_1 & Z_0-Z_1 \\ Z_0-Z_1 & 2Z_1+Z_0 & Z_0-Z_1 \\ Z_0-Z_1 & Z_0-Z_1 & 2Z_1+Z_0 \end{bmatrix} \tag{3-27}$$

通过一定推导，可得

$$\mathbf{Z}^{-1} = \frac{1}{3}\begin{bmatrix} \dfrac{2}{Z_1}+\dfrac{1}{Z_0} & \dfrac{1}{Z_0}-\dfrac{1}{Z_1} & \dfrac{1}{Z_0}-\dfrac{1}{Z_1} \\ \dfrac{1}{Z_0}-\dfrac{1}{Z_1} & \dfrac{2}{Z_1}+\dfrac{1}{Z_0} & \dfrac{1}{Z_0}-\dfrac{1}{Z_1} \\ \dfrac{1}{Z_0}-\dfrac{1}{Z_1} & \dfrac{1}{Z_0}-\dfrac{1}{Z_1} & \dfrac{2}{Z_1}+\dfrac{1}{Z_0} \end{bmatrix} \tag{3-28}$$

如果知道：$Z_1 = R_1$，$Z_0 = R_0$，则有

$$\mathbf{R}^{-1} = \frac{1}{3}\begin{bmatrix} \dfrac{2}{R_1}+\dfrac{1}{R_0} & \dfrac{1}{R_0}-\dfrac{1}{R_1} & \dfrac{1}{R_0}-\dfrac{1}{R_1} \\ \dfrac{1}{R_0}-\dfrac{1}{R_1} & \dfrac{2}{R_1}+\dfrac{1}{R_0} & \dfrac{1}{R_0}-\dfrac{1}{R_1} \\ \dfrac{1}{R_0}-\dfrac{1}{R_1} & \dfrac{1}{R_0}-\dfrac{1}{R_1} & \dfrac{2}{R_1}+\dfrac{1}{R_0} \end{bmatrix} \tag{3-29}$$

为一般化起见，将 3 个支路扩展到 n 个支路，上述公式仍然成立，相应复数节点导纳矩阵的对角元素和非对角元素分别为

$$\begin{cases} Y_{sR} = \dfrac{1}{3}\left(\dfrac{2}{R_1}+\dfrac{1}{R_0}\right) \\ Y_{mR} = \dfrac{1}{3}\left(\dfrac{1}{R_0}-\dfrac{1}{R_1}\right) \end{cases} \tag{3-30}$$

对三相耦合电感元件，如三相变压器，通常给出正序电感参数 L_1 和零序电感参数 L_0，并且三相是对称的。通过变换可将模量参数变为平衡对称矩阵。

$$L^{-1}=\frac{1}{3}\begin{bmatrix}\dfrac{2}{L_1}+\dfrac{1}{L_0}&\dfrac{1}{L_0}-\dfrac{1}{L_1}&\dfrac{1}{L_0}-\dfrac{1}{L_1}\\[2mm]\dfrac{1}{L_0}-\dfrac{1}{L_1}&\dfrac{2}{L_1}+\dfrac{1}{L_0}&\dfrac{1}{L_0}-\dfrac{1}{L_1}\\[2mm]\dfrac{1}{L_0}-\dfrac{1}{L_1}&\dfrac{1}{L_0}-\dfrac{1}{L_1}&\dfrac{2}{L_1}+\dfrac{1}{L_0}\end{bmatrix} \tag{3-31}$$

扩展到 n 个支路，相应复数节点导纳矩阵的对角元素和非对角元素分别为

$$\begin{cases}Y_{sL}=\dfrac{1}{j3\omega}\left(\dfrac{2}{L_1}+\dfrac{1}{L_0}\right)=-j\dfrac{1}{3\omega}\left(\dfrac{2}{L_1}+\dfrac{1}{L_0}\right)\\[3mm]Y_{mL}=-j\dfrac{1}{3\omega}\left(\dfrac{1}{L_0}-\dfrac{1}{L_1}\right)\end{cases} \tag{3-32}$$

其中，$\omega=2\pi f$，f 是稳态计算时的频率。

对于耦合性电阻、电感串联电路，用同样的方法得到相应复数节点导纳矩阵的元素。

$$\begin{cases}Y_s=Y_{sR}+Y_{sL}\\Y_m=Y_{mR}+Y_{mL}\end{cases} \tag{3-33}$$

进入导纳矩阵的位置如图 3-19 所示。

		k			$\cdots$	m		
		1	2	3		1	2	3
k	1	Y_s	Y_m	Y_m		$-Y_s$	$-Y_m$	$-Y_m$
	2	Y_m	Y_s	Y_m		$-Y_m$	$-Y_s$	$-Y_m$
	3	Y_m	Y_m	Y_s		$-Y_m$	$-Y_m$	$-Y_s$
	$\vdots$							
m	1	$-Y_s$	$-Y_m$	$-Y_m$		Y_s	Y_m	Y_m
	2	$-Y_m$	$-Y_s$	$-Y_m$		Y_m	Y_s	Y_m
	3	$-Y_m$	$-Y_m$	$-Y_s$		Y_m	Y_m	Y_s

图 3-19　耦合性电阻、电感及其串联电路进入复数导纳矩阵示意图

对于耦合性电容电路，相应复数节点导纳矩阵的对角元素和非对角元素分别为

$$\begin{cases}Y_s=j\dfrac{\omega}{3}(2C_1+C_0)\\[2mm]Y_m=-j\dfrac{\omega}{3}(C_0-C_1)\end{cases} \tag{3-34}$$

但要注意，耦合性电容支路是相对于大地的，因此导纳只进入如图 3-20 所示导纳矩阵的位置。

（3）分布参数电路（架空线路或电缆线路）。在稳态计算中，频率为工频 50Hz（或 60Hz）。在程序中使用三相 π 形等值电路来表示输电线路有足够的精度。输电线路一般电导 $G\approx0$，其他参数以模量的形式给出，即正序 R_1、Z_1、τ_1，零序 R_0、Z_0、τ_0。对于模量下等值电路如图 2-12 所示，因计算的频率和参数已给定，很容易求出每一个模量的 R、X 及 B，则

$$
\begin{cases}
Y_{\text{tran(模)}} = \dfrac{1}{R+jX} = \dfrac{R}{R^2+X^2} - j\dfrac{X}{R^2+X^2} \\
Y_{\text{shunt(模)}} = j\dfrac{B}{2}
\end{cases}
$$

$$(3-35)$$

将模量变为耦合性的分量，即由对角阵变为平衡对称矩阵，且对角元素与非对角为

$$
\begin{cases}
Y_{\text{trans}} = \dfrac{1}{3}(Y_{\text{tran(零模)}} + 2Y_{\text{tran(线模)}}) \\
Y_{\text{tranm}} = \dfrac{1}{3}(Y_{\text{tran(零模)}} - Y_{\text{tran(线模)}})
\end{cases}
$$

$$(3-36)$$

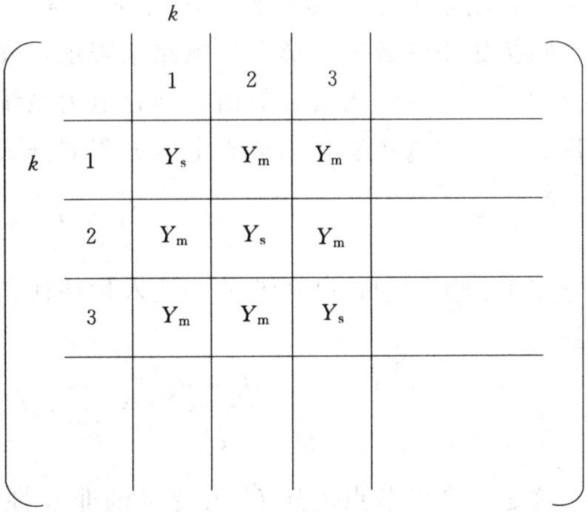

Y_{shunt} 有类似的表达式。当求出 Y_{trans}、

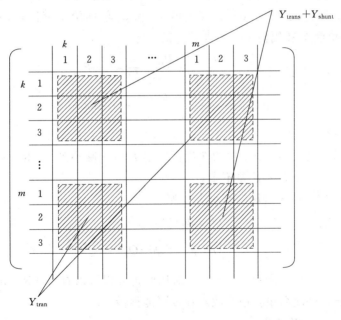

图 3-20 耦合性电容进入复数导纳矩阵示意图

Y_{tranm}、Y_{shunts}、Y_{shuntm} 后，即可将这些数值投入复数导纳矩阵。很明显，Y_{shunt} 只进入自导纳部分，而不进入互导纳部分，如图 3-21 所示。

图 3-21 多相线路参数进入复数导纳矩阵示意图

3. 稳态潮流的解法

在 EMTP 中没有供选择的的潮流计算之前，稳态条件是通过一次求解线性节点方程组求得。EMTP 的潮流计算部分最早是在 1983 年由 F. Rasmussen 加入的，它在一系列稳态解迭代过程中修正电流的幅值和相角，直到达到给定的有功、无功功率，或是给定的有功及电压幅值，或是其他给定的条件为止。

潮流计算所用的电力网络是由变压器、输电线路、电容器、电抗器等静止线性元件所

构成，并用集中参数表示的串联或并联等值支路来模拟，分布参数（架空线路和电缆线路）则按集中参数的 π 形等值电路来表示，发电机和负荷等非线性元件，一般用接在相应节点的一个电流注入量来等值，结合电力系统的特点，对这样的线性网络进行计算，普遍采用的是节点电压法，其节点电压方程展开式为

$$\dot{I}_i = \sum_{j=1}^{n} Y_{ij}\dot{U}_j (i = 1, 2, \cdots, n) \tag{3-37}$$

在工程实际中，已知的节点注入量往往是节点功率而不是节点电流，相应的得到功率方程

$$\frac{P_i - jQ_i}{\overset{*}{U}_i} = \sum_{j=1}^{n} Y_{ij}\dot{U}_j (i = 1, 2, \cdots, n) \tag{3-38}$$

这是一个以节点电压 $\dot{U}$ 为变量的非线性代数方程组，是潮流计算的最基本方程式，采用节点功率作为注入量是造成方程呈非线性的根本原因，因此必须采用数值计算方法和通过迭代来求解，根据在计算过程对这个方程组的不同应用和处理，经典的有高斯－塞德尔法、牛顿－拉夫逊法和快速解耦法等潮流计算方法。F. Rasmussen 在 1983 年加入潮流计算程序时已认识到这些，但他不可能承担为此开发大量程序的工作，因此，他开发了一种较简单的方法。即将式（3-38）计算出的 P_i 和 Q_i 值同给定值比较，根据它们的差，对每一电压 U_i、角度 θ_i 和幅值 $|U_i|$ 进行修正，得

$$\Delta\theta_i = \frac{P_i - P_{is}}{0.5(|P_i| + |P_{is}|)} \times 2.5F \tag{3-39}$$

$$\Delta|U_i| = \frac{Q_i - Q_{is}}{0.5(|Q_i| + |Q_{is}|)} \times 2000F \tag{3-40}$$

式中：P_{is} 和 Q_{is} 为给定的第 i 个节点有功功率和无功功率；$F = (1-0.001n)^2$，为减速因子，其中 n 为迭代次数，在 1000 次的迭代过程中 F 由 1 减小到 0。Rasmussen 方法与用于简化后系统的高斯－塞德尔法差不多。

一种改进的牛顿－拉夫逊法的修正方程为

$$\begin{cases} H_{ii}\Delta\theta_i = P_i - P_{is} \\ L_{ii}\dfrac{\Delta U_i}{U_i} = Q_i - Q_{is} \end{cases} \tag{3-41}$$

式中：$H_{ii} = -U_i^2 B_{ii} - Q_i$，$L_{ii} = U_i^2 G_{ii} + P_i$。对比修正方程可以看出，Rasmussen 基本上假定 H_{ii} 和 L_{ii} 为定值，因此简单，但是收敛速度可能很慢。

4. 各类元件初始值的确定

（1）线性无耦合集中参数元件。

1）电阻，它是耗能元件，无需初始值。

2）电感与电容。将求出的支路电流和节点电压的有效值变为峰值，再由稳态求出的初始角度，只要令 $t=0$ 时，即可求出瞬时值。由式（2-6）可得到电感上的初始电流，即历史电流源的值。电容上的初始值与电感类似由式（2-13）求出，即用历史电流源表示的电容上的初值。

（2）线性耦合集中参数元件。对于耦合性电感、耦合性电容、耦合性电阻和电感串联

支路，初始值的获得都是相类似的。下面以耦合性电感为例，分析初始值求解方法。由电感感应定律

$$L \frac{\mathrm{d}\boldsymbol{i}}{\mathrm{d}t} = \boldsymbol{u} \tag{3-42}$$

有

$$\frac{\mathrm{d}\boldsymbol{i}}{\mathrm{d}t} = \boldsymbol{L}^{-1}\boldsymbol{u} \tag{3-43}$$

式中：$\boldsymbol{u}$ 为加在耦合性电感上的相量值。

假定 Δt 取得足够小，并利用梯形积分原则，暂态计算由 $t=0$ 开始，有

$$\frac{\boldsymbol{i}(0)-\boldsymbol{i}(0-\Delta t)}{\Delta t} = \boldsymbol{L}^{-1}\frac{\boldsymbol{u}(0)+\boldsymbol{u}(0-\Delta t)}{2} \tag{3-44}$$

式（3-44）可变为

$$\boldsymbol{i}(0) = \frac{\Delta t}{2}\boldsymbol{L}^{-1}\boldsymbol{u}(0)+\boldsymbol{i}(0-\Delta t)+\frac{\Delta t}{2}\boldsymbol{L}^{-1}\boldsymbol{u}(0-\Delta t)$$

$$= \frac{\Delta t}{2}\boldsymbol{L}^{-1}\boldsymbol{u}(0)+\boldsymbol{I}(0) \tag{3-45}$$

其中

$$\boldsymbol{I}(0) = \boldsymbol{i}(0-\Delta t)+\frac{\Delta t}{2}\boldsymbol{L}^{-1}\boldsymbol{u}(0-\Delta t) \tag{3-46}$$

$\boldsymbol{I}(0)$ 即为初始值，计算步骤如下：

1）稳态计算中得到加在耦合性电感上的电压相量值 $\boldsymbol{u}$。

2）计算电流相量值 $\boldsymbol{I} = \dfrac{1}{\mathrm{j}\omega}\boldsymbol{L}^{-1}\boldsymbol{u}$。

3）将电压、电流有效值变为峰值，求出 $t=0-\Delta t$ 时的瞬时值，并取它们的实部。

$$\begin{cases} \boldsymbol{i}(0-\Delta t) = Re[\boldsymbol{I}(0-\Delta t)] \\ \boldsymbol{u}(0-\Delta t) = Re[\boldsymbol{u}(0-\Delta t)] \end{cases} \tag{3-47}$$

因为

$$\boldsymbol{I}(0) = \boldsymbol{i}(0-\Delta t)+\frac{\Delta t}{2}\boldsymbol{L}^{-1}\boldsymbol{u}(0-\Delta t)$$

又

$$\frac{\Delta t}{2}\boldsymbol{L}^{-1}\boldsymbol{u}(0-\Delta t) = \frac{\Delta t}{2}\boldsymbol{L}^{-1}\boldsymbol{u}(0-\Delta t) \cdot \frac{\mathrm{j}\omega}{\mathrm{j}\omega} = \boldsymbol{I}(0-\Delta t) \cdot \frac{\Delta t}{2}\mathrm{j}\omega$$

$$= \{Re[\boldsymbol{I}(0-\Delta t)]+\mathrm{j}Im[\boldsymbol{I}(0-\Delta t)]\} \cdot \frac{\Delta t}{2}\mathrm{j}\omega$$

$$= -\omega\frac{\Delta t}{2}Im[\boldsymbol{I}(0-\Delta t)]+\mathrm{j}\omega\frac{\Delta t}{2}Re[\boldsymbol{I}(0-\Delta t)] \tag{3-48}$$

式（3-48）的实部与 $\boldsymbol{I}(0-\Delta t)$ 的实部相加，即为耦合性电感支路的初始值。

$$\boldsymbol{I}(0) = Re[\boldsymbol{I}(0-\Delta t)]-\omega\frac{\Delta t}{2}Im[\boldsymbol{I}(0-\Delta t)] \tag{3-49}$$

（3）分布参数电路（架空线路或电缆线路）。线路的历史电流源是模量值，并按模量自身的速度由线路一端向另一端运动，模量间是互不相干的。根据已知输电线路各端点电

压（相量值），利用卡伦鲍厄法或其他方法算出各模量值，包括模量电压与模量电流。

由线路的电流、电压关系可知

$$i_{km}(t) = \frac{1}{Z}u_k(t) + I_k(t-\tau)$$

其中历史电流源 $I_k(t-\tau)$ 为

$$I_k(t-\tau) = -\frac{1}{Z}u_m(t-\tau) - i_{mk}(t-\tau)$$

将电压、电流有效值变为峰值，并根据电压、电流与时间的关系，按余弦或正弦的变化，将变换后的模量值改为瞬时值，然后根据 $t=0$，$-\Delta t$，$-2\Delta t$，$\cdots$，$-n\Delta t$，代入，求出各值送入准备好的运动数组中。Δt 是暂态计算的步长，n 为大于 $l/\Delta t$ 的整数，$\omega = 2\pi f$ 为电源的角频率。

对于线路另一端处理方法是一样的，在首次暂态运算时，各自取出第（$-n\Delta t$）数组中的值，即可获得初始值。

如果网络中有非线性元件，稳态解只是取非线性元件第一线性段值，对时变元件或用补偿法求解的元件，仅稳态求解得不到正确的初始值，它需要保持稳态计算时网络结构，进行一段暂态计算，这样上述元件初始值才比较准确，再进行操作计算，其结果才接近于实际。

3.7　EMTP 仿真计算的功能

ATP-EMTP 程序在运行时采用动态分配方法，以降低对系统硬件的要求（如内存）。尚无仿真规模的绝对限制。目前最大规模的仿真计算是在基于英特尔 CPU 的 PC 上进行的。表 3-3 列出了标准 EEUG 程序仿真规模的限制情况。

表 3-3　标准 EEUG 程序仿真规模的限制

节点数	6000
支路数	10000
开关数	1200
电源数	900
非线性元件	2250
同步电机	90

ATP-EMTP 广泛应用于开关和雷电冲击分析、绝缘配合和轴系扭振研究、继电保护模拟、谐波和电能质量研究以及 HVDC 和 FACTS 装置的模拟。

典型的 EMTP 研究应用如下：

（1）过电压计算。

1）雷过电压计算。

2）操作过电压计算：合闸，分闸和接地故障过电压。

3）交流短时间过电压计算。

（2）断路器暂态恢复电压计算。

（3）隔离开关操作过电压计算。

（4）变压器涌流计算。

（5）发电机轴扭振现象（SSR）模拟。

（6）交直流系统相互作用仿真。

（7）直流系统故障模拟。

（8）高次谐波计算。

（9）架空线路和电缆参数计算。

（10）地线返回电流计算。

（11）电缆护套电流计算。

（12）变压器内部故障模拟。

（13）继电保护和控制系统的动作特性模拟和整定等。

应用的场合：

（1）采用新的电压等级，如特高压应用。

（2）投入新的工程项目。

（3）开发和应用新技术、新设备。

（4）系统联网，包括分散电源联网。

（5）事故分析和寻找对策。

EMTP除了应用于以上电路的电磁暂态现象仿真计算，也可以应用其他领域，如磁浮铁路导轨线卷、核反应离子束发生装置的暂态现象仿真应用。

EMTP也可应用于电力系统的稳态计算，发电机轴扭振现象（SSR）的模拟是EMTP应用的扩张。

EMTP不适用于电磁场计算，但现有向这方面扩张的尝试。

习　题

3-1　EMTP仿真计算的主要特点有哪些？

3-2　当系统中开关发生操作，节点连接状态发生变化，EMTP程序中是如何处理节点导纳矩阵的？

3-3　在EMTP程序中，处理非线性元件有几种方法？各有什么优缺点？

3-4　在暂态计算中EMTP是如何建立各类元件的初始值的？

3-5　EMTP仿真计算能实现那些功能？

第4章 ATPDraw 应用基础

4.1 ATPDraw 简介

ATP-EMTP 是目前应用得最为广泛的电磁暂态计算的标准程序。它的功能强大，从理论上讲，EMTP 可应用于任何电路的电磁暂态现象计算。但在只有固定格式的文本输入方式时，它的应用非常困难。许多电力工程专业技术人员虽然知道 ATP-EMTP 的潜在应用价值，但苦于入门艰难，迟迟不敢尝试 ATP-EMTP 的应用。

ATPDraw 就是为了解决这个问题而开发的，它是建立计算模型用的人机对话图形接口，是基于 Windows 操作系统的 ATP-EMTP 程序的图形预处理程序，ATPDraw Version 3.6 及以上版本程序是用 Borland Delphi 6.0 编写的，适用于 Windows 9x/NT/2000/XP 等操作系统。从 ATPDraw Version 5.3 版本开始，程序是用 CodeGear Delphi 2007 编写的，可以在 Windows 9 x/NT/2000/XP/Vista 等操作系统下运行，其开发者是特隆赫姆挪威科技大学的 Hans Kristion Høidalen 教授。

4.1.1 ATPDraw 的特点

ATPDraw 准备了电力系统各种元件的图符，点击这些图符，就可打开相应的图框，输入有关参数。用户只要使用鼠标从菜单中选择预先建立的电路元件模型就可以来搭建仿真计算电路，连接这些图符，可构成所需要的电路，完全是"你所看到的就是你得到的"。ATPDraw 还具有设定时间步长、计算时间、输出要求及各种特殊要求（如频率扫描）的功能。在 ATPDraw 中，由 ATPDraw 以适当的格式自动生成 ATP 输入文件，执行 ATP 时实际上还是通过文本输入文件。ATP 仿真计算程序和仿真结果绘图程序均集成在 ATPDraw 中，有了 ATPDraw 这个工具，使 ATP-EMTP 的利用大大方便了。ATPDraw 程序对 ATP 的初学者很有价值的，是个很好的教学软件。同时，ATP 的熟练使用者也能用这个程序管理电路文件及与其他用户交换数据，成为电力系统暂态分析的有力工具。

ATPDraw 程序具有标准的 Windows 操作界面，各个元件的图框都带有帮助功能，提示各参数的定义。ATPDraw 程序支持多重窗口，可以同时进行多个电路的编辑操作并能在电路之间进行信息复制，并提供复制、粘贴、分组、旋转、导入、导出、撤销、重做等多种标准电路编辑工具。另外，ATPDraw 支持视窗剪贴板和图元文件输出。电路以一个单一的项目文件形式储存在硬盘上，包括了所有的仿真对象和需要运行的选项。项目文件是以 zip 压缩文件格式保存，与人分享非常简单。

ATPDraw 支持多层次建模，在几乎无限量的层次中可用一个简单图标取代成组选定的对象。元件有一个独特的图标，位图形式或向量图形式，还有一个可选的图形背景。ATPDraw 支持多达 10.000 组件、64 位操作系统和最大 32 节点。

4.1.2 程序获取方式

ATP 并不是公开的程序。但是，只要不参加任何电磁暂态程序相关的商业活动，世界上任何人都可以免费获得 ATP 的资料。

在得到 ATP 任何资料之前，必须申请用户许可，这是强制性的（对于用户许可而言）。与所在地区的 ATP 用户分委会联系，以申请 ATP 用户许可。最终用户许可协议被承认以后，所得到的 ATP 程序才是合法的。

获取 ATP 程序，与 ATP 有关的工具以及程序操作手册可通过以下途径获得：

（1）中国大陆（包括香港、澳门地区）的用户从 EMTP 中国分委会获得，具体步骤如下：

1）阅读用户许可协议，接受协议，填写用户资料并提交。

2）打印提交后生成的表格，填写后邮寄到中国用户分委会。

3）审核用户资料后，分委会工作人员会以 E-mail 的形式发送 FTP 的账号和密码。

4）用户使用 FTP 客户端软件（如 LeapFTP 等）登录 FTP 下载 ATP 程序。

（2）从有口令保护的安全网站下载获得。ATP 中国用户分委会主页（网址：http：//www. ceug. org/）下载，或者 EMTP-ATP 欧洲用户分委会（EEUG，网址：http：//www. eeug. org）下载。与所在地区 ATP 用户分委会联系并获得口令，以进入这些网址。像 ATPDraw 等一些工具程序和相关文档同样可从有口令保护的 FTP 站点获得，此站点由 Bruce Mork 管理的美国休斯敦密西根工业大学提供，登录口令会经常变化。

（3）从 EEUG 或者俄勒冈州 Kai-Hwa Ger 博士处申请获得。

4.1.3 硬件要求

多数用户，包括软件开发商，使用 Windows 操作系统和基于 Intel CPU 的个人计算机。

如果计算机有 16MB 以上内存、20MB 硬盘剩余空间和 VGA 显示器，就可在 MS-DOS/MS-Windows 下运行 ATP 程序。ATP 同样适用于其他类型的计算机和操作系统。

目前，ATP 包括下面的版本：

（1）32 位 GNU-Mingw32 和 Watcom ATP 在 MS-Windows 9x/NT/2000/XP/Vista 系统下运行。

（2）32 位 Salford ATP 在 MS-DOS，MS-Windows 3. x/95/98 系统下运行（要求 Salford 的 DOS 扩展部分——DBOS/486）。

（3）GNU version of ATP 在 Linux 系统下运行。

4.2　ATPDraw 的主窗口

安装了 ATPDraw 后，单击"开始"菜单中的"所有程序"，运行安装路径下的"ATPDraw"菜单命令；或者在"我的电脑"或"资源管理器"中双击扩展名为 .acp（或 .adp）的运行图标为 的 ATPDraw 文件，就可启动 ATPDraw，后一种方式在启动 ATPDraw 的同时，还打开了相应的 ATPDraw 文件。

ATPDraw 具有标准的 Windows 用户界面。程序的"主窗口"如图 4-1 所示。"主菜单"、"电路编辑窗口"、"工具栏"以及"元件选择菜单"是"主窗口"最重要的项目。下面介绍所有的菜单项目和程序选项，以及支持的 ATP 对象，TACS 元件和 MODELS 属性。

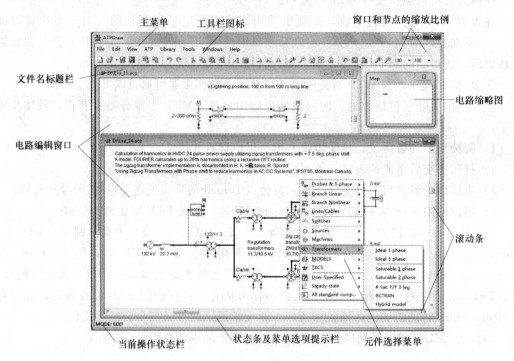

图 4-1　ATPDraw 程序操作界面

4.2.1　文件 (File)

这部分包括了 ATPDraw 电路的输入/输出动作。点击"文件"选项会出现图 4-2 所示的下拉菜单。

图 4-2　文件菜单

1. 新建 (New)

选择此项打开一个新的空白"电路窗口"，如图 4-3 所示。

2. 打开 (Open)

此选项打开一个如图 4-4 所示的标准 Windows "打开" 对话窗口，以便用户选择要打开的电路文件（.acp 和 .adp），加载到 ATP-Draw 中。快捷键：Ctrl+O。

3. 保存 (Save)

把当前电路存入到磁盘文件。如果在电路窗口中的名字是 Noname.acp（或 Noname.adp），那么会出现一个"另存为"对话框，此处用户必须确定当前电路文件名。快捷键：Ctrl+S。

4. 另存为 (Save As)

该命令也会调出"另存为"对话框（窗口如图 4-4 所示），在此对话框中，用户必须输入当前电路的文件名。这项命令使得用户可以

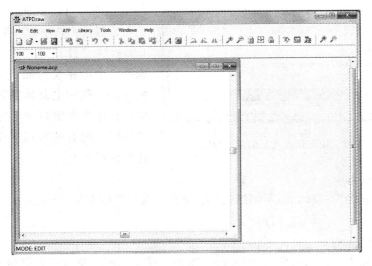

图 4 - 3　ATPDraw 新建文件窗口

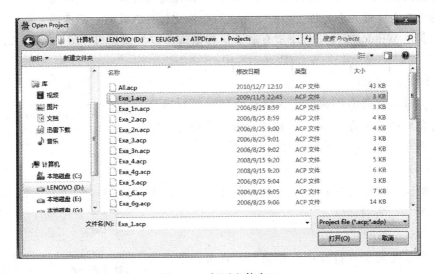

图 4 - 4　打开文件窗口

用没有用过的文件名来保存当前窗口的电路。保存文件只支持最新文件格式（. acp）。

5. 全部保存（Save All）

保存所有打开的电路。如果有一个打开的电路没有命名的话（Noname. acp），就会出现"另存为"对话框以要求用户输入文件名。

6. 关闭（Close）

关闭当前电路窗口。如果在关闭时对当前电路的修改还没有进行保存过，就会在关闭前出现图 4 - 5 所示的对话框，提醒用户放弃或保存。

7. 全部关闭（Close All）

关闭所有电路窗口。如果一个电路在保存之后又进行了修改的话，会弹出一个确定信息以提示用户是否保存这些修改。

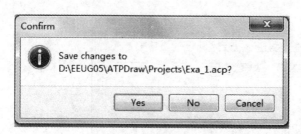

图 4-5　在关闭未保存电路前需先确定

8. 导入（Import）

选择这个选项会产生一个如图 4 - 4 所示的"打开"对话框。用户可以选择一个电路文件加载到当前的电路窗口。加载的电路被粘贴进当前电路中，并在当前窗口中显示为一个可移动的组。现有的节点名字将由用户选择保存或拒绝。

9. 导出（Export）

如同"另存为"一样，但不同的是只有电路中被选中的对象（标志一个矩形或多边形区域）的电路将被写入磁盘文件中。

10. 保存图元文件（Save Metafile）

把当前电路中选定的对象以 Windows 图元文件（.wmf）格式保存到磁盘中。如果没有选定对象的话，那么整个电路窗口会被保存。采用这种方式，即使采用"缩放"选项调整很大的电路为屏幕大小，也可以对电路进行图像化保存，此时，图像的分辨率并不会降低。如果其他 Windows 应用程序带有适于这种格式的过滤器，可以导入图元文件到其他应用程序（如 MS-Word 或 WordPerfect）中。

11. 打印（Print）

把当前电路窗口中的内容送入默认打印机。这项命令执行时会出现标准的 Windows 打印设置对话框，并且允许用户选择打印机，以及设定打印机参数。

12. 打印设置（Printer Setup）

设定默认打印机的参数。这项命令会打开一个标准 Windows 打印设置对话框。

13. 退出（Exit）

这项命令关闭所有打开的电路窗口。在关闭前，会出现提醒窗口询问用户是否保存对电路的修改。

4.2.2　编辑（File）

该菜单包括 AtpDraw 中对电路对象的各种编辑选项。下拉菜单如图 4 - 6 所示。如果要编辑一个对象或对象群，首先必须选定它们。用鼠标左键点击要编辑的对象，会发现对象被一个绿黄色框架所包围，这样就表明该对象已经被选定了。

1. 撤销/重复（Undo/Redo）

"撤销"命令撤销上一次的编辑操作，"重复"命令撤销上一次的"撤销"命令。"撤销/重复"快捷键分别为：Ctrl＋Z 和 Ctrl＋Y。

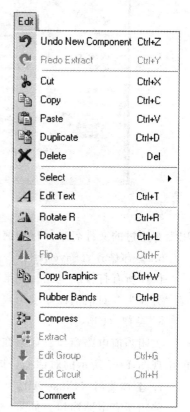

图 4 - 6　编辑菜单

2.剪切（Cut）

复制所选的对象到 Windows 的剪贴板，并同时删除选定对象。随后，该对象可被粘贴到同一个或不同的电路窗口中，甚至可以是其他的 AtpDraw 的例子中。快捷键：Ctrl＋X。

3.复制（Copy）

复制所选的对象到剪贴板。快捷键：Ctrl＋C。无论是单个对象还是对象组均可以被复制到剪贴板。这项命令完成后，原来选定的对象变为未选定状态。

4.粘贴（Paste）

当这项命令被选择时，剪贴板上的内容被粘贴到当前电路中。快捷键：Ctrl＋V。被粘贴进电路中的对象会标记为可移动模式。

5.双重复制（Duplicate）

复制选定的对象或群到剪贴板同时粘贴在当前电路窗口中。操作后的对象标记为可移动模式。快捷键：Ctrl＋D。

6.删除（Delete）

从电路窗口中删除选定的对象。快捷键：Del。

7.选择（Select）

这个菜单有五个子菜单：

（1）撤销选择（None）：取消对象的选择。快捷键：Ctrl ＋ N。通过在电路窗口空白处单击鼠标左键也可以撤销对目标的选定。

（2）全部选择（All）：选择电路窗口中所有目标。快捷键：Ctrl ＋ A。

图 4 - 7　性能选择对话框

（3）内部选择（Inside）：选定此选项时，出现一个手形指示，单击鼠标左键创建多边形的一角（点击然后松开鼠标，在该点和当前手形指示之间出现一条线）。单击鼠标右键闭合该多变形。被这个多边形包围的所有元件（只要元件中心被围即可）以及两个端点均被包围的连接线路都会被包括在对象群中，如果要取消对群的选择，在该群多边形以外的电路窗口空白处单击左键即可。快捷键：Ctrl ＋I。也可以通过在电路窗口的空白处双击鼠标左键进入这种群组选择状态。如果要闭合多边形并使光标解锁，单击鼠标右键即可。

（4）性能选择（by Properties）：根据对象的文件名或命令序号选择，如图 4 - 7 所示。快捷键：Ctrl ＋ P。

（5）重叠选择（Overlapped）：选择那些重叠在其他组件上的组件。第一个 ATP 或者运行 ATP 必须是重叠选择组成部分。

被选中的群可以进行许多的编辑操作：移动（按住左键并拖动。移动时，显示只有多边形被移动）、旋转、复制、双重复制、删除，或者"文件"菜单中的"导出"。如果要取消对群的选择，在该群多边形以外的电路窗口空白处单击左键即可。

8.编辑文本（Edit Text）

用来插入一条新电路文本。此外选择的文本、组件标签或节点名都主张在这个模式下编辑。点击现有的文本、标签或节点名，可以直接在屏幕上编辑或移动（点击并按住）。快捷键：Ctrl＋T。

9. 顺时针/逆时针旋转（Rotate R/L）

当对象或对象群被选中时，采用该命令可以使其顺时针旋转 90°（R）或逆时针旋转 90°（L）。在选定对象上单击鼠标右键，亦可使其顺时针旋转 90°。快捷键：Ctrl＋R /L。

10. 翻转（Flip）

翻转选定的对象，即使其旋转 180°。快捷键：Ctrl＋F。

11. 复制为图元文件（Copy Graphics）

复制选定的对象成 Windows 图元格式到剪贴板。采用这种方式选中的对象可以被粘贴进其他支持此格式的应用程序中。快捷键：Ctrl＋ W。

12. 橡皮筋（Rubber Bands）

如果这个选项被检查的时候，连接选定区域的一个端点与外部区域的另一端点，被当作对象群和其余电路之间连接的一个橡皮筋。快捷键：Ctrl ＋B。这个命令不工作为单一快捷键组件选择。例如，在左键点击几个部件的同时要按下 Shift 键，因为这种方式没有连接被选中。

13. 压缩（Compress）

被选择的对象群，用户用选定外部数据和节点的一个图标代替。ATPDraw 支持真正的分组或用单一图标替换子群组，理论上不受图层数量上的限制。这个过程需要先选择一个群组，点击 Compress，在选中对象群的地方出现压缩对话框，如图 4－8 所示，用户可以在以后修改选中压缩群组并点击压缩一次。

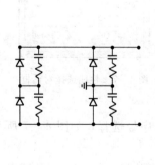
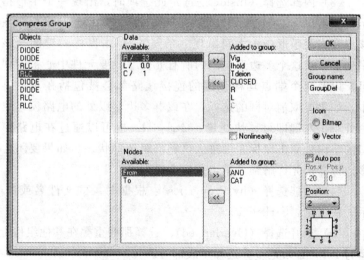

图 4－8 压缩对话框

14. 提取（Extract）

这是压缩的反向操作。从电路层提取这个对象。进行提取操作，必须先选中一个被压缩的对象。

15. 编辑群组（Edit Group）

这个命令显示群组的内容。快捷键：Ctrl＋G。这个小组显示是分开的窗口，操作时只能选择一个被执行压缩操作的群组。

16. 编辑电路（Edit Circuit）

显示当前群组电路的归属。快捷键：Ctrl＋H。其实分组结构可以被看作是一个多层电路，编辑群组是给用户呈现下一层具体电路，而编辑电路是回到上一层电路。

17. 注释（Comment）

打开一个"注释对话框"，可以输入三行注释性文字。如果电路注释已经存在的话，用户使用该项命令可以修改电路注释。

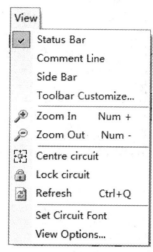

图 4-9　视图菜单

如果在"ATP/设置"菜单中选择"注释"选项的话，那么这三行注释就会被写入 ATP 文件开头。如果要在电路窗口底部显示注释，在"视图"菜单中选择"注释行"选项。

4.2.3　视图（View）

在"视图"菜单中，可以控制主窗口和电路窗口元件的可视性，并且可以选择如何画当前窗口中的电路。点击"视图"菜单会出现如图 4-9 所示的下拉菜单。

1. 状态栏（Status Bar）

状态栏可以隐藏，也可以在主窗口的底部显示。状态栏反映当前电路窗口的状态信息。左侧的模式区域反映目前处于何种操作模式。可能的操作模式如表 4-1 所列。

表 4-1　状态栏可能的操作模式

EDIT	通常状态。表明没有特别的操作
CONN. END	表明终点连接状态，此时程序在等待通过单击鼠标左键确定新连接的终点。如果要退出该状态，单击鼠标右键或者按 Esc 键
EDIT TEXT	表明编辑文本状态。用来为文本、组件标签或节点名增加一个新的电路文本喜欢的文本。按 Alt 键也可进入这状态
GROUP	表明区域选择状态。在当前电路窗口的空白处双击鼠标左键开始画多边形区域。要结束操作，单击鼠标右键即可。在该区域中的所有对象都成为所选群的成员。要取消区域选择，按 Esc 键
INFO. START	当参数菜单的"TACS/画关系线"选项被激活时，此状态表明关系的开始。在某个参数节点或某个连接线的端点上单击鼠标左键开始画一个新的关系线。通常，关系线显示为蓝色，它不会影响元件的连接
INFO. END	表明关系的结束。此时程序等待通过单击鼠标左键确定新关系线的终点。要取消操作，单击鼠标右键或者按 Esc 键

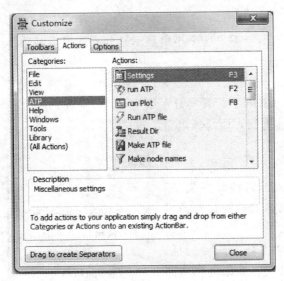

图 4 - 10 自定义工具栏对话框

2. 注释行 (Comment Line)

注释栏可以隐藏，也可以在当前电路窗口的底部显示。

3. 侧栏 (Side Bar)

侧栏可以隐藏，也可以在当前电路窗口的左侧显示。有全部元件选择导航和仿真导航两个侧栏可选。

4. 定制工具栏 (Toolbar Customize)

工具栏可以由用户自行定制。用户自定义的工具栏被保存在文件的工具栏。自定义对话框的如图 4 - 10 所示。

默认工具栏内容如图 4 - 11 所示。包括常用菜单选项的快捷按钮，表 4 - 2 列表描述了默认的快捷按钮。

图 4 - 11 默认工具栏

表 4 - 2 默认工具栏的快捷按钮描述

图标	名　　称	作　　用	快捷键
	新建	新建电路窗口	
	打开	加载电路文件到新窗口中	Ctrl + O
	保存	保存当前活动电路窗口到磁盘文件	Ctrl + S
	另存为	保存当前活动电路窗口到指定路径的磁盘文件	
	导入	从文件中向当前电路窗口插入电路	
	导出	保存当前活动电路窗口中的选定对象到指定路径的磁盘文件	
	撤销	撤销上一次编辑操作	Ctrl + Z
	重复	重复上一次编辑操作	Ctrl + Y
	剪切	复制选定对象到剪贴板并删除电路窗口中的原有对象	Ctrl + X
	复制	复制选定对象到剪贴板	Ctrl + C
	粘贴	把剪贴板中的对象粘贴到电路窗口中去	Ctrl + V
	双重复制	复制选定对象到剪贴板同时粘贴到电路中	Ctrl + D
	编辑文本	用来插入一条新电路文本或编辑文本	Ctrl + T
	全部选择	选择当前电路窗口中的所有对象	Ctrl + A
	顺时针旋转	顺时针旋转 90°	Ctrl + R
	逆时针旋转	逆时针旋转 90°	Ctrl + L
	翻转	翻转选定的对象，即使其旋转 180°	Ctrl + F

续表

图标	名 称	作 用	快捷键
	放大	增加当前放大系数的 20%，放大对象	NUM+
	缩小	减少当前放大系数的 20%，缩小对象	NUM−
	刷新	刷新当前电路窗口中的所有对象	Ctrl + Q
	归中	使电路显示在当前电路窗口的中间位置	
	解锁/上锁	解锁当前窗口电路，可以编辑；锁住当前窗口电路，使之不能被编辑	
	运行	记录节点名字＋写了 ATP 文件＋运行 ATP	F2
	绘图	执行 Plot 命令，导入 .pl4 文件参数	F8

最右边的两项工具栏用来控制窗口电路和节点的缩放比例。

视图菜单中的放大（Zoom In）、缩小（Zoom Out）、归中（Centre circuit）、锁/解锁（Lock/Unlock circuit）和刷新（Refresh）菜单描述如表 4-2 所列。

5. 设置电路字体（Set Circuit Font）

允许进行屏幕上节点名称和标签的字体、字形和大小的选择。默认字体为斜体 Arial、小五。

6. 选项（Options）

选择该区域出现"视图选项对话框"，如图 4-12 所示。此处用户设置对象的可视性选项。"视图选项对话框"可以改变当前电路窗口中对象的可视性。在默认设定下，除了节点标签以外，所有的对象都是可见的。表 4-3 给出选定对应选项的功能。

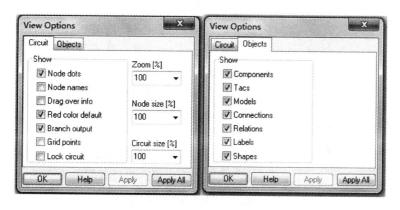

图 4-12 视图选项对话框

表 4-3 　　　　　　　　　　　　　　视图选项对话框中选项功能

选 项	功 能
Node dots	节点和连接端点显示为实心圆圈
Node names	显示节点名称（与节点的显示特性无关）。在"ATP"菜单中选择"节点命名"选项后，该命令会很有用
Drag over info	在鼠标光标下，列出有关部件信息（如名称、数据编号和节点等），但不能点击

续表

选　项	功　能
Red color default	元件和节点绘成红色，直到元件或节点第一次打开为止
Show branch output	当选择该选项，会在图标的左上侧有特定的小标志来表示该支路的输出请求
Grid points	显示网格点
Lock circuit	组件不能被选中和移动，只能打开输入选项
Components	显示所有标准元件及用户定义的元件
TACS	显示所有的 TACS 元件
Models	显示所有 MODELS 元件
Connections	显示所有的连接线（短路电路）
Relations	显示所有的关系线（信息箭头）
Labels	显示元件的标签
Shapes	显示元件的形状

4.2.4　ATP 菜单

ATP 菜单选项提供在运行实例执行 ATP 运行命令前，创建、显示、修改 ATP 输入文件和设置 ATP 特定参数（如 ΔT、$T_{\max}$）的功能。点击"ATP"菜单后出现的下拉菜单如图 4-13 所示。

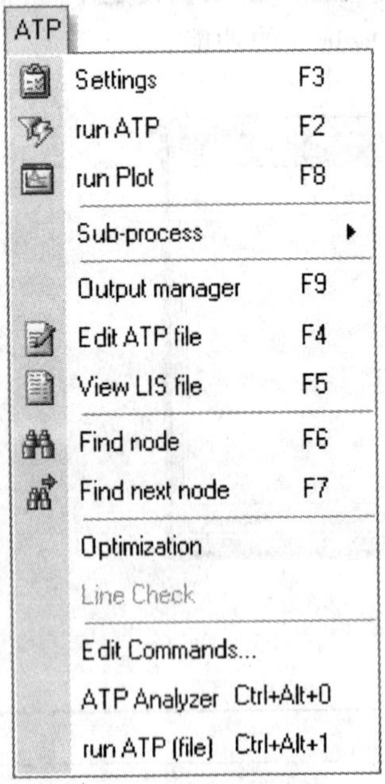

1. 设置（Settings）

在"ATP/设置"对话框中，设定与当前电路窗口有关的几个选项。当 ATPDraw 生成 ATP 输入文件时，会自动调用该对话框中的设定。快捷键：F3。该对话框有六个选项：仿真设置、输出设置、格式设置、开关设置、潮流设置和变量设置。

（1）仿真设置（Simulation）。仿真设置对话框如图 4-14 所示。

delta T：时间步长，单位为 s。

Tmax：计算终止时间，单位为 s。

Xopt：0 或空白时，电感元件的单位为 mH；填入频率时，电感元件的单位为 Ω。

Copt：0 或空白时，电容元件的单位为 μF；填入频率时，电容元件的单位为 Ω。

Freq：系统频率，单位为 Hz。

选择 Time domain：暂态计算。

选择 Frequency scan：频率扫描。

选择 Hamonic[HFS]：谐波计算。

选择 Power Frequency：指定系统频率。

（2）输出设置（Output）。输出设置对话框如图 4-15 所示。

图 4-13　ATP 菜单

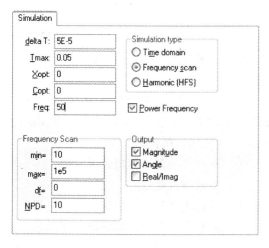

图 4 - 14 仿真设置对话框

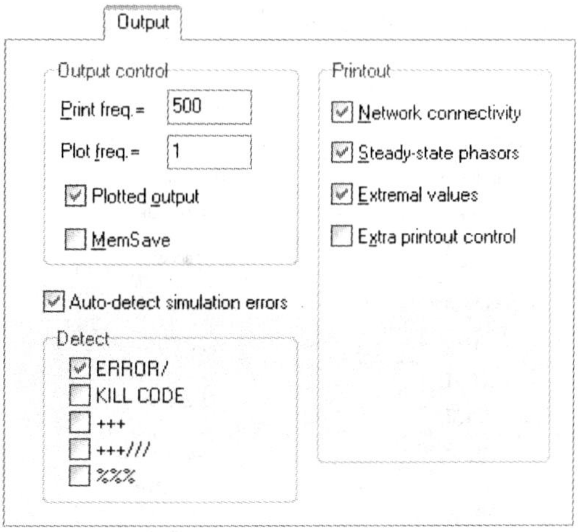

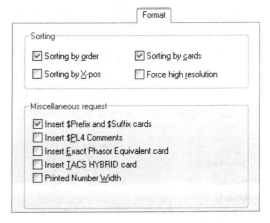

图 4 - 15 输出设置对话框

Print freq：指定文本输出频率。

Plot freq：指定图形输出频率。

选择 Plotted output：有图形输出。

选择 MemSave：仿真运行结果保存到硬盘。

选择 Network connectivity：输出节点连接表。

选择 Steady-state phasors：输出稳态计算结果，有 0、1、2、3 可选。

选择 Extremal values：输出极大值和极小值。

选择 Extra printout control：改变输出频率。

选择 Auto-detect simulation errors：在画面自动输出错误信息。

（3）格式设置（Format）。格式设置对话框如图 4 - 16 所示。是指定数据卡排列方式和附加要求用的对话框。

Sorting by order：根据每个对象所给定的组合号码决定卡片顺序。号码最小的组排在最前面。

图 4 - 16 ATP 文件格式设置对话框

Sorting by cards：数据文件的内容按支路卡、开关卡，以及电源卡的顺序排列下来。

Sorting by X-pos：电路窗口中最左边的对象最先写入文件。

Force high resolution：写入 $ Vintage 卡片（允许的话），否则，文件不写入 $ Vintage 卡片。

（4）开关设置（Switch/UM）。开关设置对话框如图 4 - 17 所示。对话框指定计算操作过电压的统计分布时使用统计开关还是规律化开关。如有通用电机，在该对话框指定初始化方法、所用的单位制和计算方法。

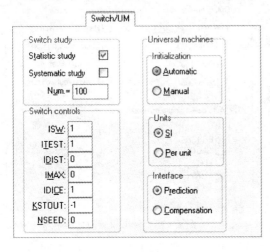

图 4 - 17　开关设置对话框

ISW：为 1，在 LUNIT6 文件中输出所有的开关闭合/打开的时间；为 0，则不输出。

ITEST：使用 STARTUP 中的 DEG-MIN，DEGMAX 和 STATFR 产生附加的随机延迟。可选择的值为：

0：所有开关附加随机延迟。

1：没有随机延迟。

2：所有闭合开关附加随机时间延迟。

3：所有打开开关附加随机时间延迟。

IDIST：选择开关可能的分布特性。为 0，高斯分布；为 1，统一分布。

IMAX：为 1，则在 ATP 的输出 LIS 文件中输出每一次充电的极值；为 0，则不输出。

IDICE：使用标准随机发生器。为 0，采用数字式随机发生器；为 1，采用标准随机发生器。

KSTOUT：每次充电附加输出(LUNIT6)。为 0，附加输出；为 -1，不作上述输出。

NSEED：可重复的蒙特卡罗仿真。可选值为：

0：在相同数据基础上的每次仿真结果不相同。

1：在同一台计算机上运行相同的数据得出相同的结果。

（5）潮流设置（Load flow）。潮流设置对话框如图 4 - 18 所示。对话框按照规定设置潮流计算的全局变量。默认的最大迭代数量为 500，结果输出频率，默认值为 20，表示每 20 个时间步长就打印一次仿真结果，相对收敛指标默认值为 0.01。

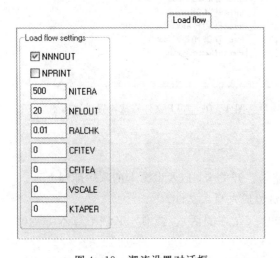

图 4 - 18　潮流设置对话框

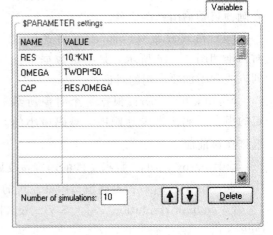

图 4 - 19　变量设置对话框

（6）变量设置（Variables）。变量设置对话框如图 4 - 19 所示。该对话框是管理

MODELS 变量名, 对话框支持 ATP - EMTP 特征参数变量设定。

2. 运行 ATP (Run ATP)

可生成文本输入文件 (扩展名为 .atp 文件), 并执行 ATP 程序。快捷键: F2。

3. 运行 Plot (Run Plot)

执行 Plot 程序, 可输出用波形表示的计算结果 (.pl4 文件)。快捷键: F8。

4. 运行 ATP 子项 (Sub-process)

把运行 ATP 程序命令分成独立的三个子项。

(1) 运行 ATP 文件 (Run ATP file): 执行 ATP 和发送当前 ATP 文件参数。该选项适用于用户手动修改 ATP 文件或在编辑 ATP 文件之后。

(2) 生成 ATP 文件 (Make ATP file): 为当前电路窗口建立 ATP 输入文件。要求用户确定该文件的名称。ATPDraw 首先进行 "节点命名" 操作 (无论该操作进行没有), 然后按照在 "设置" 中设定的格式生成 ATP 输入文件。

(3) 节点命名 (Make node names): 进行该命令时, ATPDraw 检查当前电路并对当前电路窗口中的所有节点都给定统一的名字。相连接的节点或重叠的节点有相同的名字。然后系统要求用户确认该项操作。

5. 输出管理 (Output manager)

以列表形式管理全部数据输出情况, 以便他们出现在 pl4 的文件。排序选项元件都考虑进去。输出管理对话框如图 4 - 20 所示, 快捷键: F9。

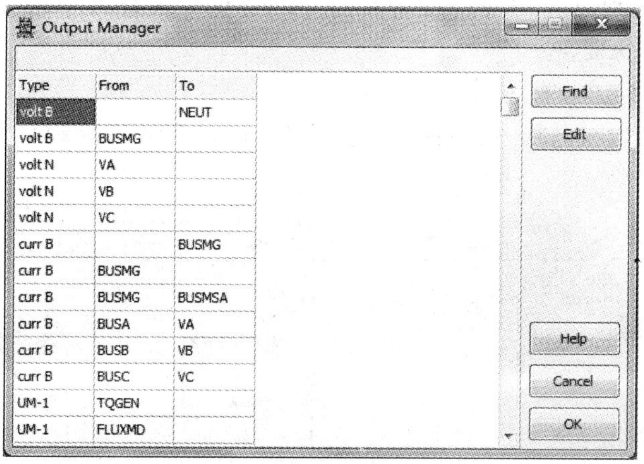

图 4 - 20 输出管理对话框

6. 编辑 ATP 文件 (Edit ATP file)

该命令调用一个内部文字编辑器, 使用户能够阅读或编辑 ATP 文件, 快捷键: F4。选中 "编辑 ATP 文件" 选项后, 程序搜索并打开和当前电路同名, 后缀为 .atp 的 ATP 文件, 如图 4 - 21 所示。

窗口底部的状态栏显示光标在文字中的行列位置, 以及 "修改" 状态。该编辑器支持基本的文字编辑功能 (打开/保存、打印、复制/粘贴、查找/替换), 选择 "特性" 菜单中的 "字体选项" 改变字体的默认值。该文字编辑器的最大缓冲区为 2GB。用户可以在 "工具/选项" 对话框的 "参数选择" 页面中确定自己喜爱的编辑器 (写字板, 记事本等)。

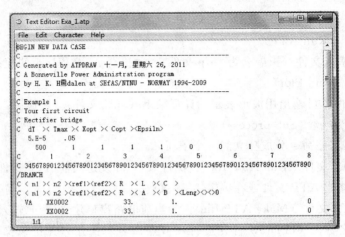

图 4 - 21　内置文本编辑器的主窗口

也可通过另一种方法来调用该编辑器：在"工具"菜单中选择"文本编辑"选项。在这种情况下，文字缓冲区最初为空。

7. 查看 LIS 文件（View LIS file）

该命令调用一个内部文字编辑器，使用户可以思考 ATP 的 LUNIT6 输出（通常称为 LIS 文件）。快捷键：F5。

8. 查找节点（Find Node）和查找下一节点（Find Next Node）

输入节点名，找到电路中对应的节点（Find Node），具有相同节点名的下一节点（Find Next Node）。快捷键：F6 和 F7。

9. 优化（Optimization）

使用优化命令必须在电路中有函数对象（MODELS | WriteMaxMin）和变量的声明。对话框如图 4 - 22 所示。

图 4 - 22　优化命令对话框

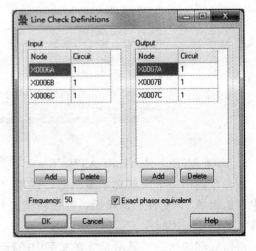

图 4 - 23　线路检查输入和输出选择对话框

10. 线路检查（Line Check）

先选中想要查验的线路，然后执行线路检查命令。对话框如图 4 - 23 所示。选择输入和输出，点击"Ok"，就会弹出检查结果。

11. 编辑命令（Edit Commands…）

用户可以直接从 ATPDraw 中执行指定的执行文件（＊.exe 或＊.bat）。新命令将被添加到 ATP 菜单编辑命令项的下面。

4.2.5　库（Library）

此菜单中，用户可以自己创建组件支持文件。支持文件包括下列信息：对象的数据和节点、图标及相应的帮助文件。ATPDraw 中的电路对象可以被分为 3 类：标准元件、用户定义元件和 MODEL 元件。用户可以按自己喜好保存 .sup 文件。

1. 新元件（New Object）

在这个菜单用户可以创建新的标准（Standard）元件、用户自定义（User Specified）元件或模型（Models）元件。该菜单选项是为程序开发者服务的。如果要增加一个新的元件，需要修改原程序代码，因此此功能不适用于普通用户。

2. 编辑元件（Edit Object）

用户可以为当前的标准（Standard）元件、用户自定义（User Specified）元件或模型（Models）元件编辑支持文件。标准元件支持文件储存在 ATPDraw.scl 文件中，支持文件的后缀为 .sup。在"编辑元件"对话框中的 Data 页面中，设定支持文件中数据参数的 7 个控制变量：参数名（Name）、参数的初始值（Defaults）、单位（Units）、允许的最小/最大值（Min/Max）、参数（Param）和"元件对话框"（Digits）。在"编辑元件"对话框中的 Node 页面中，设定支持文件的节点特性（每个节点参数各占一行），可用的节点参数选项为：节点名（Name）、类型（Kind）、相数（♯Phases）（1 或 3）、节点在图标边界上的位置（Pos.x 和 Pos.y）等。

3. 同步（Syncronize | Reload Standard Icons）

从各自的支持文件同步阅读和显示标准元件的图标。

4.2.6　工具（Tools）

"工具"菜单中的选项使用户可以编辑元件图标或帮助文件，查看或编辑文本文件，并且保存或设置部分程序选项到 ATPDraw.ini文件。图 4-24 显示在"工具"菜单中可用的命令。

图 4-24　工具菜单

1. 图标编辑器（Bitmap Editor）

打开一个图标编辑器，编辑元件的图标。在编辑器窗口的底部有一个调色板，及两个方框，显示当前选择的颜色，同时还显示被编辑图标实际尺寸的图形。在调色板中，带有 T 标记的颜色表示透明色。前景色通常被用作绘画，而背景色用来擦除绘画过程中的错误。

2. 向量图形编辑器（Vector Editor）

打开一个向量图形编辑器，编辑向量图形。

3. 帮助文件编辑器（Help Editor）

在帮助文件编辑器中，可以修改当前元件的帮助文件。"帮助文件编辑器/查看器"的窗口布置和内部的"文本编辑器"相同，但是菜单选项及功能不同。

4. 文本编辑器（Text Editor）

打开"文本编辑器"，创建或修改文本文件。默认情况下显示的是内部的文本编辑器（图 4-21），可在"工具/选项"对话框中的"参数选择"页面中设定文本编辑器程序。

5. 绘图工具（Drawing Tools）

常用的几种绘图工具，如写字、画线、画箭头、画方形、画圆等工具。

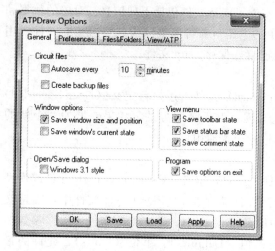

图 4-25 "工具/选项"对话框

6. 选项（Options）

在"工具/选项"菜单中，为特定 ATPDraw 进程用户化程序选项，并保存到 ATPDraw.ini 文件中，并可以被随后的应用流程读取。程序开始，选项均为默认值。接着，程序按以下顺序搜索 ATP-Draw.ini 文件：当前目录，存放 ATP-Draw.exe 程序的目录，Windows 安装目录，以及在环境变量"路径"中定义的每个目录。当发现初始化文件，搜索过程停止然后加载该文件。文件中的选项值自动覆盖默认值。

"工具/选项"对话框中，用户可设置初始化文件的内容而无需打开文本编辑器。如图 4-25 所示，它有四个子页面："常规"页面、"路径"页面、"文件和文件夹"页面和"视图/ATP"页面。前 3 个子页面选项对话框中选项功能分别列入表 4-4、表 4-5和表 4-6。

表 4-4　　　　　　　　　　　"常规"页面选项对话框中选项描述

选 项	描 述
Autosave every ? minutes	每隔设定的时间（分钟），保存所修改过的电路至一个的单独磁盘文件。文件名称和电路文件名称一样，扩展名为".$ad"。自动保存后电路的修改状态不变
Create backup files	每次保存电路时，以".～ad"为扩展名备份原始电路文件。启动"自动保存"时该操作无效
Save window size and position	记录主窗口当前尺寸和位置。下一次 ATPDraw 启动时，与上次一样。（以下同）
Save window's current state	记录当前主窗口状态（最大化或还原）
Save toolbar state	记录当前主窗口工具栏的状态（可见或隐藏）
Save status bar state	记录当前主窗口状态栏的状态（可见或隐藏）
Save comment state	记录当前电路窗口注释栏的状态（可见或隐藏）
Windows 3.1 style	使"打开/保存"对话框为 Windows 3.1 格式
Save options on exit	当程序结束时，自动保存程序选项到初始化文件中

表 4 – 5　　　　　　　　　　　　　"路径"页面选项对话框中选项描述

选　　项		描　　述
Undo/redo buffers		确定"撤销/重复"缓存块数，分配给每个电路窗口。改变不影响当前已打开的电路窗口，只有新窗口使用新设置值
Background color		设置电路窗口背景颜色
program	Text editor	保存用于编辑 ATP 文件的文本编辑器程序（如"记事本"或者"写字板"）的名称和路径
	ATP	保存执行 ATP 程序命令时，ATP 程序运行的一个批处理文件名称和路径
	ARMAFIT	保存执行 Armafit 程序命令时，运行的一个批处理文件名称和路径。建议批处理文件 runAF. bat
	Plot	保存预设绘图命令执行程序的名称和路径
	Windsyn	保存兼容 Windsyn 命令执行程序的名称和路径。WindsynATPDraw. exe

表 4 – 6　　　　　　　　　　　"文件和文件夹"页面选项对话框中选项描述

选　　项	描　　述
Project folder	电路文件（.acp 或 .adp）存储的目录
ATP folder	创建并保存 .atp 文件的目录
Model folder	保存 MODELS 元件的支持文件（.sup）和模型文件（.mod）的目录
Help folder	保存帮组文件的目录
User spec. folder	保存用户自定义元件的支持文件（.sup）和库文件（.lib）的目录
Line/Cable folder	保存线路和电缆模型文件的目录
Transformer folder	保存变压器模型文件的目录
Plugins folder	保存用户所增加插件的目录

在"视图/ATP"页面中初始化两个选项设置群，为默认的视图和 ATP 选项。点击"编辑选项"按钮打开"视图选项"对话框，设置视图选项并作为新电路窗口的默认设定。"编辑设置"按钮激活"ATP 设置"对话框。

7. 保存选项（Save Options）

保存程序选项到 ATPDraw. ini 文件。该文件通常位于程序安装文件夹下，并可以被用来保存默认选项设置。

4.2.7 视窗（Window）

在"视窗"菜单中，用户可以重新排

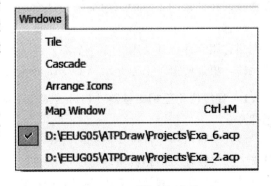

图 4 – 26　"视窗"菜单

列已打开的电路窗口或选择活动电路窗口。该菜单包含有显示或隐藏"地图窗口"的命令。图 4 – 26 所示为可用的菜单选项。

147

1. 平铺窗口（Tile）

水平拉伸电路窗口，铺满屏幕。点击电路窗口名称栏，激活窗口。活动的电路窗口前有"√"标志。

2. 层叠窗口（Cascade）

该命令使窗口层叠，只显示出每个窗口的标题。点击电路窗口名称栏，激活窗口。

3. 排列图标（Arrange Icons）

该命令重新排列被最小化的电路窗口中的图标，使其均匀分布避免重叠。

4. 地图窗口（Map Window）

"地图窗口"选项可显示或隐藏地图窗口。地图窗口是最上层窗口，总在其他窗口上层。地图窗口可显示整个活动窗口的内容。通过拖拽 Map 窗口中的矩形框可显示想要查看的部分电路图，电路中的元件在 Map 窗口中显示为黑点。快捷键：Ctrl＋M。

4.2.8 帮助（Help）

"帮助"菜单的下拉菜单显示相关的用户可用的在线帮助。"帮助"菜单包括"帮助主题"、"关于主窗口"和 ATPDraw 的版权和版本信息。

"帮助主题"命令调用一个标准 Windows 列表式帮助对话框。链接和大量的目录索引有助于用户查找相关主题。"关于主窗口"选项调用帮助窗口页面，同时显示 ATPDraw 主菜单各选项的相关帮助信息。

4.3 ATPDraw 元件选择菜单

现在 ATPDraw 程序支持大约 70 个标准元件和 28 个 TACS 对象，支持 MODELS 的简单应用，用户也可以创建自己的电路元件，图 4 - 27 所示为 ATPDraw 主要元件模型图标。

元件选择菜单提供了在电路窗口中插入新元件的选项，如图 4 - 28 中间所示，菜单通常是隐藏的。在电路窗口的空白处单击鼠标右键，显示该菜单。该菜单中所有的元件都可以选择。在浮动的菜单中选中某个元件后，该元件图标就显示在电路窗口中，且处于可移动的状态。新的版本中新增一种选择元件的方式，即点击菜单"视图"\"侧栏"，主窗口的左侧有跟元件选择菜单一样的全部元件选择导航条，如图 4 - 28 所示，可从导航条中选择元件，更加便捷。下面介绍 ATPDraw 的元件菜单。

4.3.1 测量仪和三相接续器 [Probes & 3 - phase]（ [] 内是 ATPDraw 为该元件设定的名称）。

（1）节点电压测量仪 [Probe Volt]：可以得到 ATP 文件中指定点的电压输出。用户可指定测量仪连接的相数及测量哪一相。

（2）支路电压测量仪 [Probe Branch Volt]。

（3）支路电流测量仪 [Probe Curr]。

（4）TACS 测量仪 [Probe Tacs]：通过"TACS 测量仪"可向 ATP 文件输出 TACS（型号 33）的输出信号。

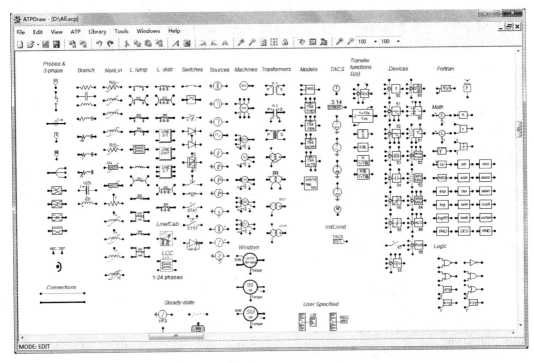

图 4-27 ATPDraw 中主要元件模型图标

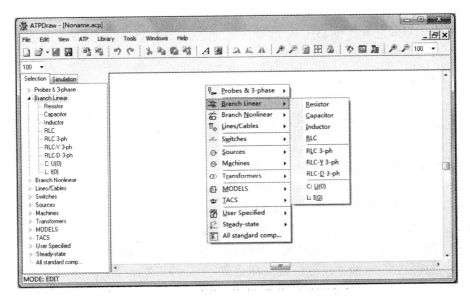

图 4-28 ATPDraw 中的元件选择菜单及侧栏导航条

（5）MODEL 测量仪 [Probe Model]：通过"MODEL 测量仪"，可向 ATP 文件输出 MODELS（RECORDS 卡）的输出信号。

（6）三相表示与单相表示的转接 [Splitter]：作为单个三相点和三个一相点之间的转换器件。它没有数据，只有 4 个节点。

（7）收集器［Collector］：收集器的对象是一个组件与一个单一的多相节点。它是只用于压缩元件，意味着只有组件可以有外部的节点，而没有连接。

（8）换位 ABC→BCA［Transp1］：具有从相序 ABC 到 BCA 的换相功能。

（9）换位 ABC→CAB［Transp2］：具有从相序 ABC 到 CAB 的换相功能。

（10）换位 ABC→CBA［Transp3］：具有从相序 ABC 到 CBA 的换相功能。

（11）换位 ABC→ACB［Transp4］：具有从相序 ABC 到 ACB 的换相功能。

（12）指定 ABC 相序的基准节点［ABC Reference］：若在电路中定义"master"点的相序为 ABC，则其他点都采用这个设置。

（13）指定 DEF 相序的基准节点［DEF Reference］：若在电路中定义"master"点的相序为 DEF，则其他点都采用这个设置。ABC 和 DEF 参数组合可能出现在 6 相电路中。

4.3.2　线性支路［Branch Linear］

（1）电阻元件［Resistor］。

（2）电容元件［Capacitor］。

（3）电感元件［Inductor］。

（4）RLC 串联支路［RLC］。

（5）3 相耦合 RLC 支路［RLC 3-ph］。

（6）3 相 Y 形连接［RLC-Y 3-ph］。

（7）3 相△形连接［RLC-D3-ph］。

（8）有初始电压的电容［C：U（0）］。

（9）有初始电流的电感［L：I（0）］

4.3.3　非线性支路［Branch Nonlinear］

（1）折线表示的非线性电阻（时间滞后型）［R（i）Type 99］。

（2）折线表示的非线性电阻（补偿型）［R（i）Type 92］。

（3）时变电阻（时间滞后型）［R（t）Type 97］。

（4）时变电阻（补偿型）［R（t）Type 91］。

（5）折线表示的非线性电感（时间滞后型）［L（i）Type 98］。

（6）折线表示的非线性电感（补偿型）［L（i）Type 93］。

（7）磁滞曲线表示的非线性电感（时间滞后型）［L（i）Type 96］。

（8）磁滞曲线表示的非线性电感（时间滞后型）［L（i）Hevia 98→96］。

（9）指数函数表示的非线性电阻（补偿型）［MOV Type 92］：仿真金属氧化物避雷器。

（10）指数函数表示的三相非线性电阻（补偿型）［MOV Type 3－ph］。

（11）TACS 控制的非线性电阻（补偿型）［R（TACS）Type 91］。

（12）带剩磁的、折线表示的非线性电感（时间滞后型）［Type 98，init］。

（13）带剩磁的、磁滞曲线表示的非线性电感（时间滞后型）［Type 96，init］。

（14）带剩磁的、折线表示的非线性电感（补偿型）［Type 93，init］。

4.3.4 架空线路/电缆〔Lines /Cables〕

1. 集中参数〔Lumped〕

（1）单相或多相 π 形电路〔RLC Pi-equiv. 1〕。

（2）多相耦合 RL 电路〔RL Coupled 51〕。

（3）对称分量表示的多相耦合 RL 电路〔RL Sym. 51〕。

2. 带集中电阻的分布参数线路〔Distributed〕

（1）换位线路用的 Clarke 模型〔Transposed lines (Clarke)〕。

（2）不换位线路用的 KCLee 模型〔Untransp. lines (KCLee)〕。

3. 自动计算参数的架空线路/电缆模型〔LCC〕

（1）带集中电阻的分布参数线路〔Bergeron〕。

（2）π 形电路〔pi〕。

（3）J. Marti 频率相关分布参数线路模型〔JMarti〕。

（4）Semlyen 频率相关分布参数线路模型〔Semlyen〕。

（5）野田频率相关分布参数线路模型〔Noda〕。

4. 从既有 pch 文件建立 LCC 模型〔Read PCH file...〕

4.3.5 开关〔Switches〕

（1）时控开关〔Switch time controlled〕。

（2）三相时控开关〔Switch time 3-ph〕。

（3）压控开关〔Switch voltage contr.〕。

（4）二极管〔Diode (type 11)〕。

（5）可控二极管〔Valve (type 11)〕。

（6）三极管〔Triac (type 12)〕。

（7）TACS 控制开关〔TACS switch (type 13)〕。

（8）测量开关〔Measuring〕。

（9）统计开关〔Statistic switch〕。

（10）规律化开关〔Systematic switch〕。

（11）非线性二极管〔Nonlinear diode〕。

4.3.6 电源〔Sources〕

（1）交流电源〔AC source (1&3)〕。

（2）直流电源〔DC type 11〕。

（3）单斜角波电源〔Ramp type 12〕。

（4）双斜角波电源〔Slope-Ramp type 13〕。

（5）冲击波电源〔Surge type 15〕。

（6）Heidler 冲击波电源〔Heidler type 15〕。

（7）Standler 冲击波电源〔Standler type 15〕。

（8）Cigre 冲击波电源〔Cigre type 15〕。

（9）TACS 控制电源〔TACS source〕。

（10）实证电源模型 1 ［Empirical type1］：用户自定义时间特性的电压或电流源。

（11）不接地交流电源 ［AC Ungrounded］。

（12）不接地直流电源 ［DC Ungrounded］。

4.3.7　电机 ［Machines］

（1）同步电机 ［SM59］。

（2）感应电机 ［IM 56］。

（3）异步风力发电机 ［Induction WI］。

（4）双馈异步风力发电机 ［Synchronous WI］。

（5）直驱风力发电机 ［Windsyn External］。

（6）用通用电机表达的同步电机 ［UM1 Synchronous］。

（7）用通用电机表达的感应电机 ［UM3 Induction］。

（8）用通用电机表达的感应电机（双向励磁）［UM4 Induction］。

（9）用通用电机表达的单相感应电机 ［UM6 Single phase］。

（10）用通用电机表达的直流电机 ［UM8 DC］。

4.3.8　变压器 ［Transformers］

（1）单相理想变压器 ［Ideal 1 phase］。

（2）三相理想变压器 ［Ideal 3 phase］。

（3）单相饱和变压器 ［Saturable 1 phase］。

（4）三相饱和变压器 ［Saturable 3 phase］。

（5）Y‐Y 内铁式变压器 ［♯Sat. Y/Y 3-leg］。

（6）三相变压器参数计算 ［BCTRAN］。

（7）单相变压器参数计算 ［Hybrid model］。

4.3.9　模型系统 ［MODELS］

除了标准组件，用户可以利用模型 ATP 仿真语言创建自己的模型，ATPDraw 只支持一个简化模型的使用。

（1）默认模型 ［Default model］。

（2）sup/mod 文件模型 ［Files（sup/mod）…］。

（3）94 模型 ［Type 94］。

（4）设置最大/最小值模型 ［Write Max/Min］。

4.3.10　控制系统 ［TACS］

1. 信号源 ［Sources］

（1）电路变量信号 ［Circuit variable］：如指定节点电压（type‐90）、开关电流（type‐91）、内部特殊变量（type‐92）、开关状态（type‐93）信号源。

（2）模型变量信号 ［Models variable］。

（3）连续信号 ［Constant］。

（4）直流信号 ［DC‐11］。

（5）交流信号 ［AC‐14］。

（6）脉冲信号〔Pulse - 23〕。

（7）斜角波信号〔Ramp - 24〕。

2. 传递函数块〔Transfer functions〕

（1）一般型〔General〕。

（2）1 阶型〔Order 1〕。

（3）积分型〔Integral〕。

（4）微分型〔Derivative〕。

（5）低通滤波器〔Low pass〕。

（6）高通滤波器〔High pass〕。

3. 特殊装置〔Devices〕

用户可以在 DATA 框中定义对象的类型（88，98 或 99），适用于 TACS type 88、98 或 99，模型 88 为"内部"类型，模型 98 为"输出"类型；99 为"输入"类型。

（1）频率测量器〔Freq sensor - 50〕。

（2）继电器〔Relay switch - 51〕。

（3）触发器〔Level switch - 52〕。

（4）延迟器〔Trans delay - 53〕。

（5）脉冲延迟器〔Pulse delay - 54〕。

（6）数值采样器〔Digitizer - 55〕。

（7）用户定义非线性〔User def nonlin - 56〕

（8）时序开关〔Multi switch - 57〕。

（9）可控积分器〔Cont integ - 58〕。

（10）简化微分器〔Simple deriv - 59〕。

（11）条件判断输出器〔Input IF - 60〕。

（12）选择输入器〔Signal select - 61〕。

（13）采样和追踪器〔Sample track - 62〕。

（14）最小值和最大值选择器〔Inst min/max - 63〕。

（15）最小值和最大值追踪器〔Min/max tracking - 64〕。

（16）累加器和计数器〔Acc count - 65〕。

（17）有效值测量器〔RMS meter - 66〕。

4. 初始化〔Initial cond.〕

指定 TACS 变量的初始值。

5. Fortran 语言表达式〔Fortran statements〕

（1）输入输出表达式〔F($1... $9)〕：输入数可以是 1～9。

（2）一般 Fortran 语言表达式〔General〕。

（3）数学表达式〔Math〕：加、减、乘、除、绝对值、开方、指数、对数等。

（4）三角函数表达式〔Trigonom〕：正弦、余弦、正切、余切、反正弦、反余弦。

（5）逻辑表达式〔Logic〕：非、与、或、与非、或非、大于、大于等于。

4.3.11　用户自定义元件〔User Specified〕

（1）选择已定义的 LIB 文件，在 ATP 文件中增加 $INCLUDE 文〔Library〕。

（2）从标准元件库以外选择元件在 ATP 文件中插入文本文件〔Additional〕。

（3）选择已定义的 LIBREF_1 文件，建立单相参考支路〔Ref.1-ph〕。

（4）选择已定义的 LIBREF_3 文件，建立三相参考支路〔Ref.3-ph〕。

（5）选择已定义的 SUP 文件，在 ATPDraw 窗口增加新元件〔Files〕。

4.3.12　稳态〔Steady-state〕

（1）稳态 RLC 电路〔RLC Phasor〕。

（2）单相 CIGRE 负荷〔CIGRE Load 1 ph〕。

（3）三相 CIGRE 负荷〔CIGRE Load 3 ph〕。

（4）线性 RLC〔Linear RLC〕。

（5）Kizilcay 频率相关支路〔Kizilcy F-Dependent〕。

（6）谐波频率源〔HFS Source〕。

（7）有功和无功功率恒定潮流组件〔Load flow PQ〕。

（8）电压幅值和有功恒定潮流组件〔Load flow UP〕。

（9）电压相角和无功恒定潮流组件〔Load flow TQ〕。

4.3.13　标准元件〔Standard Component...〕

从 ATPDraw.scl 文件中选取 ATPDraw 标准元件中的任一元件。

4.4　ATPDraw 的 基 本 操 作

1. 新建电路文件

选择文件菜单栏中的新建命令或者用鼠标左键点击工具栏中新建图标，创建一个电路文件编辑窗口。

2. 选择电路元件

用鼠标右键点击电路窗口空白处，出现元件选择菜单，从元件选择菜单中用鼠标键（左右键都可以）一一选择所需要的电路元件。

新版 ATPDraw 中，点击菜单"视图"\"侧栏"，主窗口的左侧出现全部元件选择导航条，从导航条中选择所需的电路元件。

3. 组成仿真电路的操作

（1）连接。有自动连接和手动连接两种方式。自动连接，将一个图标拖动到另外一个图标附近，使它们的待连接端子重叠到一起，两元件会自动连接起来；手动连接，将光标置于一个元件的端子，按下左键，将引线拖至另一个元件的端子，释放左键后再点击左键，结束连接的操作。

（2）移动。将光标移至目标图标，点击左键，确定选择对象（在该图标外围形成方框，以下同），按下左键，将该图标拖至希望的位置，然后释放左键，结束移动的操作。

（3）复制。将光标移至目标图标，点击左键，确定选择对象。然后，点击编辑菜单中复制命令，复制目标元件；也可以点击工具栏中的复制工具。

（4）粘贴。点击编辑菜单中粘贴命令，也可以点击工具栏中的粘贴工具。复制出的图标和原图标是重叠在一起的，按下左键，将复制图标拖至希望的位置，释放左键，结束复制的操作。

（5）双重复制。以上两步操作，可以点击编辑菜单中双重复制命令，也可以点击工具栏中的双重复制工具，一次性完成复制和粘贴操作。

（6）旋转。将光标移至目标图标，点击左键，确定选择对象。然后，点击右键或点击工具栏中的顺时针旋转按钮，旋转目标图标，每点击一次，顺时针旋转 90°；点击工具栏中的逆时针旋转按钮，图标旋转逆时针旋转 90°；点击工具栏中的翻转按钮，图标旋转 180°。

（7）节点赋名与接地。将光标移至目标节点，点击右键或双击左键，生成如图 4 - 29 所示的节点赋名用对话框。在该框内可填入节点名（6 个符号之内），并可指定是否显示节点名。

如该节点需要接地，则不需填写节点名，但需选择 Ground 栏。

如没有对节点赋名，程序将自动给节点赋名。

4. 设置各元件参数

双击元件图标，将出现输入该元件参数用的对话框，如图 4 - 30 所示。然后按照 Help 的提示输入各参数。在所有参数输入完毕后，点击 OK，结束该元件的建模。

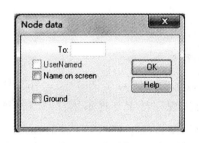

图 4 - 29　节点对话框

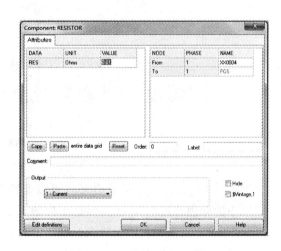

图 4 - 30　参数设置对话框

5. 设置仿真计算参数

在完成电路元件参数设置后，需要对仿真步长、仿真时间等仿真参数进行设定，选择 ATP 菜单栏中的"Settings"选项，将弹出仿真计算参数的对话框，进行仿真参数设定。也可以选择视图菜单中的侧栏，在侧栏中选择"Simulation"菜单，进行仿真参数设定。

6. 保存电路文件并运行 ATP

选择 ATP 菜单栏中的"run ATP"，可生成文本输入文件（.ATP 文件），并执行 ATP。如选择 ATP 菜单栏中的"Mark File As"，则只生成文本输入文件（.ATP 文件），而不执行 ATP。

7. 显示仿真运算结果

仿真计算结束后，可以调用波形显示程序，显示仿真计算结果。

（1）图形输出。选择 ATP 菜单栏中的"PlotXY"，会弹出数据选择对话框，如图 4 - 31（a）所示。可输出用波形表示的计算结果（.pl4 文件）。路径设置好了，.pl4 文件直接导入。如果要选择其他文件夹中的 .pl4 文件，选择菜单"Load"，会弹出一个"打开"对话框，改变路径，选中需要的 .pl4 文件。这时，文件名会在"File Name"中显示，同时会显示 .pl4 文件中变量数量、计算点数和最大计算时间。在"Variables"框内选择所需的变量，t 是时间变量，V 表示电压，C 表示电流。时间变量是固定的，成为横坐标，要选择一个或者多个变量其他变量作为纵坐标，点击"Four"可以得到单个波形的傅里叶谐波分析图；点击"Plot"，得到如图 4 - 31（b）所示的波形。

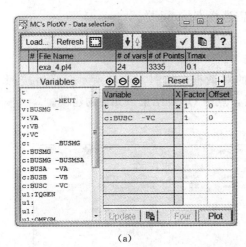 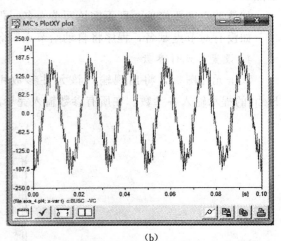

(a) (b)

图 4 - 31　图形输出
(a) 变量选择窗口；(b) 波形窗口

为了使得波形显示更加美观合理，可以调整波形显示窗口。点击图 4 - 31（b）所示图形窗口中的标题按钮▭，在波形显示框的正上方会出现一行字，提示用户"双击这里设置标题"，用户双击后会弹出输入标题的窗口，可书写标题。

点击图 4 - 31（b）图形窗口中的按钮✓，会出现如图 4 - 32 的对话框，有三个菜单选项：一般（General）、字体（Font）和线条（Lines）。一般选项框如图图 4 - 32（a）所示，选择横坐标和纵坐标的显示是线性或者对数，底下是网格选项。字体选项框如图图 4 - 32（b）所示，可以设置横坐标和纵坐标显示字体大小，图例等。线条选项框如图 4 - 32（c）所示，可以选择是线条或者只用点显示，选择了线条显示，再选线条的类型，有粗、细或者自动可选；选择了只用点显示，再选点的类型，有像素点和方形点可选。

(a) (b) (c)

图 4-32 图形窗口设置菜单

(a) 一般选项；(b) 字体选项；(c) 线条选项

点击图 4-31 (b) 图形窗口中的按钮 $\boxed{\delta\colon}$，会弹出如图 4-33 所示的窗口，进行横坐标和纵坐标最大值和最小值的设置，横坐标和纵坐标变量标签及单位设置。点击图 4-31 (b) 图形窗口中的按钮 $\boxed{\square\square}$，可建立标尺、读取各时间点的变量值。

(2) 文本输出。选择 ATP 菜单栏中的"View LIS-file"，可查看 ATP 生成的文本表示的计算结果（.lis 文件）。文本输出文件重复文本输入文件的内容，并用表格形式输出暂态计算结果，给出警告信息和错误信息，还可输出电路的节点连接表、稳态计算结果（复数表示）和暂态过程的极值。

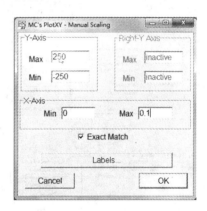

图 4-33 坐标设置窗口

4.5 ATPDraw 仿真实例

4.5.1 单相桥式整流电路仿真实例

下面介绍一个单相桥式整流电路仿真实例，通过这个简单电路的仿真，更好地了解 ATPDraw 仿真的一些基本操作方法和步骤。

单相桥式整流电路如图 4-34 所示，该电路由 220V（有效值）、50Hz 交流电源供电，电源的电感是 1mH，并联 300Ω 的阻尼电阻。整流二极管的缓冲电路由 33Ω 的电阻和 1μF 的电容串联而成。稳压电容 1000μF，初始值为 300V，负载电阻 20Ω。

1. 启动 ATPDraw

启动 ATPDraw 并打开新建电路文件窗口。

2. 选择电路元件

该电路中主要元件包括：交流电压源、电阻、电感、电容、二极管、电压/电流测量元件等。各元件从元件选择菜单中选择，选择路径如下：

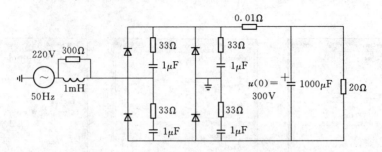

图 4 - 34　单相桥式整流电路接线图

交流电压源：电源［Sources］→ 交流电源［AC source（1&3）］，如图 4 - 35（a）
所示。

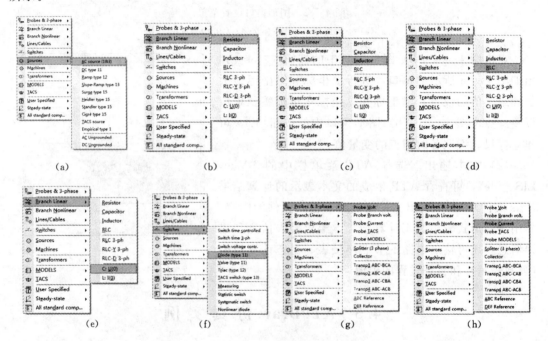

图 4 - 35　电路元件选择菜单

（a）交流电源；（b）电阻元件；（c）电感元件；（d）RLC 串联元件；（e）有初始值的电容元件；
（f）二极管元件；（g）电压测量仪；（h）电流测量仪

阻尼电阻和负载电阻：线性支路［Branch Linear］→ 电阻元件［Resistor］，如图 4 -
35（b）所示。

电源电感：线性支路［Branch Linear］→ 电感元件［Inductor］，如图 4 - 35（c）
所示。

整流二极管的缓冲电路（由 33Ω 的电阻和 1μF 的电容串联）：线性支路［Branch Lin-
ear］→RLC 串联支路［RLC］，如图 4 - 35（d）所示。

稳压电容：线性支路［Branch Linear］→ 有初始电压的电容［C：U（0）］，如图 4 -
35（e）所示。

二极管：开关 ［Switches］→二极管 ［Diode(type 11)］，如图 4－35 （f）所示。

电压测量元件：测量仪和三相接续器 ［Probes & 3－phase］→节点电压测量仪 ［Probe Volt］，如图 4－35 （g）所示。

电流测量元件：测量仪和三相接续器 ［Probes & 3－phase］→支路电流测量仪 ［Probe Curr］，如图 4－35 （h）所示。

3. 组成仿真电路

电路元件选择完毕，需要将元件连接起来组成如图 4－36 所示的仿真电路。要用到连接、移动、复制、粘贴、双重复制、旋转和节点赋名与接地等基本操作。

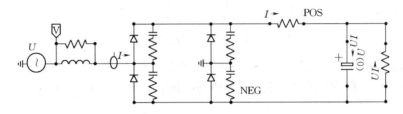

图 4－36 单相桥式整流电路仿真计算接线图

例如，电感和电源的连接，电流测量仪与电感的连接，可以进行自动连接，如图 4－37 所示，在选择了电感元件后，拖动电感图标到电源图标附近，使电感和电源的待连接端子重叠到一起，电感和电源会自动连接起来，电流测量仪与电感的连接同样连接。选择电阻元件后，电阻与电感是并联的，可先将电阻图标

图 4－37 元件自动连接

拖动到电感图标的上方，将鼠标移动到电阻元件的左端点，如图 4－38 （a）所示，单击鼠标左键并移动鼠标至电感元件的左端点，带次单击鼠标左键，如图 4－38 （b）所示，即完成两点的连接。同理可以将电阻元件的右端点与电感元件的右端点连接起来，如图 4－38 （c）和图 4－38 （d）所示。

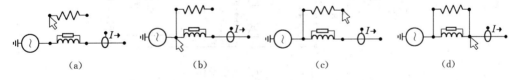

| (a) | (b) | (c) | (d) |

图 4－38 元件手动连接

选择二极管和 RLC 串联支路后，它们的图标是水平布置的，要按照图 4－36 电路连接，需要将元件旋转。将光标移至二极管图标，点击左键，确定选择对象（刚选择完二极管元件，该元件已被选中），点击工具栏中的逆时针旋转按钮，图标旋转逆时针旋转 90°，一步操作到位，也可点击右键或点击工具栏中的顺时针旋转按钮，每点击一次，顺时针旋转 90°，则需要操作三次。RLC 串联支路同理操作。

桥式电路中有四个整流二极管，为使创建仿真电路更加快捷，使用复制和粘贴操作。先选中二极管和 RLC 串联支路，如图 4－39 （a）所示，点击编辑菜单中复制命令，也可以点击工具栏中的复制工具，然后点击编辑菜单中粘贴命令，复制出的图标和原图标是重叠在一起的，按下左键，将复制图标拖至希望的位置，释放左键，结束复制的操作，如此重复 3 次，得到如图 4-39（b）所示电路。也可以点击工具栏中的双重复制工具，一次性完成复制和粘贴操作。

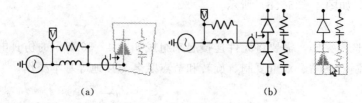

图 4-39　元件复制

节点赋名。将光标移至图 4-40 所示目标节点，点击右键，生成如图 4-40 所示的节点赋名用对话框。在该框内填入节点名：POS，并指定显示节点名。点击 OK 以后，出现效果如图 4-36 所示。

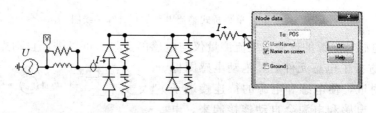

图 4-40　节点赋名操作

节点接地。将光标移至图 4-41 所示目标节点，点击右键，生成如图 4-31 所示的节点赋名用对话框。不需填写节点名，选择 Ground 栏，同时用鼠标左键点击接地图标，改变接地显示的方向至图中方向。点击 OK 以后，出现图 4-36 的效果。

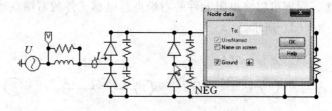

图 4-41　节点接地操作

4. 设置各元件参数

将鼠标移到交流电压源图标上，双击鼠标左键或者单击鼠标右键可以打开交流电压源参数设置窗口，如图 4-42 所示。

Amplitude 选项中选择为电源的有效值（RMS L-G），图中 AmplitudeA 项中填入 220，单位是 V，如果选择 Amp 为电源的峰值（Peak），则需填入 311；第二项为频率，填入 50，单位为 Hz；第三项为电源的相位角，填入-90，默认单位是弧度；StartA 是电源作用起始时间，StopA 是电源作用结束时间，单位都是 s。

其他电路元件参数设置如图 4-43 至图 4-49 所示。

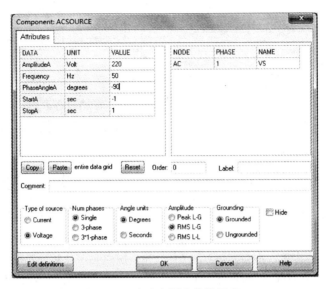

图 4 - 42　交流电源参数设置窗口

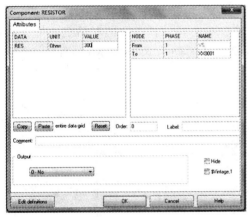

图 4 - 43　电阻参数设置窗口

图 4 - 44　电感参数设置窗口

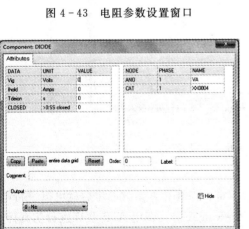

图 4 - 45　二极管参数设置窗口

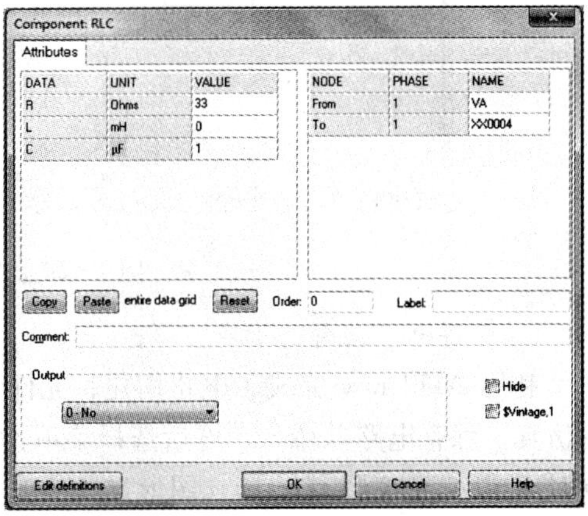

图 4 - 46　RLC 串联元件参数设置窗口

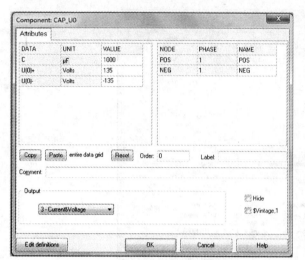

图 4-48　电压测量仪参数设置窗口

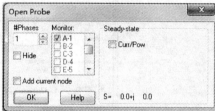

图 4-47　有初值电容参数设置窗口

图 4-49　电流测量仪参数设置窗口

5. 设置仿真计算参数

选择 ATP 菜单栏中的"Settings"选项，将弹出仿真计算参数的对话框，仿真参数设定如图 4-50 所示，步长设为：5E-5s；计算终止时间为 0.05s；Xopt 为 0，单位为 mH；Copt 为 0，单位为 μF。

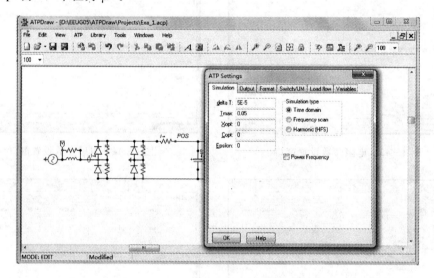

图 4-50　电路仿真参数设置

6. 保存电路文件并运行 ATP

利用 ATPDraw 完成了电路构建、元件参数设定、仿真计算参数设定后就可以进行电路的仿真。保存电路并命名，然后选择菜单：ATP→Run ATP，调用 ATP 程序进行仿真计算，同时生成 ATP 文件（.atp）、图形方式的输出文件（.pl4）和文本方式的输出文件（.lis）。

也可以进行分步操作，先生成 ATP 文件，选择菜单：ATP→Sub-process→Make

ATP file（旧版 ATP→Make ATP file），将 ATPDraw 视窗操作下完成的电路文件自动转换为 ATP 仿真计算程序可以运行的 ATP 文件。这时用户可以手动编辑或修改 ATP 文件，之后再选择菜单：ATP→Sub‐process→Run ATP file，运行 ATP 程序。

　　本例中对应的 ATP 文件如下：

```
BEGIN NEW DATA CASE
C -------------------------------------------------------
C Generated by ATPDRAW 十二月，星期二 6, 2011
C A Bonneville Power Administration program
C by H. K. Hφidalen at SEfAS/NTNU -  NORWAY 1994 - 2009
C -------------------------------------------------------
C Example 1
C Your first circuit
C Rectifier bridge
C  dT  > < Tmax > < Xopt > < Copt > < Epsiln>
   5. E- 5    .05
      500       1       1       1       1       0       0       1       0
C      1       2       3       4       5       6       7       8
C
3456789012345678901234567890123456789012345678901234567890123456789012345678
901234567890
/BRANCH
C< n1 > < n2 > < ref1> < ref2> < R > < L > < C >
C< n1 > < n2 > < ref1> < ref2> < R > < A > < B > < Leng> < > < > 0
  VA  XX0002                  33.           1.                                    0
      XX0002                  33.           1.                                    0
  NEG  VA                     33.           1.                                    0
  NEG                         33.           1.                                    0
  XX0002POS               .01                                                     1
  POS  NEG                              1. E3                                     3
  NEG  POS                    20.                                                 3
  VS  XX0001                            1.                                        0
  VS  XX0001                300.                                                  0
/SWITCH
C < n 1> < n 2> < Tclose > < Top/Tde > < Ie > < Vf/CLOP > < type >
11VA  XX0002                                                                      0
11     XX0002                                                                     0
11NEG  VA                                                                         0
11NEG                                                                             0
  XX0001VA                                                    MEASURING
```

```
1
/SOURCE
C < n 1> < > < Ampl. > < Freq. > < Phase/T0> < A1 > < T1 > < TSTART > < TSTOP
>
14VS        311.126984        50.        - 90.                                - 1.
1.
/INITIAL
  2POS              150.
  2NEG            - 150.
  3POS    NEG                              300.
/OUTPUT
  VS
BLANK BRANCH
BLANK SWITCH
BLANK SOURCE
BLANK INITIAL
BLANK OUTPUT
BLANK PLOT
BEGIN NEW DATA CASE
BLANK
```

7. 显示仿真运算结果

(1) 图形输出。选择 ATP 菜单栏中的 "PlotXY"，导入 .pl4 文件，可输出用波形表示的计算结果，仿真计算结果如图 4-51 所示。在图 4-51 (a) 中移动显示光标 (Show cursor)，直接显示波形峰值 311.13V。

(2) 文本输出。选择 ATP 菜单栏中的 "View LIS-file"，可查看 ATP 生成的文本表示的计算结果 (.lis 文件)。本例中的文本输出如图 4-52 所示。

4.5.2　例 2-1 的仿真

第 2 章的例 2-1 是集中参数电路，现在用 ATPDraw 来对其进行仿真。首先新建电路窗口，从元件选择菜单中选出例 2-1 中的电路元件，有直流电源、时控开关、电阻和有初始电流的电感元件，部分元件选择路径如下：

直流电压源：电源 [Sources] → 直流电源 [DC type 11]；

时控开关：开关 [Switches] → 时控开关 [Switch time controlled]；

有初始电流的电感元件：线性支路 [Branch Linear] → 有初始电流的电感 [L：I (0)]。

按照例题中给定的电路，连接仿真电路，得到仿真计算电路如图 4-53 所示。打开元件参数对话框，设定各元件参数如下：直流电压值为 20V；开关设定在 0s 合闸；电阻设定为 10Ω；电感值为 0.01mH，电感中的电流初值为 1A，要测量出电感元件中的电流和电压，因此在输出选项中选择 "3-current&voltage"，电感元件参数设置如图 4-54 所示。

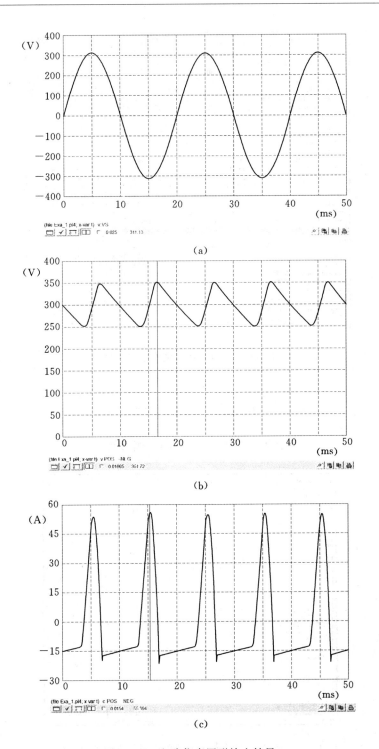

图 4 - 51　电路仿真图形输出结果

（a）电源电压波形；（b）稳压电容电压波形；（c）稳压电容电流波形

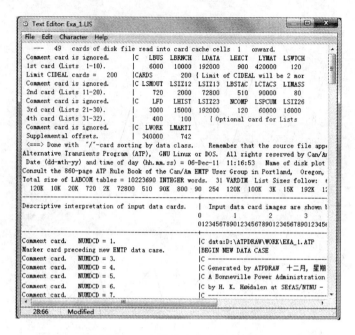

图 4-52　电路仿真文本输出结果

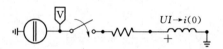

图 4-53　例 2-1 的仿真计算接线图

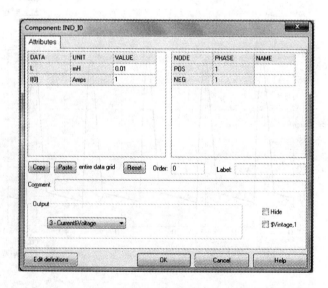

图 4-54　例 2-1 的有初始电流的电感元件参数设置窗口

　　设定仿真参数，步长设为 1E-7s，计算终止时间为 0.00001s。运行 ATP 之后，再运行 Plot，运行结果如图 4-55 所示。在 Plot 窗口中，先在 Variables 框内选择 C：XX

0003，然后点击 Plot 按钮，显示电感电流波形，如图 4 - 55（a）所示。再要显示电感电压波形，可先在 Variables 框内清除 C：XX0003，再在 Variables 框内选择 V：XX0003，然后点击 Plot 按钮，显示电感电压波形，如图 4 - 55（b）所示。

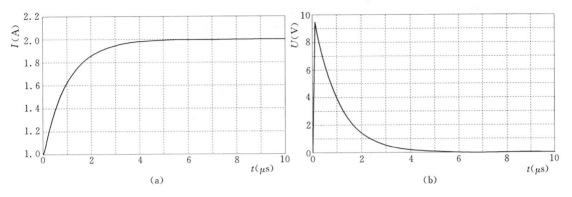

（a）   （b）

图 4 - 55　例 2 - 1 的仿真结果

（a）电感电流波形；（b）电感电压波形

4.5.3　例 3 - 1 的仿真

第 3 章的例 3 - 1 是单相分布参数电路，现在用 ATPDraw 来对其进行仿真。首先新建电路窗口，从元件选择菜单中选出例 3 - 1 中的元件，有单相交流电源、时控开关、电阻和无损线路，无损线路从菜单中选择：Lines/Cables→Lumped→RLC Pi - equiv. 1→1 phase，得到单相 π 形电路的图标，按照例题中给定的电路，先连接仿真电路，得到仿真计算电路如图 4 - 56 所示。然后打开元件参数对话框，设定各元件参数。该例题中没有给出具体电压等级，可以看成是标幺值计算，电源电压峰值设为 1，相位角设为 0；电阻设为 10Ω；电感设为 300mH。为了更好地观察仿真结果，设定开关合闸时间为 0.02s，此时，电源电压与 $t=0$s 时一样达到最大值 1，即一个周期之后合闸；因为是无损线路，π 形等值线路单位长度电阻设为 0Ω，根据已知参数，单位长度电感为 0.000885mH/m，

单位长度电容设为 0.00001236μF/m，线路长度为 300000m。再设定仿真参数，步长为 100μs，计算终止时间为 200ms。运行 ATP，再运行 Plot，运行结果如图 4 - 57 所示。适当选取坐标的最大值和最小值，

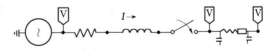

图 4 - 56　例 3 - 1 的仿真计算接线图

点击标尺按钮，读取线路首段和末端电压出现的最大值，从图 4 - 57（b）和图 4 - 57（c）中可见，电源合闸空载长线，在线路首端出现瞬时最大过电压倍数为 1.8483，在线路末端瞬时最大过电压倍数为 2.2388。

同时选定三个电压变量，改变横坐标最大值为 0.04s 和最小值为 0.015s，即把图形放大，得到如图 4 - 58 所示的波形对比图，在刚合闸的初始几个步长的值，与表 3 - 1 所示的计算结果是相同的。从图中可以看到，线路末端电压出现得比首端电压晚，电压波从首端传播到末端需要时间，另外，末端电压要高于首端电压，这是空载长线的电容效应造成的容升现象。

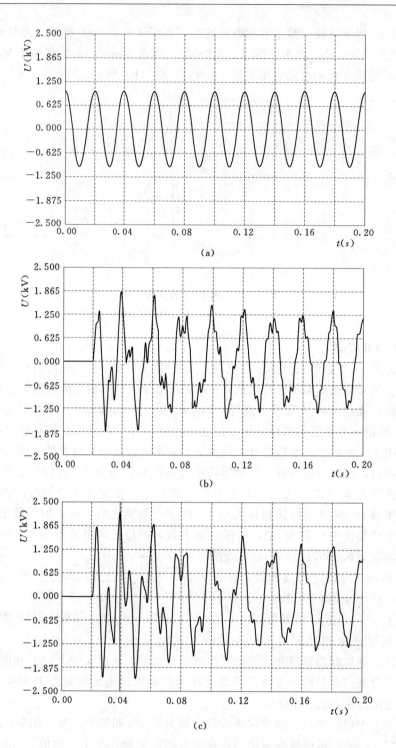

图 4 - 57　例 3 - 1 的仿真结果

（a）电源电压波形；（b）线路首端电压波形；（c）线路末端电压波形

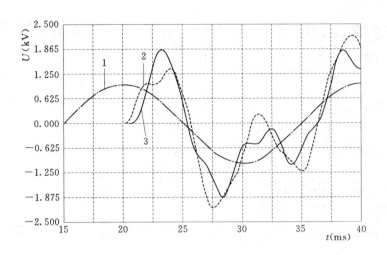

图 4－58　例 3－1 的波形对比

1—电源电压波形；2—线路首端电压波形；3—线路末端电压波形

4.5.4　例 3－2 的仿真

第 3 章的例 3－2 是三相分布参数电路，现在用 ATPDraw 来对三相分布参数电路进行仿真。首先新建电路窗口，从元件选择菜单中选出例 3－2 中的元件，该电路中的元件都是三相的，有三相交流电源、三相时控开关、三相电源内阻抗和三相线路，选择路径如下：

三相交流电压源：电源 ［Sources］→交流电源 ［AC source(1&3)］（或交流电源 ［AC 3－ph type－14］）；

电源内阻抗：线性支路 ［Branch Linear］→3 相耦合 RLC 支路 ［RLC 3－ph］，Lines/Cables→Lumped→多相耦合 RL 电路 ［RL Coupled 51］→3 ph. Seq.；

三相时控开关：开关 ［Switches］→三相时控开关 ［Switch time 3－ph］；

三相 π 形电路：Lines/Cables→Lumped→RLC Pi－equiv. 1→3 phase，得到三相 π 形电路的图标。按照例 3－2 中给定的电路，先连接仿真电路，得到仿真计算电路如图 4－59 所示。

然后打开元件参数对话框，设定各元件参数。首先是电源，电源为 500kV 三相交流电源，电源幅值设为 500kV，频率设为 50Hz，注意选项框中选择 3 相，幅值选项框中选择线电压有效值 （RMS L－L），如图 4－60 所示。如果是没有选项框旧版本，则要计算，相电压

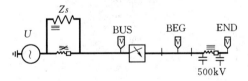

图 4－59　例 3－2 的仿真计算接线图

幅值为：$500 \times \dfrac{\sqrt{2}}{\sqrt{3}} = 408.248(\text{kV})$，即应输入幅值 408248V。

电源内阻抗，三相 RLC 中，设置电阻为 200Ω，电感和电容为零；三相等效耦合 RL 电路，$R_0 = 0.55\Omega$，$L_0 = 8.98\text{mH}$，$R_+ = 0.711\Omega$，$L_+ = 11.857\text{mH}$。

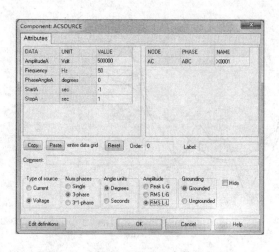

图 4-60　例 3-2 的电源参数设置窗口

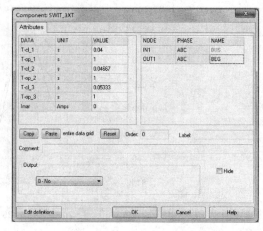

图 4-61　例 3-2 的三相时控开关参数设置窗口

三相时控开关。π 形等值线路通过各相具有独立闭合和断开时间的三相开关与电源相连接，开关设备初始状态设定为打开状态，它们在以下时间闭合，A 相：40ms，B 相：46.67ms，C 相：53.3ms。使得各相电路都是在电压达到峰值时合闸，即考虑最严重情况下，三相时控开关参数设置如图 4-61 所示。

三相 π 形电路，根据已知条件，三相均匀换位线路，$L=0.00128167\text{H/km}$，$M=0.00039667\text{H/km}$，$C=0.0118061\mu\text{F/km}$，$K=0.0013696\mu\text{F/km}$，线路长度为 300km，则全线路 $L_{11}=L_{22}=L_{33}=384.5\text{mH}$，$L_{21}=L_{31}=L_{32}=119\text{mH}$；$C_{11}=C_{22}=C_{33}=3.54183\mu\text{F}$，$C_{21}=C_{31}=C_{32}=-0.41088\mu\text{F}$。原例题中没有考虑电阻，会有较大振荡，仿真时考虑一定电阻，三相 π 形电路参数设置如图 4-62 所示。

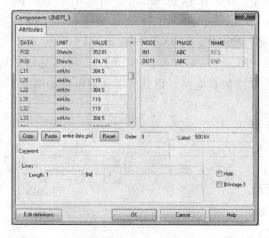

图 4-62　例 3-2 的三相 π 形电路参数设置窗口

再设定仿真参数，步长为 1.0E-5s，计算终止时间为 0.2s。运行 ATP，再运行 Plot，选取坐标的最大值为 700kV 和最小值-600kV，图形输出结果如图 4-63 所示。

计算结果表明，在断路器合闸前，系统母线电压按相电压运行，线路侧的电压为零；断路器动作合闸（A 相在 0.04s 合闸），引起电路的过渡过程，产生暂态过电压，最大暂态过电压幅值达到 600kV；暂态过电压消失后，系统线路按稳态电压运行，但线路末端电压（幅值达到 440kV）明显高于线路首端电压（幅值约为 410kV），存在工频电压升高现象。同样也可以输出其他两相的电压波形，进行过电压分析。

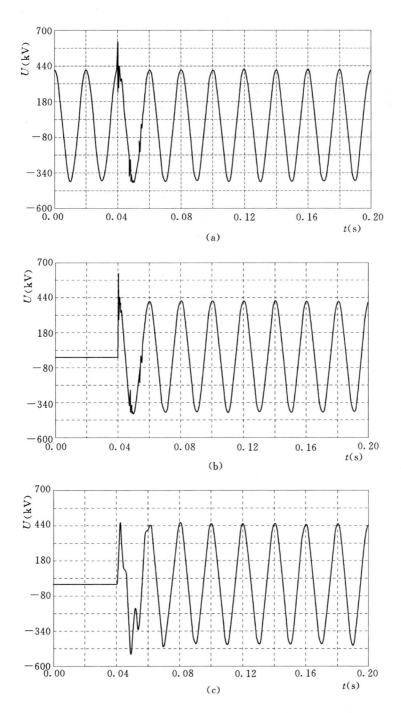

图 4 - 63 例 3 - 2 的仿真结果

（a）A 相母线电压波形；（b）输电线路首端 A 相电压波形；

（c）输电线路末端 A 相电压波形

习　题

4-1　ATPDraw 的主窗口中包括哪些?

4-2　ATPDraw 的主菜单栏包括的菜单有哪些? 各下拉菜单的功能是什么?

4-3　ATPDraw 的默认工具栏的快捷按钮有哪些? 各实现什么功能?

4-4　ATPDraw 元件选择菜单中包含哪些元件?

4-5　熟悉 ATPDraw 的基本操作。

第5章 工频过电压计算

工频过电压是电力系统中的一种电磁暂态现象，属于电力系统内部过电压，是暂时过电压的一种。

电力系统内部过电压是指由于电力系统故障或开关操作而引起电网中电磁能量的转化，从而造成瞬时或持续时间较长的高于电网额定允许电压并对电气装置可能造成威胁的电压升高。内部过电压分为暂时过电压和操作过电压两大类。

在暂态过渡过程结束以后出现持续时间大于 0.1s（5 个工频周波）至数秒甚至数小时的持续性过电压称为暂时过电压。由于现代超、特高压电力系统的保护日趋完善，在超、特高压电网出现的暂时过电压持续时间很少超过数秒以上。

暂时过电压又分为工频过电压和谐振过电压。电力系统在正常或故障运行时可能出现幅值超过最大工作相电压，频率为工频或者接近工频的电压升高，称为工频过电压。工频过电压产生的原因包括空载长线路的电容效应、不对称接地故障引起的正常相电压升高、负荷突变等，工频过电压的大小与系统结构、容量、参数及运行方式有关。一般而言，工频过电压的幅值不高，但持续时间较长，对 220kV 电压等级以下、线路不太长的系统的正常绝缘的电气设备是没有危险的。但工频过电压在超（特）高压、远距离传输系统绝缘水平的确定却起着决定性的作用，因为：①工频过电压的大小直接影响操作过电压的幅值；②工频过电压是决定避雷器额定电压的重要依据，进而影响系统的过电压保护水平；③工频过电压可能危及设备及系统的安全运行。

我国超高压电力系统的工频过电压水平规定为：线路断路器的变电站侧不大于 1.3p.u.（p.u. 为电网最高运行相电压峰值）；线路断路器的线路侧不大于 1.4p.u.。特高压工程工频过电压限值参考取值为：工频过电压限制在 1.3p.u. 以下，在个别情况下线路侧可短时（持续时间不大于 0.3s）允许在 1.4p.u. 以下。

电力系统中由于出现串、并联谐振而产生的过电压称为谐振过电压。电力系统中的电感，包括线性电感、非线性电感（如高压电抗器和变压器的励磁电抗）和周期性变化的电感，当系统发生故障或操作时，这些电感可能与其串联或并联的电容（如线路电容和串、并联补偿电容）产生谐振从而分别引发线性谐振、铁磁谐振和参数谐振。目前，人们采取改变回路参数、破坏谐振条件、接入阻尼电阻等多项措施，使谐振过电压得到有效限制。

高压输电系统的电磁暂态和过电压的计算可用 EMTP 进行仿真计算研究。

5.1 空载长线路的电容效应

5.1.1 空载长线路的沿线电压分布

对于长输电线路，当末端空载时，线路的入口阻抗为容性。当计及电源内阻抗（感性）的影响时，电容效应不仅使线路末端电压高于首端，而且使线路首、末端电压高于电源电动势，这就是空载长线路的工频过电压产生的原因之一。

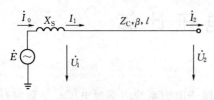

图 5-1　空载长线路示意图

长度为 l 的空载无损线路如图 5-1 所示，$\dot{E}$ 为电源电动势；$\dot{U}_1$、$\dot{U}_2$ 分别为线路首末端电压；X_S 为电源感抗；$Z_C = \sqrt{L_0/C_0}$ 为线路的波阻抗；$\beta = \omega\sqrt{L_0 C_0}$ 为每公里线路的相位移系数，一般工频条件下，$\beta = 0.06°/\text{km}$。线路首末端电压和电流关系为

$$\left.\begin{array}{l} \dot{U}_1 = \dot{U}_2 \cos(\beta l) + \mathrm{j} Z_C \dot{I}_2 \sin(\beta l) \\[2mm] \dot{I}_1 = \mathrm{j} \dfrac{\dot{U}_2}{Z_C} \sin(\beta l) + \dot{I}_2 \cos(\beta l) \end{array}\right\} \tag{5-1}$$

若线路末端开路，即 $\dot{I}_2 = 0$，由式（5-1）可求得线路末端电压与首端电压关系为

$$\dot{U}_2 = \frac{\dot{U}_1}{\cos(\beta l)} \tag{5-2}$$

定义空载线路末端对首端的电压传递系数为

$$K_{12} = \frac{\dot{U}_2}{\dot{U}_1} = \frac{1}{\cos(\beta l)} \tag{5-3}$$

线路中某一点的电压为

$$\dot{U}_x = \dot{U}_2 \cos(\beta x) = \dot{U}_1 \frac{\cos(\beta x)}{\cos(\beta l)} \tag{5-4}$$

式中，x 为距线路末端的距离。由式（5-4）可知，线路上的电压自首端 $\dot{U}_1$ 起逐渐上升，沿线按余弦曲线分布，线路末端电压 $\dot{U}_2$ 达到最大值，如图 5-2 所示。

若 $\beta l = 90°$ 时，从线路首端看去，相当于发生串联谐振，$K_{12} \rightarrow \infty$，$\dot{U}_2 \rightarrow \infty$，此时线路长度即为工频的 1/4 波长，约 1500km，因此也称为 1/4 波长谐振。

同时，空载线路的电容电流在电源电抗上也会形成电压升，使得线路首端的电压高于电源电动势，这进一步增加了工频过电压。

考虑电源电抗后，根据式（5-1），可得线路末端电压与电源电动势的关系为

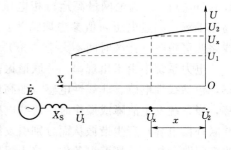

图 5-2　空载长线路沿线电压分布

$$\dot{E} = \dot{U}_1 + \mathrm{j} \dot{I}_1 X_S = \left[\cos(\beta l) - \frac{X_S}{Z_C} \sin(\beta l)\right] \dot{U}_2 \tag{5-5}$$

定义线路末端的电压对电源电动势的传递系数 $K_{02} = \dfrac{\dot{U}_2}{\dot{E}}$，令 $\varphi = \tan^{-1} \dfrac{X_S}{Z_C}$，代入式（5-

5），得

$$K_{02} = \frac{1}{\cos(\beta l) - \dfrac{X_S}{Z_C}\sin(\beta l)} = \frac{\cos\varphi}{\cos(\beta l + \varphi)} \qquad (5-6)$$

由式（5-6）可知，电源电抗 X_S 的影响通过角度 φ 表示出来，当 $\beta l + \varphi = 90°$ 时，$K_{02} \to \infty$，$\dot{U}_2 \to \infty$，图 5-3 中曲线 2 画出了 $\varphi = 21°$ 时 K_{02} 与线路长度的关系曲线（虚线），此时 $\beta l = 90° - \varphi$，线路长度为 1150km 时发生谐振。可见，电源电抗相当于增加了线路长度，使谐振点提前了。曲线 1 对应于电源阻抗为零的情况。从图 5-3 中看出，除了电容效应外，电源电抗也增加了工频过电压倍数。

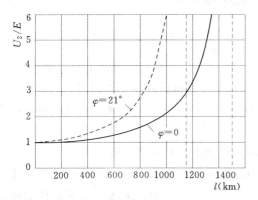

图 5-3 空载长线路末端电压升高与线路长度的关系

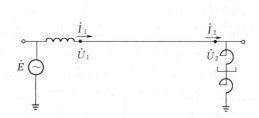

图 5-4 线路末端接有并联电抗器

5.1.2 并联电抗器的补偿作用

为了限制电容效应引起的工频过电压，在超、特高压电网中，广泛采用并联电抗器来补偿线路的电容电流，以削弱其电容效应。

如图 5-4 所示，假设在线路末端并接电抗器 X_P，将 $\dot{U}_2 = j\dot{I}_2 X_P$ 代入式（5-1），并令 $\theta = \tan^{-1}\dfrac{Z_C}{X_P}$，可求得线路首末端电压的传递系数为

$$K_{12} = \frac{\dot{U}_2}{\dot{U}_1} = \frac{\cos\theta}{\cos(\beta l - \theta)} \qquad (5-7)$$

在线路末端并接电抗器，相当于缩短了线路长度，因而降低了电压传递系数。

此时由首端看进去的入端阻抗将增大，用式（5-1）同样可以求出线路末端开路时入端阻抗为

$$Z_R = \frac{\dot{U}_1}{\dot{I}_1} = \frac{jX_P\cos(\beta l) + jZ_C\sin(\beta l)}{\cos(\beta l) - \dfrac{X_P}{Z_C}\sin(\beta l)} = jZ_C\frac{\dfrac{X_P}{Z_C}\cos(\beta l) + \sin(\beta l)}{\cos(\beta l) - \dfrac{X_P}{Z_C}\sin(\beta l)}$$

$$= jZ_C\tan(\beta l + \varphi) = -jZ_C\cot(\beta l - \theta) \qquad (5-8)$$

式（5-8）中，$\theta = \tan^{-1}\dfrac{Z_C}{X_P}$，$\varphi = \tan^{-1}\dfrac{X_P}{Z_C}$，且有 $\varphi + \theta = 90°$。通常采用的欠补偿情况

下，线路首端输入阻抗仍为容性，但数值增大，空载线路的电容电流减少，同样电源电抗的条件下，降低了线路首端的电压升高。

首端对电源的电压传递系数

$$K_{01} = \frac{\dot{U}_1}{\dot{E}} = \frac{Z_R}{Z_R + jX_S} = \frac{-Z_C \cot(\beta l - \theta)}{X_S - Z_C \cot(\beta l - \theta)} \qquad (5-9)$$

由式（5-7）和式（5-9）可求得线路末端对电源的电压传递系数，通过化简可得

$$K_{02} = K_{01} K_{12} = \frac{\cos\theta\cos\varphi}{\cos(\beta l - \theta + \varphi)} \qquad (5-10)$$

其中，沿线电压最大值出现在 $\beta x = \theta$ 处，线路最高电压为

$$U_\theta = \frac{\dot{E}\cos\varphi}{\cos(\beta l - \theta + \varphi)} \qquad (5-11)$$

因此，并联电抗器的接入可以同时降低线路首端及末端的工频过电压。但也要注意，高抗的补偿度不能太高，以免给正常运行时的无功补偿和电压控制造成困难。在特高压电网建设初期，一般可以考虑将高抗补偿度控制在 80%～90%，在电网比较强的地区或者比较短的特高压线路，补偿度可以适当降低。

【例 5-1】 某 500kV 线路，长度为 400km，电源电动势为 E，电源电抗 $X_S = 100\Omega$，线路单位长度正序电感和电容分别为 $L_0 = 0.9\text{mH/km}$、$C_0 = 0.0127\mu\text{F/km}$，求线路末端电压对电源电动势的比值。若线路末端并接电抗器 $X_P = 1034\Omega$，求线路末端电压对电源电动势的比值及沿线电压分布中的最高电压。

解： 参数计算。

线路的波阻抗：$Z_C = \sqrt{L_0/C_0} = \sqrt{\dfrac{0.9 \times 10^{-3}}{0.01275 \times 10^{-6}}} = 265.7 \quad (\Omega)$

波速：$v = \sqrt{1/L_0 C_0} = \sqrt{\dfrac{1}{0.9 \times 10^{-3} \times 0.01275 \times 10^{-6}}} = 2.95 \times 10^5 \quad (\text{km/s})$

相位系数 $\beta = \omega\sqrt{L_0 C_0} = 100 \times 180° \times \sqrt{0.9 \times 10^{-3} \times 0.01275 \times 10^{-6}} = 0.061 \quad (°/\text{km})$

$$\varphi = \tan^{-1}\frac{X_S}{Z_C} = \tan^{-1}\frac{100}{265.7} = 20.6°$$

1. 当线路空载，末端不接电抗器，线路末端电压最高，线路末端电压对电源电动势的比值为

$$K_{02} = \frac{\cos\varphi}{\cos(\beta l + \varphi)} = \frac{\cos 20.6°}{\cos(0.061 \times 400 + 20.6°)} = 1.32$$

2. 当线路空载，末端并接电抗器，则

$$\theta = \tan^{-1}\frac{Z_C}{X_P} = \tan^{-1}\frac{265.7}{1034} = 14.4°$$

线路末端电压对电源电动势的比值为

$$K_{02} = \frac{\cos\theta\cos\varphi}{\cos(\beta l - \theta + \varphi)} = \frac{\cos 14.4°\cos 20.6°}{\cos(24.4° - 14.4° + 20.6°)} = 1.05$$

线路最高电压为

$$\frac{E\cos\varphi}{\cos(\beta l-\theta+\varphi)}=\frac{E\cos 20.6°}{\cos(24.4°-14.4°+20.6°)}=1.09E$$

5.2　线路甩负荷引起的工频过电压

输电线路输送重负荷运行时，由于某种原因，线路末端断路器突然跳闸甩掉负荷，也是造成工频电压升高的原因之一，通常称为甩负荷效应。

此时影响工频过电压有三个因素：①甩负荷前线路输送潮流，特别是向线路输送无功潮流的大小，它决定了电源电动势$\dot{E}$的大小。一般来讲，向线路输送无功越大，电源的电动势$\dot{E}$也越高，工频过电压也相对较高；②馈电电源的容量，决定了电源的等值阻抗，电源容量越小，阻抗越大，可能出现的工频过电压越高；③线路愈长，线路充电的容性无功越大，工频电压愈高。此外还有发电机转速升高及自动电压调节器和调速器作用等因素，也会加剧工频过电压升高。

设输电线路长度为l，相位系数为β，波阻抗为Z_C，甩负荷前受端复功率为$P+\mathrm{j}Q$，电源电动势为$\dot{E}$，电源感抗为X_S；$\dot{U}_1$、$\dot{U}_2$分别为线路首末端电压；甩负荷前瞬间线路首端稳态电压为

$$\dot{U}_1=\dot{U}_2\cos(\beta l)+\mathrm{j}Z_C\dot{I}_2\sin(\beta l)=\dot{U}_2\cos(\beta l)+\mathrm{j}Z_C\frac{P-\mathrm{j}Q}{\overset{*}{U_2}}\sin(\beta l)$$

$$=\dot{U}_2\cos(\beta l)[1+\mathrm{j}\tan(\beta l)(P_*-\mathrm{j}Q_*)] \tag{5-12}$$

式中：P_*、Q_*为以$S_B=\dfrac{U_2^2}{Z_C}$为基准的标幺值。

同样，甩负荷前瞬间线路首端稳态电流为

$$\dot{I}_1=\mathrm{j}\frac{\dot{U}_2}{Z_C}\sin(\beta l)+\dot{I}_2\cos(\beta l)=\mathrm{j}\frac{\dot{U}_2}{Z_C}\sin(\beta l)[1-\mathrm{j}\cot(\beta l)(P_*-\mathrm{j}Q_*)] \tag{5-13}$$

由等值电路可知，$\dot{E}'_d=\dot{U}_1+\mathrm{j}\dot{I}_1 X_S$，将式（5-12）和式（5-13）代入，可得甩负荷瞬间的电源电动势为

$$\dot{E}'_d=\dot{U}_2\cos(\beta l)\left\{1+Q_*\frac{X_S}{Z_C}+\left(Q_*-\frac{X_S}{Z_C}\right)\tan(\beta l)+\mathrm{j}P_*\left[\frac{X_S}{Z_C}+\tan(\beta l)\right]\right\} \tag{5-14}$$

$\dot{E}'_d$的模值为

$$E'_d=U_2\cos(\beta l)\sqrt{\left[1+Q_*\frac{X_S}{Z_C}+\left(Q_*-\frac{X_S}{Z_C}\right)\tan(\beta l)\right]^2+P_*^2\left[\frac{X_S}{Z_C}+\tan(\beta l)\right]^2} \tag{5-15}$$

设甩负荷后发电机的短时超速使系统频率f增至原来的S_f倍，则暂态电势E'_d、线路相位系数β及电源阻抗X_S均按比例S_f成正比增加。

由式（5-6）可求出甩负荷后线路末端电压为

$$U'_2=\frac{S_f\dot{E}'_d}{\cos(S_f\beta l)-\dfrac{S_f X_S}{Z_C}\sin(S_f\beta l)} \tag{5-16}$$

甩负荷后，空载线路末端电压升高的倍数为

$$K_2 = \frac{U_2'}{U_2} \tag{5-17}$$

式中：U_2 为甩负荷前线路末端的电压。

【例 5-2】 某 500kV 线路，长度为 300km，$\frac{X_S}{Z_C} = 0.3$，相位系数 $\beta = 0.06°$/km，甩负荷前受端复功率标幺值为 $P_* + jQ_* = 0.7 + j0.22$，甩负荷后 $S_f = 1.05$。求甩负荷后，空载线路末端电压升高的倍数。

解： $\beta l = 0.06°$/km $\times 300$km $= 18°$，$S_f \beta l = 18.9°$

$$K_2 = \frac{S_f \cos(\beta l)}{\cos(S_f \beta l) - \frac{S_f X_S}{Z_C} \sin(S_f \beta l)} \times \sqrt{\left[1 + Q_* \frac{X_S}{Z_C} + \left(Q_* - \frac{X_S}{Z_C}\right) \tan(\beta l)\right]^2 + P_*^2 \left[\frac{X_S}{Z_C} + \tan(\beta l)\right]^2}$$

$$= \frac{1.05 \cos 18°}{\cos 18.9° - 1.05 \times 0.3 \sin 18.9°} \times \sqrt{[1 + 0.22 \times 0.3 + (0.22 - 0.3) \tan 18°]^2 + 0.7^2 (0.3 + \tan 18°)^2}$$

$$= 1.33$$

5.3　单相接地故障引起的工频过电压

不对称短路是输电线路最常见的故障模式，短路电流的零序分量会使健全相出现工频电压升高，常称为不对称效应。系统不对称短路故障中，以单相接地故障最为常见。当线路一端跳闸甩负荷后，由于故障仍然存在，可能进一步增加工频过电压。

设系统中 A 相发生单相接地故障，应用对称分量法，可求得健全相 B、C 相的电压为

$$\left.\begin{aligned} \dot{U}_B &= \frac{(a^2-1)Z_0 + (a^2-a)Z_2}{Z_1 + Z_2 + Z_0} \dot{E}_A \\ \dot{U}_C &= \frac{(a-1)Z_0 + (a^2-a)Z_2}{Z_1 + Z_2 + Z_0} \dot{E}_A \end{aligned}\right\} \tag{5-18}$$

式中：$\dot{E}_A$ 为正常运行时故障点处 A 相电动势；Z_1、Z_2、Z_0 为从故障点看进去的电网正序、负序、零序阻抗；运算因子 $a = -\frac{1}{2} + j\frac{\sqrt{3}}{2}$。

以 $K^{(1)}$ 表示单相接地故障后健全相电压升高，式（5-18）可简化为 $\dot{U} = K^{(1)} \dot{E}_A$，其中

$$K^{(1)} = -\frac{1.5 Z_0}{Z_1 + Z_2 + Z_0} \pm j \frac{\sqrt{3}(2Z_2 + Z_0)}{2(Z_1 + Z_2 + Z_0)} \tag{5-19}$$

对于较大电源容量的系统，有 $Z_1 \approx Z_2$，再忽略各序阻抗中的电阻分量，则 $K^{(1)}$ 简化为

$$K^{(1)} = -\frac{1.5 \dfrac{X_0}{X_1}}{2 + \dfrac{X_0}{X_1}} \pm j \frac{\sqrt{3}}{2} \tag{5-20}$$

$K^{(1)}$ 模值为

$$|K^{(1)}| = \sqrt{3} \times \frac{\sqrt{\left(\dfrac{X_0}{X_1}\right)^2 + \dfrac{X_0}{X_1} + 1}}{2 + \dfrac{X_0}{X_1}} \qquad (5-21)$$

顺便指出，在不计损耗的前提下，一相接地，两健全相电压升高是相等的；若计及损耗，则不等。由式（5-21）可以画出健全相电压升高 $K^{(1)}$ 与 $\dfrac{X_0}{X_1}$ 值的关系曲线，如图 5-5 所示。从图 5-5 中可以看出，损耗对 B、C 两相电压升高的影响。

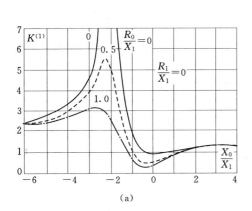 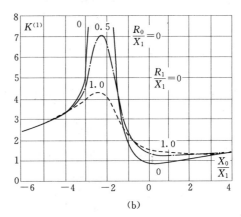

图 5-5　A 相接地故障时健全相的电压升高

（a）B 相；（b）C 相

可知，这类工频过电压与单相接地点向电源侧的 $\dfrac{X_0}{X_1}$（零序电抗与正序电抗之比）有很大关系，$\dfrac{X_0}{X_1}$ 增加将使单相接地故障甩负荷过电压有增大趋势。X_0 与 X_1 受到下列因素影响：一是高压输电线路的正、零序参数，特高压输电线路的 $\dfrac{X_0}{X_1} \approx 2.6$；另一个因素是电源侧包括变压器及其他电抗，电源是发电厂时 $\dfrac{X_0}{X_1}$ 较小；电源为复杂电网时，$\dfrac{X_0}{X_1}$ 一般较大。当电源容量增加时，$\dfrac{X_0}{X_1}$ 也会有所增加。当 $\dfrac{X_0}{X_1}$ 较大时，单相接地三相甩负荷过电压可能超过三相无故障甩负荷过电压。

【例 5-3】 某 500kV 输电线路，长度为 400km，电源电动势为 E，电源正序电抗为 $X_{S1} = 100\Omega$，电源零序电抗为 $X_{S0} = 50\Omega$，线路的正序波阻抗 $Z_{C1} = 260\Omega$，线路的零序波阻抗 $Z_{C0} = 500\Omega$，线路正序波速 $v = 3 \times 10^5$ km/s，线路零序波速 $v_0 = 2 \times 10^5$ km/s。试求线路空载发生 A 相末端接地时，线路末端健全相的电压升高倍数。

解：

$$\varphi = \tan^{-1}\frac{X_{S1}}{Z_{C1}} = \tan^{-1}\frac{100}{260} = 21°$$

$$\varphi_0 = \tan^{-1}\frac{X_{S0}}{Z_0} = \tan^{-1}\frac{50}{500} = 5.71°$$

$$\beta l = 0.06°/km \times 400km = 24°$$

$$\beta_0 l = \frac{\omega l}{v_0} = \frac{\omega l}{v} \cdot \frac{v}{v_0} = \beta l \cdot \frac{v}{v_0} = 24° \times \frac{3 \times 10^5}{2 \times 10^5} = 36°$$

由式（5-8）可求得线路末端向电源看进去的等效正序、零序入口阻抗分别为

$$Z_{R1} = jZ_{C1}\tan(\beta l + \varphi) = j260\tan(24° + 21°) = j260(\Omega)$$

$$Z_{R0} = jZ_0\tan(\beta_0 l + \varphi_0) = j500\tan(36° + 5.71°) = j445.6(\Omega)$$

$$\frac{X_0}{X_1} = \frac{445.6}{260} = 1.714$$

由式（5-21）可求得单相接地故障后健全相电压升高为

$$K^{(1)} = \sqrt{3} \times \frac{\sqrt{\left(\frac{X_0}{X_1}\right)^2 + \frac{X_0}{X_1} + 1}}{2 + \frac{X_0}{X_1}} = \sqrt{3} \times \frac{\sqrt{(1.714)^2 + 1.714 + 1}}{2 + 1.714} = 1.109$$

故障前，空载长线路 A 相末端的电压升高系数由式（5-6）求得

$$K_{02} = \frac{\cos\varphi}{\cos(\beta l + \varphi)} = \frac{\cos 21°}{\cos(24° + 21°)} = 1.32$$

A 相发生接地故障后，健全相电压升高可求得

$$\frac{U_B}{E} = \frac{U_C}{E} = K_{02}K^{(1)} = 1.32 \times 1.109 = 1.464$$

5.4　自动电压调节器和调速器的影响

甩负荷后，由于调速器和制动设备的惰性，不能立即起到应有的调速效果，导致发电机加速旋转，使电动势及其频率上升，从而使空载线路中的工频过电压更为严重。另一方面由于自动电压调节器（AVR）作用，也会影响工频过电压的作用时间和幅值。

当线路一端单相接地甩负荷时，上述的四个因素都要起作用，造成比较高的工频过电压。但由于有接地故障存在，这种幅值较高的单相接地甩负荷工频过电压持续时间较短，分析表明对于超、特高压系统其持续时间实际上不超过 0.1s。

特高压电网工频过电压主要考虑单相接地三相甩负荷和无接地三相甩负荷两种工频过电压。由于特高压线路自身的容性无功大、输送的功率大，加之我国单段特高压线路比较长，工频过电压问题相当严重，如不采取措施或措施不当，其幅值可能超过 1.8 倍最大工作相电压以上，将会严重影响特高压系统的安全。

5.5　限制工频过电压的其他可能措施

5.5.1　使用可调节或可控高抗

重载长线 80%～90%左右高抗补偿度，可能给正常运行时的无功补偿和电压控制造成相当大的问题，甚至影响到输送能力。解决此问题比较好的方法是使用可控或可调节高抗：在重载时运行在低补偿度（60%左右），这样可大幅降低由电源向线路输送的无功，

使电源的电动势不至于太高，还有利于无功平衡和提高输送能力；当出现工频过电压时，快速控制到高补偿度（90%）。

从理论上讲可调节或可控高抗是协调过电压和无功平衡问题的好方法，实际应用中由于目前可调节或可控高抗造价高，短期内不会大量使用。

5.5.2 使用良导体地线

使用良导体地线（或光纤复合架空地线，OPGW）可降低系数 $\dfrac{X_0}{X_1}$，有利于减少单相接地甩负荷过电压。

5.5.3 使用线路两端联动跳闸或过电压继电保护

该方法可缩短高幅值无故障甩负荷过电压持续时间。

5.5.4 使用金属氧化物避雷器

随着金属氧化物避雷器（MOA）性能的提高，使用 MOA 限制短时高幅值工频过电压成为可能。但这会对 MOA 能量提出很高的要求，当采用了高压并联电抗器时，不需要将 MOA 作为限制工频过电压主要手段，仅在特殊情况下考虑采用。应该说明，在 MOA 进入饱和后电压波形就不再是正弦波，严格讲应称为暂时过电压，此时工频过电压只是一种近似的习惯用语。

5.5.5 选择合理的系统结构和运行方式

过电压的高低和系统结构和运行方式密切相关，这在超、特高压线路建设和运行初期尤为重要，应高度重视。

以上几种方式不一定在每一个工程中都采用，具体采用哪一种要根据具体情况确定。

5.6 工频过电压的 EMTP 仿真

5.6.1 例 5-1 的 EMTP 仿真

线路的正序波阻抗 $Z_C = 265.7\Omega$，$v = 2.952 \times 10^5$（km/s），长距离输电线路具有分布参数特征，这里 500kV 架空输电线路采用带集中电阻的分布参数线路模型：架空线路/电缆［Lines/Cables］→带集中电阻的分布参数线路［Distributed］→换位线路用的 Clarke 模型［Transposed lines（Clarke）］。再选择其他元件，组建计算模型电路，如图 5-6 所示。

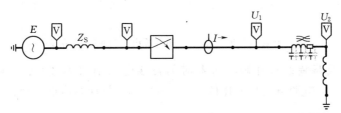

图 5-6　分析 500kV 空载线路工频过电压的计算电路

双击"Clarke 模型"图标,参数设定如图 5-7 所示。其他元件参数参照例 3-2 的仿真设定。线路末端电抗器参数:电阻为 0Ω,电感值为 3291mH。

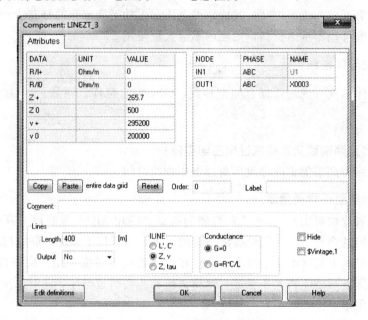

图 5-7 500kV 架空输电线路 Clarke 模型参数对话框

线路未装设电抗器时的末端电压与电源电势波形如图 5-9 所示,末端电压幅值为 540kV,电源电压幅值为 408kV,末端电压对电源电动势的比值为 $K_{02}=1.32$,与计算值相符。

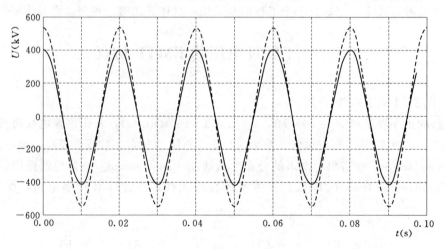

图 5-8 空载运行时末端电压和电源电压波形(未装设电抗器)

同理可测得线路装设有并联电抗器时的首端电压幅值为 429kV,电源电压幅值为 408kV,末端电压对电源电动势的比值为 $K_{02}=1.05$,与计算值也相吻合。

5.6.2 特高压示范工程的 EMTP 仿真

特高压示范工程接线图如图 5-9 所示,以线路中 B 至 D 段线路为例,这一段线路总长 654km，线路高抗补偿度 89.5%，并使用良导体地线，B1 电厂装有 4 台 600MW 机组。

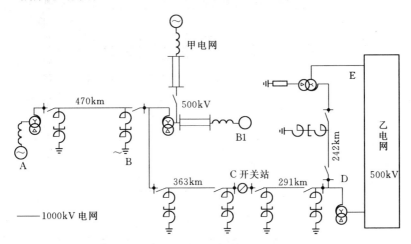

图 5-9　特高压示范工程（示意图）

模型的建立。特高压线路采用频率相关特性的 J.Marti 模型模拟，为了设定故障点和观测点，将 BC 线路（363km）和 CD 线路（291km）都分成 12 段，每段线路分别为 30.25km 和 24.25km。线路参数填入对话框中，如图 5-10 所示。与 B1 电厂相连的部分 500kV 线路用分布参数线路 Clarke 模型模拟，采用 R（Ω）、L（mH）、C（μF）的输入方法；BC 两端高抗都为 960Mvar，CD 两端高抗都为 720Mvar，高抗用 Type-98 准非线性电感元件模拟，中性点电抗用集中参数电感 L 模拟；特高压系统额定电压为 1050kV，以最高使用电压 1100kV 为基数求过电压倍数，$1.0p.u.=1100\times\dfrac{\sqrt{2}}{\sqrt{3}}kV$（峰值）。系统负荷采用定阻抗负荷形式，用 RLC 元件模拟。取时间步长 5μs。

仿真研究了不同系统运行方式下工频过电压，结果表明：

（1）B 宜与甲电网通过 500kV 线路相连，否则在一些开机方式下（如开 1～2 台时）过电压超过特高压工程工频过电压限值水平，无接地三相甩负荷工频过电压达 1.32～1.78p.u.，联甲电网后降至 1.15p.u. 以下；单相接地三相甩负荷工频过电压不联甲电网达 1.41～1.66p.u.，联甲电网后降至 1.34p.u. 以下。其中超过 1.3p.u. 的高幅值工频过电压均出现在单相接地三相甩负荷情况下。

（2）C 增设开关站有利于降低工频过电压水平。对于研究用的普遍性网络，一般说来，高抗补偿度在 80%～90% 左右、电源装机在 2×600MW 或 2×700MW 以上且线路长度不超过 500km 或 2×300km（中间有开关站）左右，工频过电压可以限制在上述 1.3～1.4p.u. 内。图 5-9 所示线路的计算结果也说明普遍性网络的结果有一定参考价值。

（3）以 B 不联甲电网时，开机 3～4 台时，图 5-9 中 D 单相接地对侧开关三相拒动过电压为 1.4p.u.，如只考虑其中一相拒动过电压则降至 1.28p.u.。

（4）有效值在 1.3～1.4p.u. 之间的单相接地三相甩负荷的工频过电压持续时间实际上不超过 0.1s。其对 MOA 的影响相当于短时操作过电压，额定电压为 828kV 的 MOA 完全可以承受这种过电压。

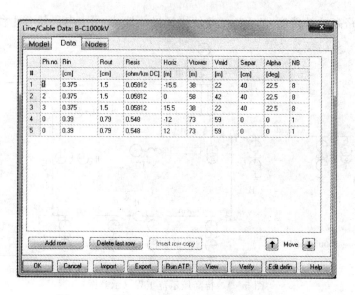

图 5-10　特高压线路 J. Marti 模型参数对话框

习　　题

5-1　工频过电压是怎样产生的？为什么在超、特高压电网中特别重视工频过电压？

5-2　线路末端并联电抗器对空载线路的工频过电压起什么作用？

5-3　某 500kV 线路，长度为 280km，电源电抗 $X_S = 263.2\Omega$，线路单位长度正序电感和电容分别为 $L_0 = 0.9\mu\text{H/m}$、$C_0 = 0.0127\text{nF/m}$，求线路末端开路时的线路末端电压。若线路末端并接电抗器 $X_P = 1837\Omega$，求线路末端电压对电源电动势的比值及沿线电压分布中的最高电压。

5-4　应用 EMTP 程序对习题 5-3 的工频过电压进行仿真，并与计算结果进行比较。

5-5　某超高压 500kV 线路，全长为 540km，已知电源电抗 $X_S = 115\Omega$，无损线路波阻抗 $Z_C = 309\Omega$，线路中间有并接电抗器 $X_P = 1210\Omega$。试计算线路末端空载时，线路中间点电压与末端对电源电压的比值。

5-6　应用 EMTP 程序对习题 5-5 的工频过电压进行仿真，并与计算结果进行比较。

第6章 操作过电压计算

操作过电压是由断路器及刀闸操作和系统故障引起的暂态过渡过程，是电力系统内部过电压的另一种。既包括断路器的正常操作，例如线路和变压器、电抗器等的合闸操作过电压和故障后线路的重合闸过电压等；也包括各种分闸操作以及故障及其清除过程引起的过电压。操作过电压具有幅值高、存在高频振荡、阻尼较强以及持续时间短等特点。操作过电压对电气设备绝缘和保护装置的影响，主要取决于其幅值、波形和持续时间。操作过电压的波头陡度一般低于雷电过电压。

当断路器、负荷开关、隔离开关或熔断器运行中，若电网中发生一次开关操作，则电力系统的一些元件彼此分离或相互连接。对于开关设备来说，操作可以是一次闭合操作，也可以是一次开断操作。熔断器则只能完成开断操作。在一次闭合操作后，暂态电流将流过系统，而在一次开断后，当工频电流被切断时，一个瞬态恢复电压（TRV）将出现在切断设备的触头上，同时，在相邻或远端无故障线路上，因为线路过渡过程电压的变化，在一些特殊情况下，也会产生相当高的转移过电压。电网的配置确定了电流和电压振荡的幅值、频率和形状。通常具有幅值高、存在高频振荡、强阻尼和持续时间短的特点。其操作过电压的数值与电力系统的额定电压有关，电力系统的额定电压越高，操作过电压的问题就越突出，如不加以防治，有可能使电气设备绝缘击穿而损坏或造成停电事故，因此有必要引起足够的重视。在超高压、特高压电网中，操作过电压对电气设备的绝缘选择起到决定性作用。

常见的操作过电压主要包括：分闸操作过电压、合闸操作过电压、暂态恢复电压、间歇电弧接地过电压等。计算用最大操作过电压按实测和模拟实验的结果统计归纳得出，我国相对地计算用最大操作过电压为：66kV 及以下（低电阻接地系统除外）不超过 4.0p.u.；110kV 及 220kV 不超过 3.0p.u.；330kV 不超过 2.2p.u.；500kV 不超过 2.0p.u.；750kV 不超过 1.8p.u.；1000kV 不超过 1.6～1.7p.u.。

此外，潜供电流及其恢复电压也属于本章讨论的内容。潜供电流不属于过电压，但它是单相重合闸过程中产生的一种需要重视的电磁暂态现象。在超、特高压系统中普遍采用单相自动重合闸消除单相瞬时性故障，当线路由于雷击闪络等原因发生单相瞬时接地，故障相线路两侧断路器分闸后，由于健全相与故障相的电容和互感耦合，弧道中仍然流过一定的感应电流，称为潜供电流（或称作二次电流）。潜供电流是影响单相重合闸成功率的重要因素。

6.1 分闸操作过电压

分闸电容性电流（如分闸空载线路、电容器组）是电网中常见操作之一，在切断这种电容电流时，由于断路器触头间可能出现电弧的重燃，从而引起电磁振荡，造成过电压，下面以分闸空载线路为例分析这种过电压的产生机理。

6.1.1　产生过电压的机理

用单相集中参数的简化等值电路来进行分析，如图 6-1 所示，图中用 T 型集中参数电路等值输电线路，L_T 为输电线路电感，C_T 为线路对地电容，L_S 为电源等值电感，$e(t)$ 为电源电势，设 $e(t) = E_m \cos\omega t$。在 QF 断开之前线路电压 $U_c(t) = e(t)$，设第一次熄弧（设时间为 t_1）发生断路器的工频电容电流 $i_c(t)$ 过零时，如图 6-2 所示，若不考虑导线的泄漏，经过半个周期以后，$U_c(t)$ 保留为 E_m，触头间电压 $U_r(t)$ 为

$$U_r(t) = e(t) - E_m = E_m(\cos\omega t - 1) \tag{6-1}$$

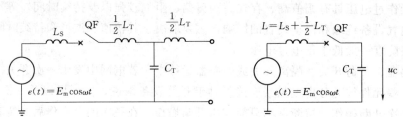

图 6-1　分闸空载线路时的等值计算电路图

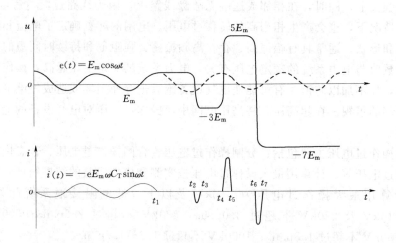

图 6-2　分闸空载线路过电压的发展过程

$e(t)$ 变为 $-E_m$，这时两触头间的电压，即恢复电压达到最大值 $2E_m$。此时，如果触头间的介质的绝缘强度没有得到很好恢复，或绝缘恢复强度的上升速度不够快，则可能在 $t = t_2$ 时刻发生电弧重燃，相当于一次反极性重合闸，线路电容 C_T 上的电压要从 $+E_m$ 过渡到稳态电压 $-E_m$，产生高频振动，线路电容上出现最大电压 $U_{c_{max}}$ 将达到 $-3E_m$，设在 $t = t_3$ 时，高频电流过零，重合闸过程，回路振荡的角频率为 $\omega_0 = 1/\sqrt{LC_T}$，大于工频下的 ω 电容电流第一次过零时熄弧，则 $U_c(t)$ 将保持 $-3E_m$，又经过半个工频周期（$t = t_4$），$e(t)$ 又达最大值，触头间电压 $U_r(t)$ 为 $4E_m$。若此时触头再度重燃，则会导致更高幅值的振荡，$U_{c_{max}}$ 将达 $+5E_m$。依此类推，每工频半周重燃一次，线路电压将达很高数值，直至

触头间绝缘足够高，不再重燃为止。线路上的过电压将不断增大，一直达到很高的数值。

实际上受到一系列复杂因素的影响，切除空载线路的过电压不可能无限增大。当过电压较高时，线路上将产生强烈的电晕，电晕损耗将消耗过电压波的能量，引起过电压波的衰减，限制了过电压的增高。

6.1.2 影响过电压的因素

上述的分析按照理想化的最严重的条件来进行的，它有助于了解这种过电压的产生机理。实际上电弧的重燃不一定等到电源电压达到最大值时才发生，熄弧也不一定在高频电流一次过零时完成。这样，线路上的残余电压就可能降低，从而减小了触头间的恢复电压和重燃过电压。下面介绍影响空载线路分闸操作过电压的相关因素。

1. 断路器的性能

要想避免切空载线路过电压，最根本的措施就是改进断路器的灭弧性能，使其尽量不重燃。采用灭弧性能好的现代断路器，可以防止或减少电路重燃的次数，从而使过电压的最大值降低。不过，重燃次数不是决定过电压大小的唯一依据，有时也会出现一次重燃过电压的幅值高于多次重燃过电压幅值的情况。

2. 母线上有其他出线

当母线上有其他出线，相当于加大母线电容，电弧重燃时残余电荷迅速重新分配，改变了电压的起始值使其更接近于稳态值，使得过电压减小。

3. 线路侧装有电磁式电压互感器等设备

它们的存在将使线路上的剩余电荷有了附加的释放路径，降低线路上的残余电压，从而降低了重燃过电压。

4. 中性点的接地方式

中性点非有效接地的系统中，三相断路器在不同的时间分闸会形成瞬间的不对称电路，中性点会发生位移，过电压明显增高；一般情况下比中性点有效接地的切空线过电压高出约 20%。

另外，当过电压较高时，线路上出现电晕引起的损耗，也会降低空载线路的分闸过电压。

6.1.3 限制分闸操作过电压的措施

分闸操作过电压在电力系统中出现比较频繁，而且波及全线，所以成为超高压、特高压选择电网绝缘水平的主要依据之一。采取适当措施来消除和限制这种过电压，对于降低电网的绝缘水平有很大的意义。主要措施如下。

1. 改善断路器的结构

断路器的重燃是产生这种过电压的最根本的原因，因此最有效的措施就是改善断路器的结构，提高触头间介质的恢复强度和灭弧能力，避免发生重燃现象，可以从根本上消除这种过电压。目前，电力系统中使用的六氟化硫断路器、空气断路器以及带压油式灭弧装置的少油断路器都大大改善其灭弧性能，基本上达到了不重燃的要求。

2. 装设泄流设备

在超、特高压系统中，线路上普遍接有并联电抗器，可以使线路上的残余电荷产生衰减振荡，其自振频率接近于电源频率，则线路上的电压就成为振动的工频电压，最终降低断路器间的恢复电压上升速度，减少重燃的可能性，降低了高幅值过电压的发生概率。

当线路上接有电磁式互感器时，线路上的残余电荷得以通过电压互感器泄放，其直流电阻约为 3～15kΩ，泄漏使过渡过程衰减很快，使断路器触头间的回复电压迅速下降，避免重燃，或者减小重燃后的过电压。

3. 采用避雷器保护

安装在线路首端和末端的金属氧化物避雷器（MOA），能有效的限制这种过电压的幅值。限制真空断路器开断电容器组产生的过电压，主要措施是采用避雷器保护。

4. 断路器加装并联电阻

这也是降低触头间的恢复电压、避免电弧重燃的一种有效措施。图 6-3 是这种断路器一般采取的两种接线方式。在分闸时先断开主触头 1，经过一定时间间隔后再断开辅助触头 2。合闸时的动作顺序刚好与上述相反，在切除空载线路时，首先，打开主触头 1，这时电阻 R 被串联在回路之中，线路上的剩余电荷通过 R 向外释放。这时主触头 1 的恢复电压就是 R 上的压降，显然要想使得主触头不发生电弧重燃，R 是越小越好。第二步，辅助触头 2 断开，由于恢复电压较低，一般不会发生重燃。即使发生重燃，由于 R 上有压降，沿线传播的电压波远小于没有 R 时的数值。所以，从这个方面考虑，又希望 R 大一些。综合以上两方面考虑，并考虑 R 的热容量，这种分闸电阻的阻值一般处于 1000～3000Ω 的范围内。这样的并联电阻也称为中值并联电阻。

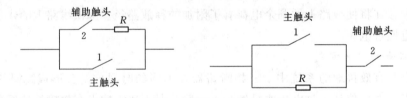

图 6-3　带并联电阻断路器
1—主触头；2—辅助触头；R—并联电阻

但加装合闸电组后增加了其出现故障的概率，目前，500kV 和 750kV 线路基本上不装设断路器分闸电阻。

6.1.4　分闸过电压的仿真

具体计算分闸过电压的大小，可建立仿真模型，借助通用的电磁暂态程序 EMTP 在计算机上运算获得。以开断 500kV 空载线路为例，EMTP 中利用 JMarti 线路进行开关操作研究。

【例 6-1】　试仿真分析一条长 200km 的 500kV 架空输电线路分闸过电压。线路结构如图 6-4 所示。所有参数都使用米制单位。架空线路导线：

厚度与直径之比 $T/D=0.364$；直流阻抗 $=0.0324$（Ω/km）；导线外径 $=4.069$cm；架空地线是实心的，所以：厚度与直径之比 $T/D=0.5$；直流阻抗 $=1.6218$Ω/km；地线外径 $=0.9804$cm；等值接地电阻为 100Ω·m。

解：500kV 架空输电线路 JMarti 线路模型：架空线路/电缆 [Lines/Cables] → 自动

计算参数的架空线路/电缆模型［LCC］。再选择其他元件，组建计算模型电路，如图 6 - 5 所示。

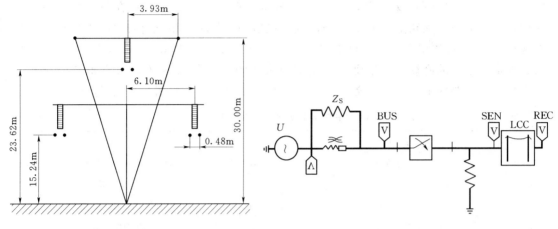

图 6 - 4　500kV 输电线路的结构　　　　图 6 - 5　分析开关操作 500kV 空载线路的计算电路

双击"LCC"图标，打开架空线路参数对话框，如图 6 - 6 所示的参数对话框中，图 6 -6（a）为模型参数，其中系统模型（System type）有架空线路（Overhead Line）、不带套管的电缆（Single Core Cables）和带套管的电缆（Enclosing Pipe）三项可选，这里选架空线路模型，在架空线路模型下的参数中，用于 π 形等值线路的换位检查项（Transposed）不选，其他选项如自动生成、趋肤效应、分段接地等都选上；Model / Type 有常参数 KCLee 和 Clack 线路（Bergeron）、π 形等值线路（PI）、JMarti、Noda 和 Semlyen 分布参数模型五个选项，这里在模型选择框中选择"JMarti"；模型的标准数据（Standard data）栏，土壤电阻率设为 100Ω・m，参数拟合初始的较低频率为 0.005Hz，线路长度设为 200km；公制和英制单位切换项中选择公制单位。

（a）

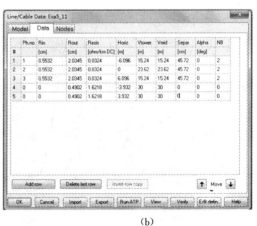

（b）

图 6 - 6　500kV 架空输电线路 LCC 模型参数对话框

（a）模型对话框；（b）数据窗口

图 6-6（b）为架空线路模型的数据窗口，数据窗口的各参数意义列于表 6-1 中。把 500kV 空载线路的几何数据和电气数据填入，节点名称确定，核对无误后，点击"RunATP"，输入 LCC 文件名，确认文件名后，点击"OK"，显示存放文件的路径。这样，500kV 空载线路的 JMarti 模型建成，包括 pch 文件、lib 文件和 dat 文件等。如果有保存好的 LCC 数据文件，可点击"Import"，导入需要的 Line/Cable 文件（.alc），省去数据重新输入的麻烦；如果要保存这次的录入的 LCC 数据文件，可点击"Export"，导出并保存需要的 Line/Cable 文件（.alc）。其他元件参数参照例 3-2 的仿真设定。

表 6-1　　　　　　　　　　LCC 子程序中架空线模型所需参数

参数	意　义	参数	意　义
PH. no.	相序编号	Votwer	导线杆塔处垂直距离
Rin	导体内径	Vmid	档距中央导线高度
Rout	导体外径	Separ	导线的分裂间距
Resis	导体直流电阻	Alpha	避雷线的保护角
Horiz	以用户指定相为参考的水平距离	NB	导线分裂根数

下面分四种方案来进行仿真分析。考虑方案一：最不利的情况下分闸，线路没有装设电抗器，电弧不重燃。方案二：最严重情况，线路没有装设电抗器，最严重情况下电弧重燃三次。方案三：线路装设有电抗器，最严重情况下电弧重燃三次；方案四：线路装设有电抗器，电弧不重燃。

方案一假定在最不利的情况下分闸，即分闸时电压达到峰值，设定好开关断开的时间，A 相：30ms，B 相：36.89ms，C 相：33.87 ms。再设定仿真步长为 1×10^{-5} s；计算终止时间为 0.1s；分闸操作空载 500kV 输电线路后线路侧三相电压如图 6-7 所示。

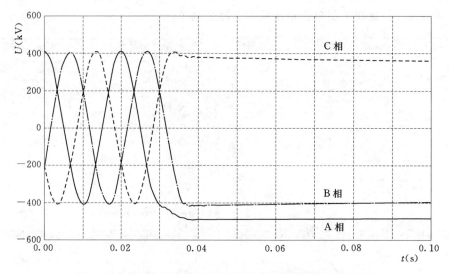

图 6-7　分闸操作空载 500kV 输电线路后线路侧三相电压

当第一相（例如 A 相）已脱离电力系统时，相邻相（B 相和 C 相）的电压 U_j 以耦合因素 $k = U_j/U_1$ 耦合到线路侧直流电压 U_1，在相邻相与 A 相之间的耦合因素 k 决定于相间的耦合电容与对地电容的比值，即 C_{21}/U_{10} 和 C_{31}/U_{10}。图 6-7 中 A 相最大幅值达 460kV（1.13 倍，线路已经考虑了电阻损耗），这里电压基数为电源电压幅值 $500 \times \dfrac{\sqrt{2}}{\sqrt{3}}$ kV。当第二相（图中为 C 相）脱离时，第三相（B 相）仍带有系统电压，由此电压耦合到第一、二相的线路侧直流电压。耦合因素值取决于铁塔结构和电路设计，通常取值为 $0.2 \sim 0.4$。若双回路的两个回路悬挂在同一铁塔上，当相邻回路在运行时，耦合因素可能更高。电容性耦合会使切断设备触头上的暂态恢复电压随耦合因素增大而增加。

方案二触头间发生电弧重燃，线路没有装设电抗器，仿真结果如图 6-8 所示，开关触头在 $t=0.03\text{s}$ 时断开，经过半个周期，也就是触头间电弧在 $t=0.04\text{s}$ 时电弧重燃，电压发生高频振动，最大幅值达 1.205MV（2.95 倍），之后在 $t=0.05\text{s}$ 和 $t=0.06\text{s}$ 又都发生重燃的话，最大幅值分别达 -1.937MV（-4.75 倍）和 2.674MV（6.55 倍）。仿真计算中，考虑了线路的电阻损耗，仿真数值比不考虑电阻时的理想数值要小。

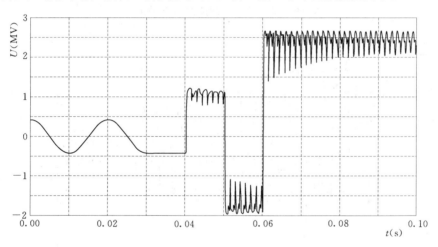

图 6-8 分闸空载 500kV 线路发生电弧重燃时 A 相仿真电压

方案三线路装设有电抗器，最严重情况下电弧重燃三次，仿真结果如图 6-9 所示，虽然电弧也重燃，但最严重的 A 相最大幅值为 900kV（2.2 倍），最大幅值比方案一低，之后发生振荡衰减，自振频率接近于电源频率，线路上的电压成为振荡的工频电压。

方案四线路装设有电抗器，电弧不重燃，仿真结果如图 6-10 所示，线路上的电压也成为振荡的工频电压，自振频率接近于电源频率，由于电弧不再重燃，最严重的 A 相最大幅值只有 425kV（1.04 倍）。可见，线路上有电抗器，只要电弧不重燃，合闸操作过电压很小。

在特高压电网中分闸操作过电压主要考虑两种情况：①甩负荷分闸操作过电压。系统因故障（单相或多相）使得线路断路器三相跳闸；线路正常运行，因某种原因断路器突然跳闸将负荷甩掉引起的分闸过电压；②故障清除后的转移过电压。在一条线路上发生故障及清除后，在其他相邻或远端无故障线路上，因为线路过渡过程电压的变化，在一些特殊情况下，也会产生相当高的过电压，可以将这种过电压称为故障清除

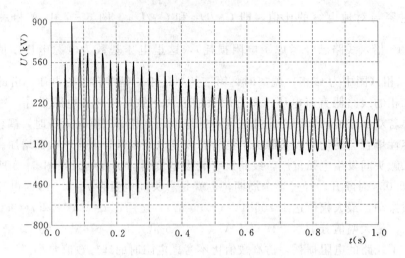

图 6-9　方案三线路侧 A 相波形

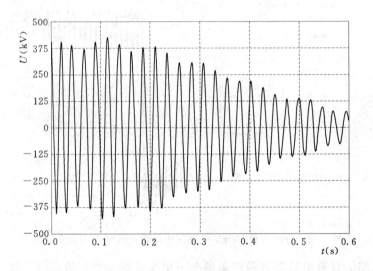

图 6-10　方案四线路侧 A 相波形

后的转移过电压。

在图 5-9 所示特高压示范工程中，在 B 联甲电网条件下，仅使用 MOA 条件下，B—D 段甩负荷分闸操作过电压首端最大统计过电压为 1.51p. u.，线路中部达 1.64p. u.，均在可接受范围，且有一定裕度。B—C—D 线路单相短路故障清除后的转移过电压，在仅适用 MOA 和高抗条件下，变电站和开关站部分最大过电压为 1.55p. u.，线路侧最高 1.64p. u.，未超出低于 1.6~1.7p. u. 的要求。

6.2　合闸操作过电压

电力系统中空载线路合闸通常分为两种情况：即计划性的操作合闸和自动重合闸。由于初始条件的差别，重合闸过电压的情况更为严重。由于线路电压在合闸前后发生突变，在此变化的电磁暂态过程中会引起空载线路合闸过电压，这种过电压是超高压或特高压电网中的主要操作过电压，已经成为确定电网水平的主要依据。

6.2.1 过电压产生的物理过程

1. 正常合闸的情况

这种操作通常出现在线路检修后的试送电，此时线路上不存在任何异常（如接地），线路电压的初始值为零。正常合闸时，若三相接线完全对称，且三相断路器完全同步动作，则可按照单相电路进行分析研究。合闸空载线路时的等值电路如图 6-11 所示。

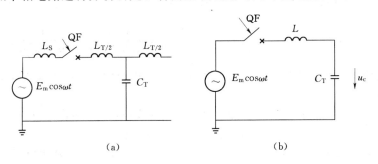

图 6-11 合闸空载线路时的等值电路图

(a) 集中参数等值电路；(b) 简化等值电路

在图 6-11 (a) 所示的等值集中参数电路中，忽略电源和线路电阻的作用，其中空载线路用 T 形等值电路来代替，L_T、C_T 分别为线路的等值电感和电容，电源电势为 $E_m \cos\omega t$，还可进一步简化成图 6-11 (b) 所示的简单振荡回路，其中电感 $L = L_S + \dfrac{L_T}{2}$。若取合闸瞬间为时间起算点（$t=0$），由电路建立微分方程，根据初始条件，可求得电容上电压为 $u_c = E_m(1-\cos\omega t)$，其中，$E_m$ 为稳态分量；$(-E_m\cos\omega t)$ 为自由振荡分量，仅考虑过电压的幅值时，有

$$\text{过电压幅值} = \text{稳态值} + \text{振荡幅值} = \text{稳态值} + （\text{稳态值} - \text{起始量}）$$

$$= 2 \times \text{稳态值} - \text{起始量}$$

对于空载线路，线路上不存在残余电压，起始值为零，故可得

$$U_{c_{max}} = 2E_m$$

考虑线路的分布参数特性。设 $t=0$ 时初始电压为零的空载长线与交流电源 $e(t) = E_m(\cos\omega t + \theta)$ 接通。利用拉普拉斯变换可以写出合闸后线路首端电压的运算形式为

$$U_1(S) = E(S) \frac{Z_{Rk}(S)}{SL_S + Z_{Rk}(S)} \tag{6-2}$$

$$E(S) = E_m \frac{S\cos\theta - \omega\sin\theta}{S^2 + \omega^2}$$

$$Z_{Rk}(S) = Z_{c1}\cot[\beta(S)l]$$

式中：$E(S)$ 为电源电压的运算形式；SL 为电源内电感的运算形式电抗；$Z_{Rk}(S)$ 为运算

形式的空载长线路首端的入口阻抗。

合闸后线路末端电压的运算形式则为

$$U_2(S) = k_{12}(S)U_1(S) \tag{6-3}$$

$$k_{12}(S) = \frac{1}{\cos[\beta(S)l]}$$

式中：$k_{12}(S)$ 为空载长线路首端到末端的传递函数。

将式（6-2）带入式（6-3）中，则有

$$U_2(S) = E_m \frac{S\cos\theta - \omega\sin\theta}{S^2 + \omega^2} \cdot \frac{Z_{c1}\cot[\beta(S)l]}{SL_S + Z_{c1}\cot[\beta(S)l]} \cdot \frac{1}{\cos[\beta(S)l]} \tag{6-4}$$

利用分解定理，可求出式（6-4）的原函数，可得合闸后线路末端电压表达式为

$$u_2(t) = A\cos(\omega t + \theta) + \sum_{i=1}^{\infty} A_i \cdot \cos(\omega_i t + \delta_i) \tag{6-5}$$

式中：A 为稳态分量振幅；A_i 为自由分量各谐波振幅；ω_i 为自由分量各谐波的振荡角频率，由电源内电感和线路参数决定。

实际上，回路存在电阻和能量损耗，各谐波振荡将是衰减的，衰减快慢与回路总电阻成正比，通常以衰减系数 β_i 来表示，这样，式（6-5）将变成

$$u_2(t) = A\cos(\omega t + \theta) + \sum_{i=1}^{\infty} A_i \cdot \beta_i \cos(\omega_i t + \delta_i) \tag{6-6}$$

由式（6-6）可知，合闸过电压值的大小主要取决于自由振荡分量，在一般计算中取自由振荡分量的前三项（$i=1$、2、3）已足够精确。一般线路的振荡角频率 ω_i 为工频的 1.5~4.0 倍，过电压持续时间约为 2.5~7.0ms。

从以上等值集中参数分析可知，计划性合闸操作产生的最大过电压为 2.0 倍（过电压幅值与稳态工频电压幅值之比）。合闸空载长线路的分布参数等值电路分析可知，其基波分量振幅 A_1 可能较稳态分量振幅 A 大，在某种情况下，过电压倍数可能大于 2。由于回路中存在的损耗，我国实测的过电压的最大倍数为 1.9~1.96 倍，通常为 1.65~1.85 倍。

2. 自动重合闸的情况

以上是计划性合闸操作的情况，空载线路上没有残余电荷，初始电压 $U_c(0)=0$。如果是自动重合闸的情况，这时线路上有一定残余电荷和初始电压，重合闸时振荡将更加激烈。

自动重合闸是线路发生跳闸故障后，由自动装置控制而进行的合闸操作。主要考虑三相重合闸情况，图 6-12 为系统中常见的单相短路故障的示意图。在中性点直接接地系统中，A 相发生对地短路，短路信号先后到达断路器 QF_2、QF_1。断路器 QF_2 先跳闸，在断路器 QF_2 跳开后，流过断路器 QF_1 中健全相（B 相和 C 相）的电流是线路电容电流，故当电压电流相位相差 90° 时，断路器 QF_1 跳闸，于是在健全相线路上将留有残余电压。考虑到线路存在单相接地、空载线路的容升效应，该残余电压的数值会略高于 U_{ph}，平均残压为 1.3~1.4U_{ph}，在断路器 QF_1 重合前，线路上的残余电压将通过线路泄漏电阻入

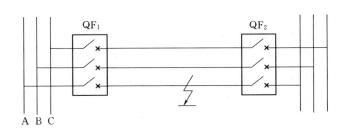

图 6-12　三相重合闸示意图

地，残余电压的下降速度与线路绝缘子的污秽情况、气候条件相关。

设 QF$_1$ 重合闸之前，线路残余电压已下降 30%，考虑最严重的情况，即重合闸时电源电压为 $-U_{ph}$，则重合闸时暂态过程中的过电压为 $-U_{ph} + \left[-U_{ph} - (1 - 0.3) \times 1.4 U_{ph} \right] = -2.98 U_{ph}$，即接近于 3 倍。在实际过程中，由于在重合闸时电源电压不一定在峰值，也不一定与线路残余电压极性刚好相反，这时过电压要低些。

6.2.2　影响过电压的因素

若考虑三相合闸不同时期所引起的各相互相影响，以及空载长线路的电容效应等，则出现的过电压倍数可能比前述数值还要高。但应指出，以上的分析是考虑的最严重、最不利的情况。实际出现的过电压幅值会受到一系列因素的影响，主要如下。

1. 合闸相位

合闸时电源电压的瞬时值取决于它的相位 θ，相位的不同直接影响着过电压幅值，若需要在较有利的情况下合闸，一方面需改进高压断路器的机械特性，提高触头运动速度，防止触头间预击穿的发生，预击穿是指合闸过程中，随着触头间距离越来越近，电气击穿早于机械触头的接触的现象；另一方面通过专门的控制装置选择合闸相位，使断路器在触头间电位极性相同或电位差接近于零时完成合闸。

2. 线路上残压的变化

线路上残压的极性和大小，对过电压幅值影响也很大。在自动重合闸过程中，由于绝缘子存在一定的泄漏电阻，大约有 0.5s 的间歇期，线路残压会下降 10%～30%。从而有助于降低重合闸过电压的幅值。另外如果在线路侧接有电磁式电压互感器，那么它的等值电感和等值电阻与线路电容构成一阻尼振荡回路，使残余电荷在几个工频周期内泄放一空。

3. 线路损耗

线路上的电阻和过电压较高时线路上产生的电晕都构成能量的损耗，消耗了过渡过程的能量，而使得过电压幅值降低。

此外，空载线路的合闸过电压还与线路参数、电网结构有关，母线的出线数增加、线路的电晕会使过电压降低；断路器合闸时三相的不同期，会使过电压升高。

6.2.3　限制过电压的措施

针对过电压的形成过程及影响过电压幅值的一些因素，限制合闸过电压的主要措施如下。

1. 装设并联合闸电阻

是限制这种过电压最有效的措施。如图 6-3 所示，不过这时应先合辅助触头 2、后合主触头 1。整个合闸过程的两个阶段对阻值的要求是不同的：在合辅助触头 2 的第一阶段，R 对振荡起阻尼作用，使过渡过程中的过电压最大值有所降低，R 越大、阻尼作用越大、过电压就越小，所以希望选用较大的阻值；大约经过 $8\sim15\mathrm{ms}$，开始合闸的第二阶段，主触头 1 闭合，将 R 短接，使线路直接与电源相连，完成合闸操作。在第二阶段，R 值越大，过电压也越大，所以希望选用较小的阻值。因此，合闸过电压的高低与电阻值有关，某一适当的电阻值下可将合闸过电压限制到最低。图 6-13 为 500kV 开关并联电阻与合闸过电压的关系曲线，当采用 400Ω 的并联电阻时（未考虑热容量），过电压可限制在 2 倍以下。

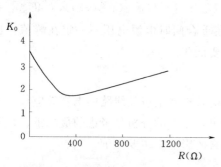

图 6-13 合闸电阻 R 与过电压
倍数 K_0 的关系

2. 采用同步合闸控制装置

通过一些电子装置来控制断路器的动作时间，在各相合闸时，将电源电压的相位角控制在一定范围内，以达到降低过电压的目的。具有这种功能的同电位合闸断路器在国外已研制成功。它既有精确、稳定的机械特性、又有检测触头间电压（捕捉相电位瞬间）的二次选择回路。

3. 采用避雷器保护

安装在线路首端和末端（线路断路器的线路侧）的 MOA 或磁吹避雷器，均能对这种过电压进行限制，如果采用的是现代 MOA 避雷器，就有可能将这种过电压的倍数限制到 $1.5\sim1.6$，因而可不必在断路器中安装合闸电阻。现阶段特高压变电站和线路侧都采用额定电压为 828kV 的 MOA。

6.2.4 合闸过电压的仿真

具体计算空载线路合闸过电压的大小，也可建立仿真模型，借助通用的电磁暂态程序 EMTP 在计算机上运算获得。仍以合闸 500kV 空载线路为例，EMTP 中利用 JMarti 线路进行开关操作研究。

【例 6-2】 试仿真分析架空输电线合闸过电压与合闸相位的关系，以及装设并联合闸电阻的作用。线路选取一条长 200km 的 500kV 线路。

解： 1. 不考虑线路分布参数特性

电源为 $u_1 = 408.248\cos\ (314t)\ (\mathrm{kV})$，$u_2 = 408.248\cos\left(314t - \dfrac{2\pi}{3}\right)(\mathrm{kV})$，$u_3 = 408.248\cos\left(314t + \dfrac{2\pi}{3}\right)(\mathrm{kV})$，线路用集中参数表示，仿真电路如图 4-59 所示。输电线路和其他元件参数参照例 3-2 的仿真。为了更好观察合闸时的波形变化，合闸在一个周期以后，分别设置合闸时间。第一次合闸在 $\theta = 0°$ 进行，三相合闸时间分别设置为：A 相：20ms，B 相：20.67ms，C 相：33.33ms。第二次合闸在 $\theta = 30°$ 进行，三相合闸时间分别设置为：A 相：21.67ms，B 相：22.34ms，C 相：35.00ms。第二次合闸在 $\theta = 60°$ 进行，

三相合闸时间分别设置为 A 相：23.33ms，B 相：25.00ms，C 相：36.66ms。仿真结果如图 6-14 和图 6-15 所示。从图 6-14 图中可见，在线路首端，$\theta = 0°$ 时的合闸过电压最大值为 622kV（1.52p.u.），$\theta = 30°$ 时的合闸过电压最大值为 517kV（1.27p.u.），$\theta = 60°$ 时的合闸振荡值较小，只是在 B 相合闸时，A 相感应出一个较高电压值，读数为 452kV（1.11p.u.）。而在线路末端的电压如图 6-15 所示。

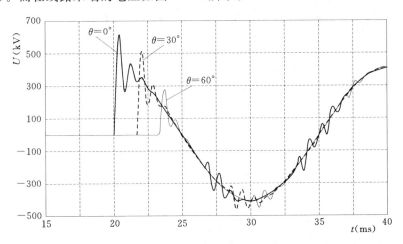

图 6-14　不同相位合闸 500kV 空载线路后线路侧首端 A 相电压

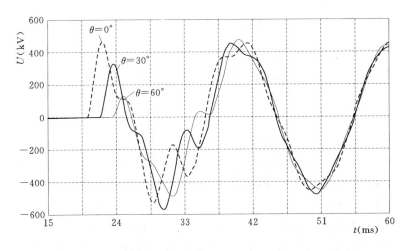

图 6-15　不同相位合闸 500kV 空载线路后线路侧末端 A 相电压

2. 考虑线路分布参数特性

仿真电路如图 6-5 所示。输电线路和其他元件参数参照例 6-1 的设定，开关合闸时间设定如（1），在 $\theta = 90°$ 进行，三相合闸时间分别设置为：A 相：25.00ms，B 相：25.67ms，C 相：38.33ms。仿真结果如图 6-16 所示。从图中可见，考虑线路分布参数特性，合闸过电压发生振荡，过电压幅值比不考虑线路分布参数特性时要大，最大过电压幅值出现在 $\theta = 0°$ 时合闸，最大过电压幅值达 900kV（2.2p.u.），而在 $\theta = 90°$ 时合闸，振荡幅值很小，过电压倍数很小。

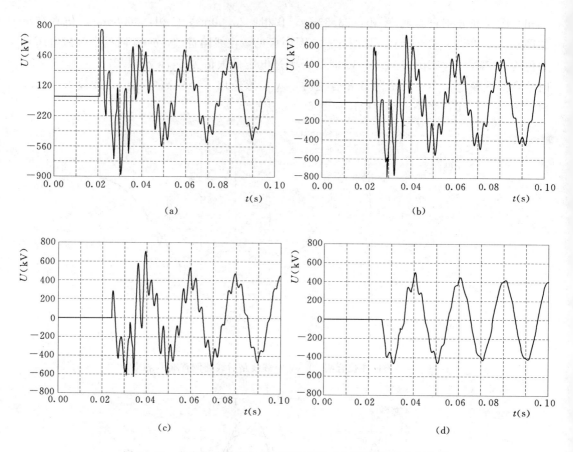

图 6-16　考虑线路分布参数时不同相位合闸线路末端 A 相电压

(a) $\theta=0°$；(b) $\theta=30°$；(c) $\theta=60°$；(d) $\theta=90°$

3. 装设合闸电阻的作用

在考虑线路分布参数特性的基础上，再仿真分析电路中增加合闸电阻情况，设定合闸电阻参数为 400Ω，主触头和辅助触头连接如图 6-17 所示，考虑最严重情况，辅助触头合闸时间为 A 相：20ms，B 相：20.67ms，C 相：33.33ms。并联电阻接入时间取 8ms，主触头合闸时间为 A 相：28ms，B 相：28.67ms，C 相：41.33ms。仿真结果如图 6-18 所示，与未加合闸并联电阻时的图 6-16 (a) 相比，过电压幅值下降很多，图 6-18 中的最大电压幅值为 514kV，可见加合闸并联电阻限制合闸过电压的效果很好。改变合闸电

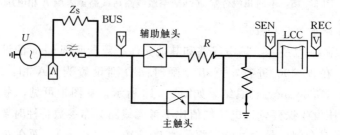

图 6-17　装设合闸电阻的线路合闸仿真电路

阻参数值，可以比较不同值时的限制效果，结果列出在表6-2中。

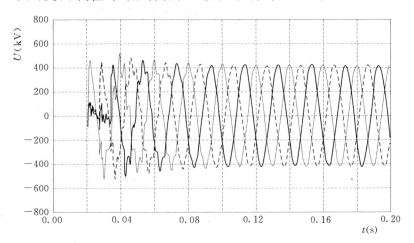

图6-18 装设合闸电阻为400Ω后θ=0°时合闸线路末端三相电压

表6-2 合闸电阻与过电压的关系

合闸电阻值（Ω）	100	200	300	350	400	500	600	700	800	1000
合闸过电压最大峰值（kV）	650	568	521	515	526	557	583	607	629	667

将表6-2中的数据绘图，如图6-19所示。从图6-19所示及其他计算表明，合闸电阻在300~400Ω之间时，过电压相对而言最低，而电阻值低，其所需的能量就比较大，综合比较后，考虑取合闸电阻400Ω。

在图5-9所示特高压示范工程中，采用400Ω合闸电阻的条件下，两端合闸过电压最高达1.53p.u.，线路中部最高达1.62p.u.，线路相间统计过电压达2.75p.u.，同时将合闸电阻能耗控制在3MJ左右，避雷器能耗较低。若B—D的654km线路不分段，过电压数值将较高：联甲电网且B1电厂开机单台，合B时的相间统计过电压高达2.89p.u.；开机4台，合B时的相对地过电压达1.74p.u.，相间统计过电压高达

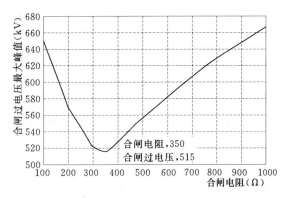

图6-19 合闸电阻与过电压的关系

3.13p.u.，超出允许的操作过电压水平。合D时，虽然过电压水平不高，但合闸电阻能耗分别达9.6MJ（单机运行条件）和11.4MJ（四机运行条件）。若使用700Ω合闸电阻，合闸过电压水平有所提高，其中从C侧合B线统计操作过电压达1.72p.u.，超过允许上限值1.70p.u.，线路相间统计过电压达2.91p.u.，也超过2.8p.u.的允许值，表明700Ω合闸电阻的适应性较差。对于线路较短，合闸过电压较低的网络，合闸电阻可以考虑取大一些。可见，系统结构和运行方式对过电压有重要影响。

6.3 暂态恢复电压计算

6.3.1 暂态恢复电压的概念

电力系统发生短路后，断路器分闸开断短路电流。断路器触头分离后，触头间产生电弧。电弧电流过零瞬间，电弧熄灭，触头上产生暂态恢复电压。电压恢复过程中，首先出现在弧隙间的具有瞬态特性的电压，称为瞬态恢复电压 u_{tr}（TRV）。瞬态恢复电压存在的时间很短，只有十几微秒至几毫秒。瞬态恢复电压消失后，弧隙出现的是由工频电源决定的电压称为工频恢复电压 u_{pr}，如图 6-20 所示，工频恢复电压也可以说是电弧熄灭后弧隙上恢复电压的稳态值。在实际电路中，弧隙间总有电容存在，弧隙电压不能突变，电压恢复过程可以是图 6-20（a）所示的带有周期分量的或是多频分量的振荡过程，也可以是如图 6-20（b）所示的非周期过程。

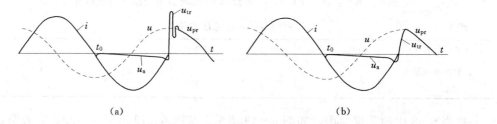

图 6-20 恢复电压
（a）周期性的振荡过程；（b）非周期过程

瞬态恢复电压和工频恢复电压统称恢复电压。从灭弧的角度来看，在开断短路故障时，瞬态恢复具有决定性的意义，因此是分析研究的主要方面。许多场合下提到的恢复电压往往是指瞬态恢复电压。

瞬态恢复电压的变化取决于：

（1）工频恢复电压的大小和频率。

（2）电路中电感、电容和电阻的数值以及他们的分布情况。实际电网中，这些参数的差别很大，因此瞬态恢复电压的波形也会有较大的区别。

（3）断路器的电弧特性。交流电流过零时，特别在开断大电流时，弧隙不可能由原来的导电状态立即转为绝缘介质，也即电流过零时，弧隙有一定的电阻。断路器的开断性能不同，电流过零时弧隙电阻值的差别很大。显然，弧隙电阻对瞬态恢复电压会带来很大的影响。

6.3.2 开断三相短路时的工频恢复电压计算

6.3.2.1 中性点不直接接地系统的三相短路故障

我国 63kV 及以下的电力系统包括部分 110kV 电力系统都采用中性点不直接接地方式。这种系统可能出现三相不接地短路和三相接地短路两种情况。首先分析三相不接地短路故障。其等值电路及相量图如图 6-21 所示。图中只考虑感抗 X_L，而忽略电阻。

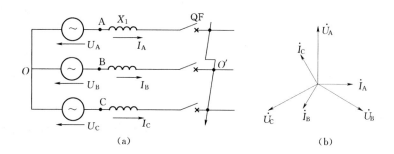

图 6 - 21　三相不接地短路的等值电路和相量图
(a) 等值电路；(b) 电压、电流相量图

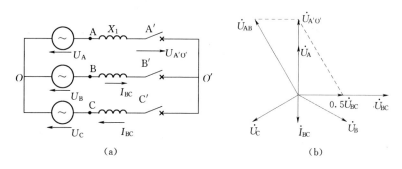

图 6 - 22　A 相电弧熄灭后的等值电路与相量图
(a) 等值电路图；(b) 相量图

A 相电弧熄灭后的等值电路与相量图如图 6 - 22 所示，由图 6 - 22 可知，A 相断路器触头两端的工频恢复电压为

$$\dot{U}_{prA} = \dot{U}_{A'O'} = \dot{U}_{AB} + \dot{U}_{BO'}$$

而

$$\dot{U}_{BO'} = 0.5\,\dot{U}_{BC}$$

所以有

$$\dot{U}_{prA} = \dot{U}_{AB} + 0.5\,\dot{U}_{BC} = 1.5\,\dot{U}_{A}$$

即

$$U_{prA} = 1.5U_A = 1.5U_{ph} \tag{6-7}$$

由此可见，第一相 A 开断时，工频恢复电压 U_{prA} 为相电压 U_{ph} 的 1.5 倍。将第一个切除极间的电压与未畸变的电力系统相电压之比值称为首开极（相）系数（k_{pp}），这里 k_{pp} 为 1.5。

A 相电流过零电弧熄灭后，B、C 两相的短路电流 I_{BC} 经过 5ms（90°后）也过零。电

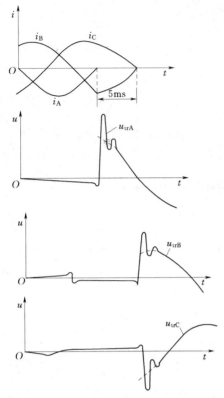

图 6-23　三相短路开断时的电压、
电流变化曲线

（$t=0$ 时，三相触头分开，产生电弧）

源电压 U_{BC} 将加在 B、C 两相的触头上。如果电压均匀分配，B、C 两相触头上的工频恢复电压 U_{prB}、U_{prC} 为

$$U_{prB}=U_{prC}=\frac{U_{BC}}{2}=\frac{\sqrt{3}}{2}U_{ph} \qquad (6-8)$$

可见，B、C 两相开断时，工频恢复电压只有 U_{ph} 的 0.866 倍，比 A 相的工频恢复电压低很多。

三相短路故障开断时的工频恢复电压、短路电流的变化情况如图 6-23 所示。

对于中性点不接地系统发生三相接地短路时，其短路电流与恢复电压的情况与三相不接地短路是相同的。

6.3.2.2　中性点直接接地系统的三相短路

我国 220kV 及以上电力系统，包括部分 110kV 电力系统，采用中性点直接接地方式。中性点直接接地系统发生三相接地短路时的电路如图 6-24 所示。

与上述中性点不直接接地系统的三相短路分析相同，由于三相电流不同时过零，电弧不能同时熄灭。设 A 相电流先过零，电弧熄灭，此时

电路相当于两相接地的情况，应用对称分量法，可求出

$$\dot{I}_{a1}=\frac{U_A}{j(X_1+X_2//X_0)} \qquad (6-9)$$

$$\dot{U}_{a1}=\dot{U}_{a2}=\dot{U}_0=j\dot{I}_{a1}\frac{X_2X_0}{X_2+X_0}$$

$$=U_A\cdot\frac{X_2X_0}{X_2X_0+X_1X_0+X_1X_2} \qquad (6-10)$$

A 相工频恢复电压 U_{prA} 为

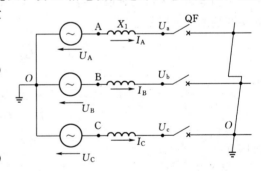

图 6-24　中性点直接接地系统的三相接地短路

$$U_{prA}=U_a=3U_0=U_A\cdot\frac{3X_2X_0}{X_2X_0+X_1X_0+X_1X_2} \qquad (6-11)$$

当故障点离供电发电机相当远时，正序和负序等值阻抗近似相等，可以令 $X_1=X_2=X$；一般零序电抗要大于正序电抗，若 $X_0=3X_1$，则有

$$U_{prA}=U_A\cdot\frac{9}{7}\approx1.3U_A$$

即在中性点直接接地系统中发生三相接地短路时的首开相系数 k_{pp} 为 1.3。

C 相电弧熄灭时的三相电路相当于单相接地的情况，可得出 B 相各序分量电流为

$$\dot{I}_{b1} = \dot{I}_{b2} = \dot{I}_0 = \frac{\dot{U}_B}{j(X_1 + X_2 + X_0)} \qquad (6-12)$$

B 相的各序分量电压为

$$\left.\begin{aligned}
\dot{U}_{b1} &= \dot{U}_B - j\dot{I}_{b1}X_1 = -(\dot{U}_{b2} + \dot{U}_0) = j\dot{I}_0(X_2 + X_0) \\
\dot{U}_{b2} &= -j\dot{I}_{b2}X_2 = -j\dot{I}_0 X_2 \\
\dot{U}_0 &= -j\dot{I}_0 X_0
\end{aligned}\right\} \qquad (6-13)$$

C 相工频恢复电压为

$$\dot{U}_{prC} = \dot{U}_c = \dot{U}_{c1} + \dot{U}_{c2} + \dot{U}_0 = a^2 \dot{U}_{b1} + a \dot{U}_{b2} + \dot{U}_0$$

$$= j[a^2 \dot{I}_0(X_2 + X_0) - \dot{I}_0 X_2 - \dot{I}_0 X_0]$$

$$= \frac{\dot{U}_B}{(X_1 + X_2 + X_0)}[(a^2 - a)X_2 + (a^2 - 1)X_0] \qquad (6-14)$$

若 $X_2 = X_1$，$X_0 = 3X_1$，由式（6-14）可得

$$\dot{U}_{prC} = 1.25 \angle 180° + 44° \ \dot{U}_B$$

即 C 相工频恢复电压为相电压的 1.25 倍，较首开相的 1.3 倍稍小。

B 相熄灭后，由于三相接地短路故障全部切除，显然 B 相的工频恢复电压即为相电压 U_{ph}，比先前开断的两相都低。

三相接地短路故障时各相短路电流的开断次序如图 6-25 所示。有关工频恢复电压及燃弧时间的数据见表 6-3。

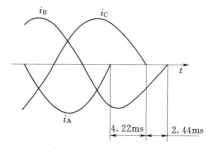

图 6-25 三相接地短路故障时的短路电流

表 6-3　　工频恢复电压与燃弧时间

开断次序	1	2	3
相别	A	C	B
工频恢复电压	$1.3U_{ph}$	$1.25U_{ph}$	U_{ph}
燃弧时间（ms）	t_A	$t_A + 4.22$	$t_A + 6.68$

中性点直接接地系统中，由于额定电压高，相间绝缘距离大，一般不会出现三相短路的情况。如果出现三相短路，则各相工频恢复电压的情况与中性点不直接接地系统中三相短路故障的分析结果相同，即首相开断系数仍为 1.5。

6.3.3 开断不对称短路时的工频恢复电压计算

1. 单相接地短路

中性点直接接地系统发生 A 相接地短路，A 相断路器 QF 打开，当电流过零，A 相电弧熄灭，断路器触头两端的工频恢复电压即为相电压，即 $U_{prA} = U_{ph}$。

2. 两相短路

系统发生 B、C 两相短路的情况，短路点各相对地电压为

$$\left.\begin{array}{l} \dot{U}_a = \dot{U}_{a1} + \dot{U}_{a2} + \dot{U}_{a0} = 2\dot{U}_{a1} = j2\dot{I}_{a1}X_2 \\[2mm] \dot{U}_b = \dot{U}_c = a^2\dot{U}_{a1} + a\dot{U}_{a2} + \dot{U}_{a0} = -\dot{U}_{a1} = -\frac{1}{2}\dot{U}_a \end{array}\right\} \qquad (6-15)$$

对于两相短路故障，对于接地和不接地的相间故障这两种情况，两故障相上的断路器多半同时开断。B 相断路器触头的左端为 B 相的相电压 $\dot{U}_B$，右端 $\dot{U}_b = -\frac{1}{2}\dot{U}_a$，两端的工频恢复电压即为 $\dot{U}_{prB} = \frac{1}{2}\dot{U}_{BC}$，同理 $\dot{U}_{prC} = -\frac{1}{2}\dot{U}_{BC}$，即在两个故障相的每一相上，工频恢复电压为 $U_{prB} = U_{prC} = \frac{\sqrt{3}}{2}U_{ph}$。

3. 两相接地短路

对于中性点不接地系统，发生两相接地短路时故障相的工频恢复电压与两相不接地短路故障时相同，都为 $\frac{\sqrt{3}}{2}U_{ph}$，也即 $U_{prB} = U_{prC} = \frac{\sqrt{3}}{2}U_{ph}$。

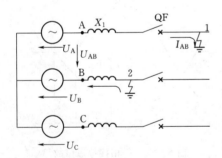

图 6-26 异地故障电路图

4. 异地两相接地短路

在中性点不直接接地系统中，可能出现异地两相接地故障，简称异相接地故障，如图 6-26 所示。

在图 6-22 中，A 相在 1 处，B 相在 2 处都出现接地故障时，A 相的断路器 QF 中流过短路电流。断路器开断短路故障，A 相电弧熄灭时的工频恢复电压 U_{prA} 为三相电源的线电压，$U_{prA} = U_{AB} = \sqrt{3}U_{ph}$，即异相接地故障时的工频恢复电压为相电压的 $\sqrt{3}$ 倍。

开断各种故障时的工频恢复电压列于表 6-4 中。

表 6-4　　　　　　　　　　　　　开断各种故障时的工频恢复电压

故障类型	中性点不接地系统	中性点直接接地系统	开断相
三相接地	1.5	1.3	首开相
三相短路	1.5	1.5	首开相
单相接地短路		1.0	故障相
两相接地短路	0.866	1.3	故障相
异相两相接地短路	1.732	1.3	故障相

6.3.4 瞬态恢复电压的计算

图 6-27 中所示为敞露式变电站的布置。断路器 QF 开断一个在近断路器触头的架空输电线路上的三相短路，即金属性短路故障。图 6-28 中显示了三相的情况。供电的发电机和变压器可以模拟为一个三相电压源和一组串联电感，变压器的高压绕组和套管、母线以及电压和电流互感器的固有电容由一个集总电容 C_e 表示，邻近的线路和短路的线路用他们的特性阻抗模拟。

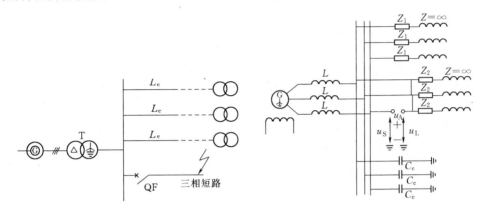

图 6-27 线路发生三相短路的　　　　图 6-28 线路发生三相短路的
　敞露式变电站单线图　　　　　　　敞露式变电站三相接线图

由于三相短路故障被隔离而供电源的中性点是直接接地的，假如 $X = X_0$ 时，则首开极系数为 1。在开断器件端子上出现的暂态恢复电压是由供电侧电网元件产生的暂态恢复电压 U_S 与负荷侧产生的暂态恢复电压 U_L 间的差。

从断路器端子研究图 6-28 中的电网时，可以画出如图 6-29 所示的等值电路图。对大型变电站，邻近的几条平行线路形成的特性阻抗比故障线路的特性阻抗小得多，即 $Z_2 \gg Z_1$。

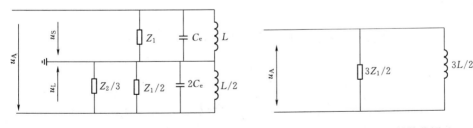

图 6-29 从断路器端子处看的等值电路图　　　图 6-30 图 6-29 的简化图

如果还忽略从断路器端子处看的固有电容 C_e，则电网可进一步简化为电阻（对一条无损耗线路，特性阻抗为一实数）和电感的并联电路，如图 6-30 所示。

为了分析图 6-30 上开断短路电流时并联网络中的响应特性，应用叠加原理注入一个 $i = \sqrt{2} I \omega t$ 的电流。这个电流近似于开断故障电流的起始部分。在断路器的两端间最后所得的暂态响应（图 6-31）为

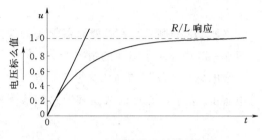

图 6-31　在断路器两端间的暂态
恢复电压的首次近似

$$u_A(t) = \frac{3\sqrt{2}}{2} I\omega L (1 - e^{-Z_1 t/L})$$

$$(6-16)$$

由于是从三相电路图开始分析的，首开极系数 k_{pp} 已自动计入。在电流过零时的暂态恢复电压的上升率是由特性阻抗 Z_1 的值决定的。当不忽略固有电容 C_e 时，这个电容会在电流过零时引起 $\tau = C_e Z_1$ 的时间延迟。对较大的 C_e 值，暂态恢复电压应是一个并联 RLC 网络的响应，而其波形具有 (1-cos) 的形状。

至此，已经考虑了在电流开断和最开始的几毫秒时间内的电压响应。在这段时间里，对瞬态恢复电压起作用的主要是来自振荡的集总元件。在几毫秒以后，反射的行波到达断路器的端部，而这些行波对暂态恢复波形会产生影响，如图 6-32 所示。这是由于反射的电磁波和就地的振荡相重叠而使暂态恢复电压具有不规则的波形。瞬态恢复电压的波形取决于所开断的电流，线路和电缆的长度，电磁波的传播速度以及在突变点的反射系数。

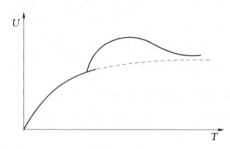

图 6-32　暂态恢复电压的一般波形

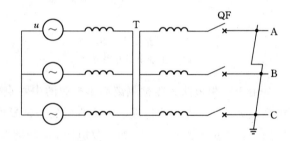

图 6-33　计算瞬态恢复电压的电路图

为了进一步简化分析，假定在变压器出口发生三相电路，暂时忽略电阻，计算电路如图 6-33 所示，对图 6-33 电路进行简化，不考虑衰减，首开相的瞬态恢复电压 U_{tr1} 可用下式表示

$$U_{tr1} = 1.5 U_m \left[1 + \frac{1}{\omega_{10}^2 - \omega_{20}^2} (\omega_{20}^2 \cos\omega_{10} t - \omega_{10}^2 \cos\omega_{20} t) \right] \qquad (6-17)$$

其中

$$\omega_{10} = \omega_{20} = \left[0.5 \left(\frac{1}{L_s C_s} + \frac{1}{L_T C_T} + \frac{1}{L_T C_s} \right) \pm \sqrt{\left(\frac{1}{L_s C_s} + \frac{1}{L_T C_T} + \frac{1}{L_T C_s} \right)^2 - \frac{4}{L_s L_T C_s C_T}} \right]^{\frac{1}{2}}$$

$$(6-18)$$

式中：ω_{10}、ω_{20} 为瞬态恢复电压中的两个高频分量；L_s、C_s 为电源的每相电感及对地电容；L_T、C_T 为变压器 T 的每相漏电感与对地电容。

影响瞬态恢复电压的主要因素有：工频恢复电压的幅值，线路中的电感、电容和电阻的大小以及它们的分布情况，线路长度，开断时的电弧特性等。

实际的电网情况比图 6-33 所示电路复杂得多，要计算瞬态恢复电压很困难。可以借助计算机进行仿真计算。

6.3.5 瞬态恢复电压的特性

国际电工委员会（IEC）推荐采用 4 - 参数参考线（u_1，t_1，u_c，t_2）或 2 - 参数参考线（u_c，t_3）来表征 TRV。IEC4 - 参数的参考线描绘如图 6 - 34 所示，u_1 为第一参考电压，kV；t_1 为到达 u_1 的时间，μs；u_c 为第二参考电压（TRV 峰值），kV；t_2 为到达 u_c 的时间，μs。

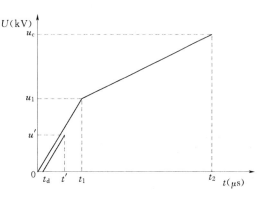

图 6 - 34　IEC 4 - 参数参考线和时延线

TRV 参数是由额定电压 U_N、首开极系数 k_{pp} 和振幅系数 k_{af} 的函数确定如下：

$$u_1 = 0.75 k_{pp} \times U_N \times \sqrt{\frac{2}{3}} \qquad (6-19)$$

对于出线端和近区故障，t_1 是由 u_1 和上升率 u_1/t_1（RRRV）导出的。对于失步，t_1 是出线端故障时间的两倍。

$$u_c = k_{af} k_{pp} \times U_N \times \sqrt{\frac{2}{3}} \qquad (6-20)$$

这里，对于出线端和近区故障，振幅系数 $k_{af} = 1.4$；对于失步，$k_{af} = 1.25$。

对于出线端故障和近区故障，$t_2 = 4t_1$；对于失步，t_2 介于 $4t_1$ 与 $8t_1$ 之间。

IEC2 - 参数的参考线描绘如图 6 - 35 所示。u_c 为参考电压（TRV 峰值），kV；t_3 为到达 u_c 的时间，μs。TRV 参数是由额定电压 U_N、首开极系数 k_{pp} 和振幅系数 k_{af} 的函数确定如下：

$$u_c = k_{af} k_{pp} \times U_N \times \sqrt{\frac{2}{3}}$$

振幅系数 k_{af} 是瞬态恢复电压的最大幅值与工频恢复电压峰值之比。这里，对于电缆出线端故障，振幅系数 $k_{af} = 1.4$；对于架空线出线端故障和近区故障，振幅系数 $k_{af} = 1.54$；对于失步，$k_{af} = 1.25$。

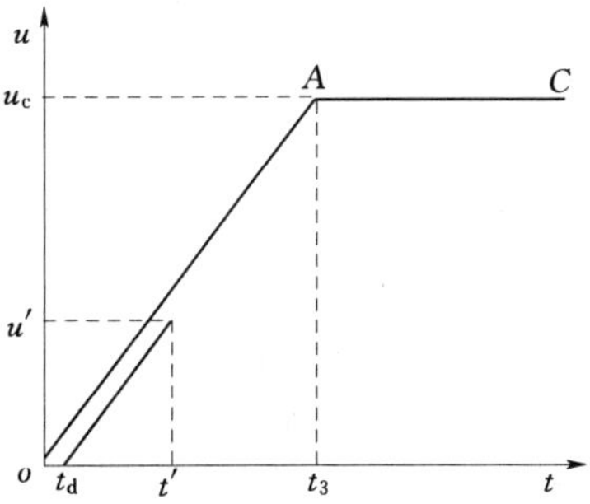

图 6 - 35　IEC 2 - 参数参考线和时延线

对于出线端故障和近区故障，t_3 由规定值确定；对于失步，t_3 是出线端故障规定值的两倍。

TRV 的时延线（如图 6 - 34 和图 6 - 35 所示）。时延线为从时间轴上的额定时延点作与额定 TRV 第一段参考线平行的，在电压为 u'（时间坐标 t'）的点终止的线段。t_d 为时延（μs）；u' 为参考电压（kV）；t' 为到达 u' 的时间（μs）。

额定电压 100kV 及以上系统，出线端故障和近端故障，$t_d = 2\mu$s；对于失步故障，$t_d = 2\mu$s 或者 $0.1t_1$；$u' = u_1/2$，t' 是由图 6 - 34 中的 u'、上升率 u_1/t_1（RRRV）和 t_d 导出的。

额定电压低于 100kV 系统，对于电缆出线端故障和失步，$t_d = 0.15t_3$；对于架空线路出线端故障和近区故障，$t_d = 0.05t_3$；对于架空线路出线的失步故障，$t_d = 0.15t_3$；$u' = u_c/3$，t' 是由图 6-35 中的 t_d 和 t_3 导出的，$t' = t_d + t_3/3$。

初始瞬态恢复电压（ITRV）如图 6-36 所示，u_i 为参考电压（ITRV 峰值）（kV）；t_i 为到达 u_i 的时间（μs）。

ITRV 的上升速率取决于开断的短路电流，其幅值取决于沿母线到第一个间断点的距离。ITRV 由电压 u_i 和时间 t_i 确定。固有的波形应按照 u_i 的 20% 和 80% 两点之间的直线和要求的 ITRV 上升率进行绘制。

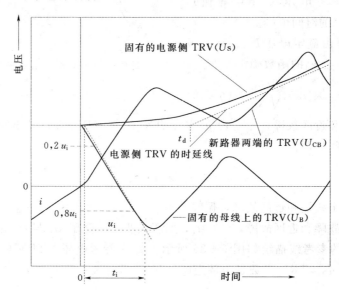

图 6-36 ITRV 与 TRV 关系的表示

6.3.6 暂态恢复过程的仿真

【例 6-3】 220kV 输电线路单相接地短路的仿真计算系统接线图如图 6-37 所示。

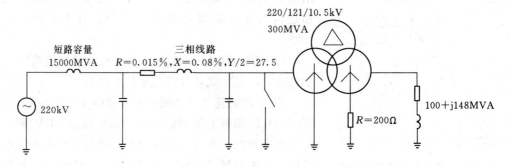

图 6-37 220kV 输电线路单相接地短路电气接线图

解： 1. 参数计算

（1）电源。用 3 个单相交流电源表示。

因系统线电压为 $U = 220$kV，故单相交流电源幅值为

$$U_{m}=\frac{\sqrt{2}}{\sqrt{3}}\times 220\times 10^{3}=179629\text{（V）}$$

（2）短路电抗。设短路容量 $S_{b}=15000\text{（MVA）}$，则短路电抗为

$$Z_{b}=\frac{220^{2}}{15000}=3.22667\text{（}\Omega\text{）}$$

短路电感为

$$L_{b}=\frac{3.22667}{2\pi\times 50}\times 1000=10.27\text{（mH）}$$

（3）线路。用 π 形电路表示，并且只考虑正序参数。

设以 220kV、10MVA 为基准时，正序电阻为 $R=0.015\%$，正序电抗为 $X=0.08\%$，正序电纳为 $Y/2=27.5\%$，则 π 形电路的参数为

$$R=\frac{220^{2}}{10}\times\frac{0.015}{100}=0.726\text{（}\Omega\text{）}$$

$$L=\frac{220^{2}}{10}\times\frac{0.08}{100}\times\frac{1000}{2\pi\times 50}=12.325\text{（mH）}$$

$$C=\frac{10}{220^{2}}\times\frac{27.5\times 2}{100}\times\frac{10^{6}}{2\pi\times 50}=0.3617\text{（}\mu\text{F）}$$

（4）变压器。设以 300MVA 为基准时，一次侧与二次侧间的短路电抗为 21.63%，以 90MVA 为基准时，一次侧与三次侧间的短路电抗为 17.41%；以 90MVA 为基准时，二次侧与三次侧间的短路电抗为 9.60%。换算至 10MVA 基准时，

$$Z_{HL}=21.63\%\times\frac{10}{300}=0.721\%$$

$$Z_{HT}=17.41\%\times\frac{10}{90}=1.934\%$$

$$Z_{LT}=9.60\%\times\frac{10}{90}=1.067\%$$

因此

$$Z_{H}=\frac{1}{2}\times(0.721\%+1.934\%-1.067\%)=0.794\%$$

$$Z_{L}=\frac{1}{2}\times(0.721\%+1.067\%-1.934\%)=-0.073\%$$

$$Z_{T}=\frac{1}{2}\times(1.934\%+1.067\%-0.721\%)=1.140\%$$

相应的电感值为

$$L_{H}=\frac{220^{2}}{10}\times\frac{0.794}{100}\times\frac{1000}{2\pi\times 50}=122.325\text{（mH）}$$

$$L_{L}=\frac{110^{2}}{10}\times\frac{-0.073}{100}\times\frac{1000}{2\pi\times 50}=-2.8116\text{（mH）}$$

$$L_{T}=\frac{10.5^{2}}{10}\times\frac{1.140}{100}\times\frac{1000}{2\pi\times 50}=1.2002\text{（mH）}$$

另外，设二次侧中性点接地电阻为 200Ω。

（5）负荷。设二次侧的负荷为 $100+j48$（MVA），则

$$R_{\text{Load}}=\frac{110^2}{100}=121\ （\Omega）$$

$$L_{\text{Load}}=\frac{110^2}{48}\times\frac{1000}{2\pi\times 50}=802.41\ （\text{mH}）$$

（6）单相接地故障。用时控开关模拟。设 0.1s 时发生接地故障。

2. 建模和仿真参数设定

取时间步长为 $100\mu s$，计算时间为 1s。

（1）电源模型。路径 Sources→AC 3‑ph type 14，建立三相交流电压源的图标，输入各参数，$U_m=179629$(V)，频率 50Hz，A 相电源相位为 $0°$，则 B 相和 C 相电源的相位自动设为 $-120°$ 和 $120°$。

（2）短路电抗模型。路径 Branch Linear→RLC 3‑ph，设置电感为 10.27(mH)，其他参数为零。

（3）线路模型。路径 Lines/Cables→Lumped→RLC Pi‑equiv. 1→3 phase，输入各参数，$R_{11}=R_{22}=R_{33}=0.726\Omega$，$L_{11}=L_{22}=L_{33}=12.325\text{mH}$，$C_{11}=C_{22}=C_{33}=0.3617\mu F$。

（4）接地故障模型。选择三相时控开关 Switches→Switches time 3‑ph，开关一端双击后选择接地。

（5）变压器模型。选择 Transformers→Saturable 3 phase，建立三相变压器的图标。双击该图标，打开输入参数用的对话框，输入各参数。变压器一次侧中性点选择"接地（Ground）"，即为直接接地。变压器的二次侧中性点为电阻 200Ω 接地。变压器三次侧为 $\triangle$ 接线，为计算稳定，人为地让三个节点分别通过相同的大电阻接地。

（6）建立三相负荷模型。采用电阻和电抗并联的形式。选择 Branch Linear→RLC 3‑ph，建立 Y 接线 RLC 的图标。打开输入参数用的对话框，输入参数 $R_{\text{Load}}=121$（Ω），$L_{\text{Load}}=802.41$(mH)，另一端完成接地。

（7）建立计算模型。建立的所有元件的模型后，进行一系列辅助操作如旋转，移动和链接，连成如图 6‑38 所示的计算模型。

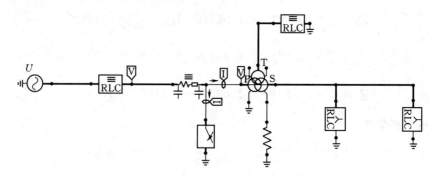

图 6‑38 计算模型

A 相接地短路前后变压器一次侧三相电压波形仿真结果如图 6‑39 所示。

为了保证电力系统稳定运行，线路两侧都装设继电保护装置，重新仿真，假定在 0.03s 时发生接地短路，再经过 0.01s 后在电流过零时切断短路故障点，系统可恢复稳定

运行状态，短路及自动切除故障相过程的变压器一次侧电压波形如图 6-40 所示。

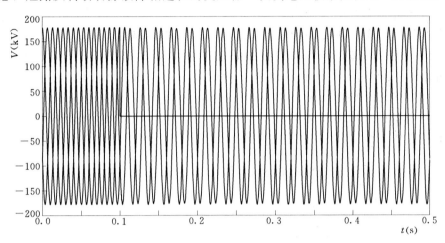

图 6-39　变压器一次侧电压波形

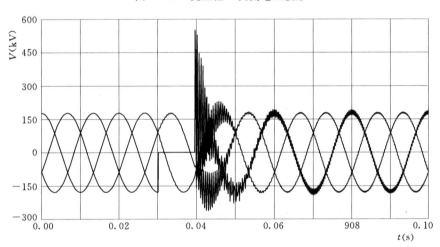

图 6-40　经过 0.01s 电流过零时自动切除故障相的变压器一次侧电压波形

【例 6-4】　单线模拟网络图如图 6-41 所示。在此仿真中，研究一条 750kV 联络线上单相接地故障引起的暂态现象。

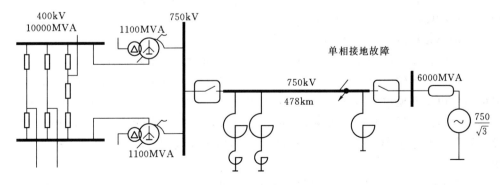

图 6-41　单相接地短路及故障切除过程研究电路

为简化比较，假定故障发生在单相电压的峰值，且断路器及时动作。

在 478km 长线路中，多余的无功功率由并联电抗器补偿。在线路的收端，有两套中性电抗器用于降低次级电弧的振幅。此分段故障发生在线路的受端。

ATP _ LCC 程序就用于计算线路的电路参数并建立 JMARTI SETUP 的输入文件。沿着线路存在三个交换点，所以每个 LINE CONSTANTS 文件就分别描述了长度为 84.6km、162.7km、155.9km 和 75.7km 的四段线路参数。对于此情形，在 ATP _ LCC 目录中可找到所有的 LCC 输入文件（LIN750 _ 1.LIN －LIN750 _ 4.LIN）。以 LCC 为第一段线路建立的 JMARTI SETUP 文件为例，参数设置如图 6 - 42 所示。

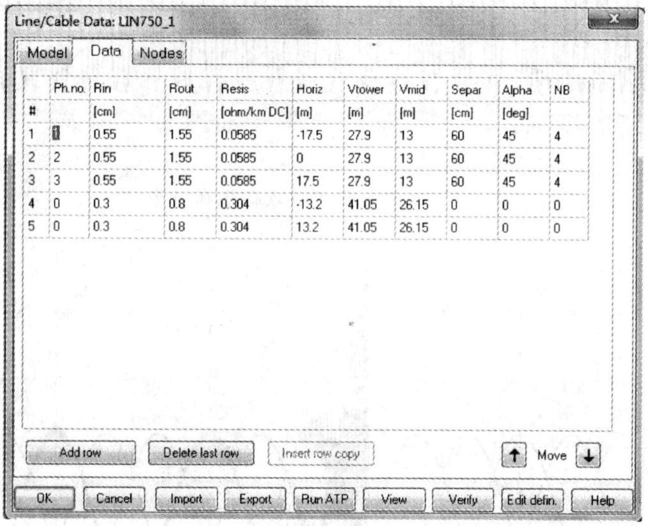

图 6 - 42　LIN750 _ 1 的参数

参数如下：变电站等值电源相电压峰值为 $750 \times \dfrac{\sqrt{2}}{\sqrt{3}} = 612.37\text{kV}$，等值内电阻 $R = 150\Omega$，电感 $L = \dfrac{750^2}{10000} \cdot \dfrac{1000}{2\pi \times 50} \approx 180\text{mH}$；变压器等值电感 $L = 200\text{mH}$，末端电源相电压峰值为 612.37kV，电源电阻 $R = 150\Omega$，电感 $L = \dfrac{750^2}{6000} \cdot \dfrac{1000}{2\pi \times 50} \approx 300\text{mH}$；首端星形连接电抗器参数电阻 $R = 10\Omega$，电感 $L = 3000\text{mH}$，中性点经 $L = 300\text{mH}$ 接地；末端连接电抗器参数为电阻 $R = 20\Omega$，电感 $L = 6000\text{mH}$。

完整的电路接线如图 6 - 43 所示。

在发送端及接收端和 750kV 传输线路相连的供电侧网络结构很简单。只有在终端将等价描述浪涌阻抗的电阻器与三相 RLC 对象平行连接时，才计入供电侧的正序短路容量。串联的分裂电抗器模拟了由三个单相单元组成的变压器组的短路电路感应系数。估计电容器的振荡电压远远低于其空气间隙铁心的饱和水平，所以使用线性 RLC 元件描述并联电抗器，这些并联电抗器也是单相的。假定故障的电弧阻抗是常数，研究中采用 2Ω 的近似值。

就此 750kV 示例电路，开关参数设定为：接地发生时间为 0.0285s，故障相断路器跳

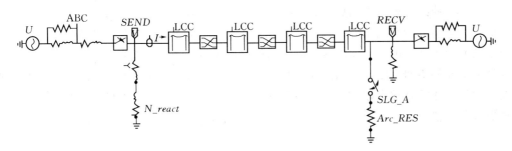

图 6-43 单相接地短路及故障切除过程仿真模型

闸时间为 0.075s，电弧熄灭时间为 0.225s。

仿真结果如图 6-44 和图 6-45 所示。图 6-44 曲线是故障线路接收端的相对地电压曲线。当次级电弧熄灭时，故障相出现一个振荡的聚积负荷，这正是并联补偿线路的特性。

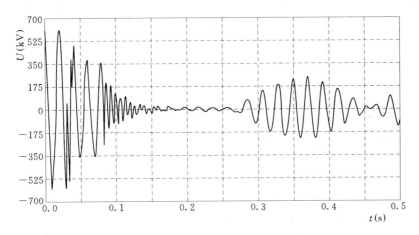

图 6-44 故障线路接收端的相对地电压

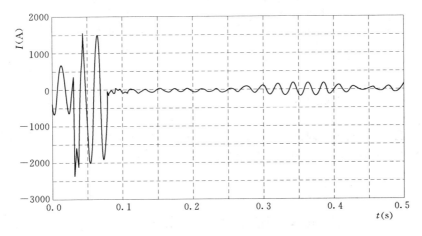

图 6-45 故障中和故障后的故障相电流

213

图 6-45 曲线为故障中和故障后的故障相电流，即为潜供电流。潜供电流由两部分组成，分别为电容分量和电感分量，在大部分无补偿情况下电容分量起主要作用。当潜供电弧（电流）熄灭后，由于相间电容和电感的作用，在原弧道出现恢复电压，远、近故障点断路器故障相触头间电压分别如图 6-46 和图 6-47 所示。这就增加了故障点自动熄弧的困难，以致单相重合闸失败，为了提高单相自动重合闸的成功率，潜供电流和恢复电压都应限制在较小值。

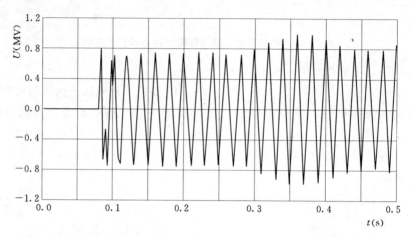

图 6-46　远故障点断路器故障相触头间电压

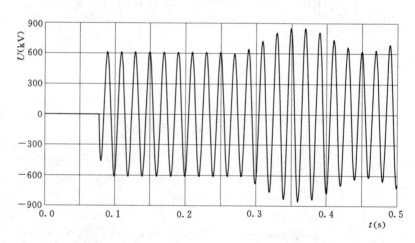

图 6-47　近故障点断路器故障相触头间电压

用在单线上进行实际故障测试获得的现场测试数据验证了此模拟结果。现场故障测试中由高速暂态干扰记录仪记录的相电压和电流的示波图。现场测试数据检验了上述模拟结果的正确性。

6.4　电容性冲击电流

在电力系统中，用以改善负载功率因数或滤除高次谐波的电容器组必须定期投入运行和退出。切断电容性电流可引起切换设备的介质问题，而当电容器组投入运行时，变电站内可能会有过大的冲击电流。集中参数表示的单相等值电路如图6-48所示，L_s为电源的等值电感，代表电源发电机的同步电感和电力变压器的漏电感，R_s和C_s一起产生电源侧的暂态恢复电压，同时代表电压互感器、电流互感器及母线等的阻尼和电容，C_d为电容性负载，C为电容器组。

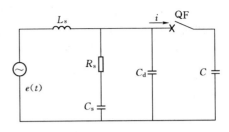

图6-48　有并联电容器组的
变电站单相集中元件参数

电源接通于一个LC串联网络后流过的暂态电流，取决于回路内的初始状态和电路参数。当切换设备闭合时，假设电容器C在$t=0$时未充电，则电容器组投入运行时电流表达式为

$$i(t)=\frac{e(0)}{Z_s}\sin(2\pi f_s t) \tag{6-21}$$

式中：$e(0)$为切换设备闭合瞬间供电电源$e(t)=E\cos(\omega t)$在$t=0$时的瞬时电压，$Z_s=\sqrt{\dfrac{L_s}{C}}$为回路的特性阻抗，$f_s=\dfrac{1}{2\pi\sqrt{L_sC}}$为回路的固有频率。

因为暂态频率比工频高得多，可假设在暂态电流正在流过的时间期间工频保持于恒定值。如果为了无功补偿，把电压水平保持在其限值内，以某20kV变电站为例，假若变电站中补偿功率因数用的电容器组C的容量为10Mvar，变电站的50Hz短路容量为1100MVA，短路电流有效值为31.5kA。假定20kV母线处连接10Mvar的电容器组，则在稳态情况下电容性电流有效值为

$$I_C=\frac{10\times1000}{\sqrt{3}\times20}=289\,(\text{A})$$

电容器组的阻抗为

$$X_C=\frac{20\times1000}{\sqrt{3}\times289}=40\,(\Omega)$$

对应的电容值为80μF。由短路功率可得出电源电感值为

$$L_s=\frac{20}{\sqrt{3}\times31.5\times100\pi}=1.17\,(\text{mH})$$

那么，切换设备闭合，电容器组投入运行时回路的特性阻抗为

$$Z_s=\sqrt{\frac{L_s}{C}}=\sqrt{\frac{1.17\times10^{-3}}{80\times10^{-6}}}=3.8\,(\Omega)$$

回路的固有频率为

$$f_s=\frac{1}{2\pi\sqrt{L_sC}}=\frac{1}{2\pi\sqrt{1.17\times10^{-3}\times80\times10^{-6}}}=520\,(\text{Hz})$$

当在$t=0$闭合开关这一瞬时，电源电压处于最大值时，暂态电流的峰值为

$$I_m=\frac{E(0)}{Z_s}=\frac{20\times1000\times\sqrt{2}}{\sqrt{3}\times3.8}=4300\,(\text{A})$$

可见，暂态冲击电流峰值超过稳态电容性电流峰值的 10 倍。偏高的冲击电流可导致电容器组某些电容器的损坏，同时切换设备也可能遭受损坏。在电容器组投入的切换设备闭合操作期间，如断路器触头接触之前，会发生介质击穿（即所谓"预击穿"），相当大的冲击电流可导致触头材料融化。特别是在用真空断路器投切电容器组的场合，其触头可能熔接在一起。骤然产生的等离子通道形成一个冲击波，就少油断路器来说可使整个灭弧室爆炸，而对于 SF_6 断路器，有时可使灭弧室或喷嘴损坏。

6.5　开断小的电感性电流

在电力系统运行中，切除空载变压器、电抗器及空载电动机等，都是电力系统中常见的操作。正常运行时，空载变压器、电抗器及空载电动机表现为一个电感负载。因此切除空载变压器、电抗器及空载电动机就是开断小的电感性电流，这时可能会出现很高的过电压。本节以切除空载变压器为例，说明开断小的电感性电流产生过电压的物理过程、影响因素及限制措施。

6.5.1　过电压产生的物理过程

为了简化分析，假定变压器三相完全对称，则以空载变压器的单相等值电路来讨论，

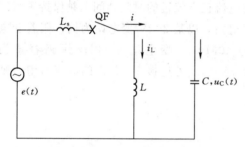

图 6 - 49　切除空载变压器等值电路

如图 6 - 49 中的简化等值电路。图中 L_s 为电源等值电感，L 为空载变压器的激磁电感，C 为变压器对地杂散电容与变压器侧全部连线及电气设备对地电容的并联值，其数值约为数百至数千皮法。研究表明：在切断 100A 以上的交流电流时，开关触头间的电弧通常都是在工频电流自然过零时熄灭的，在这种情况下，等值电感中储藏的磁场能量为零，因此在切断过程中不会产生过电压。但切除空载变压器时，所切除的是变压器的空载电流，其值非常小，为变压器额定电流的 $0.2\% \sim 4\%$，有效值通常只有几安到几十安。断路器的灭弧能力相对于这种电流就显得很强大，从而使空载电流未过零之前就因强制熄弧而切断，即所谓的截流现象。因为在工频电压作用下，流过空载变压器的电流 i 几乎就是流过励磁电感的电流 i_L。

假如空载电流 $i = I_0$ 时发生截断（即由 I_0 突然降到零），此时电源电压为 U_0，则切断瞬间在电感和电容中所储存的能量分别为

$$W_L = \frac{1}{2} L I_0^2$$

$$W_C = \frac{1}{2} C U_0^2$$

此后即在 L、C 构成的振荡回路中发生电磁振荡，在某一瞬间，全部电磁能量均变为电场能量，这时电容 C 上出现最大电压 U_{max}，根据能量守恒定律

$$\frac{1}{2}CU_{max}^2 = \frac{1}{2}LI_0^2 + \frac{1}{2}CU_0^2$$

$$U_{max} = \sqrt{\frac{L}{C}I_0^2 + U_0^2} \qquad\qquad (6-22)$$

如略去截流瞬间电容上所储存的能量 $\frac{1}{2}CU_0^2$，则

$$U_{max} = \sqrt{\frac{L}{C}}I_0 = Z_m I_0 \qquad\qquad (6-23)$$

式中：$Z_m = \sqrt{\frac{L}{C}}$，为变压器的特征阻抗。

由此可见，截流瞬间 I_0 值越大，变压器的空载变压器的激磁电感 L 越大，则磁场能量越大；电容 C 越小，同样的磁场能量转化到电容上，产生的过电压越高。一般情况下，I_0 值虽然不大，但由于变压器的特征阻抗值很大，故能产生很高的过电压。

以上介绍的是理想化了的切除空载变压器过电压的发展过程，实际过程往往要复杂得多，断路器触头间会发生多次电弧重燃，这是因为截流在造成过电压的同时，也在断路器的触头间形成了很大的恢复电压，而且恢复电压上升速度很快。因此在切断过程中，当触头之间分开的距离还不够大时，可能发生重燃。

在多次重燃的过程中，能量的减少限制了过电压的幅值。与切除空载线路的情况正相反，重燃对降低过电压是有利因素。另外，变压器的参数显然也影响切空变过电压的幅值，又由于在振荡过程中变压器铁芯及铜线的损耗，相当部分的磁能将会消失，因而实际的过电压将大大低于上述的最大过电压。

6.5.2 影响过电压的因素和限制措施

1. 断路器性能

切除空载变压器引起的过电压幅值近似地与截流值 I_0 成正比，而截流值与断路器性能有关，每种类型的断路器每次开断时的截流值 I_0 有很大的分散性。但其最大可能值有一定的限度，且基本上保持稳定，因而成为一个重要的指标；切断小电流的电弧时性能差的断路器由于截流能力不强，所以切空变过电压也比较低。而切除小电流性能好的断路器（如六氟化硫断路器，空气断路器）由于截流能力强，其切空变过电压较高。另外，如果断路器去游离作用不强时（由于灭弧能力差），截流后在断路器触头间可引起电弧重燃，使变压器侧的电容电场能量向电源释放，从而降低了这种过电压。

2. 变压器的参数

首先是变压器的空载激磁电流 i_L 或电感 L 的大小对 U_{max} 会有一定的影响。空载激磁电流大小与变压器容量有关，也与变压器铁芯所采用的导磁材料有关。随着优质导磁材料的应用，变压器的激磁电流减小很多；其次，变压器采用纠结式绕组以及增加静电屏蔽等会使对地电容 C 有所增大，使过电压有所降低。

此外，变压器的相数、中性点接地方式、断路器的断口电容以及与变压器相连的电缆线段、架空线段都会对切除空载变压器过电压产生影响。

3．采用避雷器保护

这种过电压的幅值是比较大的，国内外大量实测数据表明：通常它的倍数为 2~3，有 10％左右可能超过 3.5 倍，极少数更高达 4.5~5.0 倍甚至更高，而且频率高。但是这种过电压持续时间短、能量小（比普通避雷器允许通过的能量小一个数量级），因而要加以限制并不困难。目前采用金属氧化物避雷器保护，其通流容量完全能够满足限制切空载变压器的要求。用于限制切空载变压器过电压的避雷器应该接在断路器的变压器侧，以保证断路器断开后，避雷器仍与变压器相连。另外，该避雷器在非雷雨季节也不能退出运行。

6.6　变压器的冲击电流

在输电系统中，电力变压器将电能转换为较高电压水平，从而使长距离输送电能时的损耗降低；在配电系统中，电力变压器则将电压降低到用户所需的水平。在变电站中进行的切换操作总是包括变压器切换。在变压器空载投入和外部故障被切除后，变压器的电压恢复时，可能产生很大的冲击励磁电流，通常称为励磁涌流。变压器铁芯的非线性是产生励磁涌流的原因。合上一台空芯电抗器用以补偿电缆的充电电流，则不会引起冲击电流。

变压器的励磁电流仅流经变压器的电源侧，在正常运行时，变压器的励磁电流很小，一般不超过额定电流的 2％~10％。在外部短路时，由于电压降低，励磁电流就更小。因此，这些情况下所产生的励磁电流的影响一般不考虑。

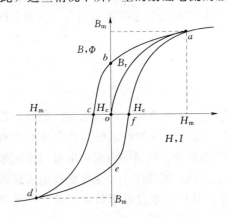

图 6-50　变压器磁化曲线和磁滞回线

在变压器空载投入（或外部故障被切除后），为在铁芯中维持磁通所需的磁化电流只有标称额定负载电流的百分之几。如图 6-50 表示磁化曲线和磁滞回线。从一台未磁化的变压器铁芯开始，磁通密度 B 跟随起始磁化曲线从原点开始，当磁场强度 H 增加到 H_m 值时，曲线渐趋平坦，而达到饱和（点 a）。H 减小时，B 沿 ab 曲线减小，当 H 降低到零时，B 不会达到零而有剩余的磁通密度 B_r（简称剩磁）。当电流极性改变而 H 反向时，H 负向增加，在负场强区 B 沿 bc 曲线减少到达零，此时的场强称为矫顽力 H_c（点 c）。当 H 在负方向再增加时，变压器铁芯以负极性沿 cd 曲线进一步磁化，随之饱和后磁化愈来愈难，d 点磁场强度为 $-H_m$。当施加的场强再次到达零，铁芯中的剩磁为 e 点的 $-B_r$，在下一个电流回线时 H 反向而在正向增加，在正向磁场或矫顽力 H_c 时 B 达到零。进一步增加磁场强度时，沿 fa 曲线，变压器铁芯达到原来极性的饱和。

在稳定运行时，铁芯中的磁通应滞后于外加电压 90°，如图 6-51（a）所示，如果在空载合闸初瞬（$t=0$）时正好电压瞬时值 $u=0$，初相角 $\alpha=0$，此时，铁芯中的磁通应为负最大值 $-\Phi_m$。但是由于铁芯中的磁通不能突变，因此将出现一个非周期的分量磁通

Φ_{np}，其幅值为$+\Phi_m$。这样经过半个周期以后，铁芯中的磁通就达到$2\Phi_m$，如果铁芯中还存在剩余磁通Φ_{res}，则总磁通为$2\Phi_m + \Phi_{res}$，如图6-51（b）所示。这时变压器的铁芯严重饱和，励磁电流I_{exs}将剧烈增大。I_{exs}中包含有大量的非周期分量和高次谐波分量，如图5-51（c）所示。励磁涌流的大小和衰减时间与外加电压的相位、铁芯中剩磁的大小与方向，电源容量的大小，回路阻抗以及变压器容量有关。例如，正好在电压瞬时值为最大时合闸，就不会出现励磁涌流，对三相变压器而言，无论何时合闸，至少有两相要出现程度不同的励磁涌流。大型变压器励磁涌流的倍数较中、小型变压器的励磁涌流倍数小。对于中、小型变压器经$0.5\sim1s$后，其值一般不超过$0.25\sim0.5$倍额定电流，大型变压器要经$2\sim3s$，变压器容量越大，衰减越慢，完全衰减则要花几十秒时间。励磁涌流具有以下特点：

（1）含有很大的非周期分量，使其波形偏于时间轴的一侧，在开始瞬间衰减很快。

（2）含有大量的高次谐波分量，主要是二次谐波，对于三相变压器，其中有一相的二次谐波分量可超过基波分量的60%以上。

（3）起始的数个波形出现间断，其间断角不小于$80°$，甚至可达$120°$以上。

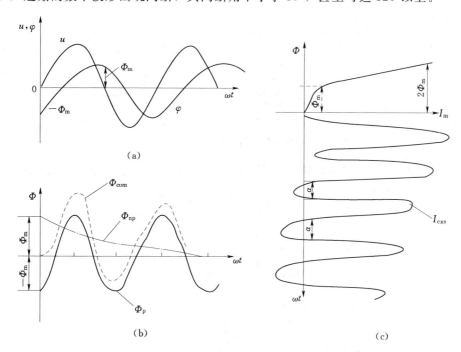

图6-51 励磁涌流的产生及电流变化曲线

（a）稳态时电压与磁通关系；（b）$t=0$，$u=0$瞬间空载合闸时电压与磁通
关系；（c）变压器铁芯的磁化曲线瞬间合闸时电压与磁通关系

【例6-5】 仿真研究采用一台132/15kV的降压变压器的励磁涌流，变压器基本参数如下：额定容量$S_N = 155MVA$；额定电压$U_{1N}/U_{2N} = 132/15kV$；空载损耗$P_0 = 74kW$；短路损耗$P_k = 461kW$；短路电压$U(\%) = 10$；空载电流$I_0(\%) = 0.05$；接线组别YD11。

解：用带三相对称非线性电感的 BCTRAN 模型来模拟研究。由于这两个元件不是标准 ATPDraw 对象，所以采用 EMTP/ATP 中提供的用户自定义的三相变压器参数计算元件 BCTRAN（路径：[Transformers] → [BCTRAN]）和非线性电感元件 L(i) Type 96（路径：[Branch Nonlinear] → [L(i) Type 96]）来模拟三相饱和变压器。由于 BCTRAN 元件本身没有考虑磁滞饱和的影响，需在其低压绕组端点上增加非线性电感支路来模拟铁芯的磁滞饱和效应。变压器铁芯的磁滞回线可基于变压器生产厂家提供的变压器励磁试验数据由 EMTP 支持子程序 HYSTERESIS ROU‐TINE 计算求得，也可以直接向 L(i) Type 96 元件导入描述磁滞回线的数据文件。剩磁可以由用户直接设定，测试系统里有开关元件的通断操作，这时 L(i) Type 96 元件可以计及剩磁的影响，此时，预先设定的剩磁将被程序忽略。因此，仿真时没有设定剩磁，而是通过开关元件分合闸操作，由程序自动计算得到剩磁。基于上述分析，得出图 6‐52 所示的变压器的仿真测试系统 EMTP 模型。

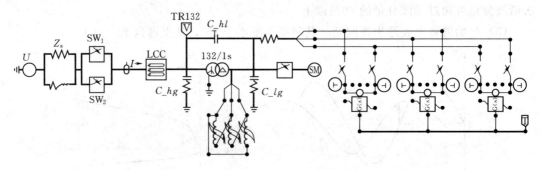

图 6‐52　变压器的仿真测试系统 EMTP 模型

其中 BCTRAN 元件参数设置对话框如图 6‐53 所示，相数（Number of phases）选

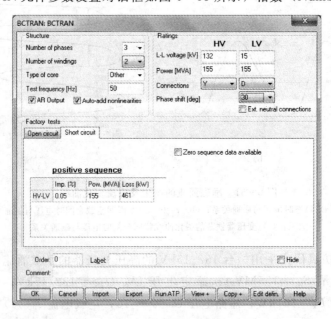

图 6‐53　BCTRAN 的参数设置对话框

3，绕组数（Number of windings）选 2，测试频率 50Hz，高压 132kV，低压 15kV，容量 155MVA，接线组别 Y、D，相位差 30°，短路试验数据：空载损耗 $P_0=74$kW；短路损耗 $P_k=461$kW；空载电流 $I_0(\%)=0.05$。点击"RunATP"，输入 BCTRAN 文件名，确认文件名后，点击"Ok"，显示存放文件的路径。这样，变压器的 BCTRAN 模型建成，生成包括 pch 文件、lis 文件和 dbg 文件等。如果有保存好的 BCTRAN 数据文件，可点击"Import"，导入需要的 BCTRAN 文件（.bct），省去数据重新输入的麻烦；如果要保存这次录入的 BCTRAN 数据文件，可点击"Export"，导出并保存需要的 BCTRAN 文件（.bct）。

　　TACS 对象必须是连接到一个电气节点，通过节点电压、支路电流或 TACS 开关状态控制，需注意，在 Windows 操作系统下，仅支持单相 Fortran，只有单相电力变量可以用于输入节点和 TACS，因而分配器是必要的，路径：控制系统〔TACS〕→信号源〔Sources〕→电路变量信号〔Circuit variable〕，双击对象，弹出一个"EMTP_OUT"对话框，用户也可以在 DATA 框中定义对象的类型，类型中填入"90"，代表节点电压，再填入开始和结束时间，此外，"91"代表开关电流，"92"代表内部 EMTP 特殊变量，"93"代表开关状态。传递函数路径：控制系统〔TACS〕→信号源〔Sources〕→传递函数块〔Transfer functions〕→一般型〔General〕，这里需要积分运算，因此数据 N0 设为 1，D1 设为 1，其他设为 0，得到传递函数 $\dfrac{1}{s}$；三相探测器路径：测量仪和三相接续器〔Probes & 3-phase〕→TACS 测量仪〔Probe Tacs〕。

　　在仿真测试图中，电源通过 420m 的电缆线传送给降压变压器，变压器采用 YD11 接法，杂散电容 C_hg、C_lg、C_hl 采用 EMTP Hybrid Model 推荐的典型值 0.005μF、0.01μF、0.01μF，模拟铁芯非线性特性的磁滞电感接在变压器的低压侧（因低压绕组离铁芯最近），并与变压器低压绕组对应，也采用 D 接法。磁链测量环节采用 TACS 通用传递函数元件 G(s) 对励磁电感端电压进行积分运算，得到磁链瞬时值。三相开关元件 SW1、SW2 用来模拟真空断路器，通过设定开关的动作时间来调整合闸角度。

　　变压器空载投入时的励磁涌流波形不仅跟空载合闸的时刻以及变压器的剩磁有很大的关系，而且还跟三相变压器的接法有关。基于图 6-52 的仿真测试模型，对变压器的空载合闸时的励磁涌流情况进行仿真试验研究。

　　开关 SW_1 在 -1s 时合闸，表示仿真开始时电路已经进入稳态，$t_1=0.04266$s、0.036s、0.03933s 时，SW_1 的 A、B、C 三相依次断开，断开过程变压器高压母线上的电压波形如图 6-54 所示；$t_2=0.17$s、0.17666s、0.17333s 时，SW_2 的 A、B、C 三相依次合上，合闸过程变压器高压母线上的电压波形如图 6-55 所示；$t_{max}=1$s 时仿真结束。变压器三相励磁涌流波形如图 6-56 所示，三相磁链波形如图 6-57 所示。

　　t_2 时刻 A、B、C 三相的合闸角度 α（相电压相位）分别为 0°、180°、180°，这时 A 相电压过零（由正变负），A 相剩磁为 $0.356\Phi_m$（其中 Φ_m 为饱和磁通），B 相、C 相剩磁分别为 $-0.195\Phi_m$、$-0.159\Phi_m$。A 相涌流的峰值为 3367.9A，B 相涌流峰值为 1890.9A，C 相涌流峰值为 -2500.7A。大量的仿真试验结果表明，若剩磁 $\Phi_r>0$，则当合闸角度为 0°时（相电压相位 0°，线电压相位 30°），涌流最为严重。反之，若剩磁 $\Phi_r<0$，则当合闸

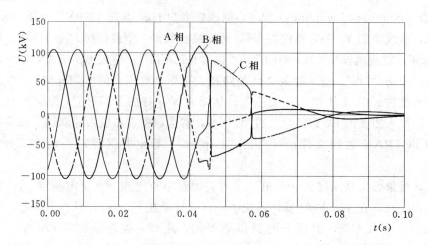

图 6 - 54　断开过程变压器高压母线上的电压波形

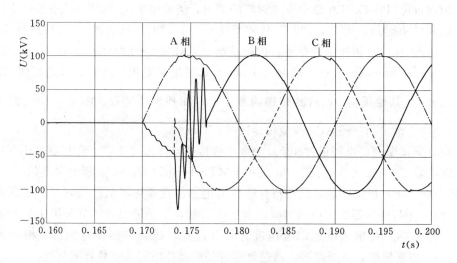

图 6 - 55　合闸过程变压器高压母线上的电压波形

角度为 180°时（相电压相位 180°，线电压相位 210°），涌流最为严重。与此同时，在仿真试验的过程中，发现涌流峰值的衰减过程受系统中电阻元件的大小影响，电阻越大涌流衰减越快。由以上分析可知，对于一个特定的系统，励磁涌流的大小由合闸角度和剩磁大小共同决定，暂态磁通的衰减时间常数则由系统阻抗确定。

下面进行励磁涌流的谐波分析。在"MC's Plotxy"窗口中，选择好 1 相电流，点击"Four"，可以得到单个波形的傅里叶谐波分析图，时间选择从 0.2s 开始到 1.0s 结束，A相励磁涌流的谐波分析如图 6 - 58 所示。

以基波分量为 1p. u.，A 相傅里叶谐波分析结果，直流分量为 1.952p. u.，三次谐波量为 0.3919p. u.，五次谐波量为 0.2383p. u.。

B 相分析结果，直流分量为 1.24p. u.，三次谐波量为 0.4397p. u.，五次谐波量为 0.2739p. u.。

C 相分析结果，直流分量为 3.443p. u.，三次谐波量为 0.2471p. u.，五次谐波量

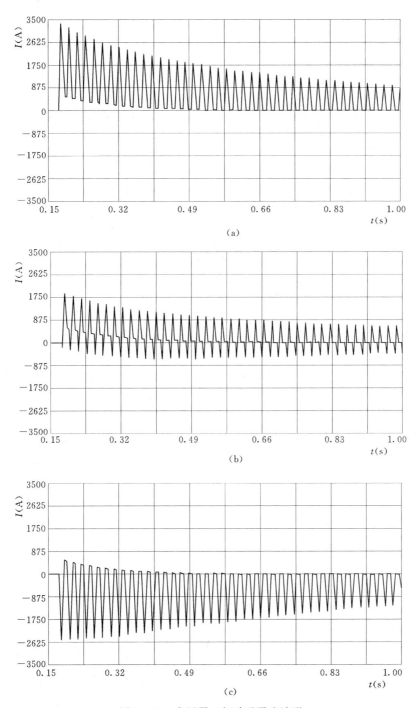

图 6 - 56 变压器三相励磁涌流波形

为 0.1373p. u. 。

由图 6 - 56 和谐波分析可知，励磁涌流的直流分量大，偏于时间轴的一侧；三次谐波和五次谐波含量高；间断角如图 6 - 59 所示，图中间断角达到 95°～115°。

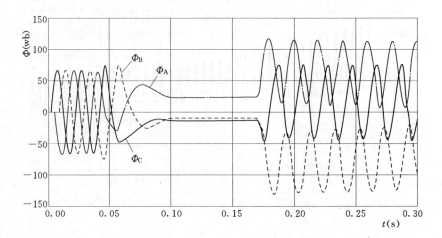

图 6-57 三相磁链波形 Φ_A、Φ_B 和 Φ_C

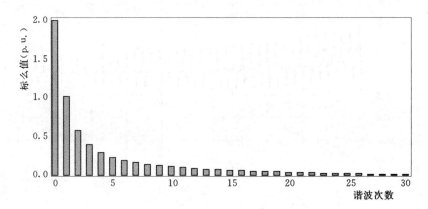

图 6-58 励磁涌流谐波分量分析图

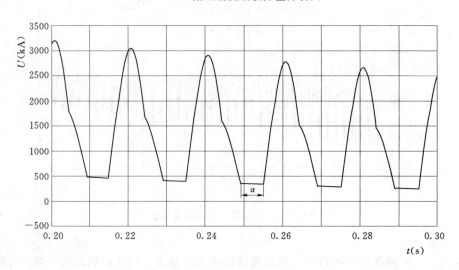

图 6-59 励磁涌流的间断角 α

6.7 间歇电弧接地过电压

运行经验表明，电力系统的故障至少有 60% 是单相接地故障。当中性点不接地的电网较小，线路不长，线路对地电容较小时，系统发生单相接地故障时流过接地点的电流较小，许多瞬时性的单相接地故障（如雷击、鸟害等），接地电弧可以自动熄灭，系统很快恢复正常。随着电网发展和电缆出线的增多，单相接地的电容电流也随之增大。当 3～10kV 钢筋混凝土或金属杆塔的架空线路构成的系统和所有 35kV、66kV 系统，单相接地故障电容电流超过 10A；或者 3～10kV 非钢筋混凝土或非金属杆塔的架空线路构成的系统，当电压为 3kV 和 6kV 时，单相接地故障电容电流超过 30A，当电压为 10kV 时，超过 20A；或者 3～10kV 电缆线路构成的系统，单相接地故障电容电流超过 30A，这时接地电弧难以自动熄灭，而是出现时燃时灭的不稳定状态，就会产生另一种严重的操作过电压——间歇电弧接地过电压。

通常，这种电弧接地过电压不会使符合标准的良好电气设备的绝缘发生损坏。但是如果出现系统中常常有一些弱绝缘的电气设备或设备绝缘在运行中可能急剧下降以及设备绝缘中有某些潜伏性故障在预防性试验中未检查出来等情况。在这些情况下，遇到电弧接地过电压时就可能发生危险。在少数情况下还可能出现对正常绝缘也有危险的高幅值过电压。这种过电压一旦发生，持续时间较长。因此，电弧接地过电压对中性点绝缘系统的危害性是不容忽视的。

6.7.1 发展过程

为了能很好地阐明这种过电压发展的物理过程，下面用结果更接近实测值的工频熄弧理论来分析。现假定电弧的熄灭是发生在工频电流过零的时刻。为了使分析不致过于复杂，可作下列简化：①略去线间电容的影响；②设各相导线的对地电容均相等，即 $C_A = C_B = C_C = C$，如图 6-60（a）中的等值电路。如以 $\dot{U}_A$、$\dot{U}_B$、$\dot{U}_C$ 代表三相电源电压；以 $\dot{U}'_A$、$\dot{U}'_B$、$\dot{U}'_C$ 代表三相导线的对地电压，即 C_A、C_B、C_C 上的电压。设接地故障发生于 A 相，而且是正当 $\dot{U}_A$ 经过幅值 U_m 时发生，这样 A 相导线的电位立即变为零，中性点电位 $\dot{U}_N$ 由零升至相电压，即 $\dot{U}_N = -\dot{U}_A$，B、C 两相的对地电压 $\dot{U}'_B$、$\dot{U}'_C$ 分别升高到线电压 $\dot{U}_{BA}$、$\dot{U}_{CA}$。向量图如图 6-60（b）所示。

通过以下分析即可得出图 6-61 所示的过电压发展过程。

以 A 相电压为参考相量，则各电压的表达式为

$$\dot{U}_A = U_m \sin\omega t$$

$$\dot{U}_B = U_m \sin(\omega t - 120°)$$

$$\dot{U}_C = U_m \sin(\omega t + 120°)$$

设 A 相在 $t = t_1$ 瞬间（此时 $u_A = +U_m$）对地发弧，发弧前瞬间（以 t_1^- 表示）三相电容上的电压分别为 $u_1(t_1^-) = +U_m$，$u_2(t_1^-) = u_3(t_1^-) = -0.5U_m$，发弧后瞬间（以 t_1^+ 表

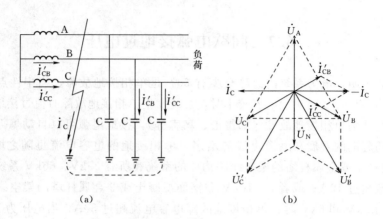

图 6-60　单相接地故障电路图和向量图

(a) 电路图；(b) 向量图

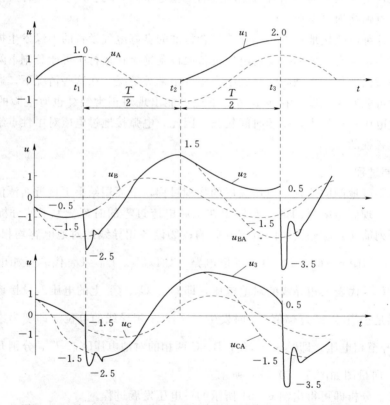

图 6-61　在工频电流过零时熄弧的断续电弧接地过电压的发展过程

示），A 相 C_1 上的电荷通过电弧泄入地下，其电压降为零；而两健全相电容 C_B、C_C 则由电源的线电压 U_{BA}、U_{CA} 经过电源的电感（图中未画出）进行充电，由原来的电压"$-0.5U_m$"向 U_{BA}、U_{CA}，此时的瞬时值"$-1.5U_m$"变化。显然．这一充电过程是一个高频振荡过程，其振荡频率取决于电源的电感和导线的对地电容 C。

可见三相导线电压的稳态值分别为

$$u_1(t_1^+) = 0$$

$$u_2(t_1^+) = u_{BA}(t_1) = -1.5U_m$$
$$u_3(t_1^+) = u_{CA}(t_1) = -1.5U_m$$

在振荡过程中，C_B、C_C 上可能达到的最大电压均为

$$u_{2m}(t_1) = u_{3m}(t_1) = 2(-1.5U_m) - (-0.5U_m) = -2.5U_m$$

过渡过程结束后，U_2 和 U_3 将等于 U_{BA} 和 U_{CA}，如图 6-59 所示。

如果故障电流很大，那么在工频电流过零时（t_2），电弧也不一定能熄灭，这是稳定电弧的情况，不同于断续电弧的范畴。反之，如果电弧是不稳定的，就可能产生更高的过电压。A 相接地后，弧道中不但有工频电流，还会有幅值更高的高频电流。如果在高频电流分量过零时电弧不熄灭，则故障点的申弧将持续燃烧半个工频周期 $\left(\dfrac{T}{2}\right)$，直到工频电流分量过零时才熄灭（$t_2$ 瞬间），由于工频电流分量 $\dot{I}_c$ 与 $\dot{U}_A$ 的相位差为 $90°$，t_2 正好是 $U_A = -U_m$ 的瞬间。

t_2 瞬间熄弧后，又会出现新的过渡过程。这时三相导线上的电压初始值分别为

$$u_1(t_2^-) = 0$$
$$u_2(t_2^-) = u_3(t_2^-) = +1.5U_m$$

由于中性点不接地，各相导线电容上的初始电压在熄弧后仍将保留在系统内（忽略对地泄漏电导），但将在三相电容上重新分配，这个过程实际上是 C_B、C_C 通过电源电感给 C_A 充电的过程，其结果是三相电容上的电荷均相等。从而使三相导线的对地电压亦相等。

即使对地绝缘的中性点上产生一对地直流偏移电压 $U_N(t_2)$

$$U_N(t_2) = \frac{0 \times C_1 + 1.5U_m C_2 + 1.5U_m C_3}{C_1 + C_2 + C_3} = 1.0U_m$$

故障点熄弧后，三相电容上的电压应是对称的三相交流电压分量和三相相等的直流电压分量叠加而得，即熄弧后的电压稳态值分别为：

$$u_1(t_2^+) = u_A(t_2) + U_N = -U_m + U_m = 0$$
$$u_2(t_2^+) = u_B(t_2) + U_N = 0.5U_m + U_m = 1.5U_m$$
$$u_3(t_2^+) = u_C(t_2) + U_N = 0.5U_m + U_m = 1.5U_m$$
$$u_1(t_2^+) = u_1(t_2^-)$$
$$u_2(t_2^+) = u_2(t_2^-)$$
$$u_3(t_2^+) = u_3(t_2^-)$$

可见三相电压的新稳态值均与起始值相等，因此在 t_2 瞬间熄弧时将没有振荡现象出现。

再经过半个周期 $\dfrac{T}{2}$，即在 $t_3 = t_2 + \dfrac{T}{2}$ 时，故障相电压达到最大值 $2U_m$，如果这时故障点再次发弧，u_1 又将突然降为零，电网中将再一次出现过渡过程。

这时在电弧重燃前，三相电压初始值分别为

$$u_1(t_3^-) = 2U_m$$
$$u_2(t_3^-) = u_3(t_3^-) = U_N + u_B(t_3) = U_m + (-0.5U_m) = 0.5U_m$$

新的稳态值为

$$u_1(t_3^+) = 0$$
$$u_2(t_3^+) = u_{BA}(t_3) = -1.5U_m$$
$$u_3(t_3^+) = u_{CA}(t_3) = -1.5U_m$$

B、C 两相电容 C_2、C_3 经电源电感从 $0.5U_m$ 充电到 $-1.5U_m$，振荡过程中过电压的最大值可达

$$u_{2m}(t_3) = u_{3m}(t_3) = 2(-1.5U_m) - (0.5U_m) = -3.5U_m$$

以后发生的隔半个工频周期的熄弧与再隔半个周期的电弧重燃，其过渡过程与上面完全重复，且过电压的幅值也与之相同。从以上分析可以看到，中性点不接地系统中发生断续电弧接地时，非故障相上最大过电压为 3.5 倍，而故障相上的最大过电压为 2.0 倍。

长期以来大量试验研究表明：故障点电弧在工频电流过零时和高频电流过零时熄灭都是可能的。一般来说，发生在大气中的开放性电弧往往要到工频电流过零时才能熄灭；而在强烈去电离的条件下（例如发生在绝缘油中的封闭性电弧或刮大风时的开放弧），电弧往往在高频电流过零时就能熄灭。在后一种情况下，理论分析所得到的过电压倍数将比上述结果更大。

此外，电弧的燃烧和熄灭由于受到发弧部位的周围媒质和大气条件等的影响，具有很强的随机性质，因而它所引起的过电压值具有统计性质。在实际电网中，由于发弧不一定在故障相上的电压正好为幅值时，熄弧也不一定发生在高频电流第一次过零时，导线相间存在一定的电容，线路上存在能量损耗，过电压下将出现电晕而引起衰减等因素的综合影响，这种过电压的实测值不超过 $3.5U_m$，一般在 $3.0U_m$ 以下。但由于这种过电压的持续时间可以很长，波及范围很广，因而是一种危害性很大的过电压。

6.7.2　防护措施

为了消除电弧接地过电压，最根本的途径是消除间歇性电弧。若中性点接地，一旦发生单相接地，接地点将流过很大的短路电流，断路器将跳闸，从而彻底消除电弧接地过电压。目前 110kV 及以上电网大多采用中性点直接接地的运行方式。

如果在电压等级较低的配电网中，其单相接地故障率相对很大，如采用中性点直接接地方式，必将引起断路器频繁跳闸，这不仅要增设大量的重合闸装置，增加断路器的维修工作量，又影响供电的连续性。所以我国 35kV 及以下电压等级的配电网采用中性点经消弧线圈接地的运行方式。

消弧线圈是一个具有分段铁芯（带间隙的）可调线圈，其伏安特性不易饱和。如图 6-62 所示。假设 A 相发生了电弧接地。A 相接地后，流过接地点的电弧电流除了原先的非故障相通过对地电容 C_B、C_C 的电容电流相量之和 $\dot{I}_C$ 外，还包括流过消弧线圈 L 的电感电流 $\dot{I}_L$（A 相接地后，消弧线圈上的电压即为 A 相的电源电压）。相量分析如图 6-62（b）图所示。由于 $\dot{I}_L$ 和 $\dot{I}_C$ 相位反向，所以可通过适当选择电感电流 $\dot{I}_L$ 的值，使得接地点中流过的电流 $\dot{I}_d = \dot{I}_L + \dot{I}_C$ 的数值足够小，使接地电弧能很快熄灭，且不易重燃，从而限制了断续电弧接地过电压。

通常把消弧线圈电感电流补偿系统对地电容电流的百分数称为消弧线圈的补偿度。根

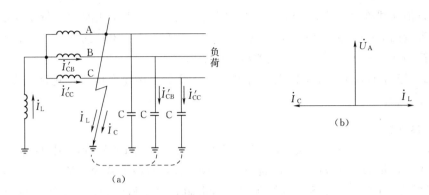

图 6-62 中性点经消弧线圈接地后的电路图及向量图

(a) 电路图；(b) 向量图

据补偿度的不同，消弧线圈可以处于三种不同的运行状态：

(1) 欠补偿 $I_L < I_C$，表示消弧线圈的电感电流不足以完全补偿电容电流，此时故障点流过的电流（残流）为容性电流。

(2) 全补偿 $I_L = I_C$，表示消弧线圈的电感电流恰好完全补偿电容电流。此时消弧线圈与并联后的三相对地电容处于并联谐振状态，流过故障点的电流为非常小的电阻性泄漏电流。

(3) 过补偿 $I_L > I_C$，表示消弧线圈的电感电流不仅完全补偿电容电流而且还有数量超出。此时流过故障点的电流（残流）为感性电流。

通常消弧线圈采用过补偿 5%~10% 运行。之所以采用过补偿是因为电网发展过程中可以逐渐发展成为欠补偿运行，不至于出现采用欠补偿时因为电网的发展而导致脱谐度过大，失去消弧作用；其次若采用欠补偿，在运行中因部分线路退出而可能形成全补偿，产生较大的中性点偏移，可能引起零序网络中产生严重的铁磁谐振过电压。

消弧线圈接地系统，要求如下：

(1) 在正常运行情况下，中性点的长时间电压位移不应超过系统标称相电压的 15%。

(2) 消弧线圈宜采用过补偿运行方式。消弧线圈接地系统故障点的残余电流不宜超过 10A，必要时可将系统分区运行。

(3) 消弧线圈的容量应根据系统 5~10 年的发展规划确定，并应按下式计算：

$$W = 1.35 I_C \frac{U_n}{\sqrt{3}} \qquad (6-24)$$

式中：W 为消弧线圈的容量，kVA；I_C 为接地电容电流，A；U_n 为系统标称电压，kV。

(4) 系统中消弧线圈装设地点应符合下列要求：

1) 应保证系统在任何运行方式下，断开一、二回线路时，大部分不致失去补偿。

2) 不宜将多台消弧线圈集中安装在系统中的一处。

3) 消弧线圈宜接于 YN，d 或 YN，yn，d 接线的变压器中性点上，也可接在 ZN，yn 接线的变压器中性点上。

接于 YN，d 接线的双绕组或 YN，yn，d 接线的三绕组变压器中性点上的消弧线圈容量，不应超过变压器三相总容量的 50%，并不得大于三绕组变压器的任一绕组的容量。

如需将消弧线圈接于 YN，yn 接线的变压器中性点，消弧线圈的容量不应超过变压器三相总容量的 20%，但不应将消弧圈接于零序磁通经铁芯闭路的 YN，yn 接线的变压器，如外铁型变压器或三台单相变压器组成的变压器组。

4）如变压器无中性点或中性点未引出，应装设专用接地变压器，其容量应与消弧线圈的容量相配合。

6.7.3　仿真计算

某 110kV 变电站，系统供电的交流电源经变压器送至 10kV 配电网母线，供电主变高压 110kV，容量为 50000kVA，阻抗电压为 10.5%，接线方式为"Y，Y"；二次侧电压 10kV，模拟接地开关（S_1、S_2、S_3）下侧接有电阻，模拟弧道和接地电阻，取值 2Ω。单相接地故障发生于距变电站 0.4km 处。消弧线圈采用过补偿方式，且脱谐度为 5%，工频熄弧过电压仿真电路模型如图 6-63 所示。

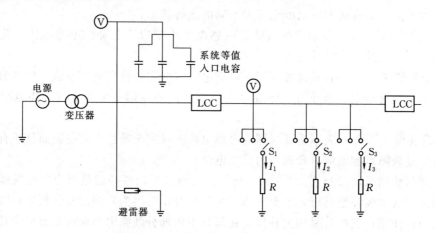

图 6-63　间歇电弧接地过电压仿真电路

假定在 10kV 系统的电容电流为 75A（即等效对地电容为 $C = 9.7511\mu$F）、对地电阻取 1Ω、距离变电站 400m 处，A 相电压最大值（5ms）发生单相接地，仿真计算可得到工频电流第 1 个过零点的时间为 15ms，以此作为第 1 次工频熄弧的时刻。再在其后半个工频周期（25ms），A 相故障点的电压又达最大值，假定再次发生对地燃弧，进行仿真计算，又得到工频电流的过零点为 35ms，以此作为 2 次工频熄弧时刻。在此基础上，再过半个周期就是 45ms，发生第 3 次电弧重燃。依据上述分析，为模拟系统接地和燃弧过程，在计算模型中设置了 3 个接地开关。第 1 个开关动作时间为：$t_{cl} = 5$ms，模拟系统发生第 1 次燃弧接地，分闸时间 $t_{op} = 15$ms，模拟系统发生第 1 次工频熄弧；第 2 个开关动作时间为：$t_{cl} = 25$ms，模拟系统发生第 2 次燃弧接地，$t_{op} = 35$ms，模拟系统发生第 2 次工频熄弧；第 3 个开关动作时间为：$t_{cl} = 45$ms，模拟系统发生第 3 次燃弧接地，$t_{op} = 1$s，假设系统发生持续性的接地故障。

10kV 系统经历 A 相发生 3 次对地燃弧、2 次工频电流过零熄弧过程，仿真计算得到的系统三相电压波形如图 6-64 所示。由图 6-64 分析可知，系统每次发生电弧接地都会引起系统高频振荡，产生过电压；而每次发生 A 相接地电流过零熄弧，都会使系统产生一个直流分量；系统第 2 次重燃产生的过电压与第 3 次重燃产生的过电压数值相同，则可依此类推，其后产生的最大过电压亦应相同。最大电弧接地过电压倍数为 3.54。

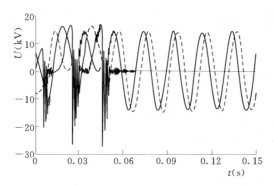

图 6 - 64   10kV 系统 3 次重燃、2 次工频熄弧
条件下的三相电压波形

投入消弧线圈后，按工频熄弧理论仿真计算，最大过电压倍数约降至 2.2 倍，稳定后故障相电压逐渐过渡接近于零，健全相电压稳定于线电压附近。

习   题

6 - 1   开断电容性电流为什么会产生过电压？如何限制切空载线路过电压？

6 - 2   空载线路合闸为什么会产生过电压？如何限制合闸空载线路过电压？

6 - 3   在 ATPDraw 中如何创建 LCC 元件？

6 - 4   在 ATPDraw 中如何计算切、合空载线路过电压？

6 - 5   什么是瞬态恢复电压？什么是工频恢复电压？

6 - 6   如何计算开断不对称短路时的工频恢复电压？

6 - 7   在 ATPDraw 中如何计算开断不对称短路时的潜供电流和恢复电压？

6 - 8   切除空载变压器为什么会产生过电压？

6 - 9   在 ATPDraw 中如何创建变压器 BCTRAN 模型？

6 - 10   在 ATPDraw 中如何使用控制系统 TACS 元件？

6 - 11   在 ATPDraw 中如何计算变压器励磁涌流？

6 - 12   试述间歇电弧接地过电压产生的机理及限制措施。

6 - 13   在 ATPDraw 中如何计算间歇电弧接地过电压？

第7章 雷电过电压计算

电力系统在正常操作断路器时或切除故障后会因暂态电流和暂态电压而引起过电压，这些过电压均起因于系统的状态。雷电过电压是雷云放电引起的电力系统过电压，来源于系统之外，是大气放电的结果，又称大气过电压、外部过电压。雷电过电压可分为直击雷过电压和感应雷过电压两种。直击雷过电压是由于雷电放电，强大的雷电流直接流经被击物产生的过电压，如杆塔上或架空地线上受雷击，或是线路导线直接受雷击，在线路上产生雷电侵入波。感应雷过电压是雷电未击中导线本身，而是雷击输电线路附近大地，由于电磁感应在导线上产生的过电压。

由于雷电现象极为频繁，产生的雷电过电压可达数千千伏，足以使电气设备绝缘发生闪络和损坏，引起停电事故，因此有必要对输电线路、发电厂和变电所的雷电暂态过程加以分析研究，以便对电气装置采取必要的防雷保护措施。

7.1 雷电放电过程

作用于电力系统的雷电过电压最常见的（约90%）是由带负电的雷云对地放电引起的，称为负下行雷，下面以负下行雷为例分析雷电放电过程。负下行雷通常包括若干个重复的放电过程，而每个可以分为先导放电、主放电和余晖放电三个阶段。图7-1所示为负雷云下行雷过程。

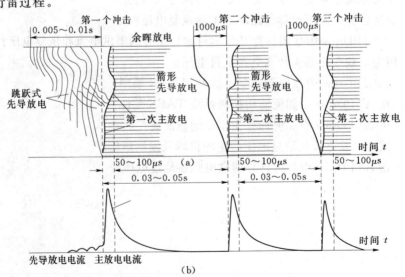

图 7-1 负雷云下行雷的过程

（a）负下行雷的光学照片描绘图；（b）放电过程中雷电流的变化过程

1. 先导放电阶段

雷云中的电荷分布是不均匀的，当雷云中的某个电荷密集中心的电场强度达到空气击穿场强（25～30kV/cm，有水滴存在时约10kV/cm）时，空气便开始电离，形成指向大地的一段电离的微弱导电通道，称为先导放电。开始产生的先导放电是跳跃式向前发展。每段发展的速度约4.5×10^7m/s，延续时间约为$1\mu s$，但每段推进约$30 \sim 50$m，就有约$30 \sim 90\mu s$的脉冲间隔，因此它发展的平均速度只有$10^5 \sim 10^6$m/s。从先导放电的光谱分析可知，先导发展时其中心温度可达3×10^4K，在停歇时约为10^4K。先导中心的线电荷密度约为$(0.1 \sim 1) \times 10^{-3}$C/m，纵向电位梯度约为$100 \sim 500$kV/m，先导的电晕半径约为$0.6 \sim 6$m，由于空间电荷积累的随机性，先导放电常常表现为分枝状，这是由于放电是沿着空气电离最强、最容易导电的路径发展的。这些分枝状的先导放电通常只有一条放电分支达到大地。整个先导放电时间约$0.005 \sim 0.01$s，相应于先导放电阶段的雷电流很小，约为几百安培，流速约为150km/s。

2. 主放电阶段

当先导放电到达大地，或与大地较突出的部分迎面会合以后，就进入主放电阶段。主放电过程是逆着负先导的通道由下向上发展的，行进速度约为光速的一半。在主放电中，雷云与大地之间所聚集的大量电荷，通过先导放电所开辟的狭小电离通道发生猛烈的电荷中和，在主通道中的等离子区温度可达30000K，压力一般为2×10^3kPa，使空气急剧膨胀震动，发生霹雳轰鸣，这就是雷电伴随强烈的闪电和震耳的雷鸣。在主放电阶段，雷击点有巨大的电流流过，大多数雷电流峰值可达数十乃至数百千安，主放电的时间极短，约为$50 \sim 100\mu s$。

3. 余晖放电阶段

当主放电阶段结束后，雷云中的剩余电荷将继续沿主放电通道下移，使通道连续维持着一定余晖，称为余晖放电阶段。余晖放电电流仅数百安，但持续的时间可达$0.03 \sim 0.05$s。

雷云中一般存在多个电荷中心，当第一个电荷中心完成上述放电过程后，可能引起其他电荷中心向第一个中心放电，并沿着第一次放电通路发展，因此，雷云放电往往具有重复性。每次放电间隔时间约为0.6ms～0.8s，即多个重复放电。据统计，55%的落雷包含两个以上，重复$3 \sim 5$个的占25%，平均重复3个，最高纪录42个。第二个及以后的先导放电速度快，称为箭形先导，主放电电流较第一个小，一般不超过50kA，但电流陡度大大增加。

7.2 雷 电 流 的 波 形

一般我国雷暴日超过20的地区雷电流峰值的概率分布为

$$\lg P = -\frac{I}{88} \tag{7-1}$$

式中：P为雷电流幅值超过I的概率；I为雷电流幅值，kA。

对除陕南以外的西北、内蒙古的部分雷暴日小于20的地区，雷电流的概率分布为

$$\lg P = -\frac{I}{44} \tag{7-2}$$

实测表明，雷电波的波头 τ_f 在 $1\sim5\mu s$ 的范围内，多为 $2.5\sim2.6\mu s$；半波峰时间 τ_t 多在 $20\sim100\mu s$ 的范围内，平均约为 $50\mu s$。

据统计分析，雷电流的陡度与峰值的相关系数为 $0.6\sim0.64$，说明两者密切相关。雷电流陡度是指雷电流随时间上升的速度。雷电流陡度越大，对电气设备造成的危害也越大。雷电流陡度的直接测量更为困难，常常根据一定的幅值、波头和波形来推算。DL/T 620—1997《交流电气装置的过电压保护和绝缘配合》取波头形状为斜角波，波头按 $2.6\mu s$ 考虑，雷电流陡度 $a = \dfrac{I}{2.6}$ $(kA/\mu s)$。计算雷电流冲击波波头陡度出现的概率可用下列经验公式计算

$$\lg P_a = -\frac{a}{36} \tag{7-3}$$

式中：P_a 为雷电流陡度超过 a 的雷电流的概率。

从式（7-3）可知，雷电流陡度超过 $30kA/\mu s$ 的雷电流的概率为 15%，雷电流陡度超过 $50kA/\mu s$ 的雷电流的概率大约只有 4%，概率较低，一般取平均陡度约为 $30kA/\mu s$。

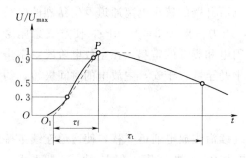

图 7-2　雷电冲击电压波的标准波形

为了便于雷电研究和防雷保护设计，无论手算或计算机计算，都可将雷电流波形标准化。国际电工委员会文件（IEC60—2—73）推荐的雷电冲击电压波的波形如图 7-2 所示，为非周期冲击电压，先是很快上升到峰值，然后逐渐下降到零。波形 O 为原点，P 点为波峰，但记录的波形中这两点都不易确定，因为波形在 O 点处往往模糊不清，而 P 点处波形较平，难以确定其出现时间。国际上都用图示的方法求得名义上的 O_1，即图中虚线与横轴的交点，连接 P 点与在 0.3 和 0.9 处画两条水平线与波形曲线分别相交，连接他们的交点作虚线并延长，点交横轴于 O_1 点，交 1.0 处画的水平线于 P 点，从 O_1 到 P 点的时间为波前时间 τ_f，为雷电压波峰值从 30% 到 90% 之间时间的 1.67 倍；从 O_1 到 0.5 波峰水平线与波形曲线的尾部相交点的时间，为半峰值时间 τ_t。标准雷电波的波形：视在波前时间 $\tau_f = 1.2\mu s \pm 30\%$，视在半峰值时间 $\tau_t = 50\mu s \pm 20\%$。

对于不同极性的标准雷电波形可表示为：$+1.2/50\mu s$ 或 $-1.2/50\mu s$。按我国防雷设计按 DL/T 620—1997 标准，τ_f 取 $2.6\mu s$，τ_t 为 $50\mu s$，记为 $2.6/50\mu s$。

雷电冲击试验和防雷设计中常用的到雷电流等值波形，典型的有双指数波、斜角波和半余弦波三种。

与实际雷电流波形最接近的等值波形为双指数波，又称为雷电流的标准波形，如图 7-3（a）所示，其表达式为

$$i = I_0 (e^{\alpha t} - e^{\beta t}) \tag{7-4}$$

式中：I_0 为某一固定的雷电流幅值；α、β 为常数，由雷电流的波形确定，α 与半波峰时间有关，β 与波前时间有关。

双指数波在数值分析中是容易处理的，其结果的精确度也是可接受的。

工程中为了简化防雷计算，DL/T 620—1997 建议在一般线路防雷设计中可采用等值斜角波，如图 7-3（b）所示，其波头陡度 a 由雷电流幅值 I 和波头时间 τ_f 决定，$a=\dfrac{I}{\tau_f}$，其波尾部分是无限长的，又称斜角平顶波。

与雷电波的波头较近似的波形是半余弦波，如图 7-3（c）所示，其波头部分的表达式为

$$i=\frac{I}{2}(1-\cos\omega t) \tag{7-5}$$

式中：ω 为角频率，由波头 τ_f 决定，$\omega=\dfrac{\pi}{\tau_f}$。

半余弦波头仅在大跨越、特殊杆塔线路防雷设计中采用。在半余弦波中，最大陡度出现在波头中间，即 $t=\dfrac{\tau_f}{2}$ 处，其值为

$$a_{\max}=\left(\frac{\mathrm{d}i}{\mathrm{d}t}\right)_{\max}=\frac{I\omega}{2} \tag{7-6}$$

平均陡度为

$$a_c=\frac{I}{\tau_f}=\frac{I\omega}{\pi} \tag{7-7}$$

因此，在给定雷电流幅值 I 和最大陡度 $a_{\max}$ 的情况下，可以求出余弦波头对应的角频率和波头为

$$\omega=\frac{2a_{\max}}{I} \tag{7-8}$$

$$\tau_f=\frac{\pi I}{2a_{\max}} \tag{7-9}$$

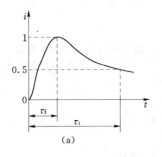 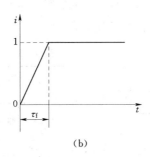 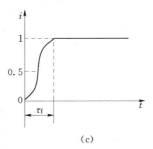

图 7-3 雷电流的等值波形
（a）双指数波；（b）斜角波；（c）半余弦波

主放电通道波阻抗。从工程实用的角度和地面感受的实际效果出发，先导放电通道可近似为由电感和电容组成的均匀分布参数的导电通道，其波阻抗为 $Z_0=\sqrt{\dfrac{L_0}{C_0}}\,\Omega$，（$L_0$ 为通道单位长度的电感量、C_0 为通道单位长度的电容量）。主放电通道波阻抗与主放电通道雷

电流有关，雷电流愈大，波阻抗愈大，一般 $Z_0 = 300 \sim 3000\Omega$，DL/T 620—1997 将主放电通道波阻抗 Z_0 取为 300Ω。雷电流主放电是沿着波阻抗为 Z_0 的先导通道传播的。

实测统计资料表明，不同的地形地貌，雷电流正负极性比例不同，负极性所占比例在 $75\% \sim 90\%$ 之间，因此，防雷保护都取负极性雷电流进行研究分析。

7.3 杆塔上的直击雷过电压计算

雷电直接击中输电线路杆塔的几率比电力系统中其他部分受雷击的几率要高。运行经验表明，雷击杆塔的次数与避雷线的根数和经过地区的地形有关，雷击杆塔次数与雷击线路总次数的比值称为击杆率 g，DL/T 620—1997 中，击杆率 g 可采用表 7-1 所列数据。

表 7-1 击 杆 率 g

避雷线根数	1	2
平原	1/4	1/6
山丘	1/3	1/4

雷击塔顶前，雷电通道的负电荷在杆塔及架空地线上产生感应正电荷；当雷击塔顶时，雷通道中的负电荷与杆塔及架空地线上的正感应电荷迅速中和形成雷电流，如图 7-4（a）所示。雷击瞬间自雷击点（即塔顶）有一负雷电流波沿杆塔向下运动，另有两个相同的负电流波分别自塔顶沿两侧避雷线向相邻杆塔运动，与此同时，自塔顶有一正雷电波沿雷电通道向上运动，此正雷电流波的数值与三个负电流波的数值总和相等，线路绝缘上的过电压即由这几个电流波所引起。

对于一般高度（40m 以下）的杆塔，在工程近似计算中采用图 7-4（b）的集中参数等值电路进行分析计算，考虑到雷击点的阻抗较低，故略去雷电通道波阻的影响。图中 L_t 为杆塔的等值电感（μH）；R_i 为被击杆塔的冲击接地电阻（Ω）；L_g 为杆塔两侧相邻档避雷线的电感并联值（μH）；i 是雷电流，i_R 是经避雷线分流的雷电流，i_t 是流经杆塔的雷电流。不同类型杆塔的等值电感可取表 7-2 所列数值。对单避雷线 L_g 约等于 $0.67l$，对双避雷线，约等于 $0.42l$，l 为档距长度，m。

表 7-2 杆塔的电感和波阻的参考值

杆 塔 型 式	杆塔电感（$\mu H/m$）	杆塔波阻（Ω）
无拉线钢筋混凝土单杆	0.84	250
有拉线钢筋混凝土单杆	0.42	125
无拉线钢筋混凝土双杆	0.42	125
铁塔	0.50	150
门型铁塔	0.42	125

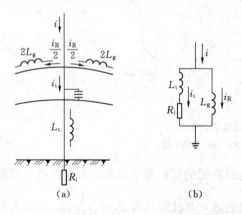

图 7-4 雷击塔顶时雷电流的分布及等值电路
（a）雷电流的分布；（b）等值电路

流经杆塔入地的电流 i_t 与总的雷电流 i 的比值称为分流系数 β，即

$$\beta = \frac{i_t}{i} \qquad (7-10)$$

取雷电流波头为斜角波，杆塔中的雷电流波头也可近似取为斜角波，杆塔分流系数 β 为

$$\beta = \frac{1}{1 + \dfrac{L_t}{L_g} + \dfrac{R_i}{L_g} \cdot \dfrac{\tau_f}{2}} \qquad (7-11)$$

式中：τ_f 为雷电流波前时间，取 $2.6\mu s$。

对一般长度的档距，β 可参考表 7-3 所列数值。

由于避雷线的分流作用，流经杆塔入地的电流 $i_t = \beta i$，于是可求出塔顶电位为

$$U_{\text{top}} = i_t R_i + L_t \frac{di_t}{dt} = \beta \left(i R_i + L_t \frac{di}{dt} \right) \qquad (7-12)$$

取 $\dfrac{di}{dt} = \dfrac{I}{2.6}$，可写出塔顶电位幅值为

$$U_{\text{top}} = \beta I \left(R_i + \frac{L_t}{2.6} \right) \qquad (7-13)$$

表 7-3　一般长度的档距的线路杆塔分流系数 β

系统标称电压（kV）	避雷线根数	β 值
110	单避雷线	0.90
	双避雷线	0.86
220	单避雷线	0.92
	双避雷线	0.88
330	双避雷线	0.88
500	双避雷线	0.88

雷击杆塔顶部时，杆塔横担高度处电位与雷云电荷同为负极性，幅值为

$$U_a = \beta I \left(R_i + \frac{L_a}{2.6} \right) = \beta I \left(R_i + \frac{L_t}{2.6} \cdot \frac{h_a}{h_t} \right) \qquad (7-14)$$

式中：U_a 为横担高度处杆塔电压，kV；L_a 为横担以下塔身的电感，μH；h_a 为横担对地高度，m。

当塔顶电位为 U_{top} 时，则与塔顶相连的避雷线上也有相同的电位 U_{top}。由于避雷线与导线间的耦合作用，导线上将产生耦合电压 $k U_{\text{top}}$，此电压与雷电流同极性；此外，导线上还有感应雷过电压 $\left[-\left(1 - \dfrac{h_g}{h_c} k_0 \right) \dfrac{I h_c}{2.6} \right]$，此电压极性与雷电流相反，还有导线上的随机的工作电压 $U_{\text{ph}} \sin \omega t$。所以，导线端电压极性为正，幅值为

$$U_i = k U_{\text{top}} - \left(1 - \frac{h_g}{h_c} k_0 \right) \frac{I h_c}{2.6} + U_{\text{ph} \cdot \text{m}} \sin \omega t \qquad (7-15)$$

式中：k 为导线和避雷线间的耦合系数，$k = k_1 k_0$；k_1 为电晕效应校正系数；$U_{\text{ph} \cdot \text{m}}$ 为导线上工作电压峰值，kV。

雷直击塔顶时，避雷线、导线上、电压较高，将出现冲击电晕，k 值应采用修正后的数值，校正系数 k_1 可参考表 7-4 所列数值。工程中，对于 220kV 及以下线路，由于导线上工作电压所占比重较小，一般可以忽略，线路绝缘子串上两端电压为杆塔横担高度处电位和导线电位之差，故线路绝缘上的电压幅值为

表 7 - 4 雷直击塔顶时的电晕效应校正系数 k_1

标称电压（kV）	20～35	66～110	220～330	500
双避雷线	1.1	1.2	1.25	1.28
单避雷线	1.15	1.25	1.3	—

$$U_{1.i} = U_a - U_i = \beta I\left(R_i + \frac{L_t}{2.6} \cdot \frac{h_a}{h_t}\right) - \left[kU_{top} - \left(1 - \frac{h_g}{h_c}k_0\right)\frac{Ih_c}{2.6}\right]$$

将式（7-13）代入上式，得

$$U_{1.i} = \beta I\left(R_i + \frac{L_t}{2.6} \cdot \frac{h_a}{h_t}\right) - k\left[\beta I\left(R_i + \frac{L_t}{2.6}\right)\right] + \left(1 - \frac{h_g}{h_c}k_0\right)\frac{Ih_c}{2.6}$$

$$= I\left[(1-k)\beta R_i + \left(\frac{h_a}{h_t} - k\right)\beta\frac{L_t}{2.6} + \left(1 - \frac{h_g}{h_c}k_0\right)\frac{h_c}{2.6}\right] \quad (7-16)$$

如线路绝缘上的电压最大值 U_{li} 大于绝缘子串的正极性 50％冲击放电电压 $U_{50\%}$，绝缘子串将发生闪络，由于此时杆塔电位较导线电位为高，此类闪络称为反击。取 $U_{li} = U_{50\%}$，即可求出雷击杆塔顶部时的耐雷水平 I_1 为

$$I_1 = \frac{U_{50\%}}{(1-k)\beta R_i + \left(\frac{h_a}{h_t} - k\right)\beta\frac{L_t}{2.6} + \left(1 - \frac{h_g}{h_c}k_0\right)\frac{h_c}{2.6}} \quad (7-17)$$

当忽略杆塔、横担、避雷线和导线平均高度的差别时，雷击杆塔顶部时的耐雷水平 I_1 可简化为

$$I_1 = \frac{U_{50\%}}{(1-k)\left[\beta\left(R_i + \frac{L_t}{2.6}\right) + \frac{h_c}{2.6}\right]} \quad (7-18)$$

如果雷击杆塔时雷电流超过线路的耐雷水平 I_1，就会引起线路闪络，这是由于接地的杆塔及避雷线电位升高所引起的，故此类闪络称为"反击"。"反击"这个概念很重要，因为原本被认为接了地的杆塔却带上了高电位，反过来对输电线路放电，把雷电压施加在线路上，并进而侵入变电所。因此，为了减少反击，必须提高线路的耐雷水平。

对于 220kV 以上超高压、特高压线路，工作电压对避雷线的屏蔽性能有一定影响，所以必须考虑，雷击时导线上工作电压的瞬时值及其极性作为一随机变量，各相导线上的工作电压要分别加以考虑，通过统计计算来求得计及工作电压影响的雷击塔顶绝缘反击闪络的概率。目前按 DL/T 620—1997，有避雷线的线路，在一般土壤电阻率地区，其耐雷水平不宜低于表 7-5 所列数值。

表 7 - 5 有避雷线线路的耐雷水平

标称电压（kV）	35	66	110	220	330	500
耐雷水平（kA）	20～30	30～60	40～75	75～110	100～150	125～175

从式（7-17）中可知，雷击杆塔时的耐雷水平，与绝缘子串的 50％冲击放电电压、导线和避雷线间的耦合系数 k、分流系数 β、杆塔的冲击接地电阻 R_i、杆塔的等值电感 L_t、避雷线和导线的平均悬挂高度等参数有关，工程中如避雷线线路的耐雷水平达不到规程规定值，往往以降低杆塔接地电阻 R 和提高耦合系数 k 作为提高耐雷水平的主要手段。

这是因为，对一般高度的杆塔，冲击接地电阻 R_i 上的压降是塔顶电位的主要成分，因此降低接地电阻可以减小塔顶电位，以提高其耐雷水平；增加耦合系数 k 可以减少绝缘子串上的电压和感应过电压，同样可以提高其耐雷水平，常用措施是将单避雷线改为双避雷线，或在导线下方增设架空地线作为耦合地线，以增强导线与地线间的耦合作用，同时也增加了地线的分流作用。

7.4 线路上的直击雷过电压计算

当雷直击于无避雷线的输电线路导线时，如图 7-5 所示，雷击线路后，电流波向线路的两侧流动，如果电流电压均以幅值表示，则

$$i_Z = \frac{2U_0}{Z_0 + \dfrac{Z}{2}} = \frac{IZ_0}{Z_0 + \dfrac{Z}{2}} \tag{7-19}$$

导线被击点 A 的过电压幅值为

$$U_A = I \frac{Z_0 Z}{2Z_0 + Z} - \frac{2Z_0}{2Z_0 + Z} U_{\text{ph·m}} \sin\omega t \tag{7-20}$$

式中：Z 为导线的波阻抗，Ω；$U_{\text{ph·m}}$ 为导线上工作电压峰值，kV。

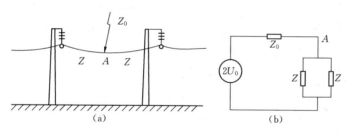

图 7-5 雷电直击线路导线

(a) 示意图；(b) 等值电路

若取导线的波阻抗 $Z=400\Omega$，Z_0 取为 300Ω，暂时不考虑导线上的工作电压，当雷电流幅值 $I=30\text{kA}$，被击点直击雷过电压约为 $U_A=120I=3600\text{kV}$。

在近似计算，假设 $Z_0 \approx Z/2$，即认为雷电波在雷击点未发生折、反射，则式（7-20）简化为

$$U_A = \frac{1}{4} IZ \tag{7-21}$$

取导线的波阻抗 $Z=400\Omega$，被击点直击雷过电压计算式为

$$U_A \approx 100I \tag{7-22}$$

雷绕击导线时的耐雷水平 I_2 可近似求得

$$I_2 \approx \frac{U_{50\%}}{100} \tag{7-23}$$

雷电击中导线后，在导线上产生很高的过电压，会引起绝缘子闪络，需要采用防护措施，架设避雷线可有效地减少雷直击导线的概率。装设避雷线的线路虽然仍有雷绕过避雷

线而击于导线的可能性，但绕击的概率很小。

对于特高压输电线路，由于杆塔高度很高，导线上工作电压幅值很大，比较容易由导线产生向上先导，这些因素会使避雷线屏蔽性能变差。例如雷电活动不太强烈的前苏联的 1150kV 特高压输电线路在不长的运行期间内跳闸率高达 0.7/（100km·a），这比我国 500kV 输电线路的运行统计跳闸率 0.14/（100km·a）高得多。

绕击导线不仅要考虑保护角的因素，还要考虑杆塔高度的因素。自 1968 年前后，采用电气几何模型（EGM）来评估输电线路避雷线的屏蔽性能。其基本原理为：由雷云向地面发展的先导放电通道头部到达距被击物体临界击穿距离（简称击距）的位置以前，击中点是不确定的。而对某个物体先达到其相应的击距时，即对该物体放电。击距同雷电流幅值有关，击距公式如下：

$$\begin{cases} r_s = 10I^{0.65} \\ r_c = 1.63(5.015I^{0.578} - U_{ph})^{1.125} \\ r_g = [3.6 + 1.7\ln(43 - h_c)]I^{0.65}\ (h_c < 40\text{m}) \\ r_g = 5.5I^{0.65}\ (h_c \geqslant 40\text{m}) \end{cases} \tag{7-24}$$

式中：I 为雷电流幅值，kA；h_c 为导线平均高度，m；r_s 为雷电对避雷线的击距，m；r_c 为雷电对有工作电压的导线的击距，m；r_g 为雷电对大地的击距，m。

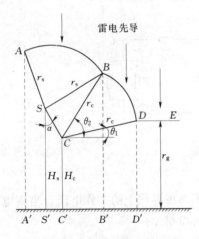

图 7-6　雷电绕击线路的
电气几何模型

电气几何模型将雷电的放电特性和线路结构尺寸联系起来，塔高、地面倾角、雷电流大小等因素的影响均予以考虑，和实际运行经验比较符合，已逐渐被各国所接受。

雷电绕击线路的电气几何模型如图 7-6 所示。分别以避雷线 S 和导线 C 为中心，以 r_s、r_c 为半径作弧线相交于 B 点，再以 r_g 作一水平线与以 C 为中心的圆弧相交于 D 点。若雷电先导头部落入 $\overset{\frown}{AB}$ 弧面，放电将击向避雷线，使导线得到保护，称 $\overset{\frown}{AB}$ 为保护弧。若先导头部落入 $\overset{\frown}{BD}$ 弧面，则击中导线，即避雷线的屏蔽保护失效而发生绕击，称 $\overset{\frown}{BD}$ 为暴露弧。若先导头部落入 DE 平面，则击中大地，故称 DE 平面为大地捕雷面。随着雷电流幅值增大，暴露弧 $\overset{\frown}{BD}$ 逐渐缩小，当雷电流幅值增大到 I_{max} 时 $\overset{\frown}{BD}$ 缩小为 0，即不再发生绕击。此时 $\theta_1 = \theta_2$，而

$$\theta_1 = \arctan\left(\frac{r_g - H_c}{r_c}\right) \tag{7-25}$$

$$\theta_2 = \frac{\pi}{2} + \theta - \arctan\left(\frac{r_c^2 + (\overline{SC})^2 - r_s^2}{2r_c\ \overline{SC}}\right) \tag{7-26}$$

式中：H_c 为导线对地高度；$\overline{SC}$ 为导线到避雷线的距离，m。

将式（7-24）代入，即可求出雷电流幅值 I_{max}。

雷电流 I 下的绕击概率 P_α 可由下式计算

$$P_\alpha = \frac{\overline{B'D'}}{\overline{A'D'}} = \frac{r_c(\cos\theta_1 - \cos\theta_2)}{r_c\cos\theta_1 + \overline{A'C'}} \tag{7-27}$$

线路运行经验、现场实测和模拟试验均证明，雷电绕过避雷线直击导线的概率与避雷线对边导线的保护角、杆塔高度以及线路经过地区的地形、地貌、地质条件有关。按 DL/T 620—1997，绕击率 P_α 可用下式计算。

对平原线路
$$\lg P_\alpha = \frac{\alpha\sqrt{h_t}}{86} - 3.9 \tag{7-28}$$

对山区线路
$$\lg P_\alpha = \frac{\alpha\sqrt{h_t}}{86} - 3.35 \tag{7-29}$$

式中：α 为避雷线对边导线的保护角；h_t 为杆塔高度，m。

7.5　线路上的感应雷过电压计算

由于雷云对地放电过程中，放电通道周围空间电磁场的急剧变化，会在附近线路的导线上产生过电压。在雷云放电的先导阶段，先导通道中充满了电荷，如图 7-7（a）所示，这些电荷对导线产生静电感应，在负先导附近的导线上积累了异号的正束缚电荷，而导线上的负电荷则被排斥到导线的远端。因为先导放电的速度很慢，所以导线上电荷的运动也很慢，由此引起的导线中的电流很小，同时由于导线对地泄漏电导的存在，导线电位将与远离雷云处的导线电位相同。当先导到达附近地面时，主放电开始，先导通道中的电荷被中和，与之相应的导线上的束缚电荷得到解放，以波的形式向导线两侧运动，如图 7-7（b）所示。电荷流动形成的电流 i 乘以导线的波阻抗 Z 即为两侧流动的静电感应过电压波 $U=iZ$。此外，先导通道电荷被中和时还会产生时变磁场，使架空导线产生电磁感应过电压波。由于主放电通道是和架空导线互相垂直的，互感不大，所以总的感应雷过电压幅值的构成是以静电感应分量为主。

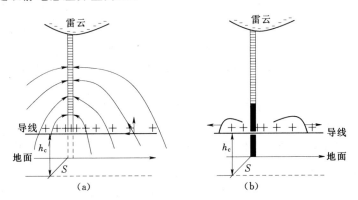

图 7-7　感应雷过电压的形成
（a）先导放电阶段；（b）主放电阶段

工程实用计算按 DL/T 620—1997，雷云对地放电时，落雷处距架空导线的垂直距离 $S>65m$ 时，无避雷线的架空线路导线上产生的感应雷过电压最大值可按下式估算

$$U_i \approx 25 \frac{Ih_c}{S} \qquad\qquad (7-30)$$

式中：U_i 为雷击大地时感应雷过电压最大值，kV；I 为雷电流幅值，kA；h_c 为导线平均高度，m；S 为雷击点与线路的垂直距离，m。

感应雷过电压 U_i 的极性与雷电流极性相反。由式（7-30）可知，感应雷过电压与雷电流幅值 I 成正比，与导线悬挂平均高度 h_c 成正比。h_c 越高则导线对地电容越小，感应电荷产生的电压就越高；感应雷过电压与雷击点到线路的距离 S 成反比，S 越大，感应过电压越小。由于雷击地面时，被击点的自然接地电阻较大，式（7-30）中的最大雷电流幅值一般不会超过 100kA，可按 100kA 进行估算。实测表明，感应雷过电压的幅值一般约为 300～400kV，这可能引起 35kV 及以下电压等级线路的闪络，而对 110kV 及以上电压等级线路，则一般不会引起闪络。避雷线会使导线上的感应过电压下降，耦合系数越大，导线上感应过电压越低。另外，由于各相导线上的感应过电压基本上相同，所以不会出现相间电位差和引起相间闪络。

如果导线上方架设有避雷线，发生雷电击于线路附近大地时，则由于避雷线的屏蔽效应，导线上的感应电荷就会减少，导线上的感应雷过电压会降低。在避雷线的这种屏蔽作用下，导线上的感应过电压可用下列方法求得。

设避雷线和导线悬挂的对地平均高度分别为 h_g 和 h_c，若避雷线不接地，则根据式（7-33）可求得避雷线和导线上的感应过电压分别为 $U_{i\cdot g}$ 和 $U_{i\cdot c}$，即

$$U_{i\cdot g} = 25\frac{Ih_g}{S}, \ U_{i\cdot c} = 25\frac{Ih_c}{S}$$

于是
$$U_{i\cdot g} = U_{i\cdot c}\frac{h_g}{h_c}$$

由于避雷线实际上是通过每基杆塔接地的，因此可以设想在避雷线上尚有一个 $(-U_{i\cdot g})$ 电压，以此来保持避雷线为零电位，由于避雷线与导线间的耦合作用，此设想的 $(-U_{i\cdot g})$ 将在导线上产生耦合电压 $(-k_0 U_{i\cdot g})$。k_0 为避雷线与导线间的几何耦合系数。这样有避雷线的架空线路导线上产生的感应雷过电压最大值可按下式估算：

$$U'_{i\cdot c} = U_i + (-k_0 U_{i\cdot g}) = U_i\left(1 - k_0\frac{h_g}{h_c}\right) = 25\frac{Ih_c}{S}\left(1 - k_0\frac{h_g}{h_c}\right) \qquad (7-31)$$

式中：k_0 为导线和避雷线间的几何耦合系数，决定于导线和避雷线的几何尺寸及其排列位置；h_g 为避雷线对地平均高度，m。

式（7-31）表明，由于避雷线的存在可使导线上的感应雷过电压由 U_i 下降为 $U_i\left(1 - k_0\frac{h_g}{h_c}\right)$，耦合系数通常在 0.2～0.3 之间，其值可根据输电线路的集合参数求得。耦合系数越大，导线上的感应雷过电压越低。

与直击雷过电压相比，感应雷过电压的波形较平缓，波头时间在几 μs 到几十 μs，波长较长，达数百 μs。

7.6　波通过串联电感和并联电容

电压波离开雷击点后向两侧方向沿着线路传播,他们从一个杆塔到另一个杆塔传播下去,在每个杆塔附件,相导线比线路的其他部分有着更大的对地电容,因为绝缘子串和金属的杆塔结构使地电位变得更接近导线了,杆塔电容降低了电压波波前的陡度,并最终产生时间延迟。在通过几座输电线路杆塔之后,闪络的危险性大大降低。

电压波沿着输电线路传播时,会遇到为长输电线路补偿用的串联电容器,线路上的电抗器,或者输电线路进入变电所之前接的高压电缆,所有情况中,在节点处有特性阻抗的变化,电压波和电流波之间的关系起了变化。

7.6.1　行波通过串联电感

图 7-8（a）为一无限长直角波 u_{1f} 自具有波阻抗 Z_1 的导线,经过串联电感 L 过渡到具有波阻抗 Z_2 的导线时的情况,当 Z_2 中的反行波尚未到达节点 A,则其等效电路如图 7-8（b）所示,由此可得

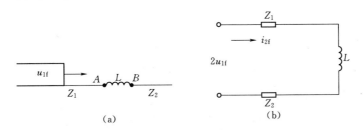

图 7-8　波通过串联电感
(a) 接线示意图；(b) 等效电路

$$2u_{1f} = i_{2f}(Z_1 + Z_2) + L \frac{\mathrm{d}i_{2f}}{\mathrm{d}t}$$

式中：i_{2f} 为线路 Z_2 中的前行电流波。

解之得

$$i_{2f} = \frac{2u_{1f}}{Z_1 + Z_2}(1 - \mathrm{e}^{-\frac{t}{T}}) \tag{7-32}$$

沿线路 Z_2 传播的折射电压波 u_{2f} 为

$$u_{2f} = i_{2f}Z_2 = \frac{2Z_2}{Z_1 + Z_2}u_{1f}(1 - \mathrm{e}^{-\frac{t}{T}}) = \alpha u_{1f}(1 - \mathrm{e}^{-\frac{t}{T}}) \tag{7-33}$$

式中：$T = \frac{L}{Z_1 + Z_2}$ 为该电路的时间常数；$\alpha = \frac{2Z_2}{Z_1 + Z_2}$ 为电压波折射系数。

从式（7-32）、式（7-33）可知,前行波电压和电流都由两部分组成,前一部分为与时间无关的强制分量,后一部分是随时间衰减的自由分量。无穷长直角波通过集中电感时,波头被拉长,电感 L 值越大,波头就被拉得越平。

沿 Z_1 返回的反射波可由下式求得

$$u_{2f} + L\frac{\mathrm{d}i_{2f}}{\mathrm{d}t} = u_{1f} + u_{1b}$$

将式（7-32）、式（7-33）代入上式可得反射波电压和电流为

$$u_{1b} = \frac{Z_2 - Z_1}{Z_1 + Z_2}u_{1f} + \frac{2Z_1}{Z_1 + Z_2}u_{1f}\mathrm{e}^{-\frac{t}{T}} \tag{7-34}$$

$$i_{1b} = -\frac{u_{1b}}{Z_1} = \frac{Z_2 - Z_1}{Z_1 + Z_2}\frac{u_{1f}}{Z_1} + \frac{2u_{1f}}{Z_1 + Z_2}\mathrm{e}^{-\frac{t}{T}} \tag{7-35}$$

由式（7-33）可知，当 $t=0$ 时，$u_{2f}=0$，这是因为电感中的电流不能突变引起的，所以当波到达电感的瞬间，电感相当于开路，全部磁场能量转变为电场能量，使电压升高一倍，然后按指数规律变化。当 $t \to \infty$ 时，由于电流的变化率 $\frac{\mathrm{d}i_{2f}}{\mathrm{d}t}=0$，电感上的电压降 $L\frac{\mathrm{d}i_{2f}}{\mathrm{d}t}=0$，这相当于电感被短路，已不起作用，其折射波和反射波是由 Z_1 和 Z_2 直接连接的节点下产生的。可见，串联电感起到了削弱来波陡度的作用，经过串联电感后，电压波 u_{2f} 的陡度可由式（7-33）求得

$$\frac{\mathrm{d}u_{2f}}{\mathrm{d}t} = \frac{2u_{1f}}{L}Z_2\mathrm{e}^{-\frac{t}{T}}$$

最大陡度出现在 $t=0$ 时，为

$$\frac{\mathrm{d}u_{2f}}{\mathrm{d}t}\bigg|_{\max} = \frac{2Z_2}{L}u_{1f} \tag{7-36}$$

最大空间陡度为

$$\frac{\mathrm{d}u_{2f}}{\mathrm{d}l}\bigg|_{\max} = \frac{\mathrm{d}u_{2f}}{\mathrm{d}t}\bigg|_{\max}\frac{\mathrm{d}t}{\mathrm{d}l} = \frac{2Z_2}{L\nu}u_{1f} \tag{7-37}$$

7.6.2　波旁过并联电容

图 7-9（a）给出了无穷长直角波 u_{1f} 波旁过并联电容的接线方式，当 Z_2 中的反行波尚未到达节点 A，则其等效电路如图 7-9（b）所示，由此可建立方程

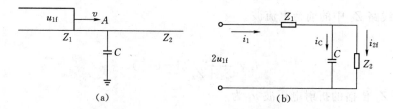

图 7-9　波旁过并联电容

(a) 接线示意图；(b) 等效电路

$$2u_{1f} = i_1 Z_1 + i_{2f} Z_2$$

$$i_1 = i_{2f} + C\frac{\mathrm{d}u_{2f}}{\mathrm{d}t} = i_{2f} + C \cdot Z_2\frac{\mathrm{d}i_{2f}}{\mathrm{d}t}$$

其解为

$$i_{2f} = \frac{2u_{1f}}{Z_1 + Z_2}(1 - \mathrm{e}^{-\frac{t}{T}}) \tag{7-38}$$

沿线路 Z_2 传播的折射电压波 u_{2f} 为

$$u_{2f} = i_{2f}Z_2 = \frac{2Z_2}{Z_1 + Z_2} u_{1f}(1 - e^{-\frac{t}{T}}) = \alpha u_{1f}(1 - e^{-\frac{t}{T}}) \tag{7-39}$$

式中：$T = \dfrac{Z_1 Z_2}{Z_1 + Z_2} C$ 为该电路的时间常数；$\alpha = \dfrac{2Z_2}{Z_1 + Z_2}$ 为电压波的折射系数。

由式（7-39）可知，在 $t=0$ 时，$u_{2f}=0$，这是因为电容中的电压不能突变引起的，所以当波到达电容的瞬间，电容相当于短路，以后随着时间的增加，折射电压按指数规律增大，电压波由原来的直角波变为指数波，波头变平缓。当 $t \to \infty$ 时，由于电压的变化率 $\dfrac{\mathrm{d}u_{2f}}{\mathrm{d}t} = 0$，电容上的电压降 $C\dfrac{\mathrm{d}C_{2f}}{\mathrm{d}t} = 0$，这相当于电容开路，已不起作用，其折射波和反射波是由 Z_1 和 Z_2 直接连接的节点下产生的。可见，并联电容也起到了削弱来波陡度的作用，经过并联电容后，电压波 u_{2f} 的陡度可由式（7-39）求得。

在线路 Z_2 中折射电压的最大陡度为

$$\left.\frac{\mathrm{d}u_{2f}}{\mathrm{d}t}\right|_{\max} = \frac{2u_{1f}}{Z_1 C} \tag{7-40}$$

最大空间陡度为

$$\left.\frac{\mathrm{d}u_{2f}}{\mathrm{d}l}\right|_{\max} = \left.\frac{\mathrm{d}u_{2f}}{\mathrm{d}t}\right|_{\max} \frac{\mathrm{d}t}{\mathrm{d}l} = \frac{2u_{1f}}{Z_1 C v} \tag{7-41}$$

由以上分析可知，增加电感 L 值或电容 C 值，就能把来波陡度限制在一定的程度，防雷保护中常用这一原理来减少雷电波的陡度，以保护电机的匝间绝缘。对于波阻抗很大的发电机设备，通常用并联电容的方法。工程中也有利用电感线圈以降低来波陡度，同时利用串联电感线圈能抬高来波电压的性质，来改善接在电感前面的避雷器放电特性，使避雷器在冲击电压作用下容易放电，成为配电站进线防雷保护的有效措施。

7.7 流经避雷器的雷电流计算

7.7.1 避雷器前的防雷

1. 输电线路的防雷

输电线路的防雷措施有以下"四道防线"：防止输电线路导线遭受直击雷；防止输电线路受雷击后绝缘发生闪络；防止雷击闪络后建立稳定的工频电弧；防止工频电弧后引起跳闸中断电力供应，即降低雷击跳闸率。具体输电线路防雷方式时，与线路的重要程度、系统运行方式、线路经过地区雷电活动的强弱、地形地貌的特点、土壤电阻率的高低等条件有关。

输电线路的具体防雷措施有：架设避雷线、装设避雷器、降低杆塔接地电阻、架设耦合地线、采用不平衡绝缘方式、采用中性点非有效接地方式、加强杆塔绝缘、装设自动重合闸装置等。

2. 发电厂和变电所的防雷

发电厂和变电所遭受雷害一般来自两方面：一是雷直击于发电厂、变电所；二是雷击输电线路后产生的雷电波沿该导线侵入发电厂、变电所。

对直击雷的保护，一般采用避雷针或避雷线，根据我国的运行经验，凡装设符合规程要求的避雷针（线）的发电厂和变电所绕击和反击事故率是非常低的，约每年每百所 0.3 次。因此，发电厂和变电所遭受雷害主要来自雷击输电线路后产生的雷电波沿该导线侵入发电厂、变电所。

3. 变电所的进线段保护

变电所的进线段保护是对雷电侵入波保护的一个重要辅助措施，就是在临近变电所 1～2km 的一段线路上加强防护。当线路全线无避雷线时，这段线路必须架设避雷线；当沿全线架设有避雷线时，则应提高这段线路的耐雷水平，以减少这段线路内绕击和反击的概率。进线段保护的作用在于限制流经避雷器的雷电流幅值和侵入波的陡度。

未沿全线架设避雷线的 35～110kV 架空送电线路，当雷直击于变电所附近的导线时，

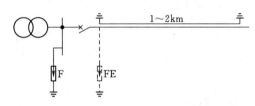

图 7-10 35～110kV 变电所的进线保护接线

流过避雷线的电流幅值可能超过 5kA，而陡度也会超过允许值。因此应在变电所 1～2km 的进线段架设避雷线作为进线段保护，要求保护段上的避雷线保护角宜不超过 20°，最大不应超过 30°；110kV 及以上有避雷线架空送电线路，把 2km 范围内进线作为进线保护段，要求加强防护，如减小避雷线的保护角 α 及降低杆塔的接地电阻 R_i。要求进线保护段范围内的杆塔耐雷水平，达到表 7-5 中的最大值，以使避雷器电流幅值不超过 5kA（在 330～500kV 级为 10kA），而且必须保证来波陡度 a 不超过一定的允许值。35～110kV 变电所的进线段保护接线如图 7-10 所示。

7.7.2 流经避雷器的冲击电流

采取进线段保护以后，最不利的情况是进线段首端落雷，由于受线路绝缘放电电压的限制，雷电侵入波的最大幅值为线路冲击放电电压 $U_{50\%}$；行波在 1～2km 的进线段来回一次的时间需要 $\dfrac{2l}{v} = \dfrac{2 \times (1000 \sim 2000)}{300} = 6.7 \sim 13.7 \mu s$，在此时间内，流经避雷器的雷电流已过峰值，因此可以不计这反射波及其以后过程的影响，只按照原侵入波进行分析计算。作出彼德逊等值电路，避雷器的端电压按残压 U_r 表示，可求得流经避雷器的电流 I_F 为

$$I_F = \frac{2U_{50\%} - nU_r}{Z_C} \tag{7-42}$$

式中：n 为变电所进线的总回路数；U_r 为避雷器的残压，kV；Z_C 为线路波阻抗。

根据式（7-42）可以求出各级变电所单回路（$n=1$）时流过避雷器的电流 I_F，见表 7-6。由表可知，1～2km 长的进线段可将流经避雷器的雷电流幅值限制在 5kA（或 10kA）以下。

表 7 - 6　　　　　　　进线段外落雷时各级变电所流经避雷器的雷电流最大计算值

额定电压 （kV）	避雷器型号	残压 U_r 最大值 （kV）	线路绝缘的 $U_{50\%}$ （kV）	I_F 最大值 （kA）	变压器的三次 截波耐压 U_{j3}（kV）	变压器的多次 截波耐压 U_j （kV）
35	Y5W - 41/130	130	350	1.43	225	196
110	Y5W - 100/260	260	700	2.85	550	478
220	Y5W - 200/520 Y10W - 200/496	520 496 (10kA)	1200～1410	4.7～5.75 4.76～5.81	1090	949
330	Y10W5 - 300/693	693 (10kA)	1645	6.49	1300	1130
500	Y10W5 - 444/995	995 (10kA)	2060～2310	7.81～9.06	1771	1540

在最不利的情况下，雷电侵入波具有直角波头，由于 $U_{50\%}$ 已大大超过导线的临界电晕电压，冲击电晕将使波形发生变化，波头变缓，可求得进入变电所雷电流的陡度为

$$a=\frac{u}{\Delta\tau}=\frac{u}{\left(0.5+\dfrac{0.008u}{h_c}\right)l}\ (\mathrm{kV}/\mu\mathrm{s}) \tag{7-43}$$

$$a'=\frac{a}{v}=\frac{a}{300}\ (\mathrm{kV/m}) \tag{7-44}$$

用式（7-43）和式（7-44）计算出各级变电所中雷电侵入波沿导线升高的空间陡度 a'，列于表 7 - 7。

表 7 - 7　　　　　　　　　　变电所侵入波的计算用陡度

额定电压（kV）	侵入波的计算用陡度（kV/m）	
	1km 进线段	2km 进线段或全线有避雷线
35	1.0	0.5
110	1.5	0.75
220	1	1.5
330	1	2.2
550	—	2.5

7.8　被保护设备上的过电压计算

变电所中限制雷电侵入波过电压的主要措施是装设避雷器，需要正确选择避雷器的类型、参数，合理确定避雷器的数量和安装位置。如果三台避雷器分别直接连接在变压器的三个出线套管端部，只要避雷器的冲击放电电压和残压低于变压器的冲击绝缘水平，变压器就得到可靠的保护。

但在实际中，变电所有许多电气设备需要防护，而电气设备总是分散布置在变电所内，常常要求尽可能减少避雷器的组数（一组三台避雷器），又要保护全部电气设备的安全，加上布线上的原因，避雷器与电气设备之间总有一段长度不等的距离。在雷电侵入波的作用下，被保护电气设备上的电压将与避雷器上的电压不相同，下面以保护变压器为例

来分析避雷器与被保护电气设备间的距离对其保护作用的影响。

如图 7-11 所示，设侵入波为波头陡度为 a、波速为 v 的斜角波 $u(t)=at$，避雷器与变压器间的距离为 lm，不考虑变压器的对地电容，点 B、T 的电压可用网格法求得，如图 7-12 所示，避雷器动作前看作开路，动作后看作短路；分析时不取统一的时间起点，而以各点开始出现电压时为各点的时间起点。行波从 B 点到达 T 点所需时间 $\tau=l/v$。

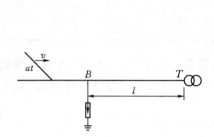

图 7-11　避雷器保护变压器
的简单接线

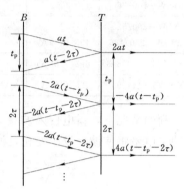

图 7-12　分析避雷器和变压器上
电压的行波网格图

先分析 B 点电压。点 T 反射波尚未到达 B 点时，$u_B(t)=at(t<2\tau)$；

点 T 反射波到达 B 点后至避雷器动作前（假设避雷器的动作时间 $t_p>2\tau$），

$$u_B(t)=at+a(t-2\tau)=2a(t-\tau)$$

在避雷器动作瞬间，即 $u_B(t)=2a(t_p-\tau)$；

避雷器动作后，避雷器上的电压就是避雷器的残压 U_r，相当于在 B 点加上一个负电压波 $-2a(t-t_p)$，此时 $u_B(t)=2a(t_p-\tau)-2a(t-t_p)=2a(t_p-\tau)=U_r$。

电压 $u_B(t)$ 的分析波形如图 7-13（a）所示。

再分析 T 点电压。雷电侵入波到达变压器端点之后，$u_T(t)=2at(t<t_p)$；

在避雷器动作瞬间，即　$u_T(t)=2at_p=2a(t_p-\tau+\tau)=2a(t_p-\tau)+2a\tau=U_r+2a\tau$；

当 $t_p<t<t_p+2\tau$ 时，$u_T(t)=2at-4a(t-t_p)=-2a(t-2t_p)$；

当 $t=t_p+2\tau$ 时，$u_T(t)=2a(t_p+2\tau)-4a(t_p+2\tau-t_p)=2a(t_p-2\tau)=U_r-2a\tau$。

电压 $u_T(t)$ 的分析波形如图 7-13（b）所示。

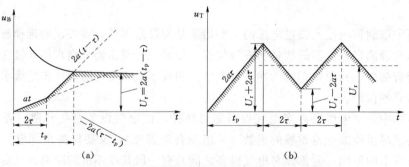

图 7-13　避雷器保护变压器的各点电压分析波形
（a）避雷器上电压 $u_B(t)$；（b）变压器上电压 $u_T(t)$

通过分析，得出变压器上所受最大电压 U_T 为

$$U_T = U_r + 2a\tau = U_r + 2a\frac{l}{v} \qquad (7-45)$$

无论变压器处于避雷器之前还是之后，上式的分析结果都是一样的。在实际情况下，由于变电所接线方式比较复杂，出线可能不止一路，再考虑变压器的对地电容的作用，冲击电晕和避雷器电阻的衰减作用等，变电所的波过程将十分复杂，可通过实测或 EMTP 仿真，来求出雷电波侵入变电所时变压器上实际电压的波形。

7.9 雷电暂态 EMTP 仿真

【例 7-1】 此例演示如何用 ATPDraw 仿真变电站的雷电暂态过程。图 7-14 为研究的 400kV 变电站的单线图。总线上的数据为每段的长度（单位：m）。假设，以空盒子形状表示的断路器是断开的，因此该运行方式下，只有两条传输线路与传统有避雷器保护的变压器相连。模拟的事件是在距离变电站 0.9km 远处发生雷击事故造成单相闪络。

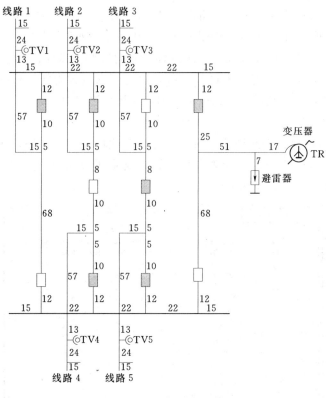

图 7-14 变电站的单线图

解：首先建模。

假定是由一个幅值为 120kA，波形参数为 $4/50\mu s$ 的直接对地线的雷击引起的，雷电模型路径：电源［Sources］→Heidler 冲击波电源［Heidler type 15］；参数设定：雷电流幅值 120000，波头时间为 4E-6，半波时间为 5E-5，模拟雷电波形如图 7-15 所示。雷

电通道波阻抗为 400Ω。

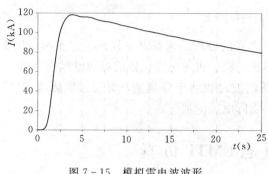

图 7-15 模拟雷电波波形

关于雷击点的选择。计算中将变电站和进线段结合起来,视为一个统一的网络。雷击点选为进线段的#1～#6 杆塔,以雷击#6 杆塔为远区雷击,其余为近区雷击。我国规程规定只计算离变电站 2km 以外的远区雷击,不考虑 2km 以内的近区雷击。主要是沿袭中压系统和高压系统的做法,认为进线段以外受雷击而形成侵入波是研究重点。而实际上对变电站内设备造成威胁的主要是近区雷击。在美国、西欧和日本以及 CIGRE(国际大电网会议)工作组,均以近区雷击作为变电站侵入波的重点考察对象。近区雷击的侵入波过电压一般均高于远区雷击的侵入波过电压。大量研究表明,#1 塔和变电站的终端门型构架(也称#0 塔)距离一般较近,再加上门型构架的冲击接地电阻比较小,雷击#1 塔塔顶时,经地线由#0 塔返回的负反射波很快返回#1 塔,降低了#1 塔电位,使侵入波过电压减小。而#2 塔、#3 塔离#0 塔较远,受负反射波的影响较小,过电压较高。进线段各杆塔的塔型、高度、绝缘子串的伏秒特性、杆塔接地电阻不同,也影响着雷击进线段各塔时的侵入波过电压。根据经验,一般为雷击#2 或#3 塔时的过电压较高。考虑以上原因,在计算过程中兼顾近区和远区雷击,例题中落雷首先选在#4 塔。

用四线 JMarti 线路模型来描述在雷击附近的跨线单回架空线路,模型路径:架空线路/电缆 [Lines/Cables] →自动计算参数的架空线路/电缆模型 [LCC];参数设定如图 7-16 所示,每段线路长度为 300m。

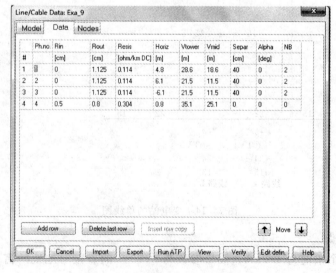

图 7-16 架空线路参数设置对话框

用单相常参数分布传输线路来模拟沿着铁塔的浪涌传播的响应。模型路径：架空线路/电缆［Lines/Cables］→带集中电阻的分布参数线路［Distributed］→换位线路用的Clarke模型［Transposed lines（Clarke）］，选择单相，每个杆塔由8m、7m和18m三段线路串联而成，杆塔电阻10Ω/km，波阻抗为200Ω；用集中R—L支路来模拟塔基的响应，电阻13Ω和0.005mH的R—L支路与40Ω电阻并联，冲击接地电阻值约为9.8Ω，小于10Ω。

用三相常参数分布传输线路来模拟沿着母线模型的雷电侵入波传播的响应。模型路径：架空线路/电缆［Lines/Cables］→带集中电阻的分布参数线路［Distributed］→换位线路用的Clarke模型［Transposed lines（Clarke）］，选择三相，每段母线长度设定按照图7-14中所示。电压互感器用集中参数电容模型，电容值为$0.0005\mu F$。

在Library→New object菜单中，用户可以创建一个MODEL元件，每个元件需要建立一个独特的支持文件，其中包括了所有的输入数据和信息、节点对象、默认值的输入变量、图标和相关的帮助文件。MODEL元件可以随意地控制而不需要单独的支持文件，因为一个默认的支持"文件"可以被自动创建于MODEL的文本标题。MODEL的支持文件可以在Library→Edit object菜单中编辑。

当用户改变ATPDraw中电路该模型页眉（包括输入、输出或数据段），MODEL的组成和图标将自动更新。所以对于一般情况下的动态模型提前定义支持和模型文件是没有意义的，总之这些文件都可以从一个完成的MODEL导出。如果你想要一个静态模型，你可以在这个菜单项目下指定一个支持文件。

如果用户想要一个不同的图标或其他节点位置图标，可以自由地去修改默认值支持文件，或者建立一个新的支持文件。编辑对话框如图7-17所示。

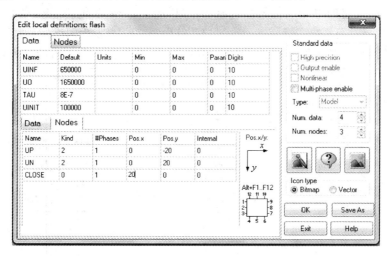

图7-17　新MODEL支持文件的控制页

下面描述了可用的数据参数选项：

"Name"为参数名，用于"元件对话框"中选定参数。

"Defaults"为参数的初始值。

"Units"为参数的单位。

"Min/Max"为参数允许的最小/最大值。

"Param"，如果设置等于 1，一个变量的文本字符串可以被指定去的数据值。这些值被指定在 ATP→设置/变量。

"Digits"，ATP 文件中数字所允许的最大位数。

如果一个参数值超过范围，就会在"元件对话框"中出现"错误"信息。如果要取消参数范围检查，设定 Min＝Max（例如：设定二者都为 0）。

可用的节点参数选项为：

"Name"，节点名。

"Kind"，MODELS 模型节点类型：

0：输出节点。

1：电流输入节点。

2：电压输入节点。

3：开关状态输入节点。

4：电源变量输入节点。

5：TACS 变量（TACS）。

6：稳态节点电压的虚部（imssv）。

7：稳态开关电流的虚部（imssi）。

8：从其他模型的输出。

9：Global ATP 变量输入。

"♯Phases"，MODELS 节点的相数（1～26）。

"Pos. x"、"Pos. y"，节点在图标边界上横轴与纵轴的位置。

闪络模型用简单的电压阀值模型，调用 ATPDraw 自带的 flash. sup，UINF＝1.4MV，UO＝3MV，衰减时间常数 TAU＝8. e－7s，UINIT＝350kV，发生闪络，开关闭合。

避雷器选用金属氧化物避雷器，图 7－18 所示金属氧化物避雷器的参数设置，图 7－

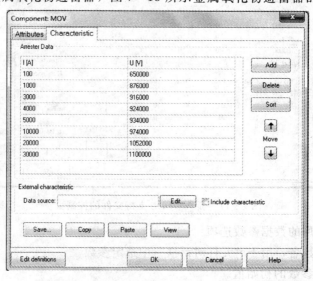

图 7-18　金属氧化物避雷器的特性数据

18 中电流和电压值的单位分别为 A 和 V。图 7-19 显示金属氧化物避雷器的非线性特性,图 7-19 中电压和电流值的单位分别为 MV 和 kA,所以必须有相应的避雷器伏安特性参数的数据。

图 7-20 为完整电网(变电站+进线)的 ATPDraw 电路。

根据前面的数据发现,在该模型中包括许多相同的模块,因此 ATPDraw 支持的复制/粘贴操作可有效帮助电路的完成。只要定义一次对象参数,使用时复制即可。

假定雷击故障相时其工频电压达到反极性最大值,所以当其电压强迫超过模拟绝缘空隙其依赖电压的开关的闪络电压时,就会出现后闪络。

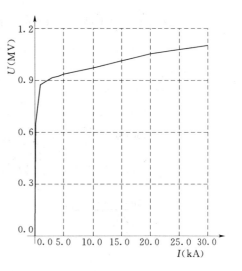

图 7-19 避雷器的非线性特性

图 7-21 显示 #4 塔三相导线上的电压波形,雷电侵入波幅值达 2.25MV。

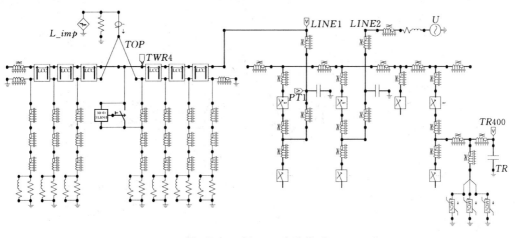

图 7-20 例 7-1 电路模型

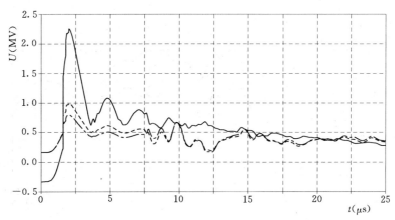

图 7-21 #4 塔三相导线上的电压

图 7 - 22 显示线路 1 进入变电站处三相导线上的电压波形，雷电侵入波幅值达 1.29MV。

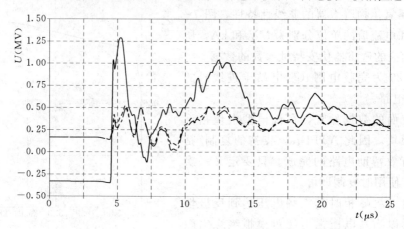

图 7 - 22　变电站入口处线路 1 三相导线上的电压

图 7 - 23 显示变电站内电压互感器安装处三相导线上的电压波形，雷电侵入波幅值达 1.38MV，可见，雷电波幅值比变电站入口处又有增大。

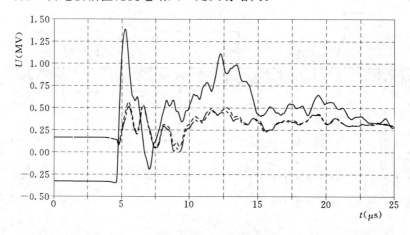

图 7 - 23　电压互感器安装处三相导线上的电压

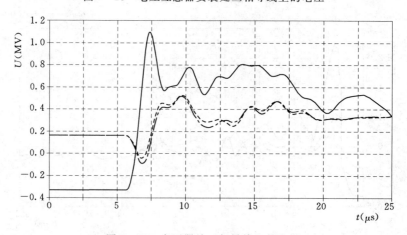

图 7 - 24　变压器处三相导线上的电压

图 7-24 显示变压器处三相导线上的电压波形，雷电侵入波幅值为 1.1MV，从图中可以看出，雷电侵入波的陡度有明显下降。

雷击点分别选为进线段的 #6～#2 杆塔，其他条件都不变，变电站内电压互感器安装处雷电侵入波幅值的对比数据列于表 7-8，可见，雷击点离变电站越近，变电站内雷电侵入波幅值越高，由于安装了金属氧化物避雷器，其雷电冲击电流残压为 960kV，在变压器处的电压基本限制在 1.1MV，变压器的多次截波耐压值在 1.3MV，因而变压器得到保护。

表 7-8　　　　　雷击不同杆塔时电压互感器安装处雷电侵入波的幅值

雷击点	#6	#5	#4	#3	#2
电压互感器安装处雷电侵入波的幅值（MV）	1.34	1.36	1.38	1.40	1.43

闪络模型现在多用先导模型，特别是非线性电感模型。模型的电路如图 2-68 所示，创建模型如图 7-25 所示。

图 7-25 中，电弧电感 L_f，取 $1\mu H/m$；L_n 是模拟放电特性的非线性电感，由长间隙放电试验得到的公式计算，计算公式如下。

$$I_0 = 10^{(-0.0343d - 0.00025R_b + 2.85)} \text{ (A)}$$

$$L_0 = 1.23d - 0.432 \text{ (mH)}$$

$$n = -0.0743d - 0.000734R_b + 2.18$$

$$L_n(i) = L_0/(1+i/I_0)^{1/n} - L_f$$

$$\Phi_n(i) = \frac{L_0 I_0 [1 - 1/(1+i/I_0)^{n-1}]}{n-1} - L_f \cdot i$$

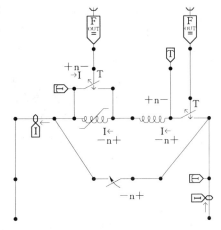

图 7-25　闪络的非线性电感模型

SW_1 是表示先导发展开始的开关，当间隙上电压 $U_g \geq 500d + 200$(kV) （d 为间隙长度时），开关闭合；SW_2 是表示主放电的开关，当 $U_g = 0$ 或者 $I_g \geq I_{FO}$ 时，开关闭合，将 L_n 短接，放电完成，其中，$I_{FO} = I_0 [(L_0 \cdot 10^6 / d)^{1/n} - 1]$。

另外，电阻 R_b 是从放电间隙看到的系统等值阻抗，由铁塔、架空地线、导线的波阻抗的并联电路计算得到的值大致为 200Ω，在 $100～300\Omega$ 的范围，对计算结果影响较小。也可用向闪络点注入 1A 电流的方法来计算该等值阻抗。

在 EMTP 模拟上述的放电模型时，使用 EMTP 中的 TACS。图 7-26 是输入文件中的有关 TACS 的部分。冒号后面的文字为说明语句。

闪络模型用非线性电感模型仿真的某 1000kV 架空线＋变电站的雷电过电压，雷电波沿架空线侵入到变电站中依次一些设备上的雷电过电压波形如图 7-27 所示。雷电波沿架空线向线路另一方向传播的雷电过电压波形图 7-28。从图中可以看出，波形有明显的先导放电阶段。

```
TACS HYBRID
/TACS
99GAP_U          =TW_ARC-PW_ARC        ：计算间隙电压
99LEADER         =ABS（GAP_U）-0.395E+07  ：计算先导发展开始电压
99SW1_ON64           +LEADER              1.  -1.：先导发展开始 SW₁
C
99VP_ST153           +GAP_U               1.E-8DELTAT   ：迟后一个 Δt
99GAPU_0   =-UP_ST1 * GAP_U * SW1_ON    ：间隙电压为零的判断（SW₁ 闭合后）
C
99FO_A   =ABS（GAP01）-41544   ：计算放电电流
99FO_CON63          +GAPU_0        +FO_A        1.  ：取出输入中的最大瞬时值
99SW2_ON64          +FO_CON        1.  -1.  ：主放电 SW₂
```

图 7-26　闪络先导模型的 TACS 输入文件

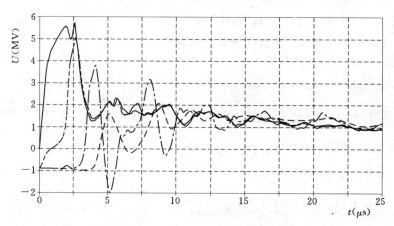

图 7-27　雷电波沿线路侵入变电站时设备上的过电压波形

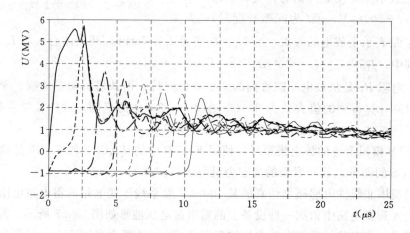

图 7-28　雷电波沿线路另一端传播的沿线的过电压波形

波形评价。如果雷过电压的计算值超过了设定的闪络电压值，还可对波形进行评价。因为计算得到的波形和实际试验使用的标准波形不同。可以使用伏安曲线的波形评价法对波形进行评价。

对波头部分进行评价时，首先对计算电压 U_e 描绘标准 u—t 曲线，找出 u—t 曲线上与计算波形的最大电压相等的电压对应的时间 t_p。其次，找出波形包络线上与时间 t_p 对应的值 $U(t_p)$。将这个值作为折算成标准波形时的评价值。如图 7-29 所示。

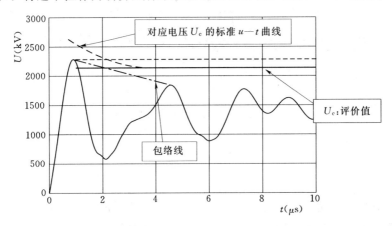

图 7-29　波头评价

对波尾进行评价时，取对应评价值 U_e 的两点连成直线，如计算波形没有超过该连线，则上述的评价值 U_e 成立。这两点是（2μs，U_e）和（10μs，0.9U_e）。如图 7-30 所示。

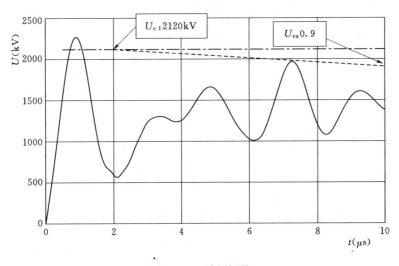

图 7-30　波尾评价

流经避雷器的雷电流波形如图 7-31。图中波形依次为雷电波所经过的前三组避雷器中雷电流的波形。从仿真图中可以看出，流经第一组避雷器的雷电流最大值达到 15kA；存在明显的先导放电电流。

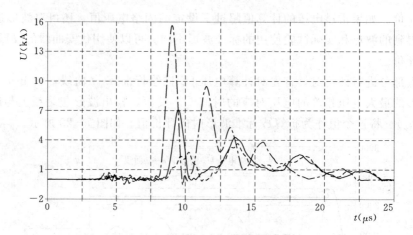

图 7 - 31　流经避雷器的雷电流波形

习　　题

7 - 1　试分析雷击输电线路塔顶时，影响线路耐雷水平的因素有哪些？

7 - 2　为什么雷电绕击导线的耐雷水平远低于雷击杆塔的耐雷水平？

7 - 3　试述输电线路防雷的基本措施。

7 - 4　当雷电波自线路侵入变电所后，试述变压器上出现振荡波的原因？

7 - 5　试述变电所进线保护段的标准接线中各元件的作用。

7 - 6　在 ATPDraw 中如何创建雷电模型？如何使用 MODELS？

7 - 7　在 ATPDraw 中如何创建闪络非线性电感模型？

7 - 8　在 ATPDraw 中如何进行雷电过电压仿真计算？

第8章 特快速暂态过电压计算

电力系统也存在波头很陡、频率很高的操作过电压，这种过电压可能出现在六氟化硫（SF₆）气体绝缘的变电站（GIS）中，在 GIS 中用隔离开关分合操作短母线时，由于触头运动速度慢，开关本身的灭弧性能差，故触头间隙会发生多次击穿和熄灭，可能造成频率非常高的过电压，其初始前沿一般在 3～200ns 之间，称之为特快速暂态过电压（Very Fast Transient Overvoltage，VFTO）。虽然特快速暂态过电压幅值并不高，一般不超过 2.5p.u.，但它的频率远高于雷电过电压，而电力系统常用的金属氧化物避雷器（MOA）无法限制这种过电压，在超高压电力系统中所造成的事故率超过了雷电冲击和操作冲击下的事故率，我国 500kV 系统曾出现特快速暂态过电压损坏大型变压器的事故。因此特快速暂态过电压可能威胁到 GIS 及其相邻设备的安全，特别是变压器匝间绝缘的安全，也可能引发变压器内部的高频振荡。自 20 世纪 80 年代中期以来，GIS 中特快速暂态过电压的产生、特点及其对 GIS 绝缘的影响的研究，已成为国际高电压领域一个重要的研究课题。

8.1 特快速暂态过电压产生的机理

气体绝缘金属封闭式开关装置（GIS）以其占地面积小、运行稳定和维护方便等一系列优点，越来越多地用于电力系统中。GIS 中的隔离开关在分合空母线时，由于触头运动速度慢，操作中触头运动速度慢（大约 1cm/s 数量级），开关本身的灭弧性能差，故触头间隙间会发生多次重燃，引起特快速暂态过电压（VFTO）。这种不同于冲击电压和雷电波、具有截波特征的过电压具有上升时间短、幅值高的特点，有几纳秒到几十纳秒的波头，对 GIS 设备不同部位，如母线支撑件、套管以及开关本身的绝缘都有很大的危害，影

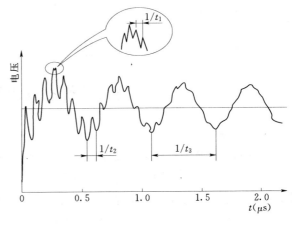

图 8-1 隔离开关闭合引起的典型快速暂态过电压波形
$1/t_1$ 段为极高频率；$1/t_2$ 段为中等频率；$1/t_3$ 段为低等频率

响开关设备本身的可靠性，甚至危及到相连设备变压器的绝缘性能。产生的阶跃电压波会在 GIS 内不断地产生、来回地传递，并且发生复杂的折射、反射和叠加，最终暂态振荡的频率剧增，可高达数百兆赫，如图 8-1 所示。

8.2　特快速暂态过电压的特性

特快速暂态过电压的特性如下。

1. 特快速暂态过电压的幅值

GIS 中开关操作产生的特快速暂态过电压幅值一般低于 2.0p. u. ，个别的也有可能超过 2.5p. u. 。隔离开关、断路器操作均会产生 VFTO，前者幅值较高。由于 GIS 的结构复杂，在同一时刻不同节点的电压幅值不同，甚至相差很大。隔离开关操作产生的特快速暂态过电压幅值虽然可能比设备耐受标准雷电冲击电压要低，但其陡度很高，在实际中还是应该避免。

2. 特快速暂态过电压的陡度

在隔离开关断口击穿的过程中，火花导电通道会在几个纳秒建立起来，在均匀或稍不均匀电场中，通道形成冲击波的上升时间 T_τ(ns) 由下式给出

$$T_\tau = \frac{13.3 K_t s}{\Delta u} \tag{8-1}$$

式中：K_t 是火花常数，一般有 $K_t = 50 \text{kV} \cdot \text{ns/cm}$；$s$ 是火花长度，cm；Δu 是击穿之前的电压，kV。

对于正常设计的 GIS，电压上升时间 T_τ 可为 3～20ns，随电场的非均匀度而异。

3. 特快速暂态过电压的频率

特快速暂态过电压的主要包含以下频率的几个分量：

(1) 几十至数百千赫的基本振荡频率，此频率电压由整个系统决定，绝缘设计不取决于其数值。

(2) 数十兆赫的高频振荡，由行波在 GIS 内发展形成，是构成特快速暂态过电压的主要部分，决定绝缘设计。

(3) 高达数百兆赫的特高频振荡，其幅值较低。

8.3　特快速暂态过电压的影响因素

1. 残余电荷

当隔离开关开断带电的 GIS 母线时，母线上可能存在的残余电荷，会影响到特快速暂态过电压的幅值。电源侧、母线侧以及支撑绝缘子上的过电压幅值与残余电荷近似呈线性关系，残余电荷越多幅值越高。一般地，不同残余电荷 q_1、q_2 与所对应的电压幅值 U_1、U_2 之间具有下列关系（均以标幺值表示）

$$U_2 = \frac{(1+q_2)U_1 + q_1 - q_2}{1+q_1} \tag{8-2}$$

利用暂态网络分析仪对几个回路进行了计算，得到的结果都验证了上式的正确性。在不同残余电荷下，同一节点的过电压波形相同，但幅值不同，特快速暂态过电压幅值较大的节点和操作支路上受残余电荷的影响大于 GIS 内其余节点。

残余电荷电压与负载侧电容电流大小、开关速度、重燃时刻及母线上的泄漏有关。其中，电容电流影响最大。开断前电容电流越大，母线上储存的电荷越多，残余电荷电压就越高，其极限情况是最后一次重燃前负荷侧母线残留电压为相电压峰值，而最后一次重燃又正好发生在电源侧电压反极性峰值处，但这种概率很小。

2. 变压器的入口电容

在分析变电所的防雷保护时，因雷电波作用时间很短，可以忽略变压器绕组中的电感电流，将变压器用归算至首端的对地电容来代替，通常称为入口电容 C_T。GIS 中的特快速暂态过电压频率很高，用 C_T 等效变压器并不失去准确性。变压器的入口电容和它的结构、电压等级、容量有关。一般来说，电压等级越高、变压器额定功率越大，C_T 也相对越大。特快速暂态过电压的幅值随入口电容的增加而增加，有计算表明：C_T 每增加 1000pF，特快速暂态过电压幅值约增加 0.2p.u.。主要原因是在断口电弧重燃前，变压器的等值电容储存了一定的能量，触头击穿后的放电所致。C_T 越大储存的能量越多，特快速暂态过电压的幅值自然越大，但进一步研究表明：随着 C_T 的增加，特快速暂态过电压的幅值不一定始终增加，这决定于 GIS 的结构，特别是所操作母线的尺寸，以及操作的方式。

3. 电压的上升时间

GIS 中冲击电压的上升时间 T_τ 在 3～20ns 之间，T_τ 增加使特快速暂态过电压幅值下降，因为此时会表现出一种阻尼作用，使那些 T_τ 较小时出现的暂态电压的极高频分量消失。还应指出，对于末端开路的 GIS 相同的上升时间增量，从零增加（0～4ns）比从较大值增加（4～8ns）对过电压的幅值影响大得多。利用 EMTP 分析特快速暂态过电压时，要考虑上升时间 T_τ 的影响，选择合适的值，否则会使过电压幅值偏大。

4. GIS 的支路长度

GIS 支路的长度对特快速暂态过电压幅值的影响没有明显的规律，从有关 EMTP 仿真结果可以看出，在某些情况下，母线长度很小的改变都可引起节点电压的巨大变化，有时相差可达 50%。支路长度变化对 GIS 内不同节点的过电压影响程度不同；主干支路的长度变化比分支支路的长度变化对特快速暂态过电压幅值影响大。

5. 开关弧道电阻

隔离开关起弧时弧道电阻 $R(t)$ 为一时变电阻，对过电压有阻尼作用。电弧电阻的数学表达式如下

$$R(t) = R_0 e^{-(t/T)} + R_a \qquad (8-3)$$

式中：$R_0 = 10^{12}\Omega$；$T = 1ns$；$R_a = 0.5\Omega$。此式给出了一个在 30ns 内阻值由几兆欧迅速降低到 0.5Ω 的时变电阻，其值直接受隔离开关分闸性能的影响。过电压的大小随 $R(t)$ 的增加而呈下降趋势，因而隔离开关触头间串联一电阻可降低特快速暂态过电压幅值。虽然结构复杂，但现在超高压、特高压 GIS 中的隔离开关已经得到采用，因此在仿真计算特快速暂态过电压时，开关弧道电阻的模拟就不那么重要了。

6. 其他因素的影响

影响特快速暂态过电压的因素还有很多，如 GIS 的布置、内部结构、接线方式及外部设备等。这些因素不同，特快速暂态过电压的波形也不相同。但有些参数只影响特快速

暂态过电压时的振荡频率，对幅值影响不大。

8.4　特快速暂态过电压的防护

1. 快速动作隔离开关

由特快速暂态过电压的产生机理可以看出，使用快速动作隔离开关缩短切合时间，可以减小重击穿的次数，降低特快速暂态过电压出现的几率。一般电动操作机构的分合速度不能满足这一要求。快速动作隔离开关采用弹簧储能的操作机构，在需要操作时弹簧脱扣，所储能量迅速释放，带动接地基本单元的动导电管高速射向开关的静触头，使开关瞬间合闸。但是快速动作隔离开关的使用并不能完全解决由特快速暂态过电压带来的问题。

2. 合闸电阻

目前，超高压、特高压采用在隔离开关、断路器断口并联合闸电阻的方法限制操作过电压。在开关操作的过程中先串入电阻，阻尼作用使行波上升时间下降、幅值降低。对一个 1100kV GIS 进行了仿真计算及实测，发现 200Ω 的隔离开关合闸电阻可将过电压幅值降低到 1.5p. u. 以下，当合闸电阻为 1000Ω 时，幅值降低为 1.25p. u. 左右。日本特高压 GIS 隔离开关加 500Ω 的分闸和合闸电阻，断路器则加 700Ω 的分闸和合闸电阻。但合闸电阻使隔离开关结构复杂，而且带来潜供电流增大，单相对地闪络电弧燃弧时间长的问题，以及增加故障概率的问题。

3. 铁氧体磁环

有人提出了采用铁氧体磁环抑制特快速暂态过电压的设想，并通过实验室模拟验证了方法的可行性。铁氧体是高频导磁材料，将铁氧体磁环套在 GIS 隔离开关两端的导电杆上，能够改变导电杆局部的高频电路参数，相当于在开关断口和空载母线间串入了一个阻抗，使特快速暂态过电压的幅值和陡度降低，同时也减弱行波折反射的叠加。但需要指出的是，这项技术的采用还要解决很多问题。

4. 改变操作程序和简化接线

目前，在我国 500kV GIS 运行和设计中，有考虑改变操作程序和简化接线的措施。如我国一个抽水蓄能电站通过改变运行操作程序减少引起特快速暂态过电压的几率；正在设计的大型水电站中，也有采用取消变压器高压侧（500kV 侧）隔离开关，以减少特快速暂态过电压对变压器的影响。

5. 其他措施

对于与 GIS 所连接的设备，可在设计中采取相应的措施，如变压器主要采取措施有：采用电容分区的绕组结构型式，提高靠近变压器线端若干段的匝绝缘厚度，增加靠近变压器线端局部线圈的匝间垫层或加小角环，合理选择变压器入口电容和变压器出口装设避雷器等。

8.5　等效模型及参数

一般地，科研人员多采用 EMTP 进行特快速暂态过电压的计算研究。根据电站设备配置、运行方式及 GIS 结构参数，对 GIS（GIL）中断路器和隔离开关的切换操作引起的特快速暂态过电压预期值（幅值、频率、持续时间等）进行计算；根据计算结果对电站配置的 MOA 参数和暂态特性进行优化选择，并提出建议值；根据计算结果和 MOA 在 VFTO 下的暂态特性，对电站 GIS 和相邻设备的防护措施提出建议。

根据计算与实测表明：VFTO 的幅值虽然与很多因素有关，但主要取决于 GIS 装置的结构，网络支路越多，幅值会随之下降，一般都采用单机、单变、单回线供电方式进行研究。

确定系统的计算模型和相应参数至关重要。根据 GIS 开关操作产生的特快速暂态过电压频率高、频率范围广的特点，第 2 章已给出电气设备的相应模型。为保证计算结果精度，需要根据 GIS/HGIS 各部件结构、布置和接线等，采用空间暂态电磁场分析方法，在特快速暂态过电压发生的范围内对系统各元件进行模拟。表 8 - 1 给出了各电压等级下关键元件的等效模型及参数参考值。

表 8 - 1   **GIS 关键元件的等效模型及参数参考值**

元　件		说　明	550kV GIS	800kV GIS	1100kV GIS
变压器		入口电容（pF）	5000	9000	10000
断路器	分闸	断口的等效串联电容（pF）	350	520	540
	合闸	等效为母线的一部分	—	—	—
隔离开关	分闸	对地电容（pF）	240	276	296
	合闸	对地电容（pF）	125	140	173
	燃弧	等效为燃弧电阻及断口对地电容	$R(t) = R_0 e^{-(t/T)} + R_a，R_0 = 10^{12} \Omega；T = 1\text{ns}；R_a = 0.5\Omega$		
接地开关对地电容（pF）			240	240	300
GIS 管线波阻抗（Ω）			63	84	70
套管对地电容（pF）			320	350	450
避雷器对地电容（pF）			19	19	—
电压互感器对地电容（pF）			400	500	1000
波速（m/μs）			296	277	270

8.6　EMTP 仿真分析

【例 8 - 1】　某 750kV 水电站，750kV 高压配电装置采用 GIS，GIS 与出线站电气连接采用 GIL，出线端布置并联电抗器和线路终端设备。图 8 - 2 为该电站接线示意图，电站采用 750kV 一级电压接入西北 750kV 电网，发电机与变压器的组合方式采用联合单元接线，每台发电机与变压器之间设有 SF₆ 断路器；750kV 高压侧采用 3/2 断路器接线，3 回变压器进线，其中一回作为备用，2 回 750kV 出线。

解： 利用电磁暂态程序（EMTP）进行仿真计算，首先要确定采用单机、单变、单回线供电的各种工作方式，其次要确定系统的计算模型及相应参数。这里给出其中的一种运行方式为：1 号主变压器运行，不经母线直接向线路送电，等效计算电路如图 8 - 3 所示，

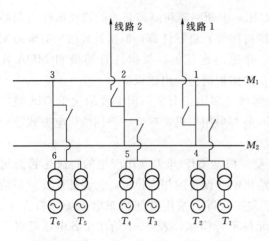

图 8-2　某 750kV GIS 电站主接线示意图

相邻元件的间距也标在图中相应位置。各元件参数为：套管（BSG）对地电容为 450pF；电抗器为 9.71H，电抗器对地电容 5000pF；隔离开关（DS）对地电容 240pF；断路器（CB）对地电容 276pF。变压器可用其入口电容 9000pF 等效；GIS 管线用分布参数线路模拟，根据厂家提供参数，单位长度自电感为 $L_0 = 3.35 \times 10^{-4}\,\text{mH/m}$、对地电容为 $C_0 = 3.90 \times 10^{-5}\,\mu\text{F/m}$，利用 EMTP 计算暂态过程时，用波阻抗 $Z = 92.68\Omega$、波速 $v = 277\text{m}/\mu\text{s}$ 和长度来描述 CIS 管线特性。在保证潮流输送正确合理的前提下，负荷用集中参数的阻抗等效。

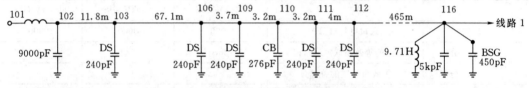

图 8-3　某种运行方式下的等效计算电路

计算方式和计算条件。电源电动势 750kV，最高工作电压 800kV，取 1p.u.＝800×$\frac{\sqrt{2}}{\sqrt{3}}$kV；连接线最短长度为 3m，波在母线上传播速度接近光速，传播时间为 $0.01\mu\text{s}$，时间步长 Δt 的选取必须小于此值，计算时 Δt 取 5ns。隔离开关过电压的大小与重燃前断口间的电压大小有关。考虑极端的情况，假定重燃前两端电压分别为＋1.0p.u 和－1.0p.u.。

图 8-4 为断路器合闸过程中变压器上的 VFTO 波形，将计算结果进行快速傅里叶变换，得到的频谱分析如图 8-5 所示。

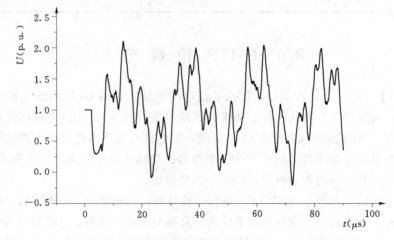

图 8-4　合闸过程中变压器上的 VFTO 波形

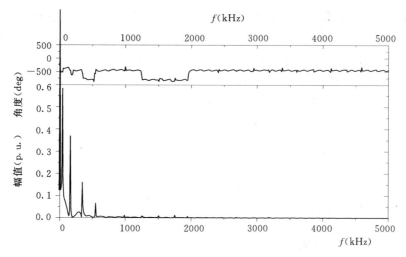

图 8-5 合闸过程中变压器端部 VFTO 频谱分析

由合闸计算可以看出，合闸操作过电压幅值并不是很高，变压器端部 VFFO 不超过 2.189p.u.。由频谱分析可知，50kHz 左右是基频分量，这是由 GIS 的自身结构特点和接线长度决定的；0.1~1.5MHz 的特快速瞬变过程频率，是由电压行波在 GIS 内多次折、反射形成的，叠加在基本频率分量上构成过电压最重要的部分；另外还有接近 2MHz 的特高频分量，但幅值很低。

【例 8-2】 某 1000kV 特高压变电站，高压配电装置采用 GIS，出线端布置并联电抗器和线路终端设备。图 8-6 为该电站接线示意图，1000kV 高压侧采用双母线分段接线，每段母线各安装避雷器。

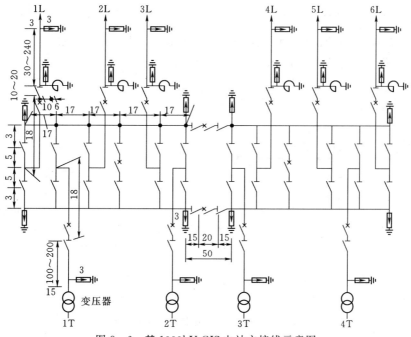

图 8-6 某 1000kV GIS 电站主接线示意图

解：利用电磁暂态程序（EMTP）进行仿真计算，首先要确定采用单变、单回线供电的各种工作方式，其次要确定系统的计算模型及相应参数。这里给出其中的一种运行方式为：1 号主变压器运行，经母线直接向线路 2L 送电，断路器处于断开状态，母线已工作，此时进行合母线侧隔离开关操作，等效计算电路如图 8-7 所示，相邻元件的间距也标在图中相应位置。各元件参数用表 8-1 中的典型值。

根据第 2 章建立计算模型，计算模型如图 8-8 所示。

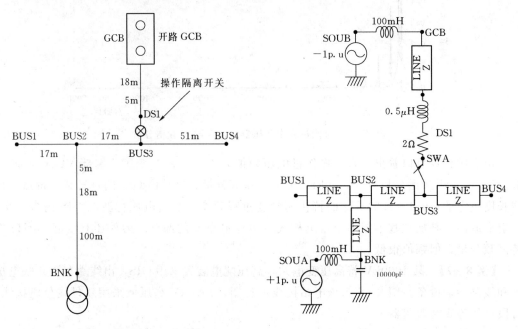

图 8-7　一变一线运行方式下的接线图　　　图 8-8　一变一线运行方式下的计算模型

在 ATPDraw 中搭建的模型电路如图 8-9 所示。图中考虑了断路器、隔离开关等的对地电容。两端电压分别为 +1.0p.u 和 -1.0p.u。设定步长为 1E-9s。

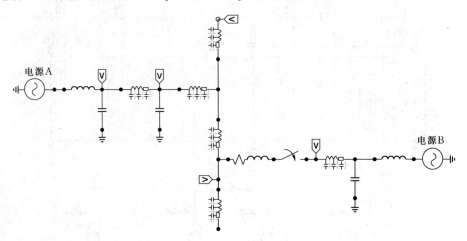

图 8-9　ATPDraw 中搭建的模型电路

各设备上的电压波形如图 8-10 所示。

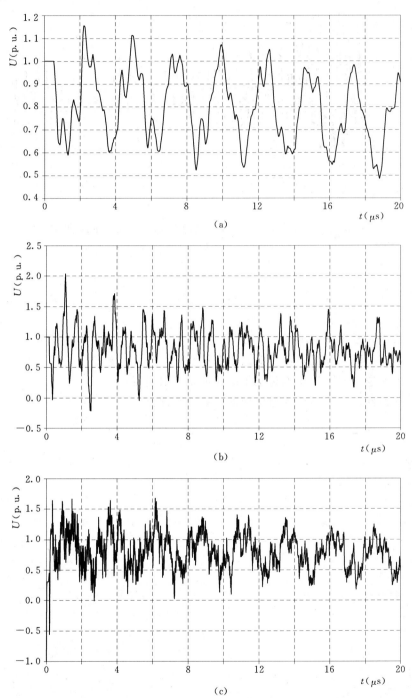

图 8-10（一） 操作隔离开关过程中各设备上的 VFTO 波形
（a）变压器上的波形；（b）变压器侧隔离开关上的波形；
（c）操作隔离开关上的波形

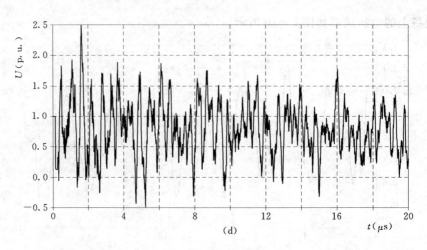

图 8 - 10（二）　操作隔离开关过程中各设备上的 VFTO 波形

(d) 母线端部 BUS1 上的波形

习　　题

8 - 1　特快速暂态过电压有哪些特性？

8 - 2　影响 GIS 特快速过电压的因素有哪些？

8 - 3　如何进行 GIS 特快速过电压的建模和参数确定？

8 - 4　如何保证 GIS 特快速过电压的计算准确性？

第9章　高压直流输电系统的暂态计算

9.1　高压直流输电概述

高压直流输电在晶闸管问世以来得到迅速发展。1954 年瑞典建成了从本土通往戈特兰岛的世界上第一条工业性直流输电线路，标志着直流输电进入了发展阶段。1972 年，晶闸管阀（可控硅阀）在加拿大的伊尔河直流输电工程中得到采用。这是世界上首次采用更先进晶闸管阀取代原先的汞弧阀，从而使得直流输电进入了高速发展阶段。电压等级由 ±100kV、±250kV、±400kV、±500kV 发展到 ±750kV、±800kV。一般认为高压直流输电适用于以下范围：

（1）长距离、大功率的电力输送，在超过交、直流输电等价距离时最为合适。

（2）海底电缆送电。

（3）交、直流并联输电系统中提高系统稳定性（因为 HVDC 可以进行快速的功率调节）。

（4）实现两个不同额定功率或者相同频率电网之间非同步运行的连接，通过地下电缆向用电密度高的城市供电。

（5）为开发风电等新电源提供配套技术。

高压直流（HVDC）通常指的是 ±600kV 及以下的直流输电电压，±600kV 以上的则称为特高压直流（UHVDC）。

我国 1989 年建成 ±500kV、1200MW 葛洲坝－上海南桥超高压直流输电线路，线路全长 1045.7km，实现了华中、华东两大区域电网的直流联网。2000 年 ±500kV、1800MW 天生桥－广州超高压直流输电线路投入运行，线路全长 980km。2003 年 ±500kV、3000MW 三峡－常州超高压直流输电线路投入运行，线路全长 890km。由于我国幅员辽阔，一次能源分布不均衡，动力资源与重要负荷中心距离很远，因此我国的送电格局是"西电东送"和"北电南送"。荆州至惠州博罗响水镇 ±500kV、3000MW、940km 线路，安顺至肇庆 ±500kV、3000MW、980km 线路，三峡至上海练唐 ±500kV、3000MW、940km 线路、陕西至河南灵宝、邯郸至新乡等多条高压直流输电陆续投入运行。2010 年 6 月 18 日云广特高压 ±800kV 直流输电工程双极竣工投产，这是西电东送项目之一，也是世界首条 ±800kV 直流输电工程，该输电线路工程西起自云南楚雄变电站，经过云南、广西、广东三省辖区，东止于广东曾城穗东变电站。显然，我国已跨入交直流混合大电网时代。

9.1.1　高压直流输电的系统构成

直流输电的系统结构可分为两端直流输电和多端直流输电两大类，目前世界上运行的直流输电工程大多为两端直流系统。两端直流输电系统通常由整流站、逆变站和直流输电线路三部分组成，其系统构成图如图 9-1 所示。具有功率反送功能的两端直流系统的换流站，即可作整流站运行，又可作逆变站运行。

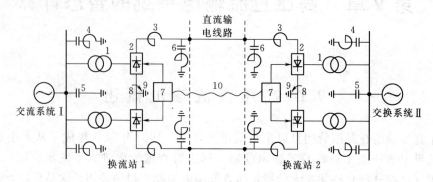

图 9-1　两端直流输电系统构成原理图

1—换流变压器；2—换流器；3—平波电抗器；4—交流滤波器；5—无功补充装置；6—直流滤波器；
7—控制保护系统；8—接地极线路；9—接地极；10—运动通信系统

换流站是直流输电系统中最重要的部分。换流站中的主要电气设备包括：

（1）换流变压器。作用是向整流电路提供功率或从逆变电路获得功率。

（2）换流器。作用是将交流电与直流电相互转换。

（3）平波电抗器。主要作用是抑制直流侧的变化，同时还可以用于直流侧滤波。

（4）交流滤波器。滤除交流系统的高次谐波。

（5）无功补充装置。用于补充换流器运行时所需的无功。

（6）直流滤波器。滤除直流系统的脉动波。

（7）控制保护系统。控制装置作用是控制换流器的触发相位，调节线路上的功率。保护装置作用是故障的监测和切除。

（8）接地极线路。作用是连接换流器与接地极。过电压保护器，保护换流站内免受操作和雷击过电压的影响。

（9）接地电极。作用是连接大地或海水回路及固定换流站直流侧的对地的电位。

（10）运动通信系统。用于实现远动系统的通信功能。

另外还有抑制换相过程中引起的无线电干扰的高频阻塞装置；空载时投入或切除换流器的交流断路器，用于故障维修；阻尼阀体关断时的振荡过程的阻尼器；直流侧和交流侧的电压互感器和电流互感器，其准确级对于直流侧和交流侧有源滤波器的性能有较大影响。

直流输电系统的线路按照其结构可以分成架空线路、电缆线路和混合线路三种类型，按照其接线方式可分为单极线路和双极线路等。

9.1.2　高压直流输电系统的工作原理

1. 整流器工作原理

以 6 脉动整流器为例，其原理接线图如图 9-2 所示。图中 e_u、e_v、e_w 为换流变压器提供的三相交流电源，L_r 为每相的等值换相电抗，L_d 为减小直流侧电压电流脉动的平波电抗器，I_d 为负载电流（直流），V_1 ~V_6 为起换流作用的晶闸管阀，数值 1~6 为换流阀的导通序号。换流阀在承受正向电压并且施加触发导通的脉冲信号即可导通，承受反向电压且电流过零时自然关断。换流阀的关断是利用换流变压器阀侧的两相短路电流实现的。在理想条件下，认为三相交流系统是对称的，触发脉冲是等距的，间距为 60°（电角度）。换流阀的触发角 α（°）也是相等的。

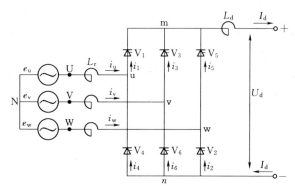

图 9-2 整流器原理接线图

　　以 V_1 向 V_3 换相为例说明换相的过程。当 V_3 导通时换流变压器的 u 相和 v 相则通过 V_1 和 V_3 形成两相短路。此时 V_3 中的电流为两相短路电流，从零开始升高，在 V_1 中由于两相短路电流的方向与原 V_1 中的电流方向相反，流经它的电流为两相短路电流与原电流之差值，当两相短路电流等于原电流时，流经它的电流为零，V_1 则关断，此时 V_3 则流过全部直流电流，换相过程结束。换相所需的时间用换相角 μ（°）表示。图 9-3 给出在正常工作时，整流器主要各点的电压和电流波形。等值交流系统的线电压 U_{uw}、U_{vw}、U_{vu}、U_{wu}、U_{wv}、U_{uv} 为换流阀的换相电压。

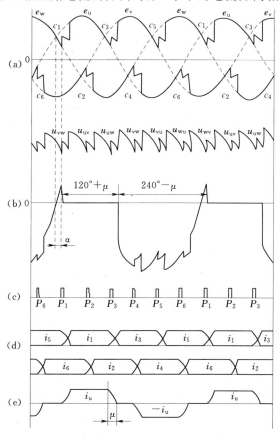

图 9-3　整流器电压和电流波形图

（a）交流电动势和直流侧 m 和 n 点对中性点的电压波形；
（b）直流电压和阀 V_1 上的电压波形；（c）触发脉冲的顺序和相位；（d）阀电流波形；（e）交流侧 U 相电流波形

2. 逆变器的工作原理

以 6 脉动逆变器为例，其原理接线如图 9-4 所示。与整流器一样，逆变器的 6 个阀 V_1 ~V_6，也是按同整流器一样的顺序，借助于换流变压器阀侧绕组的两相短路电流进行换相。6 个阀规律性的通断，在一个工频周期内，分别在共阳极组和共阴极组的三个阀中，将流入逆变器的直流电流，交替的分成三段，分别送入换流变压器的三相绕组，使直流电转变为交流电。由于逆变器是直流输电的受端负荷，它要求直流侧输出的电压为负值。

图 9-5 给出正常工作时 6 脉动逆变器的电压和电流波形图。对比图 9-3 可知，根据换流阀导通条件的要求，换流

阀只在 $0° < \alpha < 180°$ 的范围内才具有导通条件，因此时其阳极对阴极的电压为正。在此区间内，当 $\alpha < 90°$ 时，直流输出电压为正值，换流器工作在整流工况；$\alpha = 90°$ 时，直流输出电压为零，称为零功率工况；当 $\alpha > 90°$ 时，直流输出电压为负值，换流器则工作在逆变工况。因此，逆变器的触发角 α 比整流器的滞后很多。

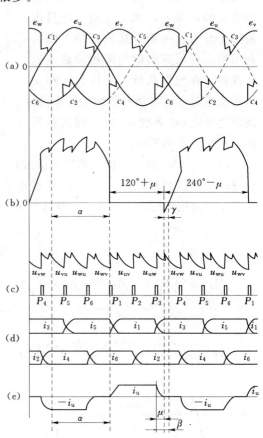

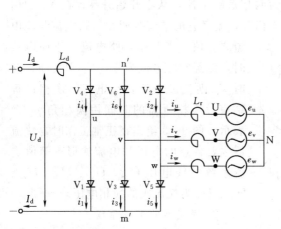

图 9-4　逆变器原理接线图

图 9-5　逆变器电压和电流波形图

(a) 交流电动势和直流侧 m′ 和 n′ 点对中性点的电压波形；
(b) 直流电压和阀 V_1 上的电压波形；(c) 触发脉冲的顺序和相位；(d) 阀电流波形；(e) 交流侧 U 相电流波形

　　传统直流输电以半控型功率器件（晶闸管）为基础，目前的直流输电工程绝大多数均采用电网换相换流器。晶闸管有电触发晶闸管（ETT）和光直接触发晶闸管（LTT）两种。由于电流不能自关断，需实现人工换相，传统的做法有串联电容器换相换流器（CCC）技术，最新的发展有可控串联电容器换相换流器（CSCC）技术，采用附加接线实现强迫关断。

　　电压源换流器（Voltage Source Converter，VSC）以全控型器件为基础，电流能够自关断，可以工作在无源逆变方式，是一种新型高压直流系统（VSC - HVDC），在新能源并网等小型的轻型直流输电工程中广泛应用，送端、受端换流器均采用 VSC，每个桥臂都由多个绝缘栅双极型晶体管（IGBT）或门极关断晶闸管（GTO）串联而成。

9.1.3 高压直流输电的运行方式

直流系统输电工程的运行方式是指在运行中可供运行人员选择的稳态运行的状态，合理地选择运行方式，可以有效地提高运行的可靠性和经济性，使工程发挥更大的作用。

两端直流输电系统可分为单级系统、双极系统和背靠背直流系统3种类型。单级系统和背靠背直流系统在运行中运行方式单一。双极直流输电的运行方式有多种，下面以如图 9-6 所示的大多数工程所采用的双极两端中性点接地系统为例说明。

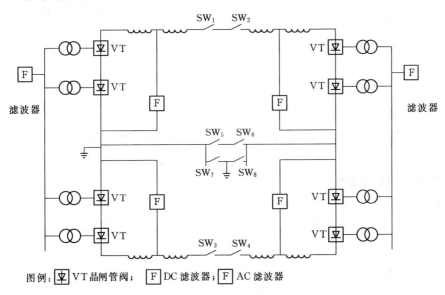

图例：⌷VT晶闸管阀；　F DC 滤波器；　F AC 滤波器

图 9-6　双极直流输电系统的结构示意图

（1）单极大地回线方式。此时正负两极中仅一极运行，两侧通过接地线路正常接地（比如 SW_1、SW_2、SW_7、SW_8 合，其余开），如图 9-7（a）所示。当一极故障停运时自动转为该运行方式，可至少输送双极功率的一半，从而提高了输电的可靠性。

（2）单极金属回线方式。正负两极中仅一极运行，以停运极的直流线路作为电流回路，仅在一侧通过刀开关接地（比如 SW_1、SW_2、SW_5、SW_6、SW_7 合，其余开），如图 9-7（b）所示。当接地极系统故障需要检修或进行计划检修时，或者单极大地回线方式运行下接地极不允许长期流过大电流运行时，可转为单极金属回线方式。

（3）双极中性点两端接地方式。正负两极均投入运行，两侧通过接地线路正常接地（SW_1、SW_2、SW_3、SW_4、SW_7、SW_8 合，其余开），如图 9-7（c）所示。

（4）双极中性点单端接地方式。正负两极均投入运行，在整流侧或逆变侧通过接地线路正常接地（比如 SW_1、SW_2、SW_3、SW_4、SW_7 合，其余开），如图 9-7（d）所示。

（5）双极中性线方式。正负两极均投入运行，将双极两端的中性点用导线相连，并在整流侧或逆变侧通过接地线路正常接地（比如 SW_1、SW_2、SW_3、SW_4、SW_5、SW_6、SW_7 合，其余开），如图 9-7（e）所示。

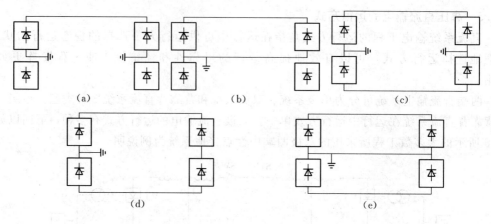

图 9-7　双极直流输电系统的工作拓扑

9.2　高压直流输电系统中换流器的数学模型

9.2.1　换流器的数学模型描述

换流器是直流输电的核心设备，其基本单元是由 6 个换流阀组成的三相 6 脉波整流桥，现代直流输电换流器的典型结构是由 2 个 6 脉波整流桥串联组成的 12 脉波换流器，如图 9-8 所示。

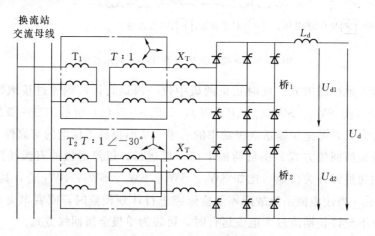

图 9-8　双桥换流器原理接线图

换流器在运行过程中由于不断变换阀的通断组态，是典型的时变电路。因此要得到其任何时刻都适用的数学模型几乎是不可能的，要精确计算直流输电系统的暂态过程，则需要求解包含连续变量和离散变量的常微分方程和偏微分方程，计算工作量很大。因此，在直流系统稳态分析和其他一些精度要求不高的暂态分析中，常进行如下的简化假设：

（1）假设换流站交流母线装设有完善的滤波装置，认为换流站交流母线上的电压是标准的正弦波形，即不含谐波分量。

（2）换流站交流母线上的电压是三相对称的。

（3）换流器的运行完全对称。

（4）直流电压、直流电流是平直的，不考虑脉动分量。

（5）换流变压器及交流滤波器损耗忽略不计，并忽略换流变压器的激磁电抗。

根据假设条件（1）和（2），多桥换流器中的各个 6 脉波换流桥可以在换流站母线侧实现解耦。例如对于图 9-8 所示的双桥换流器，可以认为上下 2 个换流桥独立运行，彼此没有相互作用，因此只要研究单个 6 脉波换流桥的数学模型就够了。取换流站交流母线电压 E 作为计算时的换相电压，换流站的所有控制角都根据此换相电压来定义，取换流变压器的漏抗 X_T 作为计算时的换相电抗，从而得到如图 9-9 所示的换流器的稳态数学模型，稳态数学模型的输入变量有 3 个，输出变量有 5 个其输入输出关系如图 9-10 所示。

图 9-9　直流输电换流器等效计算电路

其中 3 个输入变量分别为：

（1）换流站交流母线线电压 E(kV)。

（2）触发延迟角 α(°) 或触发超前角 β(°)。

（3）平波电抗器上的直流电流 I_d(kA)。

而 5 个输出变量分别为：

（1）平波电抗器后的直流电压 U_d(kV)。

（2）换相角 μ(°)。

（3）关断角 γ(°)。

（4）交流系统注入基波有功功率 P_{ac}(MW)。

（5）交流系统注入基波无功功率 Q_{ac}(Mvar)。

图 9-10　换流器数学模型的输入输出关系

实际运行时换流器稳态数学模型中的 4 个角度变量中，触发延迟角 α 或触发超前角 β 是由直流输电的控制系统决定的，换相角 μ 和关断角 γ 是描述换流器运行状态的 2 个重要特征量，其中关断角 γ 是描述换流器逆变运行时是否会发生换相失败的唯一特征量。

9.2.2　换流器的稳态数学模型和等效电路

输入变量中换流站交流母线电压 E、触发延迟角 α 或触发超前角 β、平波电抗器上的直流电流 I_d 为已知量，所求的输出变量可以分为 3 组，第一组为直流侧变量，只有平波电抗器后的直流电压 U_d；第二组为换流器运行特征变量，有换相角 μ 和关断角 γ；第三组为交流侧变量，包括交流系统注入基波有功功率 P_{ac} 和基波无功功率 Q_{ac}。

空载直流电压 U_{d0} 为

$$U_{d0} = \frac{3\sqrt{2}E}{\pi T} \tag{9-1}$$

直流电压 U_d 的计算公式为

$$\Delta U_d = \frac{1}{2} U_{d0} (\cos\alpha + \cos\gamma)$$

$$= \frac{3X_T}{\pi} I_d = R_x I_d \tag{9-2}$$

$$U_d = U_{d0}\cos\alpha - \Delta U_d = U_{d0}\cos\alpha - R_x I_d \tag{9-3}$$

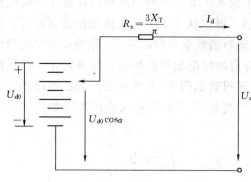

图 9-11　换流器等效电路

式（9-3）中 $R_x = \dfrac{3X_T}{\pi}$，称为等值换相电阻。其等效电路如图 9-11 所示。

换流器运行特征变量换相角 μ 的计算公式为

$$\mu = \beta - \arccos\left(\frac{\sqrt{2} I_d X_T T}{E} + \cos\beta \right)$$

$$\tag{9-4}$$

关断角 γ 的计算公式为

$$\gamma = \beta - \mu \tag{9-5}$$

交流侧变量基波有功功率 P_{ac} 计算公式为

$$P_{ac} = \frac{3E^2}{4\pi X_T T^2} \left[\cos 2\alpha - \cos(2\alpha + 2\mu) \right] \tag{9-6}$$

交流侧变量基波无功功率 Q_{ac} 计算公式为

$$Q_{ac} = \frac{3E^2}{4\pi X_T T^2} \left[2\mu + \sin 2\alpha - \sin(2\alpha + 2\mu) \right] \tag{9-7}$$

交流侧变量的另一组近似计算表达式为

$$P_{ac} = U_d I_d \tag{9-8}$$

$$Q_{ac} = P_{ac}\tan\varphi \tag{9-9}$$

其中

$$\varphi \approx \arccos \frac{U_d}{U_{d0}}$$

整流运行时 U_d、P_{ac}、Q_{ac} 为正值，逆变运行时 U_d、P_{ac} 为负值，Q_{ac} 为正值。

9.2.3　换流器的近似稳态数学模型

这里介绍换流器的一种近似稳态数学模型，是一组物理意义更加明确的换流器稳态数学模型。设换流变压器阀侧空载电压额定值为 U_{vN}，阀侧额定电流为 I_{vN}，换流变压器短路电抗为 $u_k\%$，则换流变压器的额定容量为

$$S_N = \sqrt{3} U_{vN} I_{vN} \tag{9-10}$$

如果忽略换相过程，换流器的阀电流波形是宽度为 $120°$ 的矩形波，此时换流变压器阀侧的电流有效值为

$$I_v = \frac{\sqrt{2}}{\sqrt{3}} I_d \tag{9-11}$$

而换流变压器阀侧空载电压 U_v 与无相控空载直流电压 U_{d0} 之间的关系为

$$U_v = \frac{\pi}{3\sqrt{2}} U_{d0} \tag{9-12}$$

根据式（9-11）和式（9-12），式（9-10）可以改写为

$$S_N = \sqrt{3} U_{vN} I_{vN} = \sqrt{3} \times \frac{\pi}{3\sqrt{2}} U_{d0N} \times \frac{\sqrt{2}}{\sqrt{3}} I_{dN}$$

$$= \frac{\pi}{3} U_{d0N} I_{dN} \tag{9-13}$$

于是，换流变压器的等值电抗为

$$X_T = u_k\% \times \frac{U_{vN}^2}{S_N} = u_k\% \times \frac{\left(\dfrac{\pi}{3\sqrt{2}} U_{d0N}\right)^2}{\dfrac{\pi}{3} U_{d0N} I_{dN}}$$

$$= \frac{\pi}{6} \frac{u_k\% U_{d0N}}{I_{dN}} \tag{9-14}$$

因此，等值换相电阻为

$$R_x = \frac{3}{\pi} X_T = \frac{u_k\% U_{d0N}}{2 I_{dN}} \tag{9-15}$$

把式（9-15）代入式（9-3），直流电压 U_d 的计算式可以改为

$$U_d = U_{d0} \cos\alpha - R_x I_d = U_{d0}\left(\cos\alpha - \frac{u_k\%}{2} \times \frac{I_d}{I_{dN}} \times \frac{U_{d0N}}{U_{d0}}\right) \tag{9-16}$$

换相角 μ 的计算公式变为

$$\mu = \beta - \arccos\left(u_k\% \times \frac{I_d}{I_{dN}} \times \frac{U_{d0N}}{U_{d0}} + \cos\beta\right) \tag{9-17}$$

当换流变压器阀侧空载电压和直流电流分别取额定值时，式（9-16）、式（9-17）变为

$$U_d = U_{d0}\left(\cos\alpha - \frac{u_k\%}{2}\right) \tag{9-18}$$

$$\mu = \beta - \arccos(u_k\% + \cos\beta) \tag{9-19}$$

【例 9-1】　设某远距离大容量直流输电系统额定电压为 $\pm 600\text{kV}$，额定功率为 3500MW，采用 12 脉波换流器，系统双极接线。额定运行状态下逆变侧的直流电压为 $\pm 550\text{kV}$；直流电流为 2.917kA；逆变站交流母线电压为 505kV，对应 6 脉波单桥，换流变压器的额定容量为 1009MVA，额定电压比为 525kV/245kV，短路电抗 $u_k\%$ 为 15%。求额定运行状态下换流器的内部状态触发超前角，换相角，关断角，以及注入交流系统的功率。

解：换流变压器折算到阀侧的漏抗 X_T 为

$$X_T = u_k\% \times \frac{U_{vN}^2}{S_N} = 15\% \times \frac{245^2}{1009} = 8.9234\ (\Omega)$$

等值换相电阻 R_x 为

$$R_x = \frac{3}{\pi} X_T = 8.5213\ (\Omega)$$

空载直流电压 U_{d0} 为

$$U_{d0} = \frac{3\sqrt{2}E}{\pi T} = \frac{3\sqrt{2}}{\pi} \times \frac{245}{525} \times 505 = 318.2618 \text{（kV）}$$

对应于 6 脉波单桥，有 $U_d = 550/2 = 275$ （kV）

根据

$$U_d = U_{d0}\cos\gamma - R_x I_d$$

可以求出

$$\cos\gamma = \frac{U_d + R_x I_d}{U_{d0}} = \frac{275 + 8.521 \times 2.917}{318.262} = 0.9424$$

所以关断角 γ 为

$$\gamma = 19.5°$$

又根据

$$U_d = U_{d0}\cos\beta + R_x I_d$$

可以求出

$$\cos\beta = \frac{U_d - R_x I_d}{U_{d0}} = \frac{275 - 8.521 \times 2.917}{318.262} = 0.7859$$

所以触发超前角 β 为

$$\beta = 38.2°$$

换相角 μ 为

$$\mu = \beta - \gamma = 18.7°$$

由式（9-6）可求出单桥注入交流系统的有功功率为

$$P_{ac} = \frac{3 \times 505^2}{4 \times \pi \times 8.923} \times \left(\frac{245}{525}\right)^2 [\cos(2 \times 19.5°) - \cos(2 \times 19.5° + 2 \times 18.7°)] = 805.34 \text{（MW）}$$

由式（9-7）可求出单桥注入交流系统的无功功率为

$$Q_{ac} = \frac{3 \times 505^2}{4 \times \pi \times 8.923^2} \times \left(\frac{245}{525}\right)^2 [2 \times 18.7° + \sin(2 \times 19.5°) - \sin(2 \times 19.5° + 2 \times 18.7°)]$$
$$= 460.78 \text{（Mvar）}$$

因此，整个直流输电系统注入交流系统的功率为 $3221.4 + j1843.1$ （MVA）。

9.3　高压直流输电控制系统的数学模型

9.3.1　直流输电系统的基本控制手段

根据上一节换流器的稳态数学模型，可以得到两端直流输电系统的等效电路，如图 9-12 所示。

从整流侧流向逆变侧的直流电流为

$$I_d = \frac{U_{d0r}\cos\alpha - U_{d0i}\cos\beta}{R_{xr} + R_1 + R_{xi}} \tag{9-20}$$

由图 9-12 和方程（9-20）可以看出，不管是直流电压还是直流电流都决定于 α、β、

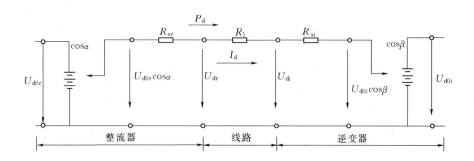

图 9-12 直流输电系统等效电路

U_{d0r} 和 U_{d0i} 4 个变量,因此上述 4 个量是直流输电系统的控制量,且除此之外没有其他的量可以作帮控制量。因此直流输电的基本控制手段就是控制上述 4 个量以满足直流输电系统的各种运行要求。在上述 4 个控制量中,α 和 β 分别是整流侧和逆变侧的触发控制角,具有极快的响应速度,通常在 $1\sim 4ms$ 之内;U_{d0r} 和 U_{d0i} 分别对应整流侧和逆变侧换流变压器的阀侧空载电压,可以通过调节换流变压器的分接头来加以调节,但其响应速度与触发控制角相比要慢得多,通常换流变压器每调节 1 档需要 $5\sim 10s$。因此在交流系统或直流系统发生故障的暂态过程中,直流输电系统能够发挥作用的控制量只有整流侧和逆变侧的触发控制角 α 和 β,换流变压器的分接头调节在暂态过程中可以认为不起作用。更一般性的情况是,对于交流系统中的快速电压变化,直流输电系统通过调节触发控制角来维持其性能,而对于交流系统中的缓慢电压变化,直流输电系统通过调节换流变压器的分接头来使触发控制角维持在其额定值附近。

9.3.2 直流输电系统的极控制级数学模型

直流输电控制系统通常被分为 3 个层次,第一层次称为主控制级,第二层次称为极控制级,第三层次称为阀组控制级。这里仅介绍直流输电极控制级的数学模型。

在直流输电的极控制级中,整流侧通常配备有带 α_{min} 限制的定电流控制器;逆变侧通常配备有定电压控制器、定电流控制器和定关断角控制器,另外还配备有电流偏差控制器。在定电流控制器中,电流整定值通常来自于依电压限电流指令值环节(简称为低压限流环节)的输出再加上电流调制控制器的输出。极控制级的功能框图如图 9-13 所示。

上述各种控制器控制的目标是使直流输电系统按照某种指定的特性曲线运行。直流输电系统整流站出口典型的静态直流电压—直流电流特性曲线如图 9-14 所示。在额定运行状态下,直流输电系统的运行点是 X,它是整流侧定电流控制特性与逆变侧定电压控制特性和逆变侧定关断角控制特性等 3 条特性曲线的交点。如果整流侧交流电压有一定下降而逆变侧交流电压保持正常的话,则运行点移动到 Y,它是整流侧 α_{min} 限制特性与逆变侧定电流控制特性的交点。如果逆变侧交流电压有一定下降而整流侧交流电压保持正常的话,运行点移动到 Z,它是整流侧定电流控制特性与逆变侧定关断角控制特性的交点。

1. 直流电流调制

为了阻尼交流系统振荡,直流系统常采用调制控制,调制信号可以是功率信号,也可以是电流信号,但采用电流调制时,调制信号是直接加在定电流控制器上。采用直流电流

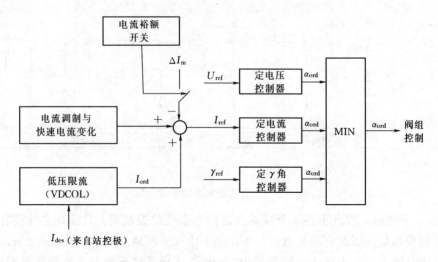

图 9-13　极控制级的功能框图

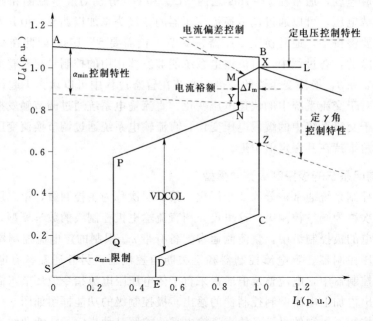

图 9-14　极控制级的功能框图

调制有小信号电流调制和大信号直流调制。图 9-15 为大信号直流调制的例子，其特点是受端交流系统较强，而送端交流系统较弱。采用大信号直流调制的目的是抑制送端系统频率上升，提高暂态稳定性。工程的换流器具有 1.3 倍暂态过载能力（在 1.1 倍的正常过载水平上再叠加 0.2 倍的调制功率），调制控制器的输入为送端系统的频率偏差。

2. 低压限流环节

低压限流环节（VDCOL）的任务是在直流电压或交流电压跌落到某个指定值时对直流电流指令进行限制。它的作用主要表现在如下几个方面：

（1）减小换相失败发生的可能性。

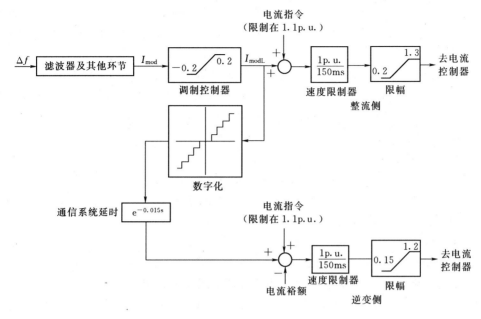

图 9-15 电流调制控制器框图

（2）降低直流功率同时减少对交流系统无功的需求。

（3）在系统故障时帮助维持交流电压。

（4）帮助直流系统在交流或直流故障后的快速恢复。

（5）避免连续换相失败引起的阀应力。

典型的 VDCOL 模型如图 9-16 所示。在图 9-16 中，根据直流电压是上升还是下降，T 取不同的值，R_V 是复合电阻，用于确定 VDCOL 的起动电压是由直流线路上哪一点的直流电压决定的。

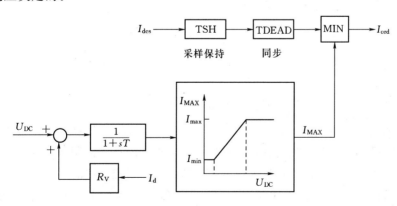

图 9-16 典型的低压限流环节模型

3. 电流偏差控制

电流偏差控制的目的是使逆变侧定关断角控制和定电流控制之间能够平稳切换。当整流侧已按 α_{min} 限制运行时，整流侧已失去对直流电流的控制；这时，直流电流趋向于减小，但实际直流电流的值仍然大于逆变侧的直流电流整定值，假定逆变侧控制选择的结果

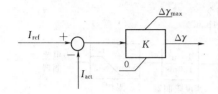

图 9 - 17　电流偏差控制器的
传递函数框图

是定关断角控制器起作用，则当逆变器的换相电抗大于整流器的换相电抗时，有可能造成无稳定直流电流运行点的情况。而采用电流偏差控制以后，就可以避免上述情况的发生。电流偏差控制器的框图如图 9 - 17 所示，当实际电流小于整流侧的电流整定值时提高关断角的整定值，通常每安培电流偏差提高 γ 角 $0.01° \sim 0.1°$。

4. 定电流控制器

在极控制功能中，定电流控制器是应用最为广泛的。定电流控制器的控制框图如图 9 -18 所示。在整流侧，定电流控制器的输入是电流整定值与实际电流的偏差，由这个偏差驱动 PI 控制器得到的输出即作为触发角的相关信号，通常 PI 控制器的输出就直接作为触发延迟角的指令值 α_{ord}。在逆变侧，定电流控制器的整定值比整流侧小一个电流裕度，因此在正常情况下，实际电流大于逆变侧的电流整定值，使得逆变侧的定电流控制器总是按减小直流电流的方向调节。因此，α 角总被调节到其最大限制值，从而在逆变侧 3 个控制器输出的选择中定电流控制器的输出总是被排除在外。只有当实际直流电流小于逆变侧的电流整定值时，逆变侧电流控制器的输出才可能在 3 个控制器输出的选择中被选中。在图 9 - 18 中，KI 的典型值为 $(-1.0° \sim -10.0°)/(A \cdot s)$，KP 的典型值为 $(0.01° \sim 0.04°)/A$，电流裕度的典型值为额定直流电流的 10%，电流裕度必须足够大以减小控制模式的频繁切换，但同时又必须足够小，以使发生控制模式切换时造成的功率损失落在交流系统可接受的范围内。

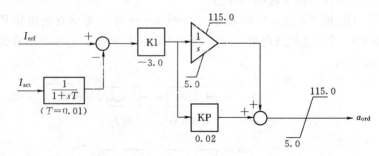

图 9 - 18　定电流控制器的传递函数框图

5. 定关断角控制器

工程上实用的定关断角控制器有两种类型：一种是闭环型控制器，也称为实测型控制器；另一种是开环控制器，也称为预测型控制器。闭环型控制器的原理框图如图 9 - 19 所示，其中 KI 的典型值为 $(-10.0° \sim -20.0°)/(Deg \cdot s)$，KP 的典型值为 $(0.01° \sim 0.04°)/s$。

预测型定关断角控制器的原理框图如图 9 - 20 所示，图中数据为典型参数。

6. 定电压控制器

定电压控制器的结构与定电流控制器的结构类似，都是 PI 控制器，其原理框图如图 9 - 21 所示，图中数据为典型参数。

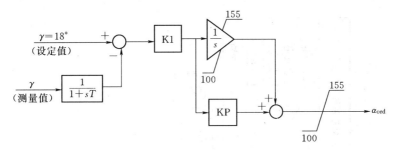

图 9-19　实测型定关断角控制器的传递函数框图

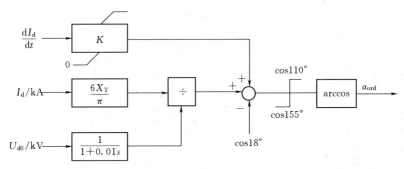

图 9-20　预测型定关断角控制器的传递函数框图

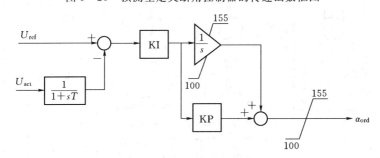

图 9-21　定电压控制器的传递函数框图

9.4　高压直流输电系统的暂态计算

对于直流系统的电磁暂态仿真，基波潮流计算结果已不能使直流输电系统初始化，因此，含有直流输电系统的电磁暂态仿真通常不是从一个稳定运行点开始的，而是在仿真过程中达到这个稳态运行点，在达到这个稳态运行点之后再继续仿真需要研究的动态行为。直流输电系统的暂态仿真首先是建模，重点是换流器的建模，如图 9-22 所示。其中换流阀的模型在本书 2.11 中已介绍。换流器的晶闸管阀是一种电力电子开关器件，它的伏安特性是非线性的，为了避免直接求解非线性网络所遇到的困难，在高压直流换流站的电磁暂态仿真中，对晶闸管阀的伏安特性都做了一定的简化处理。最常用的简化方法是第 3 章讲到的分段线性化表示法，即把晶闸管阀在断态和通态下的伏安特性曲线分别用一条直线来等效。通常的做法是用适当的高电阻等效晶闸管阀的断态，适当的低电阻等效晶闸管阀的通态，这样晶闸管阀在某个特定的状态下就具有线性元件的特性。

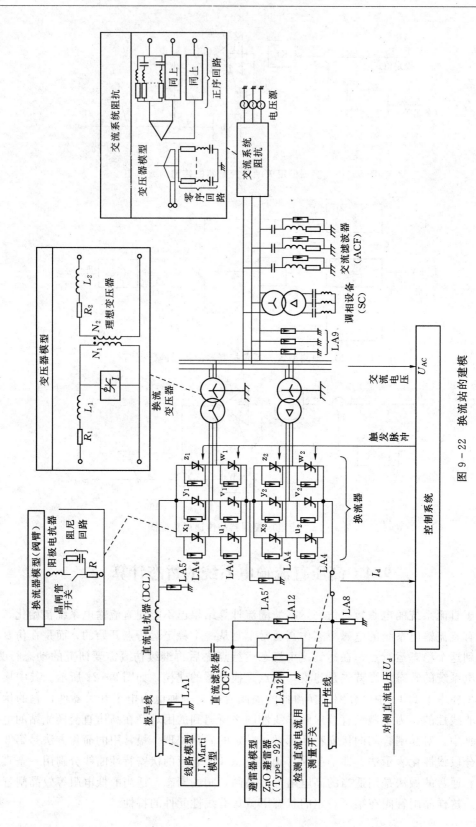

图 9 – 22　换流站的建模

下面讨论如何创建一个 6 脉冲可控硅整流桥式电路模型，同时说明在 ATPDraw 中用户如何自己创建模型并当作独立对象来使用，这当中包括如何生成必要的数据模块文件及 ATPDraw 中的必要操作。最后通过实例，说明如何利用 6 脉冲可控硅整流桥式电路及变压器建立 12 脉冲高压直流换流站。

9.4.1 创建数据模块文件

第一步是创建数据模块（DBM）文件，创建 DBM 文件是增加新对象到 ATPDraw 中最困难的部分。数据模块文件是特定电路的 ATP 文件，其标题为数据模块中变量的声明。数据模块的输出 punch 文件（.pch）实际上可认为是一个外部库文件，ATP 仿真在运行时通过一个 $INCLUDE 来调用该文件。下面是描述 6 脉冲整流桥式电路的 DBM 文件。

```
BEGIN NEW DATA CASE - - NOSORT- -
DATA BASE MODULE
$ERASE
ARG,U ____,POS ____,NEG ____,REFPOS,REFNEG,ANGLE_,Rsnub_,Csnub_
NUM,ANGLE_,Rsnub_,Csnub_
DUM,PULS1_,PULS2_,PULS3_,PULS4_,PULS5_,PULS6_,MID1__,MID2__,MID3__
DUM,GATE1_,GATE2_,GATE3_,GATE4_,GATE5_,GATE6_,VAC___,RAMP1_,COMP1_
DUM,DCMP1_,DLY60D
/TACS
11DLY60D  .002777778
90REFPOS
90REFNEG
98VAC___ = REFPOS- REFNEG
98RAMP1_58+ UNITY                               120.00     0.0     1.0VAC__
98COMP1_ = (RAMP1_- ANGLE_/180) .AND. UNITY
98DCMP1_54+ COMP1_                                       5.0E- 3
98PULS1_=    .NOT. DCMP1_ .AND. COMP1_
98PULS2_54+ PULS1_                                                     DLY60D
98PULS3_54+ PULS2_                                                     DLY60D
98PULS4_54+ PULS3_                                                     DLY60D
98PULS5_54+ PULS4_                                                     DLY60D
98PULS6_54+ PULS5_                                                     DLY60D
98GATE1_ = PULS1_  .OR.  PULS2_
98GATE2_ = PULS2_  .OR.  PULS3_
98GATE3_ = PULS3_  .OR.  PULS4_
98GATE4_ = PULS4_  .OR.  PULS5_
98GATE5_ = PULS5_  .OR.  PULS6_
98GATE6_ = PULS6_  .OR.  PULS1_
/BRANCH
```

```
$ VINTAGE,0
 POS____U____A              Rsnub_       Csnub_
 POS____U____BPOS___U____A
 POS____U____CPOS___U____A
 U___ANEG_____POC___U____A
 U___BNEG_____POC___U____A
 U___CNEG_____POC___U____A
/SWITCH
11U___APOS___                                        GATE1_
11U___BPOS___                                        GATE3_
11U___CPOS___                                        GATE5_
11NEG___U___A                                        GATE4_
11NEG___U___B                                        GATE6_
11NEG___U___C                                        GATE2_
BEGIN NEW DATA CASE
C                        ⇐"C" in the 1ˢᵗ  column is mandatory here!
$ PUNCH
BEGIN NEW DATA CASE
BLANK
```

上面显示的 DBM 文件开头有一个特殊请求卡 "数据模块",其后是变量列表。第一张是 ARG 卡,向 DBM 文件写入所有输入变量,这些变量在最终 ATP 文件中当作 $ In-clude 表达式的参数。NUM 卡显示哪些变量是数据。DUM 卡列出所有虚拟或局部变量。这些都是典型内部节点的名称,ATP 给它们统一的节点名称,这样在数据示例中多次使用同一个 DBM 文件,而避免节点名称冲突。DBM 文件的其余部分用 ATP 常用格式描述桥式整流电路。卡的排序方式很特殊,即/TACS,/BRANCH,/SWITCH 等卡是需要的,但 BLANK TACS,BLANK BRANCH 等卡及指示器就不需要。

三相可控硅整流桥有一个三相交流输入节点和两个单相直流输出节点,可控硅触发角作为输入数据和缓冲器实际考虑参数数值输入模型,该模型在这里接受外部参考信号作为过零检测器(或者 DBM 文件检测其交流输入),因此新 USP 对象会有 5 个节点和 3 个数据,变量含义如下:

U ＿＿＿：交流三相节点;

POS ＿＿：直流正极节点;

NEG ＿＿：直流负极节点;

REFPOS：正极参考节点;

REFNEG：负极参考节点;

ANGLE ＿：可控硅触发角;

Rsnub ＿：缓冲电路电阻;

Csnub ＿：缓冲电路电容。

要注意每个参数的字符个数。"U ____"有 5 个字符，因为它是一个三相节点，在 DBM 文件中加上后缀 A、B、C。用下划线占满数据卡中变量的相应位置。通过 ATP 运行 DBM 文件，得到 6 脉冲可控硅整流桥式电路的一个 .pch 文件如下：

```
KARD  3  4  5  6  6  6  7  7  8  8  8  9  9 10 10 10 11 11 11 12 12 12 13 13 13
     14 14 14 15 15 15 16 16 16 17 17 17 18 18 18 19 19 19 20 20 20 21 21 21 24
     24 24 24 25 25 25 25 26 26 26 26 27 27 27 27 28 28 28 29 29 29 29 31 31
     31 32 32 32 33 33 33 34 34 34 35 35 35 36 36 36
KARG-20  4  5  4  5-16-16-17  6-17-18-18-19 -1-18-19 -1 -2-20 -2 -3-20 -3 -4-20
     -4 -5-20 -5 -6-20 -1 -2-10 -2 -3-11 -3 -4-12 -4 -5-13 -5 -6-14 -1 -6-15  1
      2  7  8  1  1  2  2  1  1  2  2  1  1  2  3  1  1  2  3  1  1  2  3  1  2
    -10  1  2-12  1  2-14  1  3-13  1  3-15  1  3-11
KBEG  3  3  3 12 19  3 69  3 20 13  3 12  3  3 32 19 12  3 69 12  3 69 12  3 69
     12  3 69 12  3 69 13 25  3 13 25  3 13 25  3 13 25  3 13 25  3 25 13  3  9
      3 27 39  9 21  3 15  9 21  3 15  3 21 15  9  3 21 15  9  3 21 15  9  3  9
     65  3  9 65  3  9 65  9  3 65  9  3 65  9  3 65
KEND  8  8  8 17 24  8 74  8 25 18  8 17  8  8 37 24 17  8 74 17  8 74 17  8 74
     17  8 74 17  8 74 18 30  8 18 30  8 18 30  8 18 30  8 18 30  8 30 18  8 13
      8 32 44 13 25  8 20 13 25  8 20  7 25 20 14  7 25 20 14  7 25 20 14  7 14
     70  7 14 70  7 14 70 13  8 70 13  8 70 13  8 70
KTEX  1  1  1  1  1  1  1  1  0  1  1  1  1  1  1  1  1  1  1  1  1  1  1  1  1
      1  1  1  1  1  1  1  1  1  1  1  1  1  1  1  1  1  1  1  1  1  1  1  1  1
      1  0  0  1  1  1  1  1  1  1  1  1  1  1  1  1  1  1  1  1  1  1  1  1  1
      1  1  1  1  1  1  1  1  1  1  1  1  1  1  1  1
$ ERASE
/TACS
11DLY60D  .002777778
90REFPOS
90REFNEG
98VAC___  = REFPOS- REFNEG
98RAMP1_58+ UNITY                                    120.00    0.0  1.0VAC___
98COMP1_  = (RAMP1_- ANGLE_/180)  .AND.  UNITY
98DCMP1_54+ COMP1_                                        5.0E- 3
98PULS1_  =    .NOT.  DCMP1_  .AND.  COMP1_
98PULS2_54+ PULS1_                                                      DLY60D
98PULS3_54+ PULS2_                                                      DLY60D
98PULS4_54+ PULS3_                                                      DLY60D
98PULS5_54+ PULS4_                                                      DLY60D
98PULS6_54+ PULS5_                                                      DLY60D
98GATE1_  =    PULS1_  .OR.  PULS2_
98GATE2_  =    PULS2_  .OR.  PULS3_
98GATE3_  =    PULS3_  .OR.  PULS4_
98GATE4_  =    PULS4_  .OR.  PULS5_
98GATE5_  =    PULS5_  .OR.  PULS6_
98GATE6_  =    PULS6_  .OR.  PULS1_
/BRANCH
$ VINTAGE,0
```

```
POS___U___A           Rsnub_          Csnub_
POS___U___BPOS___U___A
POS___U___CPOS___U___A
U___ANEG___POS___U___A
U___BNEG___POS___U___A
U___CNEG___POS___U___A


/SWITCH
11U___APOS__                                              GATE1_
11U___BPOS__                                              GATE3_
11U___CPOS__                                              GATE5_
11NEG___U___A                                             GATE4_
11NEG___U___B                                             GATE6_
11NEG___U___C                                             GATE2_
$ EOF    User- supplied header cards follow.       31- May- 02  15.46.06
ARG,U___,POS___,NEG___,REFPOS,REFNEG,ANGLE_,Rsnub_,Csnub_
NUM,ANGLE_,Rsnub_,Csnub_
DUM,PULS1_,PULS2_,PULS3_,PULS4_,PULS5_,PULS6_,MID1__,MID2__,MID3__
DUM,GATE1_,GATE2_,GATE3_,GATE4_,GATE5_,GATE6_,VAC___,RAMP1_,COMP1_
DUM,DCMP1_,DLY60D
```

　　这个文件与 DBM 文件非常相似，但文件开头部分不同，DBM 文件的开头置于该文件最后。这个文件被 ATP 文件引用，必须指定该文件后缀为 . LIB，并保存文件到 \ USP 目录下，该文件名为 HVDC _ 6. LIB。

9.4.2　创建一个用户自定义的 **ATPDraw** 新元件

　　在 Library→New object 菜单中，用户可以创建一个用户自定义元件。每个元件需要建立一个独特的支持文件，其中包括了所有的输入数据和信息、节点对象、默认值的输入变量、图标和相关的帮助文件。用户自定义元件需要用户自己创建元件支持文件（. sup 文件）并保存，所有元件的支持文件可以在 Library→Edit object 菜单中编辑。

　　1. 创建支持参数

　　基于 $ Include 和数据库模块，用户可以自定义能在 ATP - EMTP 中使用的新对象。通过该菜单，用户可为自定义元件设置数据、节点值、图标和帮助文本。

　　用户自定义元件的支持文件通常存于/ USP 的文件夹，数据的数量范围为 0～64，节点的数量范围为 0～32。在"编辑元件"对话框中的 data 页面中，如图 9 - 23 所示，可设定支持文件中数据参数的 7 个控制变量（每个对象数据参数各占一列），数据名称无须和 DBM 的 punch 文件中的一致，但数据顺序必须和 ARG 和 NUM 卡中的数据顺序相同。下面描述了可用的参数选项：

　　"Name"为参数名，用于"元件对话框"中选定参数。通常，该名字为 ATP Rule Book 中所用的名字。

"Defaults"为参数的初始值。

"Units"为参数的单位。

"Min/Max"为参数允许的最小/最大值。

"Param",如果设置等于1,一个变量的文本字符串可以被指定去的数据值。这些值被指定在 ATP→设置/变量。

"Digits",ATP 文件中数字所允许的最大位数。

如果一个参数值超过范围,就会在"元件对话框"中出现"错误"信息。如果要取消参数范围检查,设定 Min=Max(例如:设定二者都为0)。

在 NUM 卡中所解释的变量数量就是数据的数量,本例为3。在 ARG 卡中所解释的变量最小数目,也就是 NUM 卡中所解释的节点数目,本例为5。

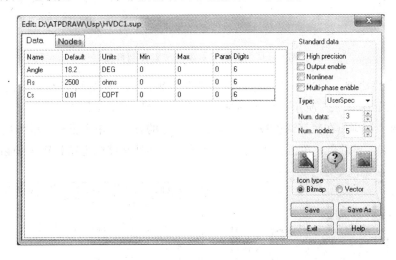

图 9-23　自定义对象的数据控制页面

在"编辑元件"对话框中的 Node 页面中,设定支持文件的节点特性(每个节点参数各占一行),如图 9-24 所示。

可用的节点参数选项为:

"Name",节点名,用于在"打开节点"对话框和"元件对话框"中选定节点。

"Circuit",元件中三相电路的数量。若元件相数超过3相,该数量通常用来处理元件三相节点正确换位。赋值为1的所有单相对象节点,三相节点与同类型的节点获得相同的相位序列。1表示第1到第3相;2表示第4到第6相;3表示第7到第9相;4表示第10到第12相。

"♯Phases",元件节点的相数(1~26)。

"Pos. x"、"Pos. y",节点在图标边界上横轴与纵轴的位置。

"Internal",是否内部节点,0:不是;1:是。

节点名称无须和 DBM 的 punch 文件一致,但节点顺序必须和 ARG 卡中的节点顺序相同。

2. 创建新对象图标和帮助文件

(1)编辑图标。在屏幕上,每一个电路对象都有一个图标对应。在"编辑元件"对话

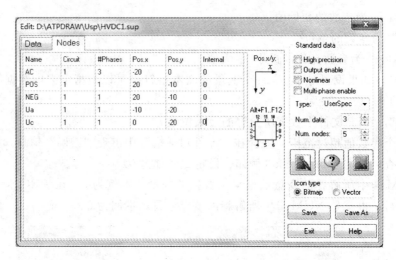

图 9 - 24　自定义对象的节点控制页面

框右侧有一个快捷键，用来激活"像素编辑器"编辑图标，图标可以在向量图形或点阵类型中，编辑器如图 9 - 25 所示。一个图标在屏幕上占据 41×41 像素。

单击鼠标左键画出在底部调色板 16 种颜色中选定的颜色，单击鼠标右键画出底色，在栅格区域单击鼠标左键着色，单击右键擦除。暗红色线条表明在图标边界上节点可能的位置。

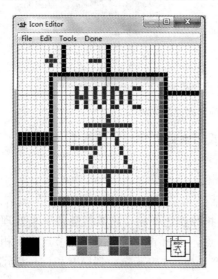

图 9 - 25　图标编辑器

图 9 - 26　帮助文件编辑器

（2）帮助文件。每一个标准元件有一个预先定义的帮助文件，该文件可以用内置的"帮助文件编辑器"进行编辑。点击"编辑元件"对话框中的快捷键，调用该编辑器。在编辑器中，用户可以为对象编写自己需要的帮助文件，如图 9 - 26 所示。

当完成对元件数据，图标及帮助文件的所有修改后，新的支持文件可以用"保存"命令（原有的支持文件将会被覆盖）或者"另存为"命令（创建新文件并保存在 \ USP 文件夹）按键，扩展名为 . sup。

9.4.3 12脉冲HVDC换流站仿真

对12脉冲HVDC换流站进行仿真时需要使用6脉冲整流桥模块元件。应用电路如图9-27所示。

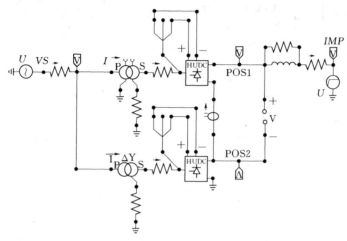

图9-27 12脉冲HVDC换流站仿真电路

HVDC换流站由一个三相交流电源通过两台变压器供电，电源电压为$230 \times \dfrac{\sqrt{2}}{\sqrt{3}} = 187.79$kV，初相角设为$60°$，内阻设为$0.0001\Omega$。两个HVDC_6对象串联使用。图9-28所示为新对象的数据输入对话框。使用ATP的DBM特点建立的外部库文件（HVDC_6.LIB）包括在此例中。

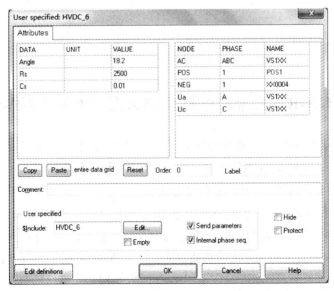

图9-28 用户自定义的6脉冲整流桥的输入窗口

仿真结果。6脉冲整流桥1和整流桥2直流电压输出波形如图9-29中POS1和POS2所示。直流电流和A相阀上的电流如图9-30所示。

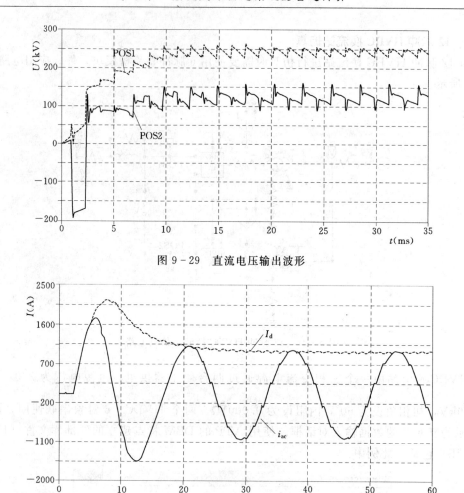

图 9 - 29　直流电压输出波形

图 9 - 30　直流输出电流和阀上电流波形

9.5　GIGRE 直流输电标准测试系统的暂态响应特性

CIGRE HVDC Benchmark 系统为研究 HVDC 控制的第一标准测试系统，其结构框图如图 9 - 31 所示。该标准测试系统为双桥 12 脉动单极大地返回式的直流输电系统。整流侧交流系统额定电压为 345 kV，短路比为 $2.5\angle 85°$；额定直流电压为 500 kV，额定直流传输功率为 1000MW；逆变侧交流系统额定电压为 230kV，短路比为 $2.5\angle 75°$。两侧都为弱交流系统。同时在两侧的交流系统中都有滤波器及无功补偿设备。

ATP/EMTP 在自定义模型方面的功能强大，基于 ATP/EMTP 仿真软件，可以搭建 CIGRE 标准模型具有相同物理结构的 HVDC Benchmark 模型，并对该模型进行仿真分析。

9.5.1　整流侧交流系统故障时的暂态响应特性

当整流侧交流系统发生三相短路故障（0.1～0.2s），使换流站交流母线电压下降约 30% 时，CIGRE 直流输电标准测试系统的响应特性如图 9 - 32 所示。从图 9 - 32 可以看

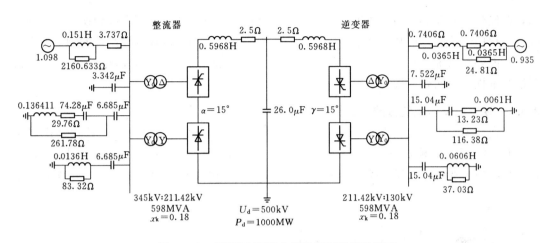

图 9-31　CIGRE HVDC 标准测试系统结构图

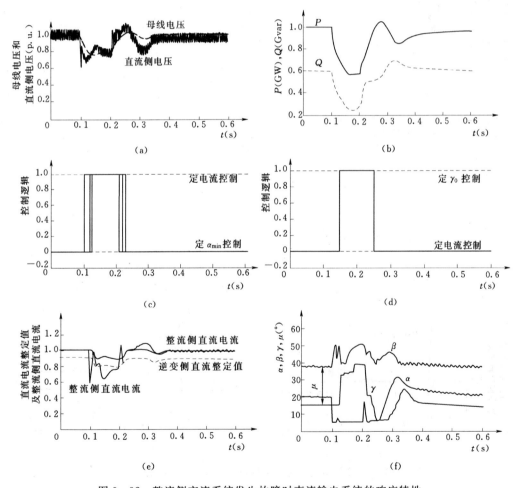

图 9-32　整流侧交流系统发生故障时直流输电系统的响应特性

(a) 整流站母线电压和直流侧电压；(b) 整流站吸收的有功和无功；(c) 整流侧的控制模式；(d) 逆变侧的控制模式；
(e) 整流逆变侧的直流整定值及整流侧直流电流；(f) 整流侧 α 和逆变侧 β 及 γ

出，在发生故障和故障切除的很短时间内，控制器的控制模式发生了多次切换，但即使在故障过程中，控制器也基本处于一种稳定的控制模式，说明直流输电控制器的响应速度非常快，能够在系统状态改变时快速切换到一种稳定的控制模式。故障切除后约 0.2s 直流系统基本恢复到初始运行点。

9.5.2　逆变侧交流系统故障时的暂态响应特性

当逆变侧交流系统发生三相短路故障（0.1～0.2s），使换流站交流母线电压下降约30％时，CIGRE 直流输电标准测试系统的响应特性如图 9-33 所示。从图 9-33 可以看出，故障后逆变侧立刻发生换相失败，持续约 30ms；由于故障导致 VDCOL 动作，将电

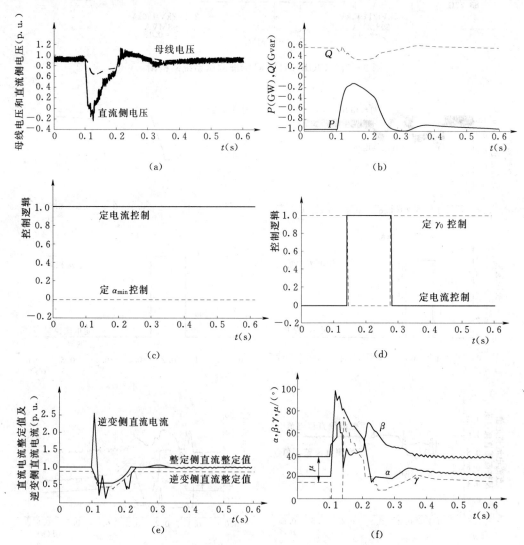

图 9-33　逆变侧交流系统发生故障时直流输电系统的响应特性

（a）逆变站母线电压和直流侧电压；（b）逆变站吸收的有功和无功；（c）整流
侧的控制模式；（d）逆变侧的控制模式；（e）整流逆变侧的直流整定值
及逆变侧直流电流；（f）整流侧 α 和逆变侧 β 及 γ

流整定值限制在 0.5 左右；另外，在故障及故障切除后的某一段时间内整流侧和逆变侧都按定电流控制方式运行。

9.6　高压直流系统事故分析

应用 EMTP 进行电力系统电磁暂态计算，一个重要应用是用于事故分析和寻找对策。

某±500kV 直流输电线路在某日因雷击发生双极闭锁事故。该直流输电线路从整流 A 站到逆变 B 站，全长 1200km。其中逆变 B 站侧接地极线与极导线共塔架设 184km、单独架设 5.7km 后入接地极站。直流线路部分如图 9-34 所示。雷击点距 B 站 248km，雷电绕击极 1 导线，雷电流约为−34.5kA。经 230ms 去游离时间重启不成功，极 1 启动闭锁，系统转为极 2 单极大地回线方式运行。由于接地极线不平衡电流一直存在，且达到接地极不平衡保护动作条件，极 1 闭锁后 2.5s 极 2 闭锁。

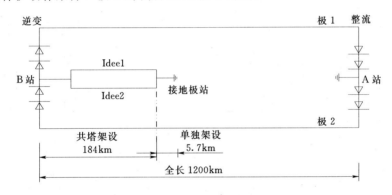

图 9-34　某±500kV 直流输电线路部分示意图

分析：

（1）事故的关键是雷击引起的极 1 闭锁和之后的接地极不平衡保护动作，因此模拟的目的是：

1）验证 34.5kA 负雷电流的绕击是否会引起极 1 导线绝缘闪络。

2）验证极 1 闭锁后接地极 1 和接地极 2 的稳态电流是否达到了接地极不平衡保护动作条件。

（2）鉴于上述的模拟目的，可以不模拟极 2 闭锁，而且可以适当缩短整个过程，减少计算时间。

（3）可以不考虑交流系统的影响，只模拟直流系统。

（4）雷过电压属于快波前过电压，其频率范围在 10kHz～3MHz，而判断接地极不平衡保护动作的接地极电流是直流状态或接近直流状态的电流，整个过程频率跨度非常大。不同的频率范围，需要采用不同的元件模型。

（5）雷过电压计算需要模拟铁塔，要求时间步长很小（约 10^{-8}～10^{-9} s），而整个计算需要模拟几百毫秒的过程，希望时间步长较大。铁塔最小的分段约 4.2m，传播时间约 140μs。

（6）鉴于（4）和（5）的原因，整个模拟可分成 2 或者 3 个阶段进行。

第一阶段：模拟雷电绕击极 1 导线，观察极导线闪络现象。

第二阶段：模拟雷击塔极 1 导线接地故障和随后的极 1 闭锁，观察接地极线招弧角闪络现象。

第三阶段：模拟接地极线招弧角闪络后单极（极 2）大地回线方式运行时接地极线上的电流。

系统接线图如图 9-35 所示。

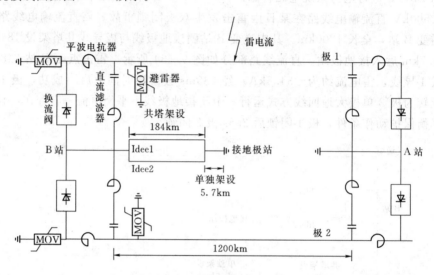

图 9-35　系统接线图

建模：

（1）线路。各阶段均采用频率相关参数 JMarti 模型。共塔架设段为 6 相，单独架设段为 4 相，保留避雷线。第一阶段只模拟 10 档（雷击塔两侧各 5 档），其余部分用长线匹配。

（2）铁塔。只在第一阶段用多段单相分布参数表示的铁塔模型模拟，在其他阶段简单地用接地电阻表示。

（3）雷电流。只在第一阶段模拟。用斜角波电流源表示，波形为 $2.6/50\mu s$，幅值为 34.5kA，负极性。雷道阻抗 400Ω。

（4）闪络。极导线闪络和接地极线闪络均用间隙开关模拟，放电电压不同。

第一阶段的计算电路模型如图 9-36 所示。

（5）换流阀。用直流电压源和二极管串联支路模拟，二极管起限制电流方向的作用。调节两侧电压的大小，使潮流达到指定值。因雷击点远离换流站，可不考虑换流阀的杂散电容。

（6）平波电抗器和直流滤波器。按照给定的参数用 RLC 串联电路模拟。同样的，因雷击点远离换流站，可不考虑平波电抗器和直流滤波器的杂散电容。

（7）避雷器。按照给定的特性，用非线性电阻模拟。

第二阶段的计算电路模型如图 9-37 所示。

计算结果：

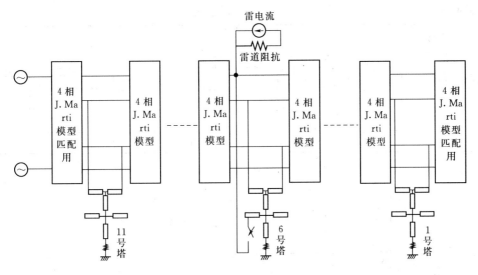

图 9-36 第一阶段的计算电路模型

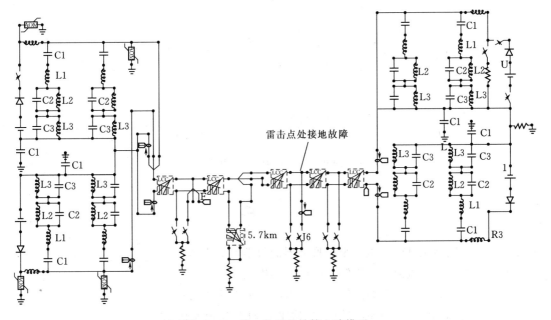

图 9-37 第二阶段的计算电路模型

（1）34.5kA 负雷电流的绕击将引起极 1 导线绝缘闪络。

（2）由于极 1 导线绝缘闪络，将引起接地极线绝缘多处闪络，闪络点大多在接地极线 1 上，计算结果列于表 9-1 中。

（3）由于接地极线 1 多处接地，在单极大地回路运行时，接地极线电流不平衡，接地极极线电流如图 9-38 所示，达到了接地极不平衡保护动作条件。

事故原因：从模拟结果可知，事故的外因是雷电绕击，事故的内因是极导线和接地极线同塔架设及接地极线绝缘薄弱。

表 9 - 1　　　　　　　　　　**仿 真 计 算 结 果**

距 B 站距离 （km）	0.4	2.4	2.8	3.2	5	15	25
绝缘子闪络	Idee2	Idee1	Idee1	Idee1	Idee1	Idee1	Idee2

距 B 站距离 （km）	35	45	55	65	75	85	
绝缘子闪络	Idee2	Idee2	Idee1	Idee1	Idee1	Idee1	

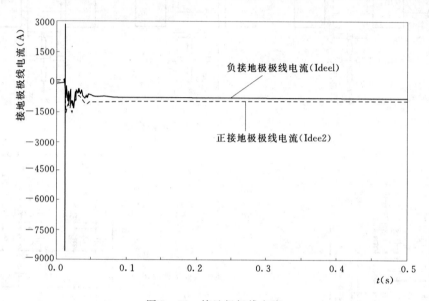

图 9 - 38　接地极极线电流

习　　题

9 - 1　试述高压直流输电系统中换流器的数学模型。

9 - 2　试述高压直流输电控制系统的数学模型。

9 - 3　在 ATPDraw 中如何创建一个用户自定义的新元件？

9 - 4　在 ATPDraw 中如何进行 12 脉冲 HVDC 换流站仿真？

参 考 文 献

［1］ W. S. Meyer：“EMTP Rule Book”，B. P. A. 1973.

［2］ H. W. Dommel：“Theory Book”，B. P. A. 1996.

［3］ Dommel H W，李永庄，等译. 电力系统电磁暂态计算理论［M］.北京：水利电力出版社，1991.

［4］ 黄家裕，陈礼义，孙德昌. 电力系统数字仿真［M］.北京：中国电力出版社，1995.

［5］ 中华人民共和国国家发展和改革委员会.DL/T 1041—2007 电力系统电磁暂态现场试验导则［S］. 北京：中国电力出版社，2007.

［6］ “電力システムの過渡現象とEMTP解析”，日本电气学会技术报告，No. 872. 2002.

［7］ A. Ametani：“Cable Parameters Rule Book”，B. P. A. 1994.

［8］ “Guidelines for Representation of Network Elements when Calculating Transients”，CIGRE WG 33 -02，1990.

［9］ “絶縁配合 第 4 部分：电网绝缘配合及其模拟的计算导则”，GB/T 311. 4 - 2010（2010）.

［10］ “AC Transmission Line Reference Book - 200kV and Above”，Third Edition，EPRI（2005）.

［11］ “発変電所および地中送電線の耐雷設計ガイド”，日本電力中央研究所綜合報告，T40（1995）.

［12］ “送電線耐雷設計ガイド”，日本電力中央研究所綜合報告，T72（2003）.

［13］ “187kV～1100kVの交流架空送電線の電気的設計ハンドブック”，日本電力中央研究所綜合報告，T02（1986）.

［14］ “絶縁設計の合理化”，日本电气协同研究会，第 44 卷第 3 号（1988）.

［15］ “雷サージ評価高度化のためのモデリング”，日本电气学会技术报告，No. 704（1998）.

［16］ “変電所統計的絶縁設計のための雷サージ評価手法”，日本电气学会技术报告，No. 566（1995）.

［17］ M. Kizilcay：“Dynamic Arc Model in the EMTP”，EMTP Newsletter（1985）.

［18］ H. Motoyama：“Experimental Study and Analysis of Breakdown Characteristics of Long Air Gaps with Short Tail Lighting Impuse”，IEEE Trans. Power Delivery，PWRD - 11，972（1996）.

［19］ A. F. Imece etc.：“Modeling Guidelines for fast front transients”，IEEE Trans. Power Delivery，Vol. 11，No. 1（1996）.

［20］ 西嶋，金清，常安：“気中ギャップの開閉サージフラッシオーバ特性の解析に関する統合工学的モデル”，日本电气学会论文杂志 B，Vol. 111－B，No. 6（1991）.

［21］ 曹，三间，栗田，多田，冈本：“相座標同期機モデルによる电力系統過渡解析の数値安定性の向上”，日本电气学会论文杂志 B，Vol. 117 - B，No. 4（1997）.

［22］ 施围，郭洁. 电力系统过电压计算［M］.第二版. 北京：高等教育出版社，2006.

［23］ 夏道止. 电力系统分析（下）［M］.北京：中国电力出版社，1995.

［24］ 鲁铁成. 电力系统过电压［M］.北京：中国水利水电出版社，2009.

［25］ LászlóPrikler，Hans Kristion Høidalen. ATPDRAW version 5. 6 for Windows 9x/NT/2000/XP/Vista Users′ Manual，2009，11.

［26］ 王一宇，周于邦，等译. 电力系统暂态［M］.北京：中国电力出版社，2003.

［27］ 吴广宁. 高电压技术［M］.北京：机械工业出版社，2007.

［28］ 韩爱芝，曾定文，鲁铁成. 配电网间歇性电弧接地过电压的仿真分析与对策［J］.高压电器，2010，46（1）：72 - 75.

［29］　吴文辉．电气工程基础［M］．武汉：华中科技大学出版社，2010.

［30］　徐国政，张节容，等．高压断路器原理和应用［M］．北京：清华大学出版社，2000.

［31］　林莘．现代高压电器技术［M］．北京：机械工业出版社，2011.

［32］　国家质量监督检验检疫总局．GB1984—2003　交流高压断路器［S］．北京：中国标准出版社，2003.

［33］　INTERNATIONAL ELECTROTECHNICAL COMMISSIONIEC 62271 - 100 - 2008 High - voltage switchgear and controlgear. Part 100：Alternating - current circuit - breakers.

［34］　刘振亚．特高压电网［M］．北京：中国经济出版社，2005.

［35］　施围，邱毓昌，等．高电压工程基础［M］．北京：机械工业出版社，2006.

［36］　徐政．交直流电力系统动态行为分析电磁暂态分析程序［M］．北京：机械工业出版社，2004.